Erwin Semlinger

Stanztechnik

**Viewegs
Fachbücher
der
Technik**

Fertigungstechnik

Es erscheinen folgende Bände:

Zerspantechnik

Umformtechnik

Stanztechnik

Gießtechnik

Schweißtechnik

Galvanische Schichten und ihre Prüfung

Oberflächenschutzschichten und Oberflächenvorbehandlung

Werkzeugmaschinen

Vorrichtungsbau

Meß- und Prüftechnik

Erwin Semlinger

Stanztechnik

2., verbesserte Auflage

mit 131 Bildern

Friedr. Vieweg + Sohn · Braunschweig

Masch.-Ingenieur *Erwin Semlinger* ist Oberstudienrat und Fachberater an der
Technikerschule für Blechverarbeitung Sindelfingen.

Verlagsredaktion: *Alfred Schubert, Willy Ebert*

1973

Satz: Friedr. Vieweg + Sohn, Braunschweig

ISBN 978-3-528-14042-7   ISBN 978-3-322-86260-0 (eBook)
DOI 10.1007/978-3-322-86260-0

Vorwort zur 2. Auflage

V

Der Band „Stanztechnik" behandelt den Aufbau der Schneid-, Biege- und Ziehwerkzeuge. Trotz sinnvoller Beschränkung auf das Wesentliche dieses umfangreichen Stoffgebietes zeigen viele Einzeldarstellungen die grundsätzlichen Bausteine dieser Werkzeuge. Gebrauchswerte aus der Praxis und in Form sorgfältig ausgewählter Schaubilder und Tafeln ergänzen mit angewandten, neuzeitlichen Berechnungsbeispielen und Gestaltungsregeln die Konstruktionsgrundlagen, deren Anwendung an Hand ausgewählter, durchgerechneter Beispiele mit anschließender Werkzeugkonstruktion noch zusätzlich erläutert wird. Durch Vergleich verschiedener Ausführungsformen ist die jeweils zweckmäßigste Werkzeugform zu erkennen. Die Gestaltung der Bauteile des gewählten Werkzeuges kann dann entsprechend den Forderungen der gestellten Aufgaben erfolgen. Da mehrere Ausführungsmöglichkeiten von Bauelementen dargestellt sind, eignet sich vorliegender Band besonders zu selbständigen Konstruktionsübungen.

Die im Anhang tabellarisch angeführten Berechnungsgleichungen sind dem Band „Umformtechnik" [1]) entnommen. Bei Formelzeichen wurde DIN 1304, bei Maßeinheiten das „Internationale Einheitensystem" (SI) gemäß DIN 1301 berücksichtigt. Die Benennung der verschiedenen Trenn- und Umformverfahren, ebenso der dazu erforderlichen Werkzeuge, erfolgte entsprechend dem neuen Ordnungssystem DIN 8580. Mehrfach wurde auf AWF-, DIN- und VDI-Arbeitsblätter, bei wichtigen Stoffgebieten auf wissenschaftliche Forschungsergebnisse u.a. von *May, Oehler, Panknin* und *Siebel* verwiesen.

Die Abschnitte über Werkstoffe und Druckfedern wurden vorangestellt, da sie für alle Werkzeuge gültig sind. Werkzeuge für Fließpressen sowie Gummipreß-, Hydroform- und Hochgeschwindigkeitsverfahren sind im Band „Umformtechnik" behandelt.

Besonderer Dank gilt den einschlägigen Firmen, die mich durch Anregungen oder Überlassung von Unterlagen bei der Ausarbeitung des Manuskriptes unterstützt haben.

Für anregende Kritik ist der Verfasser jederzeit dankbar. Möge das Buch nicht nur während der Ausbildung, sondern auch in der Praxis stets eine wertvolle Hilfe sein.

Herrenberg, im Februar 1973 *Erwin Semlinger*

---

[1]) *Grüning*, Umformtechnik, Viewegs Fachbücher der Technik, Friedr. Vieweg + Sohn GmbH, Braunschweig.

Inhaltsverzeichnis

Einleitung

Zur rationellen Herstellung von Wirtschaftsgütern werden neben spanender Formgebung vielfach spanlos umformende Arbeitsverfahren [1]) eingesetzt, um den hohen Zeitaufwand der Grobzerspanung einzusparen.

Werkstätten für spanlose Fertigung von Teilen aus Blechen, Bändern und Stäben metallischer und nichtmetallischer Werkstoffe bezeichnet man mit *Stanzerei*, das dort angewandte Fertigungsverfahren mit *Stanztechnik* [2]).

Die Bezeichnung *Stanztechnik* besagt, daß man mittels dieser „Technik" durch „Stanzen" Werkstoffe umformt; sie werden in einem Werkzeug zwischen zwei Formteilen über ihre Fließgrenze hinaus beansprucht mit dem Ziel, aus ihnen eine bestimmte Anzahl gleicher Werkstücke herzustellen. Je nach Art der beiden Formteile im Werkzeug unterscheidet man die Arbeitsverfahren *Schneiden* und *Umformen*. Beide Herstellungsweisen haben das kennzeichnende Merkmal des Begriffes Stanzen. *Der Werkstoff wird plastisch:* beim Schneiden unter dem Druckbereich scharfkantiger Schneiden; beim Umformen unter dem Druckbereich gerundeter Kanten bzw. geformter Flächen. Für die Fertigungsgenauigkeit der Werkstücke ist bei beiden Verfahren die Form- und Maßgenauigkeit des Werkzeuges maßgebend.

Übersichtstafel I zeigt das Ordnungssystem der Fertigungsverfahren nach DIN 8580 sowie weitere Unterteilungen. Zusätzlich ist jeder Gruppe und jedem Arbeitsverfahren eine *Ordnungsnummer* zugeteilt.

Die in Stanzereien hauptsächlich angewandten *Verfahren des Zerteilens* sind *Scherschneiden und Keilschneiden* (Bild 1). Beide Verfahren werden kurz mit *Schneiden* bezeichnet, hierfür erforderliche Werkzeuge erfaßt man unter dem *Oberbegriff Schneidwerkzeuge*. Benennungen am *Werkzeug* werden von der Stammsilbe „Schneid" abgeleitet (z.B. Schneide, Schneidkeil, Schneidspalt). Benennungen am *Werkstück*, das durch Schneiden hergestellt wurde, bildet man mit der Stammsilbe „Schnitt" (z.B. Schnitteil, Schnittkante, Schnittfläche, vgl. Bild C/1). Übersichtstafel II gibt über einige Schneidverfahren und über dazugehörige Werkzeuge Auskunft.

Das Fertigungsverfahren *Umformen* gliedert sich nach DIN 8582 (Übersichtstafel I) in fünf Gruppen, jede Gruppe hat eine eigene DIN-Nummer (DIN 8383...8387). Für die jeweilige *Gruppenbenennung* ist die *Beanspruchungsart* maßgeblich, die den plastischen

---

[1]) *Grüning*, Umformtechnik, Viewegs Fachbücher der Technik, Friedr. Vieweg + Sohn GmbH, Braunschweig. In diesem Band werden die Umformvorgänge spanloser Verfahren, z.B. Pressen, Schmieden, Biegen, Tiefziehen, Drücken, im Rahmen der Fertigungstechnik behandelt.

[2]) Innerhalb der Stanztechnik anwendbare Verfahren bedingen Werkzeugausführungen, die eine geradlinige Maschinenbewegung (Pressenstößel) voraussetzen. Werkzeuge der Stanztechnik sind daher zum Einbau in Pressen und für die Fertigung von Stanzteilen durch Verfahren des Zerteilens, Umformens und Fügens (DIN 9869, Blatt 1 und 2) bestimmt. Eine Ausnahme ist „Drücken", eine Zugdruckumformung (DIN 8584, Blatt 4), das auf rotierender Spindel einer Drückmaschine ausgeführt wird.

Zustand im umzuformenden Körper *wesentlich* herbeigeführt hat. Die fünf Gruppen sin
in mehrere Untergruppen aufgeteilt; einzelne Untergruppen untergliedern sich noch we
ter. Mehrere umformende Arbeitsverfahren mit der jeweils maßgeblichen Untergruppe
zeigt Übersichtstafel III [1]).

Wie z.B. das Arbeitsverfahren „Streckziehen" (DIN 8585 Blatt 4, Ordnungsnummer
2.3.3.1.1.1) im Ordnungssystem eingegliedert ist, wurde auf der Übersichtstafel I mit
dargestellt.

Bei *Biegeumformungen* wird unterschieden zwischen Biegen mit gerader und mit ge-
krümmter Biegeachse, je nach Anzahl der Biegeachsen zwischen Einfach- und Mehrfach-
biegen (Übersichtstafel IV)

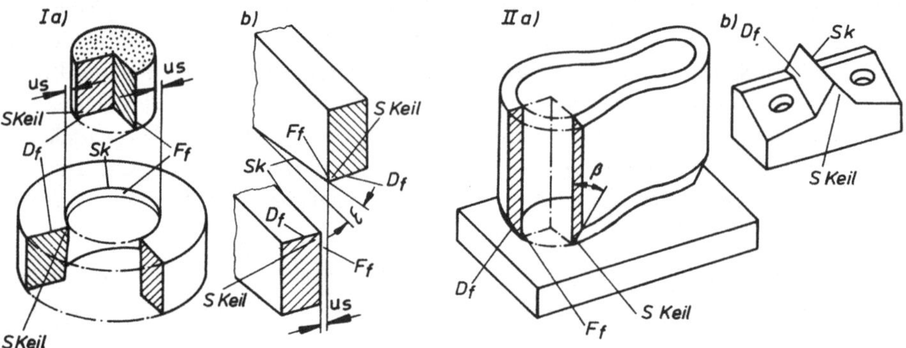

Bild 1. Verfahren des Zerteilens

I Scherschneiden
   a) Loch- oder Ausschneidwerkzeug, b) Abschneidwerkzeug (Scherenprinzip)

II Keilschneiden
   a) Messerschneiden (z.B. Dichtungen ausschneiden),
   b) Abfall trennen (vgl. Bild D/2 e, Teil 7)

D_f Druckfläche, F_f Freifläche, *Sk* Schneidkante, *SKeil* Schneidkeil, u_s Schneidspaltweite,
ε Neigungswinkel der Schneidkante, β Schneidkeilwinkel

---

[1]) Zur besseren Übersicht sind im DIN-Blatt 8582 „Fertigungsverfahren Umformen" alle bis jetzt
   erfaßten Arbeitsverfahren der Hauptgruppe Umformen alphabetisch geordnet, zusätzlich mit
   DIN-Nummer und Ordnungsnummer versehen, aufgeführt. Trotzdem können beim Einordnen
   vereinzelt Schwierigkeiten auftreten. Z.B. kann bei der Formgebung eines Werkstückes, das Vertiefungen aufweist, je nach Größe des Blechhalterdruckes eine Zugumformung (DIN 8585
   Blatt 1...4) oder eine Zugdruckumformung (DIN 8584 Blatt 1...6) vorliegen. Wird ein Werkstück
   in einem Werkzeug mit Kunststoffdruckkissen gefertigt, ist es ebenfalls schwierig festzustellen, ob
   durch Zugdruckbeanspruchungen oder durch reine Zugbeanspruchungen der plastische Zustand
   wesentlich herbeigeführt wurde.

Übersichtstafel I: Ordnungssystem nach DIN 8580

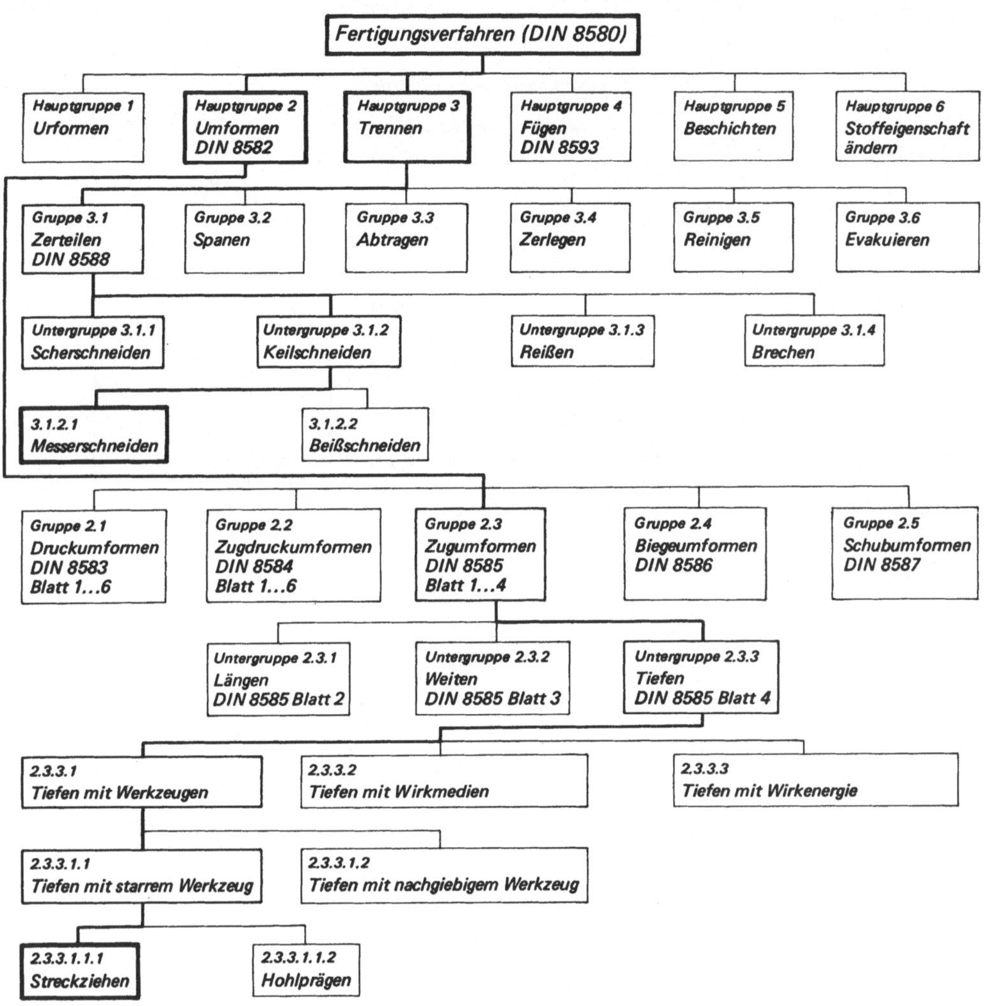

DIN 9870 Blatt 3, Ausgabe Oktober 1972, ersetzt die bisher übliche Benennung V-Biegen durch *Keilbiegen,* Abwärtsbiegen und Hochbiegen durch *Einfach-Abbiegen,* U-Biegen durch *Mehrfach-Abbiegen.* Entsprechend den Erläuterungen zum Normblatt sagen die früheren Benennungen zu wenig über das Kennzeichnende des eigentlichen Biegevorganges aus, da jedes Biegen zu einem Winkel führt und Hochbiegen (Abwärtsbiegen) eine Richtungsangabe trifft, die nicht angegeben sein muß. Die neuen Benennungen Keil- und Abbiegen sind aussagegenauer: „Beim *Keilbiegen* wird ein keilförmiger Stempel verwendet, der *jeweils beide Schenkel* zu einem Winkel umformt; beim *Abbiegen* wird *nur ein Schenkel* aus seiner Ursprungslage abgebogen." Sind im Biegewerkzeug gleichzeitig mehrere Biegungen auszuführen, bezeichnet DIN 9870 Blatt 3 diese Formgebung als *Mehrfach-Keilbiegen* oder als *Mehrfach-Abbiegen,* das dazu erforderliche Werkzeug als Mehrfach-Keilbiegewerkzeug oder als Mehrfach-Abbiegewerkzeug.

Übersichtstafel II: Schneidverfahren

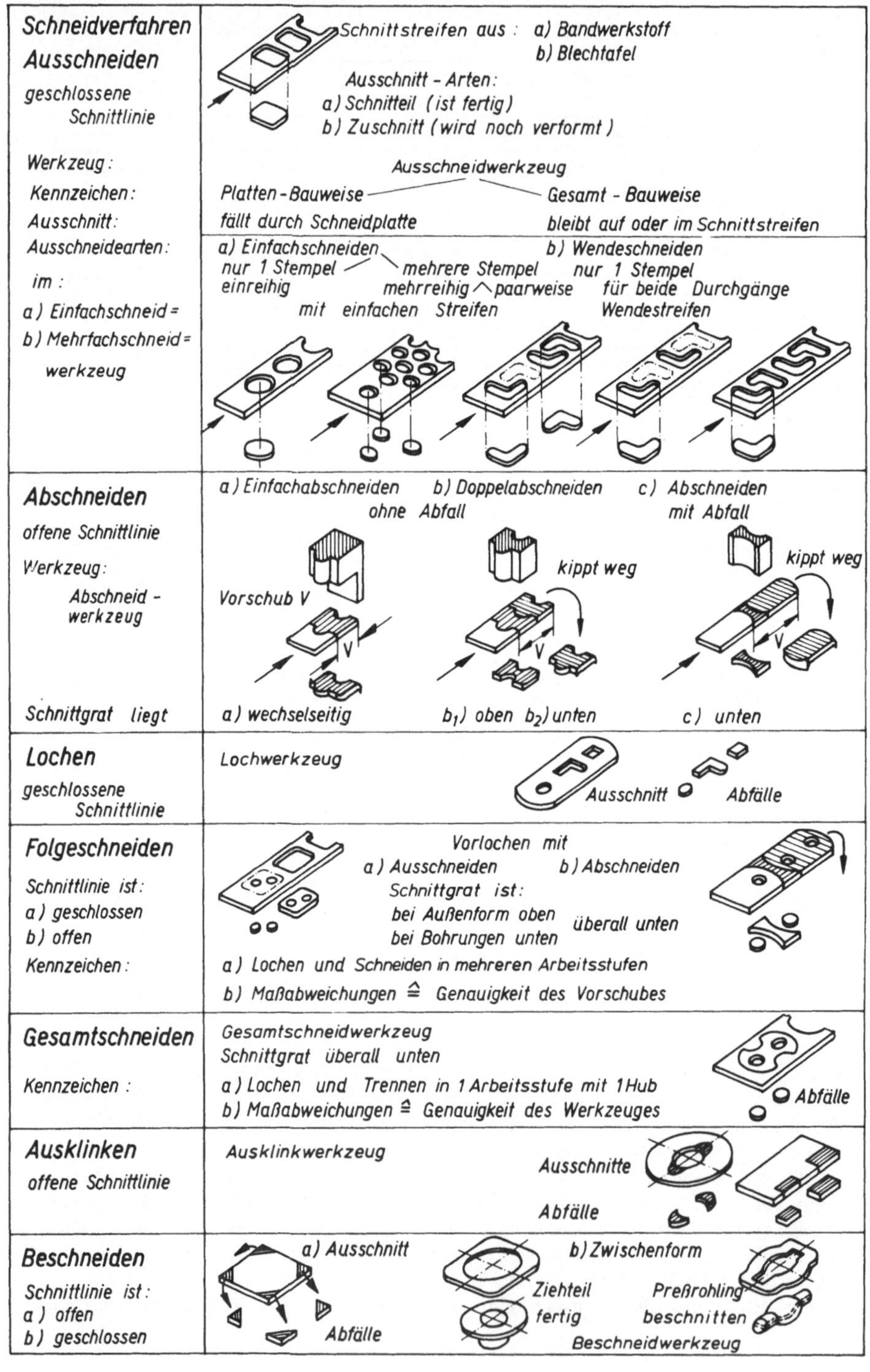

Übersichtstafel III: Umformverfahren

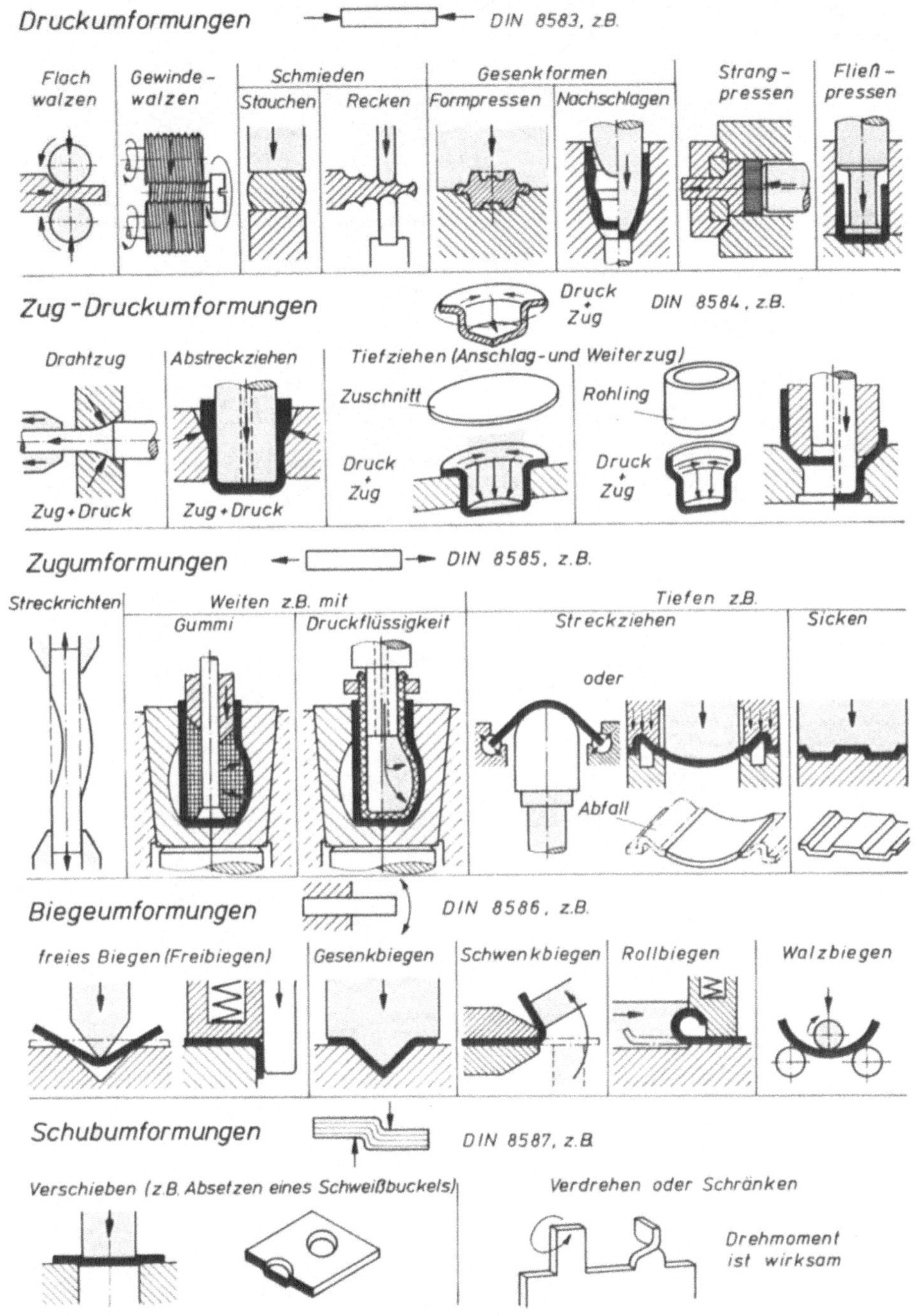

Übersichtstafel IV: Biegeumform-Verfahren

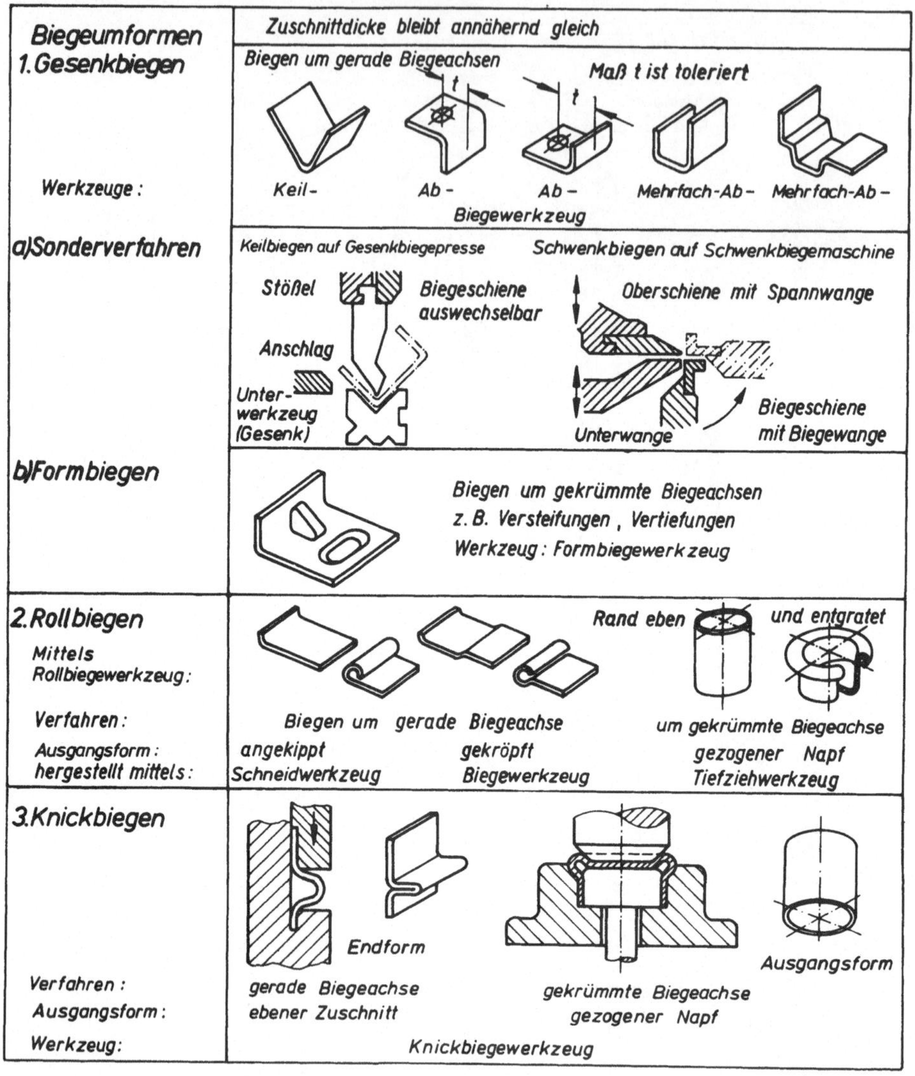

Biegeumformen	*Zuschnittdicke bleibt annähernd gleich*
1. Gesenkbiegen	*Biegen um gerade Biegeachsen* *Maß t ist toleriert*
Werkzeuge:	*Keil-* *Ab-* *Ab-* *Mehrfach-Ab-* *Mehrfach-Ab-* *Biegewerkzeug*
a) Sonderverfahren	*Keilbiegen auf Gesenkbiegepresse* *Schwenkbiegen auf Schwenkbiegemaschine* *Stößel* *Biegeschiene auswechselbar* *Oberschiene mit Spannwange* *Anschlag* *Unter- werkzeug (Gesenk)* *Unterwange* *Biegeschiene mit Biegewange*
b) Formbiegen	*Biegen um gekrümmte Biegeachsen* *z. B. Versteifungen, Vertiefungen* *Werkzeug: Formbiegewerkzeug*
2. Rollbiegen *Mittels Rollbiegewerkzeug:*	*Rand eben* *und entgratet*
Verfahren:	*Biegen um gerade Biegeachse* *um gekrümmte Biegeachse*
Ausgangsform: hergestellt mittels:	*angekippt* *gekröpft* *gezogener Napf* *Schneidwerkzeug* *Biegewerkzeug* *Tiefziehwerkzeug*
3. Knickbiegen	*Endform* *Ausgangsform*
Verfahren: *Ausgangsform:* *Werkzeug:*	*gerade Biegeachse* *gekrümmte Biegeachse* *ebener Zuschnitt* *gezogener Napf* *Knickbiegewerkzeug*

Übersichtstafel V: Grenzstückzahlen für Schneid- und Umformwerkzeuge

Für kleine Werkstückformen		Betriebsmittel
Gruppeneinteilung in	ungefähre Grenzstückzahl	
Kleinststückzahl	bis 500	nur Handarbeit, übliche Blechverarbeitungsmaschinen, elektrische Handgeräte, Schablonen
kleine Stückzahl	500...5000	einfachste Werkzeuge ohne Führungselemente, Lochschablonen, Universalwerkzeuge, Ziehwerkzeuge aus Kunstharzen angefertigt
mittlere Stückzahl	5000...50000	Universalwerkzeuge, Plattenführungswerkzeuge (selten Säulenführungen), meist mit Verwendung von Kunstharzen; Streifenvorschub mit Hand; handbetätigte Einlegeschieber
größere Stückzahl	50000...1000000	Verbundwerkzeuge mit Säulenführung, Bandvorschubeinrichtungen; einstellbare Einlege- und Auswerfereinrichtungen
hohe Stückzahl	über 1000000	Werkzeuge mit Kontaktüberwachung und Hartmetalleinsätzen in kugelgeführten Säulengestellen für Schnelläuferpressen, Stanzautomaten, Stufenpressen und sonstigen Sondermaschinen, Magazine mit automatischen Einlege- und Auswerfereinrichtungen [1]

---

[1] Vgl. VDI 3360 Blatt 1, Sicherung von Stanzwerkzeugen durch elektrische Kontaktschalter; VDI 3370, mechanisierte und automatisierte Arbeitsvorgänge in Stanzwerkzeugen – Einlegearbeiten.

Werden Schenkel von Werkstücken durch Schwenken von Biegewangen um gerade Biegeachsen winklig
gestellt, dann liegt *Schwenkbiegen* vor (Schwenkbiegemaschinen, Baugrößen DIN 55 220).

Im Normblatt DIN 8582, Gliederung der Umformverfahren (Übersichtstafel I), erscheinen die im früheren Normentwurf DIN E 9870 Blatt 3, Ausgabe April 1958, unter dem *Sammelbegriff „Stanzen"*
erfaßten Verfahren wie Stanzbördeln, Stanzsicken, Flachstanzen, Stanzstauchen usw. mit neuer Benennung ohne die Stammsilbe „Stanz"[1] als Gesenkbördeln, Gesenksickern, Vollprägen, Formstauchen
usw. in den Gruppen Zugumformen, Zugdruckumformen, Druckumformen oder Schubumformen
(DIN 8583...8587).

Werden „Schneiden und Umformen" in einem einzigen Werkzeug vereinigt, erhält man
ein *Verbundwerkzeug.*

Werkzeuge sind wirtschaftlich, wenn sie bei niedrigen Herstellungs- und Instandhaltungskosten zur
Fertigung der geforderten Werkstückanzahl den geringsten Kostenaufwand je Werkstück ergeben. Zum
Vergleich zweier Herstellungsmöglichkeiten ist die größte Werkstückanzahl zu ermitteln, die mit dem
einen Verfahren noch wirtschaftlich gefertigt werden kann; diese Anzahl nennt man *Grenzstückzahl*[2].
Übersichtstafel V gibt zu Grenzstückzahlbereichen mehrere kennzeichnende Betriebsmittel an.

Bei Werkzeugkonstruktionen ist die geforderte Werkstückanzahl zu berücksichtigen. Nach ihr richtet
sich die *Güte der Werkzeugausführung*, der hierfür verwandten *Werkstoffe* und deren *Verarbeitung*.
Großserienwerkzeuge sind weitgehend automatisiert (Einlege-, Auswerfereinrichtungen usw.); Lebensdauer und zügiger Fertigungsablauf sind entscheidend. In Werkzeugen für mittlere Stückzahlen können
Werkstückaufnahmen sowie Führungsflächen für Stempel und Säulen mit Kunstharzen ausgegossen
sein. Kleine Stückzahlen fertigt man in Behelfswerkzeugen, auch wenn die Herstellung der Werkstücke
länger dauert. Für Kleinststückzahlen bevorzugt man nur noch Fertigungshilfsmittel (Schablonen usw.).
Bei allen Werkzeugtypen sind möglichst Normteile, auch Werknormteile, anzuwenden.

Bleche aus Nichteisenmetallen sowie Stahlbleche unter 1 mm Dicke können bei kleinen bis mittleren
Stückzahlen unter Exzenterpressen auch mittels weichen elastischen Kunststoffen geschnitten, gebogen
(vgl. Bild F/1 c) oder bei geringen Ziehtiefen gezogen werden. Ein Stempel aus Stahl dringt bei gleichzeitiger Umformung des Zuschnittes in den elastischen Stoff, der damit die Gegenform (Matrize)
darstellt, ein[3].

Anmerkung: In Übereinstimmung mit DIN 1301 und DIN 1304 werden folgende Abkürzungen
und Maßeinheiten verwendet:

Größe	Fläche Querschnitt	Volumen	Kraft	Druck	Energie Arbeit
Formelzeichen	A	V	F	p	W
Maßeinheiten	mm^2, cm^2	mm^3, cm^3	N, kN	$\dfrac{N}{cm^2}$	Nm

---

[1] Nach DIN 9869 Blatt 1 und 2 umfaßt der *Begriff „Stanztechnik" alle Vorgänge und Erfordernisse
zur Herstellung von Stanzteilen*, auch durch Verfahren des Zerteilens. Es ist daher nicht vertretbar,
einzelne Fertigungsverfahren, wie z.B. das Biegen mit „Stanzen" zu bezeichnen, bzw. das hierfür
eingesetzte Werkzeug „Biegestanze" zu nennen.

[2] Berechnungsbeispiel der Grenzstückzahl siehe D.2.

[3] Gummi-Zug-Schnitt-Verfahren, VDI-Richtlinie 3142; Hersteller geeigneter elastischer Stoffe z.B.
Firma *Fritz Brumme KG*, Raunheim a. Main, Firma *Veith KG*, Öhringen.

A. Werkstoffe im Werkzeugbau

1. Aufbau- und Umformwerkstoffe

Zum Werkzeugaufbau dienende Konstruktionsteile unterliegen meist nur einem unwesentlichen Verschleiß; sie sind, außer bei Fließpreßwerkzeugen, daher selten gehärtet. Säulengestelle werden aus Sonderguß (Kugelgraphitguß, Meehaniteguß), Ober- und Unterwerkzeuge im Großwerkzeugbau auch aus Grauguß hergestellt. Die Güte der eingesetzten Baustahlsorten, ebenso die Plattendicken, richten sich nach der im Werkzeug wirkenden Schneid- bzw. Umformkraft. Die Platten werden entsprechend den Dicken der Grobbleche, nach Berücksichtigung der Bearbeitungszugabe, vermaßt. So wird z.B. eine Grundplatte nicht 30 mm, sondern nur 26...28 mm dick angegeben. Gießt man Stempelführungsplatten, Stempelhalteplatten, Führungsbuchsen für Säulengestelle mit Kunstharzen (Abschnitte D.3.b und F.3) aus, dann wird Paßarbeit eingespart.

Die *Umformwerkstoffe* formen den zu verarbeitenden Werkstoff mittels Schneidstempel und Schneidplatte, Biegestempel und Gegenstempel oder Ziehstempel und Ziehring spanlos um. Hierfür wurden Werkzeugstähle, Sintermetalle und Hartmetalle sowie verschiedene Gußwerkstoffe entwickelt. Ziehstempel, Blechhalter und Ziehringe für große Ziehformen werden aus GG-26 oder GG-30, aus Sonderguß mit Zusätzen von Silicium, Chrom, Nickel und Mangan, aus Hartguß, Meehanite-, Kugelgraphitguß, zum Tiefziehen rostbeständiger Stahlbleche aus Sonderaluminiumbronzen (siehe I.1.b) angefertigt. Für die Auswahl der Umformwerkstoffe ist die Art des zu verarbeitenden Werkstoffes, die erforderliche *Standmenge* [1]) und die noch zulässige Maßabweichung infolge des Härteverzuges maßgebend.

Für hochbeanspruchte Stempel, Schneidplatten, Matrizen werden hochchromhaltige Werkzeugstähle (Warmbehandlung Bild A/1), vereinzelt auch Schnellarbeitsstähle eingesetzt.

Hochchromhaltige Werkzeugstähle haben schlechte Wärmeleitfähigkeit; um Verzug und Spannungsrisse zu vermeiden, ist langsam vorzuwärmen. In der Grundmasse dieser hochchromhaltigen Stähle sind Primär- und Sekundärkarbide eingelagert. Die gröberen Primärkarbide verändern sich beim Härten praktisch nicht, während die kleineren Sekundärkarbide vollkommen in der Grundmasse in Lösung gehen und eine Erhöhung des Chromanteiles bewirken. Dadurch wird die kritische Abkühlungsgeschwindigkeit herabgesetzt; diese Stähle werden auch in weniger schroff abkühlenden Härtemitteln hart, z.B. im Warmbad oder an ruhender Luft. Die erhalten gebliebenen Primärkarbide bewirken zusammen mit der gehärteten Grundmasse die hohe Verschleißfestigkeit. Durch ihren hohen Chromgehalt sind diese Stähle praktisch verzugsfrei. Geringe Maßänderungen lassen sich infolge *Spannungen*, die auch bei sachgemäßer Wärmebehandlung entstehen, nicht ganz umgehen.

---

[1]) Standmenge bei Schneidwerkzeugen ist die Anzahl der ausgeschnittenen Schnitteile zwischen jedem Schärfen der Schneiden bzw. bei Umformwerkzeugen die Anzahl der gefertigten Werkstücke zwischen zwei Werkzeuggeneralüberholungen.

Es sind dies:

a) *kaum beeinflußbare Umwandlungsspannungen.* Um beim Abschrecken eine hohe Härte
   zu erreichen, ist die Bildung von Martensit erforderlich, wodurch eine Volumenvergrö-
   ßerung eintritt; bei 12%igen Chromstählen ist diese am kleinsten.

b) *beeinflußbare Wärmespannungen;* sie werden gemindert z.B. durch langsames Anwär-
   men, niedere Härtetemperatur, geringe Abkühlungsgeschwindigkeit (diese setzt hoher
   Chromgehalt weitgehendst herab), geringes Temperaturgefälle beim Abkühlen (Härten
   über ein Warmbad).

Zusätzlich kann ein Verzug z.B. durch ungünstige Ausgangsabmessungen auftreten. Bei
hochchromhaltigen Werkzeugstählen sind nach dem Härten in der Walzrichtung (Bild A/2)
die größten Maßänderungen feststellbar; diese sind bei allseitig geschmiedeten Scheiben
am kleinsten.

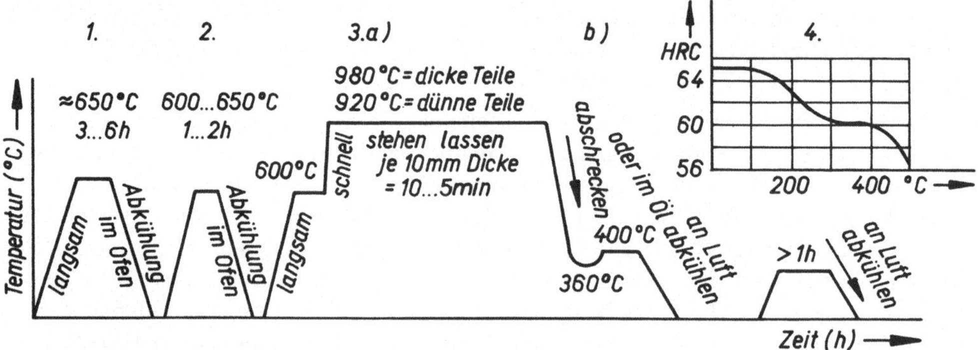

Arbeitsfolgen und Zweck:

1.	2.	3. a)	b)	4.
Weichglühen der Rohlinge	Zwischenglühen der vorgearbeiteten Teile	Erwärmung im Salzbad, im Ofen (eingepackt in ausgebrannter Holzkohle)	Abschrecken im Warmbad (Salzbad)	Anlassen im Warmbad
bessere Bearbeitung, z.B. Hand-gravierung	Bearbeitungs-spannungen beseitigen, damit Verzug gering	durch Warmbad: geringes Temperaturgefälle, Minderung der Wärmespannungen und des Verzugs		Entspannen der Teile, Erzielung der günstigsten Gebrauchshärte bei höchst-möglicher Zähigkeit

Bild A/1. Warmbehandlung hochchromhaltiger Stähle, z.B. X 210 Cr 12, Werkstoff Nr. 1.2080

Bild A/2
Einfluß der Werkstoffrohmaße hochchromhaltiger
Werkzeugstähle auf die Richtung der größten Maß-
änderung R

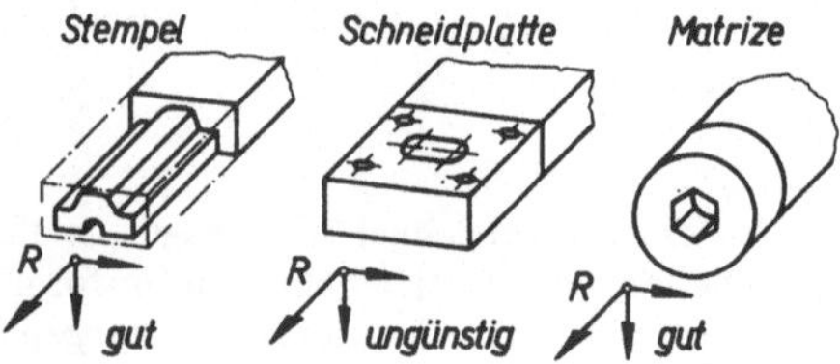

In den Tabellen A/1 bis A/3 ergibt die angegebene Reihenfolge der Stähle innerhalb der einzelnen Gruppen jeweils höhere Werkzeugstandmengen; die aufgeführten Stähle stellen einen Auszug aus üblich eingesetzten Stahlsorten dar.

Tabelle A/1: Verwendbare Stähle als Aufbauwerkstoffe für Schneid- und Umformwerkzeuge

Stahlbezeichnungen nach DIN 17100, 17200, 17210 bzw. 17006	Werkstoff-Nr. (Schlüssel-Nr.) DIN 17007	Verwendungszweck
St 34 bis St 42 oder C 15	1.0102 bis 1.0130 oder 1.0401	einfache Grundplatten, Stempelkopfplatten, Stempelhalteplatten, Stempelführungsplatten, Streifenauflagebleche
St 42 St 50 oder C 35	1.0130 1.0530 oder 1.0501	wie bei St 34, außerdem Einspannzapfen, Kupplungszapfen mit Gehäuse, Aufschlagringe und Aufschlagstücke, Anschneidanschläge mit Härtepulver an bestimmten Stellen gehärtet
St 50 St 60 oder C 35 bis C 45	1.0530 1.0540 oder 1.0501 bis 1.0503	wie bei St 34 und St 42, Streifenführungsleisten, Anschneidanschläge und Hakenanschläge mit gehärteter Anschlagnase, bei Gesamtschneidwerkzeugen die Stempelhalteplatte, Abstreifplatte, Ausstoßplatte, Zwangsausstoßer, Federbolzen gehärtet
St 60 Ck 45 weich	1.0540 oder 1.1191	Aufnahmeplatte für geteilte Schneidplatten, Formbiegewerkzeuge für weiche Nichteisenmetalle bei kleinen Stückzahlen
St 60 St 70 gehärtet oder C 70 W 2, C 100 W 2	1.0540 1.0632 oder 1.1620, 1.1640	Suchstifte, Abstreifschieber für Ziehwerkzeuge (bei Nichteisenmetallen weich), Federbolzen, Druckstifte, Auswerferbolzen (durch Druckfedern betätigt)
Einsatzstähle nach DIN 17210	**Werkstoff-Nr.**	**Verwendungszweck**
Ck 15	1.1141	Führungssäulen, lange Ausstoßerbolzen und Federbolzen
Ck 22 Ck 35	1.1151 1.1181	Führungssäulen in Verbundwerkzeugen, Ausstoßplatten und Druckplatten, Abstreifschieber in Ziehwerkzeugen
16 Mn Cr 5 [1]) 18 Cr Ni 8 20 Mn Cr 5 [1])	1.7131 1.5920 1.7147	Führungsbuchsen für Säulenführungen, massive Keiltriebstempel und Schieber, Gleitflächen, Kurven, lange Ausstoßer- und Federbolzen, Zwangsausstoßer

[1]) Stähle werden auch als Werkzeugstähle eingesetzt: 16 Mn Cr 5 Werkstoff-Nr. 1.2161, 20 Mn Cr 5 Nr. 1.2162, 50 Cr V 4 Nr. 1.2241

(Fortsetzung der Tabelle A/1)

Automatenstähle nach DIN 1651	Werkstoff-Nr.	Verwendungszweck
9 S 20 K	1.0711	kurze Bolzen aller Art, runde Platten, alle einsatzgehärtet

Niedriglegierte Stähle als Vergütungsstähle nach DIN 17200	Werkstoff-Nr. DIN 17 007	Verwendungszweck
50 Cr V 4 [1]) 35 NiCrMo 16	1.8159 1.2766	Schrumpfringe für Kalibriermatrizen auf Spindelpressen, für Kaltfließpreßmatrizen (bei $\approx 400\,°C$ einschrumpfen)

Tabelle A/2: Umformelemente aus unlegiertem und niedriglegiertem Werkzeugstahl

Stahlbezeichnung nach DIN 17006	Werkstoff-Nr. (Schlüssel-Nr.) DIN 17 007	Verwendungszweck Nachfolgende Werkzeugstähle sind Wasserhärter (Schalenhärter), sehr schneidhaltig aber verzugsempfindlich. Der Stahl härtet nur an der Oberfläche auf HRC 60 etwa 5 ... 8 mm tief, behält jedoch im Innern hohe Zähigkeit
C 70 W 1	1.1520	einfache Schneidplatten und Stempel für Nichteisenmetalle, Ziehstempel und Blechhalter für Ziehbleche aus Stahlblech, *Zwischenplatten* in Verbundwerkzeugen, die beim Schärfen der Schneiden mit abgeschliffen werden (siehe Bild G/2 b, Z_1 bis Z_3)
C 85 W 1 bis C 100 W 1	1.1530 bis 1.1540	wie bei C 70 W 1, einfache Schneidstempel und Schneidplatten für unlegierte Stahlbleche, Stempel und Gegenstempel für symmetrische Biegung bei geringen Drücken, Ziehringe (Wasserstrahl kühlt von innen heraus)
C 100 W 1 oder 115 CrV3	1.1540 oder 1.2210	kurze Lochstempel und Suchstifte (größere Durchmesser), Beschneidwerkzeuge für kleine Stückzahlen, Anschlagecken für Seitenschneider, Formbiegewerkzeuge für Nichteisenmetalle
90 Cr 3 bis 110 Cr 2	1.2056 1.2025	Druckplatte in Plattenführungswerkzeugen blau angelassen, Formbiegestempel und Gegenstempel, einfache massive Prägestempel, Ziehringe (Wasserstrahl kühlt von innen heraus)

---

[1]) Stähle werden auch als Werkzeugstähle eingesetzt: 16 Mn Cr 5 Werkstoff-Nr. 1.2161,
20 Mn Cr 5 Nr. 1.2162, 50 Cr V 4 Nr. 1.2241

(Fortsetzung der Tabelle A/2)

Stahlbezeichnung nach DIN 17006	Werkstoff-Nr. (Schlüssel-Nr.) DIN 17007	Verwendungszweck
		Nachfolgende Werkstoffe sind Ölhärter mit gleichbleibender Härte im gesamten Querschnitt, geringer Härteverzug, auch für Warmbadhärtung (Badtemperatur 180...230 °C)
35 W Cr V 7 45 W Cr V 7 50 Ni Cr 13	1.2541 1.2542 1.2721	lange schlanke Druckbolzen und Federbolzen, Druckplatten, Abfalltrenner
90 Mn V 8	1.2842	Stempel, Schneidplatten für einfache Gesamtschneidwerkzeuge, Keiltriebstempel und Schieber (Stahl ist verzugsarm)
100 Cr 6 bis 145 Cr 6	1.2067 1.2063	Stempel, Schneidplatten, Umformstempel und Gegenstempel, Kalibrierwerkzeuge, schlanke Lochstempel und Suchstifte, Einhängestifte
105 W Cr 6	1.2419	Stempel und Schneidplatten für Gesamtschneidwerkzeuge mittlerer Schwierigkeit, auch dünne Stempel zum Formbiegen
60 W Cr V 7	1.2550	Ölhärter mit hoher Zähigkeit, wie bei 100 Cr 6 bis 105 W Cr 6, schlanke, profilierte Umform-(Präge-)stempel und Matrizen für Nichteisenmetalle, kleine Stückzahlen
48 Cr Mo V 6 7	1.2323	Umformstempel und Gegenstempel aller Art, Planier- und Besteck-Formwerkzeuge
50 Ni Cr 13 oder C 110 W 1	1.2721 1.1550	einfache Besteck-Formwerkzeuge, Formbiegewerkzeuge

Abgesetzte dünne Lochstempel (siehe Bild A/5 b) mit einem Stempeldurchmesser, der ungefähr gleich der Blechdicke ist, werden aus Schnellarbeitsstählen hergestellt; diese läßt man mehrmals bei etwa 550 °C an. Für nichtabgesetzte, in gehärteten Buchsen (siehe Bild G/10, Teil 10) geführte Lochstempel ($d \geqslant 4 \cdot s$) bewährt sich als Werkstoff auch Federstahldraht, federhart gezogen (DIN 17223 Sorte C oder II). Die gehärtete Führungsbuchse soll dünne Stempel bei Knickbeanspruchung abstützen.

2. Formgebung gehärteter Teile

Bei der Werkzeugkonstruktion sind für die meist gehärteten Stempel, Gegenstempel, Schneidplatten, Ziehringe folgende Richtlinien zu beachten:

1. In die zu härtenden Teile ist die *Werkstoffbezeichnung* einzuschlagen, damit bei späteren Änderungen richtig weichgeglüht und gehärtet werden kann.

Tabelle A/3: Umformelemente aus hochlegiertem Werkzeugstahl

Stahlbezeichnung nach DIN 17006	Werkstoff-Nr. (Schlüssel-Nr.) DIN 17007	Verwendungszweck	
		Diese Werkzeugstähle sind Warmbad- und Lufthärter (zugleich Ölhärter), praktisch verzugsfrei und unempfindlich gegen Härterisse, höchste Elastizität	
		Die Stähle mit 1,65 % C-Gehalt sind noch zäher als mit 2,10 % C; letztere bringen höchsten Verschleißwiderstand	
X 45 Ni Cr Mo 4	1.2767	Stahl höchster Zähigkeit für lange Umform-(Präge-)stempel zur Bearbeitung von Leicht- und Schwermetallen, hochbeanspruchte Besteck-Formwerkzeuge	
X 210 Cr 12 X 210 Cr W 12 X 210 Cr Co W 12 X 165 Cr V 12 X 165 Cr Mo V 12 X 165 Cr Co Mo 12	1.2080 1.2436 1.2884 1.2201 1.2601 1.2880	komplizierte, zusammengesetzte Stempel und Schneidplatten. Umformstempel und Gegenstempel, Kaltfließpreßwerkzeuge (Stempel, Matrizen, Druckringe, Druckplatten) für Nichteisenmetalle und Stähle Ck 10 Die Matrize für Stahl-Kaltfließpreßwerkzeuge in Schrumpfring aus 35 Ni Cr Mo 16 Werkstoff-Nr. 1.2766 bei 350...400 °C einschrumpfen, danach im Ölbad abschrecken! Alle Stähle können, z.B. für Kalibrierringe, nitriergehärtet werden	
Schnellarbeitsstähle [1])		Gebrochene Härtung (nur bis 1150 °C erwärmen, damit Rockwellhärte HRC 60), anschließend mehrmals anlassen bei etwa 550 °C	
S 6-5-2 (DMo 5) S 18-0-1 (B 18) S 18-1-2-5 (E 18 Co 5) S 18-1-2-15 (EW 18 Co 15)	1.3343 1.3355 1.3255 1.3257	dünne Lochstempel (Stempel $\phi <$ Blechdicke), dünne hochbeanspruchte Umformstempel, Stahl-Kaltfließpreßstempel	

2. *Durchbrüche*, z.B. in Schneidplatten, führen bei Wasserhärtern, manchmal auch bei Ölhärtern, zu *Härterissen*. Diese Ausschußgefahr wird gemindert, wenn Durchbrüche und Bohrungen vor dem Härten mit Lehm oder Asbest ausgefüllt werden. Dadurch wirkt das Abkühlmittel nicht unmittelbar auf die härterißempfindlichen Flächen.

3. *Durchbrüche* und *Bohrungen* erhalten möglichst große Abstände zueinander und zu den Werkstückkanten (Bild A/3 a). Deshalb muß man bei Folgewerkzeugen oft eine Arbeitsstufe um eine Vorschublänge versetzen (Bilder A/3 b und c), obwohl mehr Arbeitsstufen eine erhöhte Ungenauigkeit der Werkstücke mit sich bringen können.

4. *Bohrungen* sollen *nicht auf der Verlängerung von Einschnitten* liegen.

---

[1]) Bezeichnung der Schnellarbeitsstähle nach Stahl-Eisen-Werkstoffblatt 320-69 (in Klammern die frühere Bezeichnung). Die Ziffern geben die abgerundeten Prozentsätze der Legierungsbestandteile in der Reihenfolge Wolfram - Molybdän - Vanadium - Kobalt an; z.B. heißt S 18-1-2-15 Schnellarbeitsstahl mit 18 % W, 1 % Mo, 2 % V, 15 % Co.

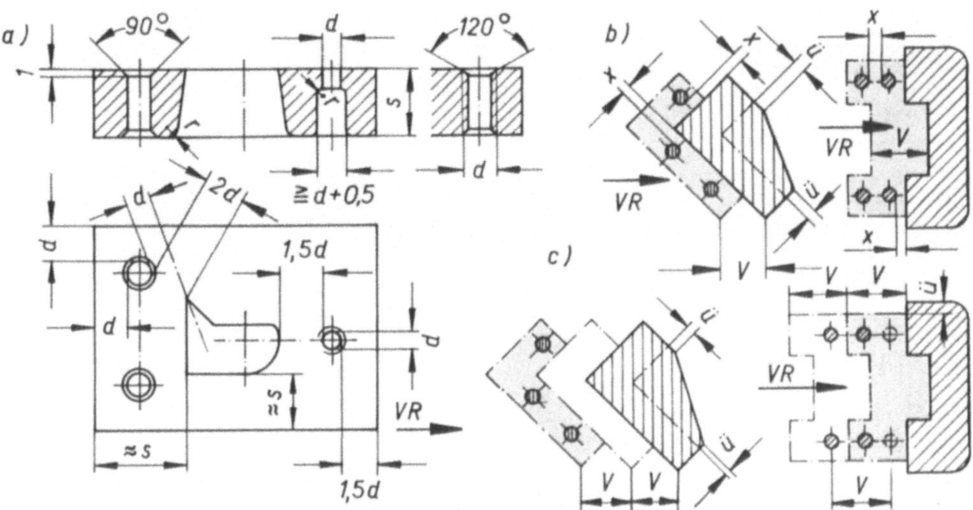

Bild A/3. Mindestabstände für Durchbrüche in Schneidplatten

a) hergestellt aus unlegiertem oder niedriglegiertem Werkzeugstahl;

b) zu enge Lochabstände (Maß X); V ist Vorschubmaß und VR Vorschubrichtung des Streifens oder Bandes, Überschneidungen $\ddot{u}$, damit scharfgeschnittene Ecken am Schnitteil entstehen;

c) Behebung

5. *Durchgangsbohrungen* sind beidseitig etwa 1 mm tief mit einem 90°-Spitzsenker *anzufasen.* Ebenso werden Kanten von Durchbrüchen (außer Schneidkanten) gerundet oder angefast, da scharfkantige Ecken beim Härten und später bei schlagartigen Beanspruchungen einreißen. Bei schwach befetteten Blechen können Abfälle kleiner Lochstempel zu Verstopfungen im Werkzeug führen; vorteilhaft wird die Schneidplatte von unten her mit einem Bohrer, dessen Schneidlippen etwas gerundet sind, aufgebohrt.

6. In Ziehringen und Schneidplatteneinsätzen versucht man *Innengewinde* zu *vermeiden,* da Gewindegänge Kerben darstellen, damit Rißgefahr für den gehärteten Werkstoff bedeuten. Bei Gesamtschneidwerkzeugen und bei Verbundwerkzeugen würden bei Einhaltung dieser Regel oft zu große Abmessungen entstehen; für gehärtete Teile mit Innengewinde zieht man deshalb hochchromhaltige Werkzeugstähle vor.

7. Grundsätzlich müssen *Gewindelöcher* unter 120° *angesenkt* sein.

8. Durch kleine Lochstempel (Durchmesser $d \leqslant 1{,}5 \cdot$ Blechdicke) werden die Schneiden der Schneidplatte sehr stark beansprucht. Um bei Folgeschneidwerkzeugen und bei Verbundwerkzeugen nicht die gesamte Schneidplatte aus hochwertigem Stahl herstellen zu müssen, wird die Platte in Einzelstücke unterteilt (vgl. D.3.g). Im Bereich der Lochstufe kann man nun eine Platte aus St 50 einsetzen, in diese werden die erforderlichen *Schneidbuchsen* aus hochlegiertem Werkzeugstahl oder aus Hartmetall eingepreßt; ein Zylinderstift oder ein Keil (Bild A/4) sichert gegen Verdrehung.

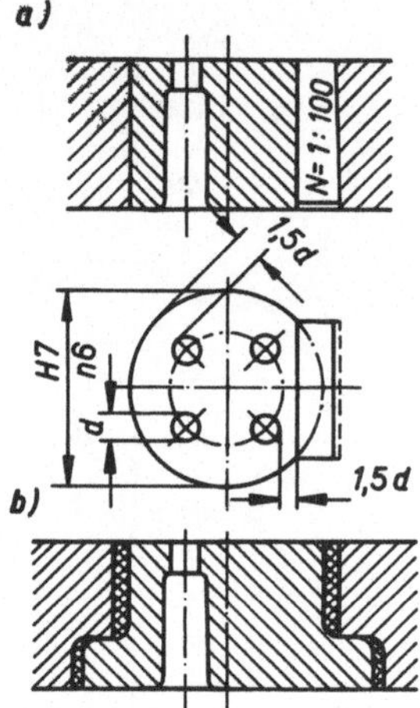

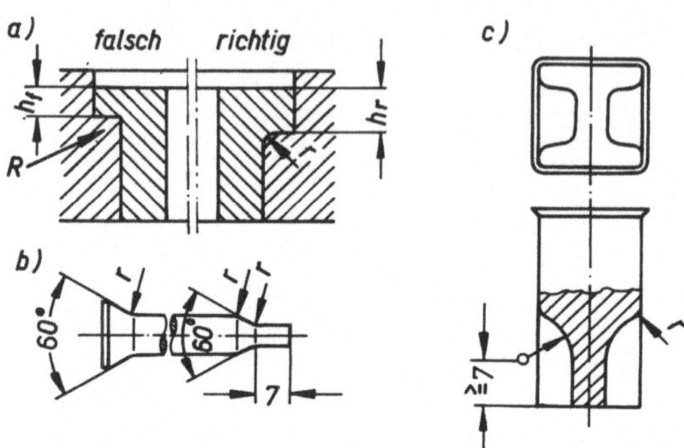

Bild A/4. Schneidbuchsen in Schneidplatte
a) eingepreßt, Keil sichert gegen Verdrehung;
b) eingegossen mittels Kunstharz

Bild A/5. Vermeidung schroffer Querschnittsänderungen
a) Ausstoßer im Gesamtschneidwerkzeug: Dicke h_f ist zu gering, durch scharfeckige Ausfräsung Rißgefahr R, Dicke $h_f \geqslant 6 \dots 8$ mm ist richtig;
b) abgesetzter Lochstempel; Ecken gerundet mit $r \geqslant 1$ mm;
c) abgesetzter Formstempel (Schaftstempel), Stempelkopf grau angelassen (HRC $\approx 45 \dots 52$) und beim Einbau angestaucht und überschliffen

9. *Schroffe Querschnittsänderungen* und *scharfe Umlenkungen* der Schnittlinie [1]) bewirken im gehärteten Stahl *Spannungsspitzen*; sie können gemindert werden:
durch Fräser mit angerundeter Stirnkante, z.B. beim Fräsen von Aufschlagflächen (Bild A/5),
durch gerundete, riefenfreie Übergänge bei abgesetzten Lochstempeln,
durch mehrteilige Stempel und Schneidplatten, z.B. bei scharfen Umlenkungen der Schnittlinie (siehe D.3.g).

3. Sinterwerkstoffe im Werkzeugbau

Diese Werkstoffe kommen für Großserienwerkzeuge in Betracht. Hartmetalleinsätze erhalten vor dem Sintern die gewünschte Form, die erforderlichen Bearbeitungszugaben müssen dabei bereits berücksichtigt sein.

In Schneidwerkzeugen (D.3.h) werden vorwiegend die Hartmetallsorten G 30 … G 40 eingesetzt. Bei scharfen Schneidkantenumlenkungen ist die etwas zähere Sorte G 40 geeigneter.

---

[1]) Entlang der Schnittlinie wird Werkstoff geschnitten (DIN 8588)

Kleine Durchbrüche in Umformelementen aus Sinterwerkstoffen kann man durch Funkenerosion herstellen; die Außenformen werden durch Schleifen mit keramisch gebundenen Siliciumkarbidscheiben (Körnung 50) oder mit Diamantschleifscheiben (Körnung 50 ... 100) fertig bearbeitet. Zu beachten ist, daß alle Sinterwerkstoffe bei Überhitzung zur Bildung von Schleifrissen neigen. Durch grobe Schleifmittelkörnung werden nicht nur Schleifrisse vermieden, sondern man erzielt auch höhere Standmengen.

Der Sinterwerkstoff *Ferro-Tic* [1]), der als Halbzeug im geglühten Zustand mit Rockwellhärte HRC 40 ... 42 geliefert wird, ist hochlegiertem Werkzeugstahl ähnlich, er darf jedoch nur bei halb so großer Schnittgeschwindigkeit spanabhebend bearbeitet werden. Ferro-Tic ist ebenfalls härtbar; bei späteren Änderungen kann der Sinterwerkstoff weichgeglüht, spanabhebend nachgearbeitet und wieder gehärtet werden.

Ferro-Tic besteht aus harten Titan-Karbiden, die in einer chrom-molybdän-kohlenstoff-legierten Stahlgrundmasse eingebettet sind. Infolge dieser Titankarbide ist beim Feilen und Reiben die Schneidenabnützung besonders groß. Sind Innengewinde nicht vermeidbar, sollen Durchgangsgewinde gewählt werden, da die Gewindebohrer beim Rückwärtsdrehen infolge verklemmter Karbide leicht ausbrechen. Zum Härten wird das fertige Werkstück in einem Salzbad auf 970...1000 °C erwärmt und im Öl abgeschreckt. Bei 150 °C Anlaßtemperatur liegt seine Härte bei 71 HRC, die bei Hartmetall der Verwendungsgruppe G 30 annähernd entspricht. Die Druckfestigkeit von Ferro-Tic liegt zwischen hochlegierten Werkzeugstählen und Hartmetall G 30. Die größte Zähigkeit, noch mit 64 HRC, erreicht Ferro-Tic bei 400 °C Anlaßtemperatur. Sowohl im geglühten als auch im gehärteten Zustand kann man den Sinterwerkstoff mit keramisch gebundenen Siliciumkarbidscheiben schleifen.

Vergleicht man *Schneidstempel* aus hochlegiertem Werkzeugstahl mit Sinterwerkstoffen, dann verhält sich Werkzeugstahl : Ferro-Tic : Hartmetall bezüglich der *erzielbaren Standmengen* (bis zum nächsten Schärfen) zwischen 1 : 4 : 6 und 1 : 5 : 8; werden die Werkstoff- und Herstellungskosten mitberücksichtigt, dann ergibt sich ein *Wirtschaftlichkeitsverhältnis* (Standmenge/Kosten) zwischen 1 : 2,2 : 2,5 und 1 : 3 : 3,5 .

---

[1]) Hersteller: *Deutsche Edelstahlwerke AG*, Krefeld

B. Federn im Werkzeugbau

In Werkzeugen werden oft Druckfedern [1] eingebaut; hauptsächlich handelt es sich um Blattfedern, Kunststoffdruckfedern und Tellerfedern [2] sowie zylindrische Schraubendruckfedern [3]. Diese werden von einschlägigen Firmen in großer Auswahl vorrätig gehalten.

1. Einbau von Druckfedern

Treten in einem Werkzeug *Störungen durch Druckfedern* auf, können Ursache sein:
a) falsche Federanordnung,
b) schlechte Federführung,
c) zu kleiner Spielraum über dem Kopf der Hubbegrenzungsschraube,
d) Federüberbeanspruchung [4].

a) Federanordnung

Druckfedern geben die berechnete Höchstkraft F_2 ab, wenn das Werkzeugoberteil die tiefste Lage erreicht hat (Werkzeug geschlossen) und gleichzeitig auch die Schnitt- bzw. Umformkräfte wirken. Deshalb sollen z.B. bei Schneidwerkzeugen die *Druckfedern um den Druckmittelpunkt aller Schnittkräfte* (Lage des Einspannzapfens siehe D.4) *achsensymmetrisch angeordnet* sein; die Hauptachse deckt sich mit der Richtung des Streifendurchganges (Bild B/1).

Bild B/1
Anordnung der Druckfedern um den Schwerpunkt *S*. Die Pfeile geben die Richtung der möglichen Streifendurchgänge an.

a) gute Anordnung, für alle Werkzeuge geeignet;

b) möglich, wenn *nur eine* Schnittkraft im Angriffspunkt *S* wirkt (z. B. Ausschneid- und Gesamtschneidwerkzeuge).

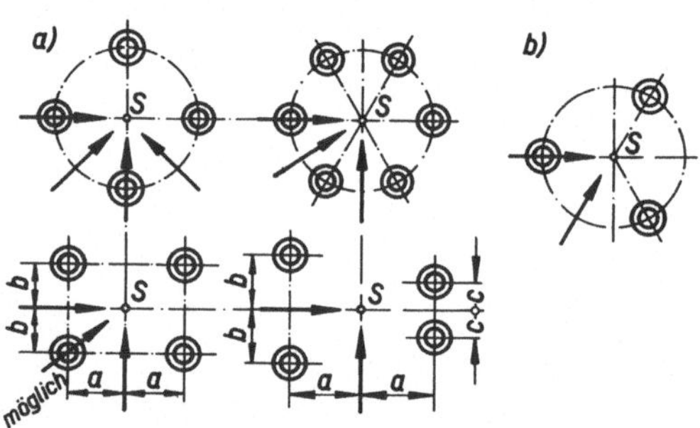

---

[1] Ausführliche Berechnungsunterlagen mit Federkennlinien siehe „*Roloff/Matek*, Maschinenelemente" und „*Böge*, Mechanik und Festigkeitslehre", Viewegs Fachbücher der Technik, Friedr. Vieweg + Sohn GmbH, Braunschweig.

[2] Maße, Güteeigenschaften DIN 2093, Berechnung DIN 2092.

[3] Bemaßung DIN 2095 ... 2099; Berechnung DIN 2089; für Stanzwerkzeuge Richtlinie VDI 3361. Die in vorliegendem Band verwendeten Schraubendruckfedern sind dem *Sustan-Handbuch* (Firma *Fickert*, Frankfurt) entnommen.

[4] Entsprechend der Richtlinie über zylindrische Schraubendruckfedern für Stanzwerkzeuge VDI 3361 müßte Federhub mit h bezeichnet werden. Nach DIN 2092 (Berechnung von Tellerfedern) ist h die lichte Höhe des Kegelstumpfes eines unbelasteten Tellers; in AWF 500.27.06 wird mit h die Höhe einer ungespannten Kunststoffdruckfeder bemaßt. Um einheitliche Formelzeichen zu erhalten, wird das mathematische Zeichen Δ, Unterschied zweier Funktionswerte, für Federhub $\Delta f = f_2 - f_1$ und für Spannungsunterschied $\Delta \sigma = \sigma_2 - \sigma_1$ eingesetzt.

b) Federführung

Druckfedern erhalten eine Außen- oder Innenführung.

Bei *Außenführung* liegt die Feder lose in der Bohrung des Federraumes. Diese Anordnung wird für Kunststoffdruckfedern und bei kleinen Kräften für Schraubendruckfedern angewandt. Nachteilig ist, daß Druckfedern in ihrer Bohrung schlecht geführt sind. Deren vorgespannter Außendurchmesser ist kleiner und vergrößert sich erst bei Belastung; reibt dann die Feder an der Wandung des Federraumes, wird die abgegebene Federkraft kleiner.

Bei *Innenführung* werden die Federn durch einsatzgehärtete Federführungsbolzen oder durch vergütete, nichtnachstellbare Hubbegrenzungsschrauben, auch als Ansatzschraube [1] bezeichnet, geführt. Um Federreibung zu mindern, soll der Führungsdurchmesser geschliffen sein.

Ansatzschrauben (Bild B/2 I) begrenzen zusätzlich den Federhub. Man spart dadurch Platz ein, das Werkzeug wird kleiner. Nachteilig ist, daß Ansatzschrauben, die Tellerfedern als Innenführung aufnehmen, *beim Einbau oft Schwierigkeiten verursachen.* Außerdem können sich einzelne Teller in die Führungsoberfläche der vergüteten Ansatzschraube einarbeiten und so zu Werkzeugstörungen führen.

Federführungsbolzen lassen sich mit allen Druckfederarten *leicht einbauen.* Man setzt sie immer ein, wenn auf eine federnde Platte mehr als vier Druckfedern wirken. Zusätzlich sind zur Höheneinstellung der federnden Platte (bei vorgespannter Feder) noch 3 ... 4 handelsübliche Innensechskantschrauben der Festigkeitsklasse 10.9 oder 12.9 (DIN 267 Blatt 3) mit Gegenmuttern erforderlich. Da diese Schrauben gleichzeitig den Federhub begrenzen, werden sie oft als *einstellbare Hubbegrenzungsschrauben* (Bild B/2 II) bezeichnet. Federführungsbolzen und die dazu erforderlichen Schrauben mit Gegenmuttern benötigen im Werkzeug mehr Bauraum als Ansatzschrauben.

Bei beiden Hubbegrenzungsarten wird die Federkraft durch Abschleifen der Federauflageringe oder durch Zugabe weiterer Unterlegscheiben einreguliert.

Ansatzschrauben (d.h. nichtnachstellbare Hubbegrenzungsschrauben) kann man handelsüblich beziehen oder aus genormten Innensechskantschrauben herstellen; das vorhandene Gewinde wird abgedreht und ein kleineres Gewinde geschnitten. Gewindemindestmaße sind in Tabelle des Bildes B/2 angegeben.

Als Sicherungselement sind für Ansatzschrauben und Federführungsbolzen geeignet z.B. Federring DIN 127, DIN 7980, Fächerscheibe DIN 6798, gezahnte Sicherungsscheibe [2], Gewindestift DIN 551 als Gegenschraube (vgl. Bild G/6) oder vereinzelt als querliegende Druckschraube mit Messing- oder Kupferdruckbolzen (siehe Bild B/4) ebenso Gegenmutter (vgl. Bild G/16). Einstellbare Hubbegrenzungsschrauben werden mittels Gegenmutter gesichert.

---

[1] Anwendungsmöglichkeiten und Richtmaße dieser Ansatzschrauben enthalten die Richtlinien VDI 3363 bzw. AWF 500.13; Gewinde hat nach VDI eine Gewinderille, nach AWF einen Gewindeauslauf.

[2] Hersteller gezahnter Sicherungsscheiben: Firma *Adolf Schnorr KG,* Tellerfedernfabrik, Maichingen.

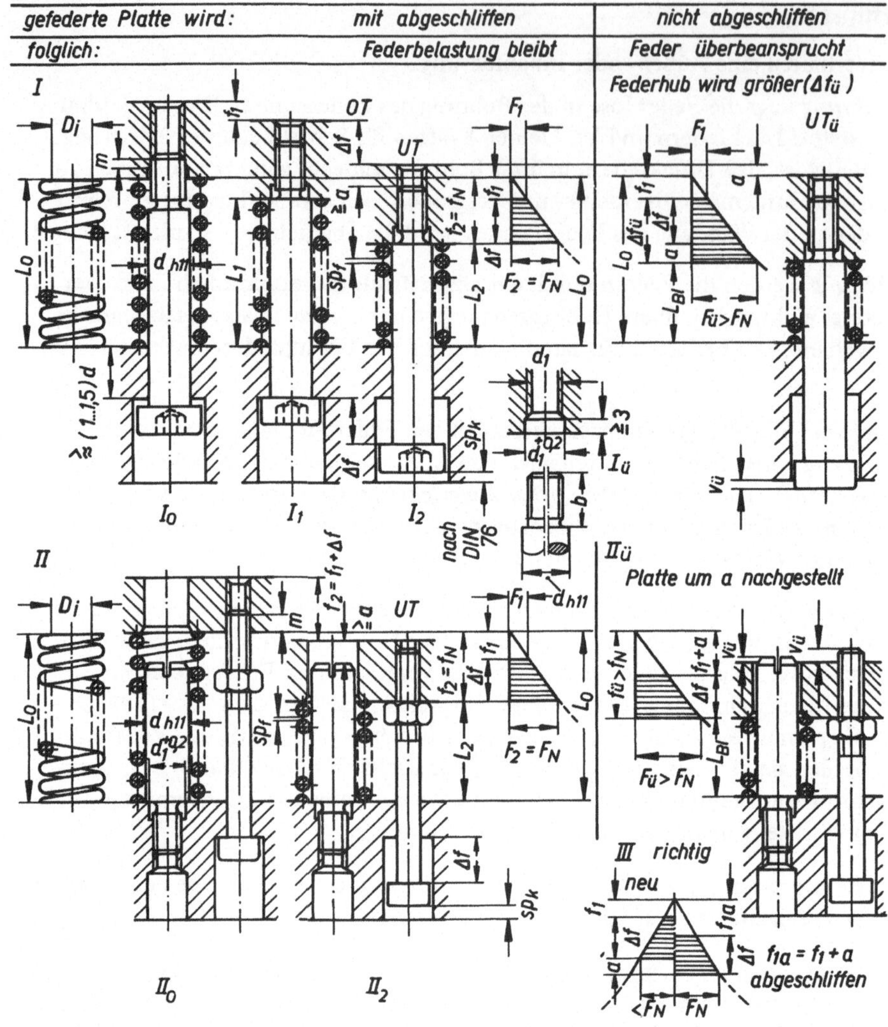

Mindest-Gewindemaße für Ansatzschrauben (10.9) und Führungsbolzen

Schaft	d_{h11}	8	10	13	16	20	25	32	mm
Ansatzschrauben VDI 3363	d_1	M6	M8	M10	M12	M16	M20	M24	
	b	9	12	15	18	24	30	36	mm
Höchstkraft	F_{schr}	1,08	2,03	3,36	4,78	9,13	14,2	20,75	kN
Führungsbolzen AWF 500.27.05	d_1	M6	M6	M8	M10	M12	M16	M20	
	b	12	12	14	16	18	20	27	mm

c) Spielraum über dem Kopf der Hubbegrenzungsschraube

Hubbegrenzungsschrauben sollen in Stellung UT [1]. Werkzeug geschlossen, über ihrem Kopf noch einen Mindestspielraum $sp_k = 3 \ldots 5$ mm haben (Bild B/2); er ist in Schneidwerkzeugen, bei nichtnachstellbaren federnden Platten, um das Maß des Gesamtabschliffes a zum Schärfen der Schneiden größer. Auch müssen die Gewindegänge der Schrauben eingreifen (Maß m), bevor die Feder vorgespannt wird.

d) Federüberbeanspruchung

Überbeanspruchte Druckfedern sind meist auf fehlerhafte Federauslegung oder auf falschen Einbau der Druckfedern zurückzuführen.

Die in Katalogen angegebenen Nennfederkräfte werden bei dem entsprechenden Nennfederweg meistens nicht erreicht. Der Konstrukteur muß deshalb schon im voraus mit einem *Sicherheitszuschlag* rechnen, der *mindestens dem Prozentsatz der zulässigen Federkraftabweichung* [2] entsprechen muß.

Damit im Werkzeug keine Werkstücke vereinzelt hängen bleiben, muß bei Auswerfer-, Ausstoßer- und Abstoßer-Druckfedern die Federkraft F_1 mindestens der *Hälfte von* F_2 entsprechen (Indizes nach Bild B/2).

---

[1] Der Pressenstößel befindet sich in tiefster Lage, die mit „unterem Totpunkt" UT bezeichnet wird (höchste Pressenstößel-Lage ist „oberer Totpunkt" OT).

[2] Federkraftabweichung bei Schraubendrucktedern nach DIN 2095, bei Tellerfedern nach DIN 2093, bei Kunststoffdruckfedern nach Angaben der Lieferfirma.

Bild B/2. Verschiedene Federbeanspruchungen durch Federhub und Abschliff beim Schärfen der Schneiden

  I Ausführung mit Ansatzschraube (nichtnachstellbare Hubbegrenzung);

  II Ausführung mit Federbolzen (nachstellbare Hubbegrenzung);

III richtig ausgesuchte Feder für Platte, die nicht abgeschliffen, sondern nachgestellt wird.

Gewindelocheinsenkungen VDI 3363

Indizes		Feder und Federkennlinie	
N	Nennangaben vom Federhersteller	D_i	innerer Windungsdurchmesser $\hat{=}$ Schaftdurchmesser $d + 0,1$ mm
0	Feder ungespannt (vor Einbau)		
1	Feder vorgespannt Werkzeug offen, Stellung OT	sp_f	Spielraum zwischen Windungen = $0,1 \cdot$ Drahtdurchmesser ($sp_{f\,min} \approx 0,5$ mm)
2	Feder gespannt ($f_2 \leqslant f_N$) Werkzeug geschlossen, Stellung UT	L	Federlänge
$\ddot{u}$	Feder überbeansprucht	L_{Bl}	Blocklänge der Feder bei anliegenden Windungen
a	Gesamtabschliff zum Schärfen	f	Federweg
m	Gewindegänge greifen ein	Δf	Federhub = $f_2 - f_1$
sp_k	Mindestspielraum über Schraubenkopf ($\geqslant 3 \ldots 5$ mm)	F	Federkraft
$v_{\ddot{u}}$	vorstehender Kopf, Bolzen	F_{Schr}	höchstzulässige Kraft auf Schraube (Festigkeitsklasse 10.9 DIN 267 Blatt 3) durch Federkraft F_1

Kunststoff-Druckfedern setzen sich mehr als Druckfedern aus Stahl. Man soll deshalb als Federweg f_2 höchstens 80 ... 85 % des Nennfederweges vorsehen. Kunststoffdruckfedern, die minutlich $\approx 60 ... 70$ Arbeitshübe übernehmen, geben infolge hoher innerer Erwärmung wesentlich geringere Federkräfte ab, außerdem setzen sie sich übermäßig. Man soll deshalb diese Federn nur bis höchstens 50 Arbeitshübe minutlich einsetzen.

Schneidkanten in Schneid- oder in Folgeverbund-Werkzeugen müssen regelmäßig nach-geschliffen werden. Sind *Federführungsbolzen mit 3 ... 4 nachstellbaren Hubbegrenzungs-schrauben* entsprechend Bild B/2 II vorgesehen, wird nach jedem Schärfen der Schneiden die federnde Platte mittels dieser Schrauben nachgestellt; die Federvorspannung erhöht sich. Federbrüche lassen sich nur vermeiden, wird der zu erwartende Abschliff schon bei der Konstruktion berücksichtigt. Im Berechnungsbeispiel B/1 und im Bild B/2 II wurde der Gesamtabschliff bereits im Federhub mit eingerechnet. Nachteilig dabei ist, daß hohe Druckfedern, somit lange Stempel und große Werkzeugbauhöhen entstehen. Besser ist es, man legt unter jede Druckfeder einen Federauflagering (Bild B/3 a, Teil 3) und schleift diesen Ring beim Schärfen der Schneiden um das gleiche Maß mit ab. Werden entsprechend Bild B/3 b Ansatzschrauben zur Hubbegrenzung und gleichzeitiger Federführung eingebaut, dann *müssen die Ansatzschrauben stets auf ihren Federringen sitzen.* Die Federauflage-ringe sind dann wie bei Bild B/3 a mit abzuschleifen.

In der Konstruktion nach Bild B/3 c wurden die Federauflageringe übergeschoben. Damit sich der Fe-derhub beim Schärfen der Schneiden nicht vergrößert, muß man regelmäßig die aufgeschobenen Ringe mit abschleifen und zusätzlich ausgleichende dünne Scheiben z_u unter den Kopf der Ansatzschrauben legen, wodurch der Mindestspielraum sp_k über dem Kopf der Ansatzschraube verringert wird.

Lassen sich *beim Schärfen die Schneiden gemeinsam mit der federnden Platte abschleifen* (Bilder B/2 I, B/3 d und D/29), bleiben die Federeinbauverhältnisse unverändert, unab-hängig ob Federführungsbolzen oder Ansatzschrauben mit oder ohne Federauflageringe eingesetzt sind.

Für *federnde Abstreifplatten* in Schneidwerkzeugen sind zur Bestimmung der erforder-lichen Abstreifkraft die im Abschnitt C.1.e angegebenen Prozentsätze gültig. Hat das Werk-zeugoberteil die tiefste Lage erreicht, müssen die zusammengepreßten Druckfedern die errechnete Abstreifkraft aufbringen. Zusätzlich ist noch zu überprüfen, ob zum Auswerfen der Schnitteile die Vorspannkraft der Druckfedern F_1 etwa die Häfte der errechneten Abstreifkraft ausmacht.

Zur Festigkeitsnachrechnung der Hubbegrenzungs- bzw. Ansatzschrauben setzt man die *Federvorspann-kraft F_1* ein (vgl. Tabelle unter Bild B/2):

$$\frac{\text{Federkraft vorgespannt } F_1 \text{ [N]}}{\text{Anzahl der Schrauben}} = F \text{ je Schraube} = A_s \cdot \frac{\sigma_s}{\upsilon} \ .$$

Darin ist: A_s Spannungsquerschnitt des Gewindes in mm² (DIN 13 Blatt 1),

σ_s Streckgrenze in N/mm² des Schraubenwerkstoffes (DIN 267 Blatt 3),

υ Sicherheitsfaktor, der für Großwerkzeuge mit $\approx 13,5$ (Richtlinie VDI 3363), für Kleinwerkzeuge mit $\approx 11,5$ gewählt wird.

Der hohe Sicherheitsfaktor ist erforderlich, da die Stoßkraft der Druckfedern vielfach nicht von allen Schrauben gleichmäßig aufgenommen wird. Bei der Herstellung der Auflage- bzw. Anschlagflächen ist daher auf Maßgleichheit (Höhentoleranz höchstens $\pm 0,1$ mm) und auf sorgfältigen Einbau zu achten.

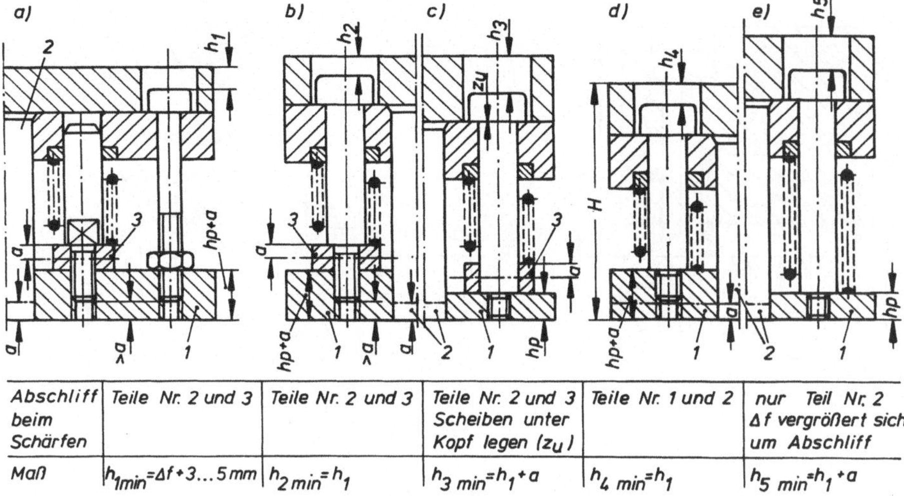

Abschliff beim Schärfen	Teile Nr. 2 und 3	Teile Nr. 2 und 3	Teile Nr. 2 und 3 Scheiben unter Kopf legen (z_u)	Teile Nr. 1 und 2	nur Teil Nr. 2 Δf vergrößert sich um Abschliff
Maß	$h_{1min}=\Delta f+3...5\,mm$	$h_{2\,min}=h_1$	$h_{3\,min}=h_1+a$	$h_{4\,min}=h_1$	$h_{5\,min}=h_1+a$

Bild B/3. Berücksichtigung des Abschliffes zum Schärfen der Schneidkanten (Druckflächen) von Schneidstempeln in Schneid- und in Verbundwerkzeugen

a) Scheiben unter Federn mit abschleifen und federnde Platte durch Hubbegrenzungsschrauben nachstellen;

b) Scheiben unter Federn mit abschleifen; Ansatzschrauben auf Scheiben sitzend bei Plattendicke $\geqslant hp + a$;

c) Scheiben unter Federn mit abschleifen; Ansatzschrauben auf federnder Platte sitzend bei Plattendicke $\approx hp$ = Gewindelänge der Ansatzschrauben (*Ausführungsart vermeiden!*); nach mehrmaligem Schärfen sind Scheiben unter Schraubenköpfe zu legen (Δf bleibt dann gleich groß);

d) federnde Platte mit abschleifen; ergibt geringste Bauhöhe H (*Ausführungsart anstreben!*);

e) Gesamtabschliff a im Federhub eingerechnet, federnde Platte nicht nachstellbar; erfordert große Federlängen, damit große Bauhöhe H.

1 federnde Platte, *2* Schneidstempel, *3* Scheibe unter Feder zum Abschleifen, a Gesamtabschliff, hp Mindestplattendicke = mindestens Gewindelänge der Ansatzschraube + 2...3 mm; $h_1...h_5$ Mindestspielraum bei *geöffnetem Werkzeug* über Kopf der Hubbegrenzungsschrauben, Δf Mindestfederhub zum Schneiden = Blechdicke + Eintauchtiefe der Schneiden.

2. Zylindrische Schraubendruckfedern

Diese werden gewählt, wenn z.B. in einem Verbundwerkzeug *große Federhübe* erforderlich sind. Der Durchmesser des Federführungsbolzens ist um 0,1...0,2 mm kleiner als der Innendurchmesser der ungespannten Feder [1]).

---

[1]) Mit Prüfgeräten aufgenommene Federkennlinien von Schraubendruckfedern weisen oft Unterschiede zu angegebenen Nennwerten (Federkräfte in Abhängigkeit der dazugehörenden Federwege) auf, weshalb unter Schraubendruckfedern gehärtete Scheiben zum Einstellen des Federdruckes üblich sind.

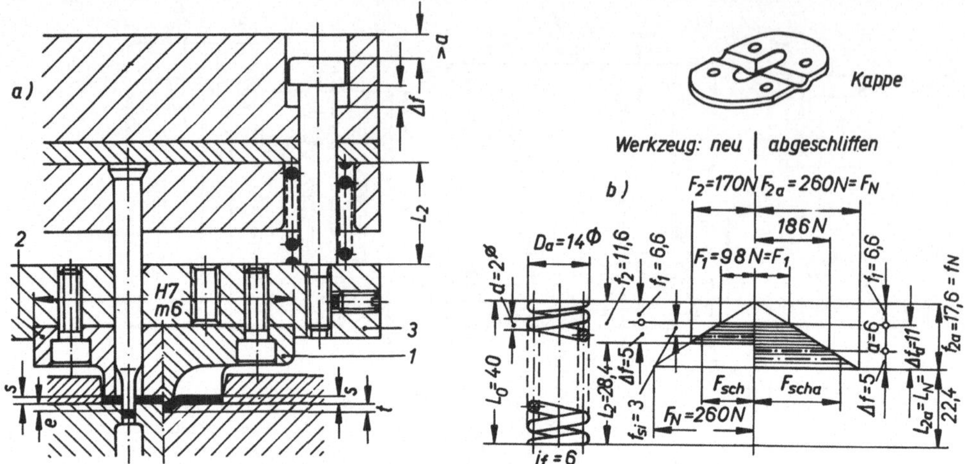

Bild B/4. Federberechnung zu Beispiel B/1; Werkzeug in tiefster Lage (*UT*)

a) Werkzeug; *1* Formsucherplatte, *2* gehärtete Stempelführungsleiste, *3* federnde Führungsplatte des Säulengestells mit Abdrückgewinde für Teil 2;

b) Druckfeder mit Kennlinien, Indizes siehe Bild B/2

● *Beispiel B/1:*

Für ein Verbundwerkzeug (Teilschnitt Bild B/4) zur Herstellung von Kappen aus 1 mm dicken Bändern wird ein Säulengestell mit federnder Führungsplatte (siehe Tabelle D/3) verwendet. In die Führungsplatte (3) sind zwischen Umformstufe und nachfolgender Lochstufe eine Formsucherplatte (1) und zur besseren Führung der Schneidstempel noch gehärtete Führungsleisten (2) eingesetzt. Die Druckfläche der Sucherplatte entspricht der Werkstückform; sie soll das 1 mm dicke Band festhalten, während formgebogen und geschnitten wird. Formsucherplatte und Führungsleisten darf man beim Schärfen der Schneidstempel nicht mit abschleifen; die Federn werden ohne untergelegte Ringe immer stärker zusammengepreßt, weshalb im Federhub der Abschliff (im Bild B/4 Maß a) zu berücksichtigen ist.

Zu ermitteln sind die Einbauverhältnisse der Schraubendruckfedern und die größte Eintauchtiefe der Schneidstempel in die Führungsleisten bei geöffnetem Werkzeug, Stellung *OT* [1].

Bekannt sind:
Blechdicke, nach Zeichnung $s = 0{,}5$ mm;
Sickentiefe, nach Zeichnung $t = 1$ mm;
größte Eintauchtiefe der Schneidstempel in die Schneidplatte, gewählt $e = 1{,}5$ mm;
Federweg zur Lagesicherung der Sicke, gewählt $f_{si} = 3$ mm;
Mindestfederhub, noch ohne Abschliff, $\Delta f_{min} = f_{si} + s + e = 3$ mm + 0,5 mm + 1,5 mm = 5 mm;
gesamter Abschliff der Schneidstempel $a = 6$ mm.

Angaben für die gewählten Schraubendruckfedern:
Außendurchmesser $D_a = 14$ mm, ungespannte Länge $L_0 = 40$ mm, Drahtdurchmesser $d = 2$ mm, Anzahl der federnden Windungen $i_f = 6{,}5$. Bei zulässigem Nennfederweg $f_N = 17{,}6$ mm ist die Nennfederkraft $F_N = 260$ N [2].

---

[1] Der Pressenstößel befindet sich in höchster Lage, die mit „oberem Totpunkt" *OT* bezeichnet wird.

[2] N $\hat{=}$ Newton. 1 Newton ist die Kraft, die einem Körper der Masse 1 kg die Beschleunigung 1 m/s^2 erteilt (Umrechnung 1 kp = 9,806 65 N $\approx$ 10 N).

- *Lösung:*
  In die Federkennlinie, die mit gegebenen Nennwerten $f_N = 17{,}6$ mm und $F_N = 260$ N aufgezeichnet wird, trägt man die Federkräfte im abgeschliffenen und im neuen Werkzeug ein (Bild B/4).
  Bei geöffnetem Werkzeug, Stellung *OT*, tauchen die Stempelschneiden in die gehärtete Stempelführungsleiste (2) im neuen Zustand um $f_{si} = 3$ mm, abgeschliffen um $f_{si} + a = 3{,}0$ mm $+ 6{,}0$ mm $= 9{,}0$ mm ein.

- *Ergebnis:*
  Da unter den Federn *Ringe zum Abschleifen fehlen,* ist durch den Abschliff ein unnötig großer Federhub erforderlich, dieser bringt folgende Nachteile mit sich:
  1. Die Federauswahl ist umständlich, außerdem werden die Federkräfte durch jedes Schärfen vergrößert.
  2. Große Federhübe erfordern große Federlängen, damit lange Stempel mit erhöhter Knickgefahr und hohe Werkzeuge.

Ergebnis aus der zeichnerischen Lösung:

Werkzeug ist	abgeschliffen Abschliff $a = 6$ mm	neu
Gesamtfederweg	$f_{2a} = f_N = 17{,}6$ mm	$f_2 = f_N - a = 11{,}6$ mm
Federhub	$\Delta f_a = \Delta f_{min} + a = 11{,}0$ mm	$\Delta f = \Delta f_{min} = 5{,}0$ mm
Federweg vorgespannt	$f_1 = f_{2a} - \Delta f_a = 6{,}6$ mm	$f_1 = f_2 - \Delta f = 6{,}6$ mm
Federlänge vorgespannt	$L_1 = L_0 - f_1 = 33{,}4$ mm	$L_1 = L_0 - f_1 = 33{,}4$ mm
Federkraft vorgespannt	$F_1 = 98$ N	$F_1 = 98$ N
Federlänge gespannt	$L_{2a} = L_0 - f_{2a} = 22{,}4$ mm	$L_2 = L_0 - f_2 = 28{,}4$ mm
Federkraft gespannt	$F_{2a} = F_N = 260$ N	$F_2 = 171$ N
Federkraft bei Schneidbeginn	$F_{Scha} \approx 230$ N (in Ordnung)	$F_{Sch} \approx 142$ N (etwas knapp)

3. Tellerfedern [1])

Diese Federn werden vielfach in Schneidwerkzeugen (z.B. für federnde Abstreifplatten, federnde Abstoßstifte) eingebaut. *Tellerfedern geben große Federkräfte bei kleinem Federhub und geringer Einbauhöhe* ab. Vorteilhaft wählt man große Tellermaße, da der Federweg je Teller größer und damit die Anzahl der Teller und deren Einbauhöhe geringer ist.

---

[1]) Abmessungen DIN 2093 und Sonderausführungen einschlägiger Firmen, Berechnung nach DIN 2092; Angaben über einige nach DIN 2093 genormte Tellergrößen siehe Anhang des Buches.

Der *Federweg* wird bei wechselsinnig aneinandergereihten Tellern gleicher Abmessungen vervielfacht (siehe Beispiel B/2). Durch Federpakete wird die *Federkraft* vergrößert (vgl. Beispiel B/3). Die ungespannte Länge L_0 der Federsäule, gebildet durch wechselsinnig aneinandergereihte Teller (oder Federpakete) soll das Dreifache des Telleraußendurchmessers D_a nicht überschreiten. Beim Einbau sind Tellerfedersäulen im leicht vorgespannten Zustand auszurichten.

Für Federsäulen mit wechselsinnig aneinandergereihten Tellern ist eine gerade Telleranzahl zu wählen, damit die beiden Außenteller sich immer mit ihrem äußeren Tellerrand abstützen. Als Federauflage sind gehärtete Scheiben vorzusehen, da sich bei weichen Unterlagen die ringförmigen Kanten der Außenteller einarbeiten würden. Die darüber liegenden Teller stehen dann schief, sie verschieben sich, es entstehen hohe Reibungsverluste. Die gleichen Mängel zeigen sich, wenn der Tellerinnenrand als Federauflage gewählt wird und die Bohrung für Federführungsbolzen einseitig entgratet ist (Bild B/5 a).
In der Regel erhalten Tellerfedersäulen eine *Innenführung.*

Die Ausführung nach Bild B/5 c, die gut montierbar ist, erfordert den gleichen Bauraum wie Ansatzschrauben; sie hat jedoch den Nachteil, daß sich die Zweilochmutter (DIN 547) lockern kann. Einsatzgehärtete Führungsbuchsen mit Bund (Bild B/5 d) sind für große Tellermaße bestens geeignet. Beim Einbau setzt man zuerst die Führungsbuchsen in die Aufnahmebohrungen der unteren Platte ein, dann werden die Tellerfedern und die oberen Auflagescheiben auf die Buchsen gestreift. Erst wenn die obere Platte auf den Federsäulen liegt, führt man die Aufschlagscheiben und die Innensechskantschrauben ein und zieht alle Schrauben fest. Diese Einheiten lassen sich einfach und schnell einbauen, auch wenn mehr als vier Federsäulen erforderlich sind. Nach jedem Schärfen der Schneiden ist der Bund der Führungsbuchsen um das gleiche Maß abzuschleifen, damit die Federeinbauverhältnisse unverändert bleiben.

*Teller*federsäulen kann man auch als *selbständige Baugruppen* vormontiert in Werkzeuge einbauen. Die Teller sind auf einem Federbolzen ohne Vorspannung mit zwischengelegten, gehärteten Auflagescheiben aufeinander gereiht und mittels zwei Sprengringen DIN 9045 oder mittels Stift zusammengehalten (Bilder B/5 e, f, g).

Bei zusammengepreßten Tellern vergrößern sich deren Außendurchmesser, während sich ihre Innendurchmesser etwas verringern. Deshalb wählt man Führungsbolzen kleiner als die Tellerbohrung; z.B. bei Tellerbohrung 20,4 mm ist der Federbolzendurchmesser 20,0 mm bzw. bei 31 mm Bohrung erhalten Bolzen 30,0 mm. Weiterhin sollen *Führungsbolzen mindestens so lang sein, daß sie bereits die ungespannte Federsäule führen;* Hubbegrenzungsschrauben müssen in die Gewindegänge eingreifen, bevor die Teller vorgespannt werden (Maß m in Bildern B/2 I_0 und II_0).

Die Festlegung der *Tellergröße* erfolgt an Hand der Tabelle 0/1 (Anhang des Buches) entsprechend der gegebenen Federkräfte und der davon abhängigen, *im Teller wirkenden Spannungen.*

In Tabelle 0/1 sind für mehrere, nach DIN 2093 genormte Tellergrößen die bei verschiedenen Federwegen abgegebenen Kräfte angegeben. Zusätzlich wurde bei den Federwegen auch die jeweils größte, rechnerisch ermittelte Zugspannung am Innen- oder Außenrand *der Tellerunterseite* [1]) mit aufgeführt.

---

[1]) Entnommen aus Veröffentlichungen der Firma *Schnorr KG,* Tellerfedernfabrik, Maichingen. Berechnungsgrundlagen zur Ermittlung der Federkräfte und der davon abhängigen Zugspannungen gibt DIN 2092 an.

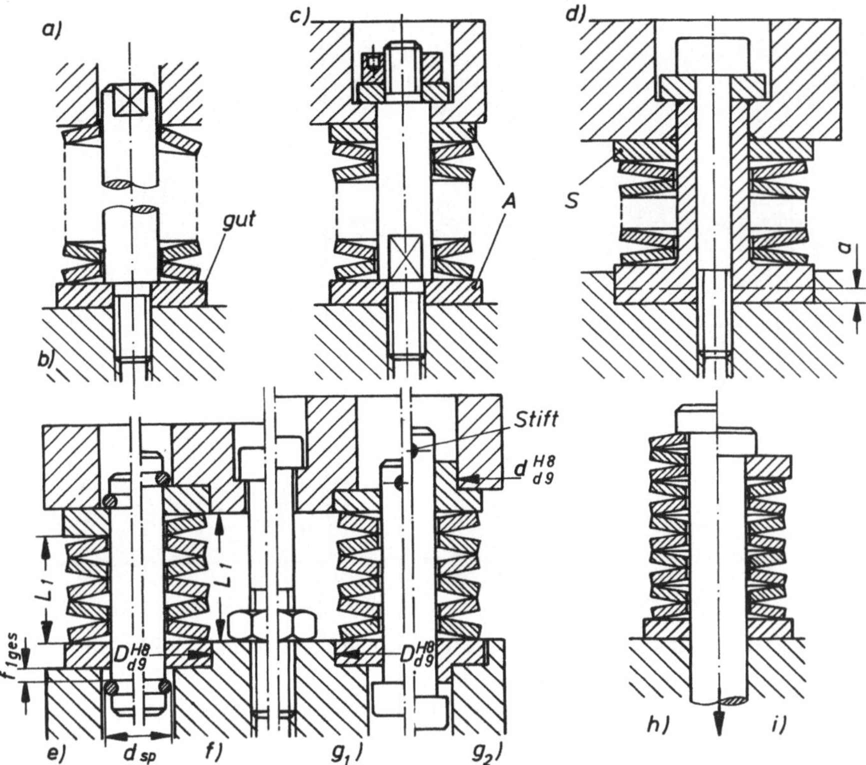

Bild B/5. Innenführung und vormontierte Federsäulen

a) Tellerinnenrand als Auflage ist schlecht, Bohrung ungleich gesenkt;

b) Tellerauflage gut, großer Tellerrand liegt auf gehärteter Scheibe;

c) beidseitig abgesetzter, einsatzgehärteter Führungsbolzen mit Zweilochmutter DIN 547 (für kleine Tellerfedern);

d) einsatzgehärtete Führungsbuchse mit Bund, Scheiben und Innensechskantschraube (für große Tellerfedern), *a* Abschliff beim Schärfen der Schneiden, *AS* (gehärtete Auflagescheiben);

e) schlechte Führung der vormontierten Federsäule (d_{sp} Außendurchmesser des Sprengringes DIN 9045), außerdem ungerade Telleranzahl;

f) gute Führung und Auflage, auch gerade Telleranzahl;

g_1)
g_2) gute Führung;

h) ungerade Telleranzahl möglich;

i) besser gerade Telleranzahl mit gehärteter Scheibe als Tellerauflage

Wechselnd belasteten Tellerfedern darf nur ein bestimmter Spannungsunterschied $\Delta\sigma_{zul}$ zugemutet werden. Die Dauerfestigkeitsschaubilder für Tellerfedern (Bild B/6) zeigen, daß bei steigender oberer Grenzspannung σ_2 der zulässige Spannungsunterschied $\Delta\sigma_{zul}$ und damit der Federhub je Teller Δf stetig kleiner wird. Man soll daher beim Festlegen der

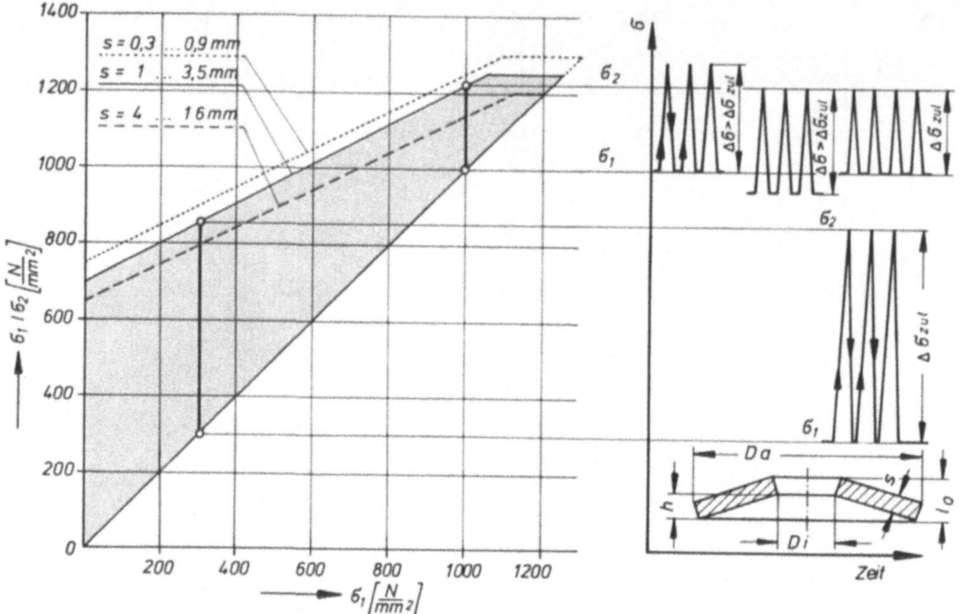

Bild B/6. Dauerfestigkeitsschaubilder ($N = 2 \cdot 10^6$ Lastwechsel) für Tellerfedern nach DIN 2093:

a) Teller setzen sich, da obere Grenzspannung σ_2 zu hoch;

b) Rißgefahr am Teller, da Spannungsunterschied $\sigma_2 - \sigma_1$ zu hoch (untere Grenzspannung σ_1 ist zu niedrig);

c) richtig beanspruchte Teller bei hoher und bei niedriger oberer Grenzspannung σ_2

D_a Telleraußendurchmesser; D_i Tellerinnendurchmesser; s Dicke des Einzeltellers; l_0 Bauhöhe des unbelasteten Tellers; h gesamter Federweg, dabei wird Teller flachgedrückt

Tellergröße nicht nur auf die Federkraft F_2 sondern auch auf die obere Grenzspannung σ_2 achten. Oft entstehen günstigere Einbauverhältnisse, wird anstatt einem Teller mit hoher Grenzspannung (also mit geringem Federhub) der nächst größere Teller eingesetzt. Um Haarrissen im Bereich der Tellerbohrung vorzubeugen, soll im vorgespannten Zustand noch ein *Mindestfederweg* $f_1 \approx (0,15 \ldots 0,20) \cdot h$ vorhanden sein. Ideal ist, wenn die gegebene Federkraft F_2 bei $f_2 \approx 0,65 \cdot h$ der gewählten Tellergröße liegt. Den Rechnungsgang zeigt schematisch Bild B/7.

Bei *Federpaketen* gleiten die Flächen der Tellerfedern während der Verformung aufeinander, es entstehen *Reibungsverluste* (Bild B/8). Dadurch muß mehr Kraft aufgewandt werden (F_{Aufwand}), als die Teller abgeben (F_{Ertrag}). Im Regelfall ist die von den Tellern abzugebende Kraft (F_{Ertrag}) bekannt. Man kann dann überschlägig auch auf diese Kraft die im Bild B/8 angegebenen Prozentsätze [1]) zugeben. Einschichtige kurze Federsäulen werden ohne Reibungsverluste berechnet, sofern die Teller geschmiert sind und einwandfrei aufeinander sitzen.

---

[1]) Prozentsätze gelten nur für gut geschmierte Federpakete; bei mangelnder Schmierung können sich Prozentsätze verdoppeln.

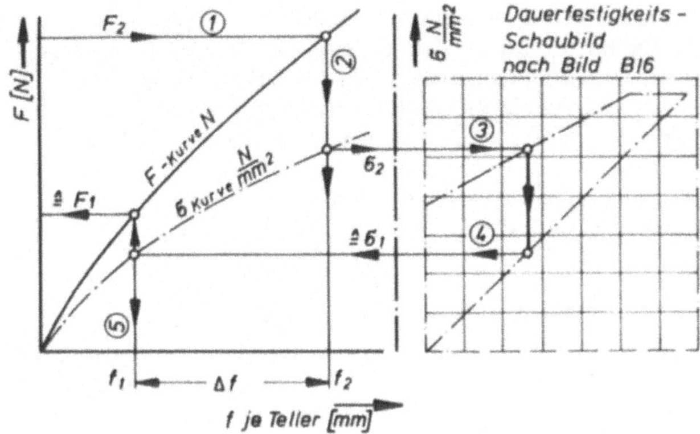

Einzelteller betrachtet:

$\Delta\sigma$ Spannungsunterschied im Teller

Δf Federhub je Teller

Werkzeugstellung OT:

F_1 Federkraft vorgespannt

f_1 Federweg je Teller vorgespannt

σ_1 Spannung im Teller vorgespannt

Werkzeugstellung UT:

F_2 Federkraft gespannt

f_2 Federweg je Teller gespannt

σ_2 Spannung im Teller gespannt

Lösungsgang nach Reihenfolge
der Zahlen

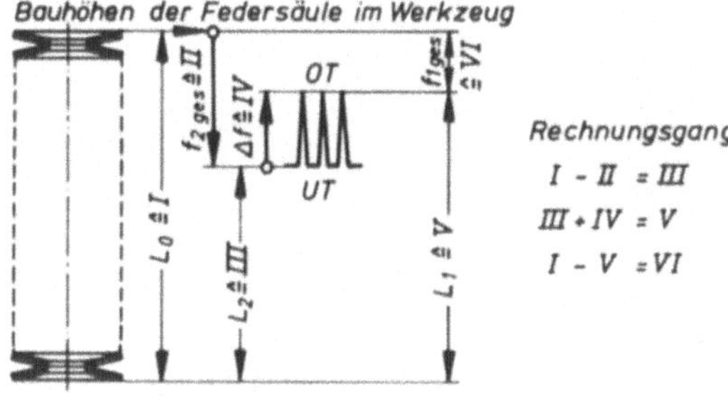

Bild B/7. Schema des Rechnungsganges bei Federsäulen,
zusammengesetzt aus Einzeltellern

Federsäule betrachtet:

i Einzelteller
wechselsinnig aneinandergereiht

Δf_{ges} gesamter Federhub = $i \cdot \Delta f$

f_{1ges} gesamter Federweg
vorgespannt = $i \cdot f_1$

f_{2ges} gesamter Federweg
gespannt = $i \cdot f_2$

L_0 Länge der Federsäule
ungespannt = $i \cdot l_0$

L_1 Einbauhöhe vorgespannt

L_2 Einbauhöhe gespannt

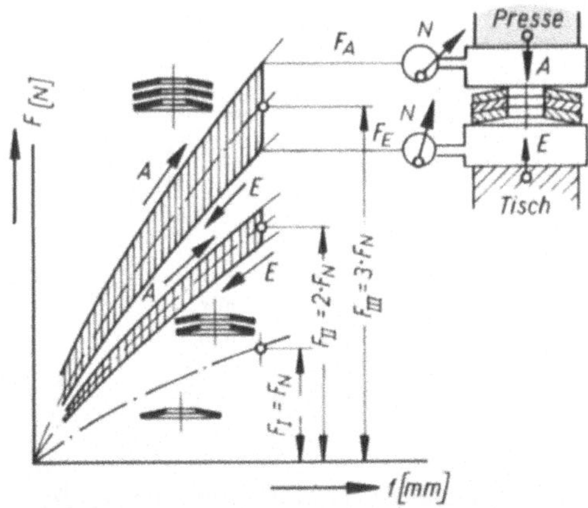

Bild B/8. Federpakete und Kraftverhältnisse

Federpaket betrachtet:

Reibung je geschichtetem Teller $\pm 2...3\%$
(nach DIN 2092)

$F_I = F_N$ Federkraft eines Einzeltellers
($F_N \hat{=}$ Angaben der Hersteller)

$F_{II} = 2 \cdot F_N \pm 4...6\%$, wobei zwei Einzelteller ein Federpaket bilden

$F_{III} = 3 \cdot F_N \pm 6...9\%$, wobei drei Einzelteller ein Federpaket bilden

i Anzahl der wechselsinnig aneinander
gereihten Tellerpakete

A Belastungskurven für $F_{Aufwand}$
Kraft bringt Pressenstößel auf

E Entlastungskurven für F_{Ertrag}
Kraft gibt Federpaket ab

Bei einschichtigen langen [1]) Tellerfedersäulen, die wechselnd belastet sind, bricht oft vorzeitig der 2. oder 3. Teller des bewegten Säulenendes (Teller im Bereich der Krafteinleitungsstelle). Die Ursache ist ebenfalls in den Reibungsverlusten zu suchen, denn jeder innere und äußere Tellerrand der wechselsinnig aneinandergereihten Teller vergrößert die Anzahl der Reibstellen; die eingeleitete Kraft (F_{Aufwand}) wird durch jeden Teller um dessen Reibungsanteil vermindert. Dadurch sind die Federwege (bzw. Federhübe) am bewegten Säulenende (das ist die Krafteinleitungsstelle) in Wirklichkeit größer, am unbewegten Säulenende kleiner als berechnet. Dieser überhöhte Federhub bedingt größere Spannungsunterschiede und kürzt die Lebensdauer der Teller

- *Beispiel B/2:*

  In einem Gesamtschneidwerkzeug (siehe Bild D/29) muß durch Tellerfedern eine Abstreifkraft von 4300 N [2]) erreicht werden. Beim Schärfen des Stempels werden Schneide und Abstreifplatte gemeinsam abgeschliffen. Der erforderliche Federweg ist $\Delta f_{\text{ges}} = 1{,}5$ mm. Aus konstruktiven Gründen werden drei Federsäulen, bestehend aus wechselsinnig aneinandergereihten Tellerfedern A 22,5 DIN 2093 gewählt. Folgende Kennwerte sind damit gegeben (Tabelle im Anhang des Buches): $h = 0{,}50$ mm.

  Bei $\qquad f = 0{,}25 \cdot h = 0{,}125$ mm $\quad$ ist $\quad F = 710$ N, $\quad \sigma = 390\,\dfrac{\text{N}}{\text{mm}^2}$;

  bei $\qquad f = 0{,}50 \cdot h = 0{,}25$ mm $\quad$ ist $\quad F = 1360$ N, $\quad \sigma = 840\,\dfrac{\text{N}}{\text{mm}^2}$;

  bei $\qquad f = 0{,}75 \cdot h = 0{,}375$ mm $\quad$ ist $\quad F = 1970$ N, $\quad \sigma = 1330\,\dfrac{\text{N}}{\text{mm}^2}$.

  Die Einbauhöhen der Federsäulen und die Spannungen im Teller sind zu bestimmen.

- *Lösung:*

  Zuerst zeichnet man im Koordinatensystem an Hand dieser Kennwerte die Kennlinien für Federkraft und Spannung auf (Bild B/9). Mittels

$$F_2 = \frac{4300\ \text{N}}{3\ \text{Federsäulen}} = 1430\ \text{N}$$

werden

$$f_2 = 0{,}265\ \text{mm} \quad \text{und} \quad \sigma_2 = 900\ \frac{\text{N}}{\text{mm}^2}$$

abgelesen.

Bild B/9

Zeichnerische Lösung des Beispiels B/2
Federkennlinie: Längenmaßstab
$M = 100 : 1$, Kräftemaßstab 1 cm $\hat{=}$ 400 N
Spannungsmaßstab 1 cm $\hat{=}$ 400 N/mm²
Indizes siehe Bild B/2

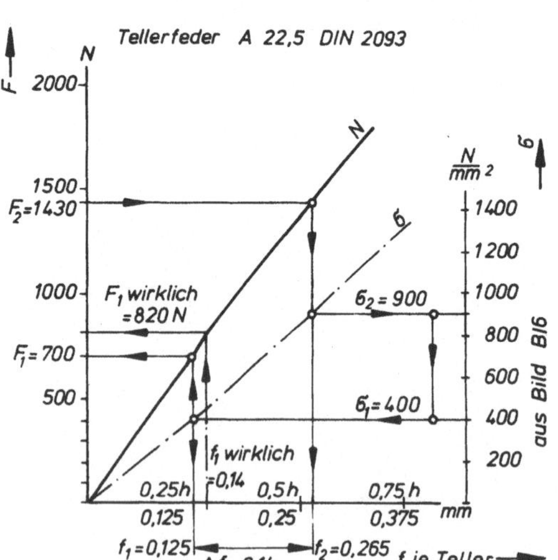

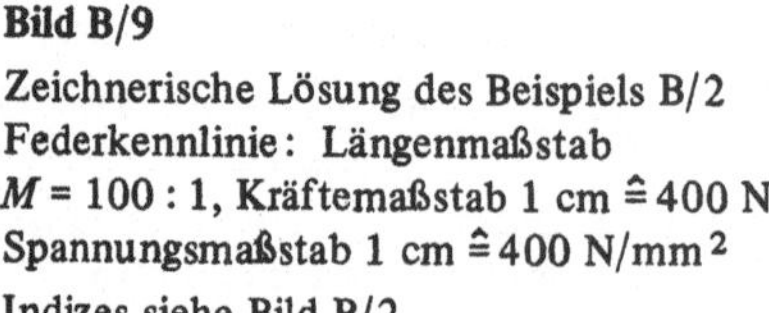

---

[1]) Ungespannte Länge der Federsäule L_0 ist größer als das Dreifache des Telleraußendurchmessers D_a.

[2]) Sicherheitszuschlag (vgl. B.1.d) auf die ermittelte Kraft ist bereits enthalten.

Aus Dauerfestigkeitsbild, Kurvenzug für $s = 1...3,5$ mm (Bild B/6) erhält man bei $\sigma_2 = 900$ N/mm² als untere Grenzspannung $\sigma_1 \approx 400$ N/mm². Diese Spannung in Diagramm (Bild B/9) übertragen, ergibt vorläufigen Federweg vorgespannt $f_1 \approx 0,125$ mm und vorläufige Federkraft vorgespannt $F_1 \approx 700$ N.

Der Federhub je Teller ist damit

$$\Delta f = f_2 - f_1 = 0,265 \text{ mm} - 0,125 \text{ mm} = 0,14 \text{ mm}.$$

Anzahl der Tellerfedern

$$i = \frac{\text{erforderliche Federweg } \Delta f_{ges}}{\text{Federweg je Teller } \Delta f} = \frac{1,5 \text{ mm}}{0,14 \text{ mm}} = 10,7 \text{ Teller, gewählt 12 Teller.}$$

Die Einbauhöhen werden wie folgt ermittelt (Zahlen I...VI sind als Rechnungsgang im Bild B/7 angegeben):

ungespannte Länge
der Federsäule $\hat{=}$ I $= L_0 = i \cdot l_0 = 12 \cdot 1,75$ mm $= 21,0$ mm

gesamter Federweg $\hat{=}$ II $= f_{2\,ges} = i \cdot f_2 = 12 \cdot 0,265$ mm $= 3,2$ mm

Einbauhöhe gespannt $\hat{=}$ III $= L_2 = L_0 - f_{2\,ges} = 17,8$ mm

gegebener Federhub $\hat{=}$ IV $= \Delta f_{ges} = 1,5$ mm

Einbauhöhe vorgespannt $\hat{=}$ V $= L_1 = L_2 + \Delta f_{ges} = 19,3$ mm

Federweg vorgespannt
(in Wirklichkeit vor- $\hat{=}$ VI $= f_{1\,ges} = L_0 - L_1 = 21,0$ mm $- 19,3$ mm $= 1,7$ mm
handen)

Federweg vorgespannt
je Teller $= f_1 = \dfrac{F_{1\,ges}}{i} = \dfrac{1,7 \text{ mm}}{12} \approx 0,14$ mm

Mit $f_1 \approx 0,14$ mm wird $F_{1\,wirklich} \approx 820$ N ($> \frac{1}{2} F_2$, in Ordnung).

- *Ergebnis:*
  Für die drei Federsäulen sind je 12 Einzelteller A 22,5 DIN 2093, Bauhöhen $L_1 = 19,3$ mm, $L_2 = 17,8$ mm erforderlich. Die Hubbegrenzungsschrauben müssen je 820 N aufnehmen.

- *Beispiel B/3:*
  Im gleichen Gesamtschneidwerkzeug (Bild D/29) müssen auf den im Oberteil eingebauten Ausstoßer 8800 N [1]) Federkraft wirken. Der Federhub ist $\Delta f_{ges} = 1,5$ mm. Im Oberteil kann man nur eine Tellerfedersäule einbauen. Tellergröße und Einbaumaße sind zu bestimmen.

- *Lösung:*
  Angenommen wird eine Federsäule, bestehend aus Federpaketen mit je zwei Tellern, die wechselsinnig aneinandergereiht sind. Je Teller ist damit

$$F_{2\,Ertrag} = \frac{8800 \text{ N}}{2} = 4400 \text{ N}.$$

Gewählt wird Tellerfeder A 40 DIN 2093.

- *Ergebnis:*
  Den Lösungsgang und die Berechnung der Einbaumaße zeigt Bild B/10.

---

[1]) Sicherheitszuschlag auf die ermittelte Kraft ist bereits enthalten.

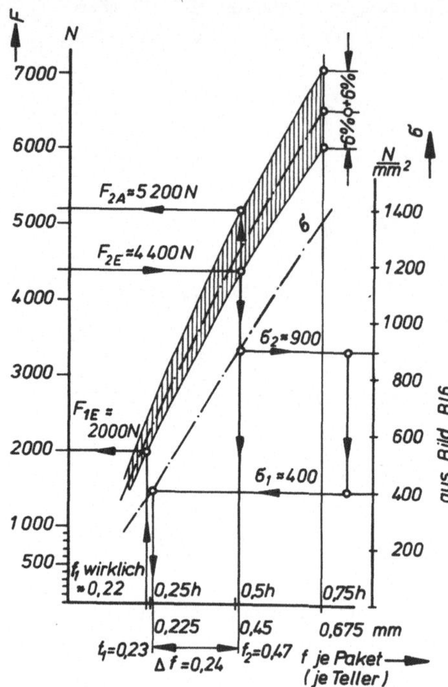

Anzahl der Federpakete

$$i = \frac{\Delta f_{ges}}{f} = \frac{1,5\ mm}{0,24\ mm} = 6,2$$

gewählt $i = 6$ Pakete zu je 2 Tellern

$$L_0 = (l_0 + s) \cdot i =$$
$$(3,15\ mm + 2,25\ mm) \cdot 6 = 32,4\ mm = 32,4\ mm$$
$$f_{2\,ges} = i \cdot f_2 = 6 \cdot 0,47\ mm \approx 2,8\ mm$$

$$L_2 = L_0 - f_{2\,ges} \qquad\qquad = 29,6\ mm$$
$$\Delta f_{ges} \qquad\qquad = 1,5\ mm$$

$$L_1 = L_2 + \Delta f_{ges} \qquad\qquad = 31,1\ mm = 31,1\ mm$$

$$f_{1\,ges}\ \text{vorhanden}\ L_0 - L_1 \qquad\qquad = 1,3\ mm$$

$$f_1\ \text{je Teller vorhanden} = \frac{f_{1\,ges}}{i} = \frac{1,3\ mm}{6} = 0,22\ mm;$$

somit wirksame Federkräfte der Pakete:

$$F_{1\,Ertrag} \approx 2 \cdot 2000\ N = 4000\ N$$
$$F_{2\,Ertrag} \approx 2 \cdot 4400\ N = 8800\ N$$

$F_{1\,E}$ ist knapp die Hälfte von $F_{2\,E}$ (unterste Grenze!)

$$F_{2\,Aufwand} \approx 2 \cdot 5200\ N = 10400\ N$$

Bild B/10. Zeichnerische Lösung des Beispiels B/3. Federkennlinie: Längenmaßstab $M = 50:1$, Kräftemaßstab 1 cm ≙ 1000 N, Spannungsmaßstab 1 cm ≙ 267 $\frac{N}{mm^2}$; Indizes siehe Bild B/2

4. Kunststoffdruckfedern [1])

Druckfedern aus synthetischem Gummi oder aus hochelastischen Kunststoffen (z.B. Poly-Urethan) werden vorgesehen, wenn *große Kräfte bei großen Federwegen* gefordert sind und die Federn dabei *höchstens 50 Arbeitshübe minutlich ausführen*. Kunststoffdruckfedern sind ölfest, jedoch *sehr wärmeempfindlich*. Da Kunststoffdruckfedern sich setzen und die abgegebenen Kräfte sich infolge innerer Erwärmung zusätzlich mindern, darf der wirkliche Federweg f_2 höchstens 90 % des Nennfederweges betragen. Zusätzlich soll man in Werkzeugen, z.B. bei Abstreifer- und Ausstoßerfedern, sowie bei federnden Biegestempeln die rechnerisch ermittelte Kraft noch um mindestens 10…20 % erhöhen und die Druckfeder entsprechend der erhöhten Kraft aussuchen.

---

[1]) VDI-Richtlinie 3362 enthält Richtlinien zur Auswahl von Druckfedern aus synthetischem Gummi. Lieferant von Kunststoffdruckfedern z.B. Firma *Brumme*, Raunheim b. Frankfurt; Firma *Veith K G*, Öhringen, Württemberg.

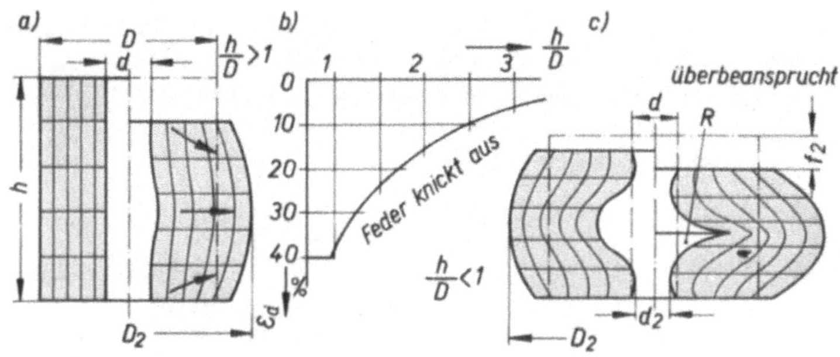

ϵ_d %	10	20	30	40
K_a	1,08	1,18	1,28	1,42
K_i	0,98	0,93	0,88	0,82

K_a bzw. K_i sind Korrekturfaktoren
für Kunststoffdruckfedern Shore 68°

$\epsilon_d = \dfrac{f}{h} \cdot 100\,\%$

Gefahr der Rißbildung R bei Kunststoffdruckfedern mit

$\epsilon_{d\ zul}$	40 %	30 %	25 %
$\dfrac{h}{D} \approx \dfrac{2}{3}$ bei ϵ_d	$\geqslant 40\,\%$	$\geqslant 30\,\%$	$\geqslant 25\,\%$
$\dfrac{h}{D} \approx \dfrac{1}{2}$ bei ϵ_d	$\geqslant 30\,\%$	$\geqslant 25\,\%$	$\geqslant 20\,\%$

$D_2 = K_a \cdot D$, dabei Federraum $D_{FR\,min} = D_2 + (5...10)$ mm

$d_2 = K_i \cdot d$, dabei Führungsbolzen $d_{h\,11} = d_2 - (0,1...0,2)$ mm

Bild B/11. Kunststoffdruckfedern

a) Verformung bei $\dfrac{h}{D} > 1$;

b) Knick-Kurve (aus AWF 500.27.03, Kunststoffdruckfedern Shore 68°) für $\dfrac{h}{D} = 1...3$;

   eingeschlossene Fläche gibt zulässigen Stauchungsbereich an. Elastische Stauchung ϵ_d in % der Ausgangshöhe h;

c) Verformung bei $\dfrac{h}{D} < 1$

Unter Druck werden die Federn elastisch gestaucht, wobei die Federbohrung in der Mitte etwas ausbaucht und die zylindrische Außenform sich kugelförmig vergrößert; große Einbauräume (D_{FR}) sind erforderlich, die großflächige Werkzeuge ergeben. Es kann Innen- oder Außenführung angewandt werden (Korrekturfaktoren der jeweiligen Führungsdurchmesser, Bild B/11). Innenführung ist vorzuziehen. Hohe Druckfedern ohne durchgehenden Innenführungsbolzen knicken seitlich aus; Grenzwerte gibt Kurvenzug Bild B/11b an. Druckfedern sollen ungespannt in der Höhe $\geqslant$ Außendurchmesser sein. Ist die ungespannte Höhe $<$ Außendurchmesser, knickt bei größer werdendem Federweg die ausgebauchte Federbohrung ein (Bild B/11c, rechte Hälfte); Innenrisse sind die Folgen.

- *Beispiel B/4:*
  Für ein Biegewerkzeug mit Keiltrieb (siehe Bild F/12) ist eine mittigwirkende Kunststoffdruckfeder zu bestimmen. Folgende Angaben sind bekannt: Vorspannkraft (zum u-förmigen Biegen einschließlich 15...20 % Zuschlag wegen Setzerscheinungen) $F_1 = 3000$ N, Federhub $\Delta f = 4,5$ mm.

- *Lösung:*
  Aus vorhandenen Federkennlinien wird die Druckfeder (synthetischer Gummi, Shorehärte 68° $\pm 5°$) = 50 x 50 gewählt (Bild B/12).

Bei F_1 = 3000 N wird f_1 = 13 mm abgelesen. Somit ist $f_2 = f_1 + \Delta f$ = 13 mm + 4,5 mm = 17,5 mm. Damit $h_2 = h - f_2$ = 50 mm − 17,5 mm = 32,5 mm und F_2 = 4350 N.

Wirklicher Federweg f_2 = 17,5 mm bezogen auf Nennfederweg f_{Nenn} = 20 mm ergibt

$$\frac{f_2 \cdot 100\,\%}{f_{\text{Nenn}}} = \frac{17,5 \text{ mm} \cdot 100\,\%}{20 \text{ mm}} \approx 88\,\% \text{ des Nennfederwegs (obere Grenze).}$$

- *Ergebnis:*
Den Lösungsgang zeigt Bild B/12.

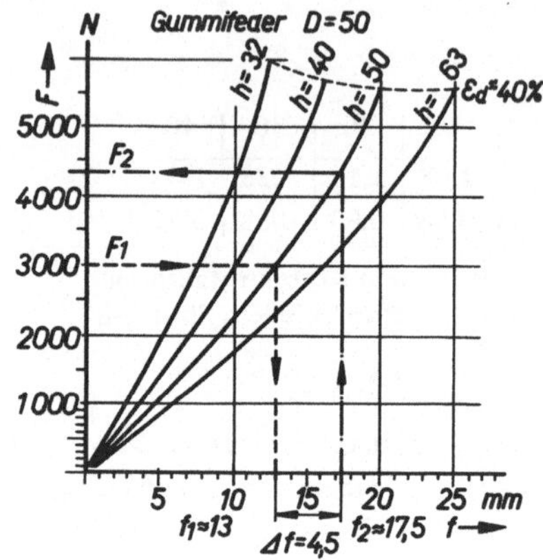

Bild B/12. Kennlinien von Druckfedern aus synthetischem Gummi Sh 68° ±5°; für D = 50 mm, h = 32, 40, 50, 63 mm; zeichnerische Lösung des Beispiels B/4

C. Grundlagen über Schneiden auf der Presse

1. Festlegung auftretender Kräfte

a) Schneidvorgang

Schneiden ist spanloses Zerteilen von Werkstoff entlang einer Schnittlinie (siehe Übersichtstafel II). Diese ist beim Ausschneiden einer Außen- oder Innenform (Scherschneiden) in sich geschlossen, *geschlossene Schnittlinie*, oder beim Abschneiden, Ausklinken offen, *offene Schnittlinie*. Das dazu verwendete Werkzeug hat als Hauptbestandteile *Schneidstempel* und *Schneidplatte*. Deren Schneidkanten *Sk, Schneiden* genannt, bilden sich aus den beiden Schneidflächen, der Druckfläche und Freifläche (Bild C/1). Die *Druckflächen Df* des Stempels und der Schneidplatte üben den Schnittdruck auf den zu trennenden Werkstoff aus, sie sind der Werkstückoberfläche zugekehrt. Nach dem Trennen gleiten die Schnittflächen des Werkstoffes entlang den *Freiflächen Ff*.

Beim *Ausschneiden* (geschlossene Schnittlinie) wirken auf den Werkstoff durch den eindringenden Schneidstempel Druckkräfte F_{s1} (Bild C/1). Diesen stemmt sich zunächst der zu trennende Stoff auf Grund seiner Elastizität entgegen, indem er sich zusammendrückt und gleichzeitig versucht, seitlich auszuweichen. Die Seitenkräfte F_{s2} entstehen. Nun

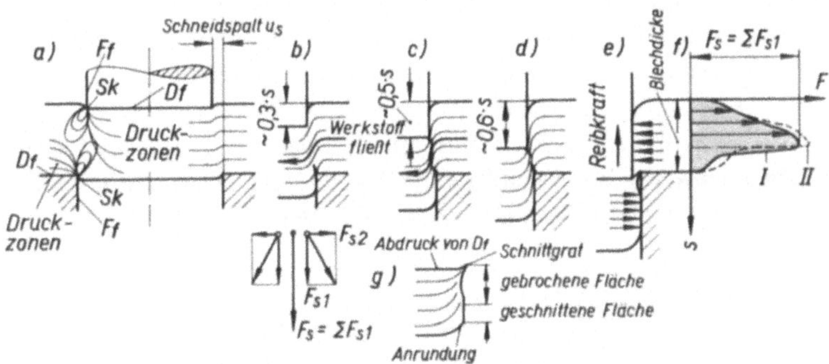

Bild C/1. Schneidvorgang beim Lochen (geschlossene Schnittlinie)
In Schneide *Sk* (Schneidkante) treffen die beiden Schneidflächen *Df* und *Ff*, die den *Schneidkeil* bilden, zusammen
a) Schneidbeginn, Stempelspiel *sp* = 2 · Schneidspalt u_s; im Kräfterechteck sind F_{s1} senkrecht wirkende Druckkräfte, F_{s2} Seitenkräfte; Schnittkraft $F_s = \Sigma$ aller F_{s1};
b) Riß entsteht durch Keilwirkung der Schneidplatte;
c) noch fließt Werkstoff;
d) Bruchfestigkeit ist überschritten, Trennung ist vollzogen;
e) Ende des Arbeitshubes;
f) Kraft-Weg-Schaubild, Stempelspiel *sp* bei Kurve I normal, bei II sehr eng;
g) Schnittfläche eines dicken Aluminiumbleches (Al 99 w)

wird der Werkstoff im Druckbereich der tiefer eindringenden Schneiden plastisch; es bilden sich zur weiteren Druckübertragung Gleitebenen, entlang derer der Werkstoff fließt. Zuletzt spaltet er sich unter dem Druck der Schneidkeile des Stempels und der Schneidplatte. Es entstehen zwei Kerbrisse, die zur Trennung des Werkstoffes führen. Je schärfer beide Schneiden sind, um so schneller entstehen Kerbrisse; die erforderliche Schnittkraft wird vermindert, der Schnittgrat am Schnitteil kleiner. Die im Bild C/1 f dargestellte *Kraft-Weg-Linie* entsteht beim Lochen eines 8...10 mm dicken Aluminiumbleches.

Der *Schneidvorgang* kann hinsichtlich des Werkstoffverhaltens in drei Abschnitte gegliedert werden:
1. *elastisches Zusammendrücken* mit seitlichem Ausweichen (Bild C/1 a),
2. *Fließen* entlang der Gleitebenen (im Bild C/1 b noch am Stempel),
3. *Abreißen* durch entstandene Kerbrisse (Bild C/1 d).

Diese drei Teilvorgänge sind auf der Schnittfläche des Werkstoffes als drei unterschiedlich aussehende Zonen zu erkennen:

Zone 1: Während des Anschneidens hat sich durch elastisches Zusammendrücken des Werkstoffes entlang der Anschnittkante die „Anrundung" geformt. Im Schnittstreifen sind schmale Rand- und Stegbreiten etwas gekippt, die Anschnittkante wurde ebenfalls angerundet; auf der gegenüberliegenden Oberfläche des Schnittstreifens ist entlang der Druckkante ein „Abdruck" der Druckfläche Df erkennbar.

Zone 2: Im Fließzustand wurde Werkstoff an die Freiflächen Ff der Schneiden gepreßt. Dabei entstand die gewollte Zone, die *geschnittene Fläche*; sie ist glänzend und glatt.

Zone 3: Die Kerbrisse mit anschließendem Abriß ergeben die *gebrochene Fläche*, die matt, körnig und infolge schräg verlaufender Kerbrisse teilweise uneben ist.

Beim *Abschneiden* (offene Schnittlinie) entsteht durch die gleichgroßen, parallel und gegensinnig gerichteten Druckkräfte des Schneidstempels und der Schneidplatte ein Kräftepaar, d.h. ein Drehmoment M (Bild C/2 I); eine feste oder federnde Gegenhalterplatte P soll das Moment aufnehmen. Durch die Seitenkraft F_{s2} werden bei dickem Blech während des Abtrennens schmaler Abschnitte Werkstoffteilchen seitlich weggedrückt, wodurch der Einbau eines *federnden Längenanschlages* notwendig wird (Bild C/2 II). Dieser verbessert die Schnittflächengüte und erhöht zugleich Standmenge sowie Lebensdauer des Werkzeuges.

Der Schneidstempel (Bild C/2 II, Teil 5) wird zum Schärfen ausgebaut. Damit er nachher auf dem Halter (8) wieder satt aufliegt, ist die Stempelführung (4) ebenfalls kopfseitig abzuschleifen.

b) Schnittkraft

Die erforderliche Schnittkraft ist hauptsächlich abhängig von

> Länge und Form der Schnittlinien,
> Blechdicke,
> Scherfestigkeit des Bleches,
> Schärfe der Schneiden,
> Größe des Schneidspaltes,
> Oberflächengüte der Druck- und Freiflächen (siehe Bild C/1 a) des Stempels und der Schneidplatte,
> Art der Schmierung.

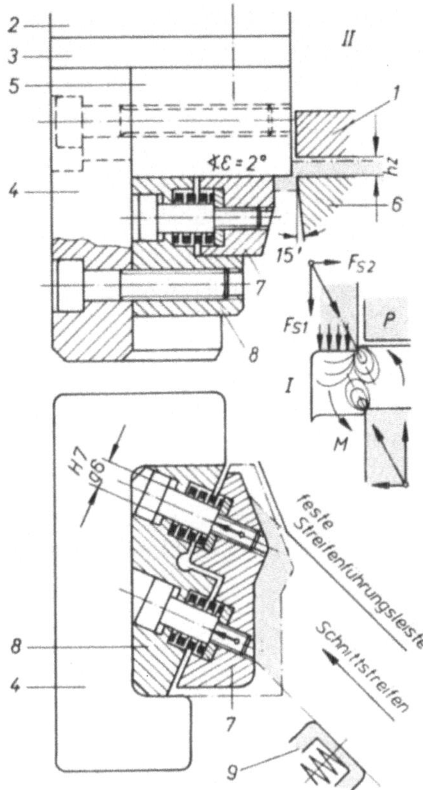

Bild C/2. Offene Schnittlinie

I Schema: M Drehmoment, hervorgerufen durch Schnittkraft $F_s = \Sigma F_{s1}$; Gegenhalterplatte P nimmt M auf;

II federnder Längenanschlag zum Schneiden dicker Bleche (Abschneidwerkzeug);

1 feste Abstreifplatte, zugleich Gegenhalterplatte P, *2* Kopfplatte, *3* Druckplatte, *4* Stempelführung einsatzgehärtet, im Werkzeug seitlich und rückwärts geführt, *5* Schneidstempel, mit Kopfplatte (2) und Stempelführung (4) verschraubt, ∢ ε Neigung der Druckfläche (Schneide) quer zum Streifen, *6* Schneidplatte, lichte Höhe zwischen den Teilen (1) und (6), hz = Blechdicke + (0,3...0,5) mm, *7* federnder Anschlag, einsatzgehärtet, mit zwei Schraubendruckfedern je $\approx$ 300 N Vorspannkraft zur Aufnahme der Streifenanschlagskraft, *8* Halter, einsatzgehärtet, mit Teil 4 verschraubt und verstiftet, *9* federnde Streifenführung

Tabelle C/1: Richtwerte für die Werkstoff-Scherfestigkeit beim Schneiden

Werkstoff	Scherfestigkeit τ_s $\dfrac{N}{mm^2}$ weich...hart	Werkstoff	Scherfestigkeit τ_s $\dfrac{N}{mm^2}$ weich... hart
Stahlblech Gruppe St 10...14	250...320	nichtrostende Stähle, Gruppe:	
St 37	250	austenitisch ferritisch	450...600 400...550
C 10	280...340	Al 99,5 weich	70
C 20	320...380	Al Mn weich	100
C 30	400...500	Al Mg 3...7 weich	140...250
C 40	500...600	Al Cu Mg	
C 50	550...650	kalt ausgehärtet	320
C 100	800	lösungsgeglüht	180

Diese Einflüsse werden rechnerisch selten erfaßt; man ermittelt überschlägig die *Schnittkraft* aus

$$\boxed{F_s = l \cdot s \cdot \tau_s \text{ in N}} \tag{C/1}$$

l Länge der Schnittlinie in mm

s Blechdicke in mm

τ_s Scherfestigkeit [1]) in $\dfrac{\text{N}}{\text{mm}^2}$ (Tabelle C/1).

Ist die Scherfestigkeit eines Werkstoffes nicht bekannt, so rechnet man überschlägig bei dem Verhältnis Stempeldurchmesser : Blechdicke = $d : s > 2$

$$\boxed{\begin{array}{l} \text{Scherfestigkeit } 0,7...0,9 \dfrac{\text{N}}{\text{mm}^2} \cdot \text{ Bruchfestigkeit des Bleches} \\[2ex] \text{üblich} \qquad \tau_s \approx 0,8 \cdot \sigma_B \text{ in } \dfrac{\text{N}}{\text{mm}^2} \end{array}} \tag{C/2}$$

Für Bleche mit hoher Bruchfestigkeit und geringer Bruchdehnung ist als Faktor 0,7, für zähe Werkstoffe 0,9 zu wählen.

Die Scherfestigkeit ist bei kleinen Lochstempeldurchmessern höher einzusetzen (τ_s').

Tabelle C/2: Richtwerte für erhöhte
Scherfestigkeit τ_s' beim Lochen mit
kleinen Stempeldurchmessern

Lochstempeldurchmesser	erhöhte Scherfestigkeit
$d = (1,5...2) \cdot s$	$\tau_s' \approx \sigma_B$
$d = (1...1,5) \cdot s$	$\tau_s' \approx 1,5 \, \sigma_B$
$d = (0,7...1) \cdot s$	$\tau_s' \approx 2 \cdot \sigma_B$

c) Minderung der Schnittkraft

Wird bei *offener Schnittlinie* eine Schneide (Druckfläche Df) unter einem Öffnungswinkel ϵ geneigt (Bilder C/2 und C/3 a), so verkleinert sich die Schnittkraft, da nicht die gesamte Schnittfläche gleichzeitig getrennt wird. Nachteilig ist, daß der Schneidweg größer wird und die abgeschnittenen Streifen (Abschnitte) sich verformen.

Beim *Lochen* kann die Schnittkraft gemindert werden, indem man die Druckfläche der Stempel dachförmig nach innen, runde oder ovale Lochstempelformen auch nach außen, neigt (Bild C/3 b); dabei verformen sich die Lochabfälle. Zugleich verhindern dachförmig geschliffene Stempel, daß Lochabfälle durch den hochgehenden Stempel mitgerissen werden. Die Neigung der Druckfläche muß mindestens 0,7 · Blechdicke, besser (1...1,5) · Blechdicke betragen. Einseitig angeschrägte Lochstempel bilden durch ihre schräge Druckfläche eine waagerecht wirkende Seitenkraft, wodurch der Streifen verschoben bzw. im Stempel eine Biegebeanspruchung verursacht wird.

---

[1]) Die Scherfestigkeit des zu trennenden Werkstoffes τ_s stimmt nicht mit der in Festigkeitsberechnungen eingesetzten Scherfestigkeit τ_{Bruch} überein. VDI-Richtlinie 3368 gibt als Scherfestigkeit Höchstwerte an, die (im Vergleich zu Tabelle C/1) etwa 20...30 % Sicherheitszuschlag enthalten.

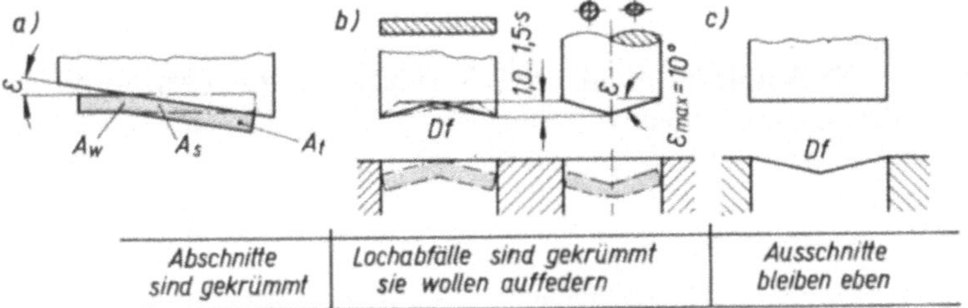

Abschnitte sind gekrümmt	Lochabfälle sind gekrümmt sie wollen auffedern	Ausschnitte bleiben eben

Bild C/3. Möglichkeiten zur Schnittkraftminderung

a) bei offener Schnittlinie: oberes Messer mit Schneidenöffnungswinkel ϵ; A_W Werkstoff noch nicht getrennt, A_s augenblicklicher Schnittquerschnitt, A_t getrennter Werkstoff;

b) beim Lochen: Stempeldruckfläche D_f ist ausgespart; bei mehreren nebeneinander sitzenden Lochstempeln gelten strichpunktierte Formen (vgl. Bild D/20 c);

c) beim Ausschneiden: Druckfläche D_f der Schneidplatte ist quer zum Streifendurchgang ausgespart

Soll beim *Ausschneiden* die Schnittkraft gemindert werden, schleift man die Druckfläche der Schneidplatte quer zum Streifendurchgang aus (Bild C/3 c); die Ausschnitte bleiben eben, der Abfallstreifen wird verformt.

Die erforderliche Schnittkraft wird bei Schneidkanten (Druckflächen), die um $(1,0...1,5)$ · Blechdicke geneigt sind, bis 30 % kleiner. Damit

$$\boxed{\begin{array}{l} \textit{Schnittkraft} \text{ beim Schneiden mit geneigter Schneide} \\[6pt] F_s \approx 0,8 \cdot (l \cdot s \cdot \tau_s) \text{ in N} \end{array}} \qquad \text{(C/3)}$$

d) Schnittarbeit

Bei Verbundwerkzeugen, Ausschneiden-Ziehen (siehe Bild I/7 II), die auf Exzenterpressen arbeiten, ist vielfach die *Schnittarbeit* W_s [1]) zu berücksichtigen.

$$\boxed{W_s = \frac{F_s \cdot h_s \cdot K_s}{1000} \text{ in Nm}} \qquad \text{(C/4)}$$

F_s Schnittkraft in N

h_s Schneidweg in mm; bei ebenen Schneidkanten h_s = Blechdicke s. Bei geneigten Schneidkanten vergrößert sich der Schneidweg um den Höhenunterschied der geneigten Schneiden, $h_s = (2,0...2,5)$ · Blechdicke s.

K_s Korrekturwert = 0,3...0,5; der größere Wert ist nur bei sehr kleinem Stempelspiel zu wählen.

---

[1]) Entsprechend dem „Internationalen Einheitensystem" (SI-Einheiten), werden Energie, Arbeit, auch Wärmemenge mit Joule (J) oder mit Newtonmeter (Nm) angegeben. 1 Nm ist die Arbeit, die verrichtet werden muß, wenn der Angriffspunkt der Kraft 1 N in Richtung der Kraft um 1 m verschoben wird.

e) Abstreifkraft

Während des Schneidens wird Werkstoff innerhalb der Schneidzone plastisch verformt, wobei kleinste Werkstoffteilchen auf die Stempelfreiflächen Ff ringförmig gepreßt werden (Bild C/1 e). Infolge des Rückfederungsvermögens des zu trennenden Stoffes bleibt diese Radialpressung, ähnlich einer Schrumpfspannung, auch während des Stempelrückzuges erhalten, bis das Werkstück abgestreift ist.

Die Größe der Abstreifkraft rechnet man überschlägig je nach Stempelform:

	Abstreifkraft in % der Schnittkraft beim	
Blechdicke (mm)	Ausschneiden	Lochen
bis 2,0	10...15	12...18
2,0...3,5	12...20	20...25
über 3,5	15...20	25...30

(C/5)

Der kleinere Prozentsatz gilt für runde und ovale Stempelformen sowie beim Schneiden harter spröder Werkstoffe $\frac{\text{Bruchfestigkeit } \sigma_B}{\text{Streckgrenze } \sigma_s} < 1{,}2$. Kleine Lochstempel ($d < 2 \cdot s$), ebenso ungeschmierte Stempel, erfordern noch höhere Abstreifkräfte.

Entsprechend der Abstreifkraft werden die Befestigungsschrauben (vgl. D.3.a), ebenso die Federn für federnde Abstreifer und Ausstoßer (Federkraft gespannt) festgelegt. Für die Gewindegröße der Hubbegrenzungs- und Ansatzschrauben (Abschnitt B.1) ist jedoch die Vorspannkraft der Federn maßgebend, die mindestens die Hälfte der Abstreifkraft sein soll.

Geläppte oder feingeschliffene Freiflächen sind bei Stempeln und Schneidplatten ungünstig; im Vergleich zur grobgeschliffenen Oberfläche wird die Abstreifkraft vergrößert, wodurch sich deren Standzeit vermindert.

2. Abstand zwischen den Schneiden

a) Schneidspalt und Stempelspiel [1])

Die Schnittflächengüte der Werkstücke und die Standmenge der Schneidwerkzeuge wird u.a. wesentlich von der Größe des Schneidspaltes u_s (vgl. Bild C/1 a) beeinflußt; dieser ist der kleinste Abstand zwischen den Schneiden (von Schneidplatte und Stempel), der sich während des Schneidvorganges ergibt. Bei offener Schnittlinie werden hierfür $u_s \approx 3...4\,\%$ der Blechdicke angenommen. Bei geschlossener Schnittlinie ist das Stempelspiel ($sp = 2 \cdot$ Schneidspalt u_s) maßgebend, dessen Größe abhängig ist von

1. Werkstoffdicke und Scherfestigkeit,

2. Oberflächengüte der Freiflächen, ob gefeilt oder geschliffen,

3. Innenform des Durchbruches in der Schneidplatte, ob kegelig oder zylindrisch (Bild C/4).

---

[1]) In VDI-Richtlinie 3368 wird Schneidspalt mit sp benannt. Da Spaltweiten üblich mit u bezeichnet sind (z.B. VDI 3175), wurde die allgemeine Kennzeichnung u_s für Schneidspaltweite, sp für Stempelspiel beibehalten.

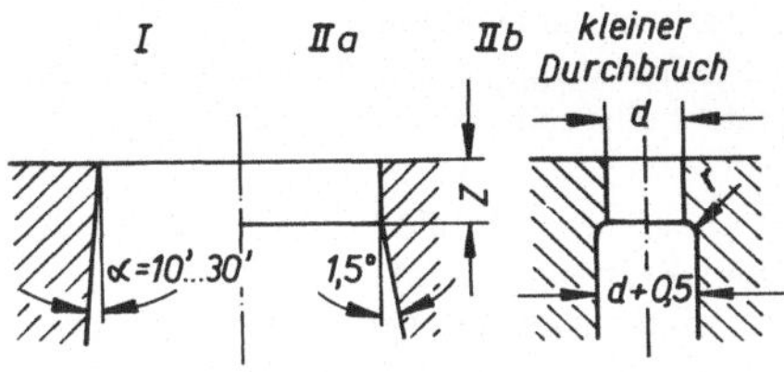

Form I üblich, Form II für eng tolerierte Ausschnitte; Maß Z ergibt größtmöglichen Abschliff:

Blechdicke in mm	Abschliff Z in mm
1	3...4
1...3	5...6
3...5	8...10

Bei $\alpha = 10'$ ist Durchmesservergrößerung je mm Abschliff 0,006 mm

bei $\alpha = 30'$ ist Durchmesservergrößerung je mm Abschliff 0,017 mm

Erfahrungswerte für Stempelspiel sp bei	Form I	Form II
$s < 4$	$sp = \dfrac{1}{120} \cdot s \cdot \sqrt{\dfrac{\tau_s}{10}}$	$sp = \dfrac{1}{75} \cdot s \cdot \sqrt{\dfrac{\tau_s}{10}}$
$s > 4$	$sp = \dfrac{1}{160} \cdot s \cdot \sqrt{\dfrac{\tau_s}{10}}$	$sp = \dfrac{1}{100} \cdot s \cdot \sqrt{\dfrac{\tau_s}{10}}$

(Blechdicke s in mm)

τ_s Scherfestigkeit beim Schneiden in $\dfrac{N}{mm^2}$

Bild C/4. Innenform des Schneidplattendurchbruches, Stempelspiel

Die Tabellenwerte im Bild C/4 kann man zum Lochen um 20...30 % verkleinern; die Lochwandungen fallen glatter aus, die Schnittkrafterhöhung bleibt gering.

Maßhaltige Schnitteile entstehen, führt man zum Ausschneiden von Außenformen den Schneidplattendurchbruch, zum Lochen die Stempel mit Werkstück-Nennmaßen aus (weitere Angaben VDI-Richtlinie 3368).

Das Stempelspiel wird zum Messen sichtbar, wenn man eine Zelluloidplatte, $\approx$ 1 mm dick, bis 0,3 mm tief anschneidet und diese unter einen Projektor legt.

b) Hochreißen der Lochabfälle

Beim Schneiden dicker Bleche mit kleinen Stempelformen können während des Stempelrückzuges Lochabfälle mit hochgerissen werden. Die Ursache ist meist in der *hohen Druckbeanspruchung* auf den ausgeschnittenen Lochabfall zu suchen; z.B. sind während des Lochens eines 10 mm Stahlbleches mit 12 mm Stempeldurchmesser (Scherfestigkeit $\tau_s' \approx 1,5 \cdot \sigma_B$ nach C.1.b) $\sigma_{Druck} \approx 1500 \dfrac{N}{mm^2}$ wirksam.

Das Hochreißen der Lochabfälle kann man durch folgende Maßnahmen verhindern:

1. Die *Blechoberfläche wird schwach befettet;* auch bei hoher Druckbeanspruchung können keine Werkstoffteilchen an der Druckfläche der Lochstempel kalt anschweißen. Jedoch bleiben befettete Lochabfälle am Stempel haften. Man baut deshalb in große Lochstempel noch *federnde Abstoßstifte* oder *Abstoßnadeln* ein. Die Federräume für Abstoßnadeln sind in der Stempelkopfplatte oder im Gestelloberteil angeordnet.

2. Das *Stempelspiel wird verkleinert* (etwa auf die Hälfte der Werte im Bild C/4); die Abstreifkraft ist daher größer, die Abfälle bleiben im Durchbruch der Schneidplatte hängen.

3. Der Schneidplattendurchbruch ist bei runden Stempeln zylindrisch und wird von der anderen Seite her *aufgebohrt* (Bild C/4, Form II b), so daß die Breite der Freifläche $z_{min} \approx 0{,}6$ Blechdicke $\geqslant 5$ mm ist. Beim Ausschleifen des Durchbruches auf Fertigmaß entsteht eine scharfe Kante, die als Abstreifkante wirkt.

4. Die *Druckfläche runder Lochstempel wird dachförmig nach außen* (ähnlich Bild C/3 b) mit der Neigung $\approx 0{,}3 \cdot$ Blechdicke *angeschrägt* (dadurch keine Schnittkraftminderung); die Lochabfälle verformen sich während des Ausschneidens und federn abgetrennt wieder auf, verklemmen also im Schneidplattendurchbruch.

5. Oft läßt man die *Stempelschneide tiefer in die Schneidplatte eintauchen* (etwa um 2...3 Blechdicken), wobei sich jedoch die Standmenge durch höheren Schneidenverschleiß mindert.

- *Beispiel C/1:*
  Werkstücke aus 1,25 mm dickem Stahlblech RRST 1404 sind mit abgesetzten Lochstempeln (Bild C/5), $d = 1{,}4$ mm Durchmesser, zu lochen. Wie groß ist je Stempel die Schnittkraft F_s und die davon abhängige Druckbeanspruchung auf die Stempeldruckfläche σ_{dDf} bzw. auf die Stempelkopffläche σ_{dk}? Wie groß ist je Stempel die Abstreifkraft F_{Ab} und die im kleinsten Stempelquerschnitt (1,4 mm Durchmesser) dadurch verursachte Zugbeanspruchung σ_z?

- *Lösung:*
  Für Stahlblech RRST 1404 ist nach Tabelle C/1

  die Scherfestigkeit $\tau_s \approx 300 \dfrac{\text{N}}{\text{mm}^2}$ (Mittelwert).

  Bei Lochstempeldurchmesser $d = (1...1{,}5) \cdot s$ ist

  $\tau_s' \approx 1{,}5 \cdot \sigma_B$ (Tabelle C/2) $= 1{,}5 \cdot 360 \dfrac{\text{N}}{\text{mm}^2} = 540 \dfrac{\text{N}}{\text{mm}^2}$ maßgeblich.

  Entsprechend Gleichung (C/1) ist Schnittkraft beim Lochen

  $$F_s = l \cdot s \cdot \tau_s' = \pi \cdot 1{,}4 \text{ mm} \cdot 1{,}25 \text{ mm} \cdot 540 \dfrac{\text{N}}{\text{mm}^2} \approx 3000 \text{ N}.$$

Druckbeanspruchung auf

Stempeldruckfläche $\sigma_{dDf} = \dfrac{\text{Schnittkraft } F_s}{\text{Stempeldruckfläche } A_{Df}}$

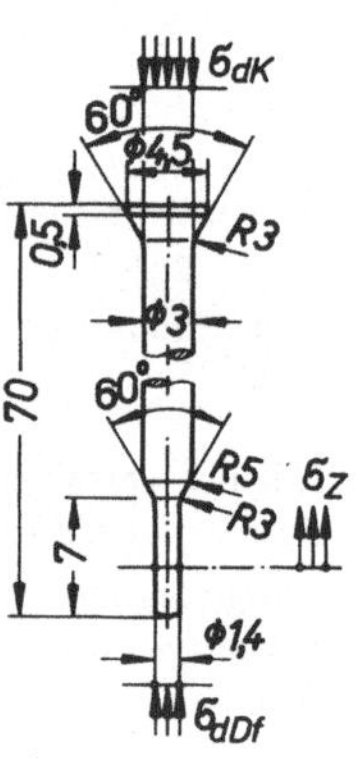

Bild C/5
Abgesetzter Lochstempel
für Beispiel C/1

Die im Bild C/5 dargestellte geneigte Stempeldruckfläche wirkt als projizierte Fläche, somit

$$A_{Df} = \frac{\pi}{4} \cdot d \cdot d = \frac{\pi}{4} \cdot 1{,}4 \text{ mm} \cdot 1{,}4 \text{ mm} = 1{,}54 \text{ mm}^2.$$

$$\sigma_{dDf} = \frac{F_s}{A_{Df}} = \frac{3000 \text{ N}}{1{,}54 \text{ mm}^2} \approx 2000 \frac{\text{N}}{\text{mm}^2}.$$

Sobald die Druckbeanspruchung auf die Stempeldruckfläche $\sigma_{dDf} \approx 1200 \dfrac{\text{N}}{\text{mm}^2}$ überschreitet, sind unlegierte oder niedriglegierte Werkzeugstähle als Stempelwerkstoff ungeeignet, es ist ein hochlegierter Werkzeugstahl, besser ein Schnellarbeitsstahl (siehe Tabellen A/2 und A/3) vorzuschreiben.

Auf den Lochabfall wirken ebenfalls $\sigma_{dDf} \approx 2000 \dfrac{\text{N}}{\text{mm}^2}$ ($\triangleq \approx 5 \cdot \sigma_B$ des Blechwerkstoffes!).

Man erkennt, daß bei dieser hohen Druckbeanspruchung zwischen Blechwerkstoff und Stempeldruckfläche bei mangelnder Schmierung *Kaltschweißungen* auftreten können.

Druckbeanspruchung auf Stempelkopffläche $\sigma_{dK} = \dfrac{\text{Schnittkraft } F_s}{\text{Druckfläche } A_K} \cdot$

Zur Berechnung der Stempelkopf-Druckfläche A_K wird aus Gründen der Sicherheit nicht der Außendurchmesser des Stempelkopfes, sondern der Stempelschaftdurchmesser eingesetzt.

Somit $A_K = \frac{\pi}{4} \cdot 3 \text{ mm} \cdot 3 \text{ mm} = 7{,}07 \text{ mm}^2$.

$$\sigma_{dK} = \frac{F_s}{A_K} = \frac{3000 \text{ N}}{7{,}07 \text{ mm}^2} = 420 \frac{\text{N}}{\text{mm}^2} \, .$$

Bei dieser hohen Druckbeanspruchung würde sich der Stempelkopf in die weiche Kopfplatte des Werkzeugoberteiles (D.3.a) oder in das säulengeführte Gestelloberteil (D.6.b) einarbeiten; es ist zwischen Stempelhalteplatte und Oberteil eine gehärtete Druckplatte, z.B. aus 90 Cr3 bis 110 Cr2 (Tabelle A/2) vorzuschreiben.

Stempelbrüche infolge Knickung sind bei abgesetzten Lochstempeln nicht zu befürchten, wenn die Lochstempel in der Stempelhalteplatte sicher gehalten und in der Stempelführungsplatte einwandfrei geführt sind (vgl. Bild D/6).

Die Abstreifkraft ist nach (C/5) $\approx 12 \ldots 18 \%$ der Schnittkraft. Da sehr kleine Lochstempel ($d < 2 \cdot s$) vorliegen, muß man mit einer Abstreifkraft $F_{Ab} \approx 25 \ldots 30 \%$ von $F_s = 30 \%$ von 3000 N $\approx$ 900 N rechnen.

Zugbeanspruchung im kleinsten Stempelquerschnitt A (mit 1,4 mm Durchmesser)

$$\sigma_z = \frac{F_{Ab}}{A} = \frac{900 \text{ N}}{1{,}54 \text{ mm}^2} \approx 600 \frac{\text{N}}{\text{mm}^2} \, .$$

Diese Zugbeanspruchung halten gehärtete hochlegierte Werkzeugstähle und Schnellarbeitsstähle mit Sicherheit aus, sofern sämtliche Übergänge des Stempels gut gerundet sind, die Härtung nach Vorschrift erfolgte und die Stempeloberfläche riefenfrei ausgeführt wurde.

- *Ergebnis:*
Die Schnittkraft $F_s \approx 3000$ N bewirkt im Lochstempel eine Druckbeanspruchung auf seine Druckfläche $\sigma_{dDf} \approx 2000 \frac{\text{N}}{\text{mm}^2}$, auf seine Kopffläche $\sigma_{dK} \approx 420 \frac{\text{N}}{\text{mm}^2}$. Die Abstreifkraft $F_{Ab} \approx 900$ N erzeugt im kleinsten Stempelquerschnitt eine Zugbeanspruchung von $\sigma_z \approx 600 \frac{\text{N}}{\text{mm}^2}$.

3. Steg- und Randbreite

a) Metallische Werkstoffe

Durch die beim Schneiden wirksamen Druckkräfte verformt sich die Blechoberfläche (Anrundung der Anschnittkanten siehe Bild C/1g); im Schnittstreifen verdrehen sich schmale Steg- oder Randbreiten. Dadurch kann der Streifendurchgang innerhalb des Werkzeuges gehemmt werden; auch könnte am Stempel ein Teil der Schneidkante ausbrechen. Deshalb sind Mindestmaße für Steg- und Randbreiten entsprechend Richtlinie VDI 3367 einzuhalten (Tabelle C/3). Für die Mindestrandbreite a ist die Randlänge l_a, für die Mindeststegbreite e die Steglänge l_e maßgebend. Die Richtwerte sind für spröde und für weiche Werkstoffe, ebenso für Wendestreifen um ungefähr 50 % zu vergrößern. Kann bei großen Blechdicken nicht mindestens $\frac{2}{3}$ der angegebenen Randbreite a eingehalten werden, baut man seitlich wirkende, federnde Keiltriebstempel in das Werkzeug ein (vgl. Bild G/8).

Sind in Schneidwerkzeugen einseitig kunststoffbeschichtete Stahlbleche zu verarbeiten, besteht die Gefahr, daß während des Stempelrückzuges die Kunststoffschicht längs der Schnittkante stellenweise abgehoben wird. Diese Erscheinung kann man verhindern, wenn man einen möglichst kleinen Schneidspalt wählt und die Kunststoffschicht auf die Schneidplattenseite legt (Stempelschneiden dringen bei Schneidbeginn zuerst in die Stahlblechseite ein).

44 C. Grundlagen über Schneiden auf der Presse

b) Nichtmetallische Werkstoffe

Die Richtwerte der Tabelle C/3 gelten als Mindestmaße nur für gut schneidbare Werkstoffe. Hartpapier und dgl. ist während des Schneidens zu erwärmen und in Werkzeugen mit federndem Niederhalter zu schneiden. Sind diese Voraussetzungen nicht gegeben, erhöhen sich die Richtwerte um etwa 50 %.

Hartpapier und Hartgewebe auf Phenolharzbasis sowie Platten, die Epoxyd-Harze enthalten, werden meist im Umluftofen innerhalb 5...10 min auf 60...110 °C erwärmt und in üblichen Schneidwerkzeugen mit zusätzlichem federnden Niederhalter geschnitten. Die Federkraft, etwa $\frac{1}{5}...\frac{1}{3}$ der Schnittkraft, verhindert während des Schneidens ein seitliches Ausweichen des Werkstoffes und erhöht die Genauigkeit der geschnittenen Kanten. Das Stempelspiel beträgt je nach Plattendicke $sp \approx 0{,}04...0{,}08\,\mathrm{mm}$, die Scherfestigkeit je nach Art des Schichtwerkstoffes bei $\approx 1{,}5\,\mathrm{mm}$ dicken Platten $\tau_s \approx 70...120\,\dfrac{\mathrm{N}}{\mathrm{mm}^2}$.

Tabelle C/3: Richtwerte für Mindest-Steg- und Randbreiten (Auszug aus Richtlinie VDI 3367)

Werkstoffdicke s mm	Maße mm	Metalle								faserige Werkstoffe				Hartpapier, Hartgewebe				
		Streifenbreite B bis 100				Streifenbreite B 100 bis 200				Streifenbreite B bis 200				Streifenbreite B bis 200				
		Steglänge l_e oder Randbreite l_a mm								Steglänge l_e oder Randbreite l_a in mm								
		≤10	10 bis 50	50 bis 100	>100	≤10	10 bis 50	50 bis 100	100 bis 200	≤50	50 bis 100	100 bis 150	150 bis 200	≤10	10 bis 50	50 bis 100	100 bis 150	150 bis 200
0,1	e	0,8	1,6	1,8	2,0	0,9	1,8	2,0	2,2									
	a	1,0	1,9	2,2	2,4	1,2	2,2	2,4	2,7									
	i	1,5				1,5												
0,3	e	0,8	1,2	1,4	1,6	1,0	1,4	1,6	1,8	2,4	2,8	3,2	3,6	1,2	1,5	1,7	2,0	2,3
	a	0,9	1,5	1,7	1,9	1,1	1,7	1,9	2,2	3,0	3,4	3,9	4,4	1,6	1,9	2,2	2,5	2,8
	i	1,5				1,5				3,0				1,5				
0,5	e	0,8	0,9	1,0	1,2	1,0	1,0	1,2	1,4	1,8	2,0	2,4	2,8	1,0	1,3	1,5	1,8	2,1
	a	0,9	1,0	1,2	1,5	1,1	1,2	1,5	1,7	2,0	2,4	3,0	3,4	1,5	1,8	2,0	2,3	2,6
	i	1,5				1,5				3,0				1,5				
0,75	e	0,9	1,0	1,2	1,4	1,0	1,2	1,4	1,6	2,0	2,4	2,8	3,2	1,2	1,5	1,8	2,1	2,4
	a													1,6	1,9	2,0	2,5	2,8
	i	1,5				1,5				3,0				1,5				
1,0	e	1,0	1,1	1,3	1,5	1,1	1,3	1,5	1,7	2,2	2,6	3,0	3,4	1,3	1,7	2,0	2,3	2,6
	a													1,7	2,0	2,3	2,6	2,9
	i	1,5				1,8				3,0				1,5				
1,25	e	1,2	1,4	1,6	1,8	1,3	1,6	1,8	2,0									
	a																	
	i	1,8				2,0												

(Fortsetzung der Tabelle C/3)

Werkstoff		Metalle								faserige Werkstoffe				Hartpapier, Hartgewebe				
		Streifenbreite B in mm								Streifenbreite B in mm								
Werkstoff-dicke	Maße	bis 100				100 bis 200				bis 200				bis 200				
		Steglänge l_e oder Randbreite l_a mm								Steglänge l_e oder Randbreite l_a mm								
s mm	e a i mm	<10	10 bis 50	50 bis 100	>100	<10	10 bis 50	50 bis 100	100 bis 200	<50	50 bis 100	100 bis 150	150 bis 200	<10	10 bis 50	50 bis 100	100 bis 150	150 bis 200
1,5	e	1,3	1,4	1,6	1,8	1,4	1,6	1,8	2,0	2,8	3,2	3,6	4,0	1,6	2,0	2,4	2,5	2,8
	a													1,8	2,2	2,6	2,8	3,1
	i	2,2				2,5				3,0				1,5				
1,75	e	1,5	1,6	1,8	2,0	1,6	1,8	2,0	2,2									
	a																	
	i	2,5				3,0												
2,0	e	1,6	1,7	1,9	2,1	1,7	1,9	2,1	2,3	3,4	3,8	4,2	4,6	1,9	2,2	2,6	2,8	3,1
	a													2,2	2,6	2,8	3,2	3,4
	i	3,0				3,5				3,0				2,0				
2,5	e	1,9	2,0	2,2	2,4	2,0	2,2	2,4	2,6	4,0	4,4	4,8	5,2	2,4	2,7	3,0	3,3	3,6
	a													2,6	3,0	3,2	3,5	3,8
	i	3,5				4,0				3,0				2,5				
3,0	e	2,1	2,3	2,5	2,7	2,3	2,5	2,7	2,9	4,6	5,0	5,4	5,8	3,0	3,3	3,5	3,8	4,1
	a													3,1	3,4	3,6	4,0	4,3
	i	4,5				5,0				3,0				3,0				
4,0	e									5,8	6,2	6,6	7,0					
	a																	
	i									4,0								

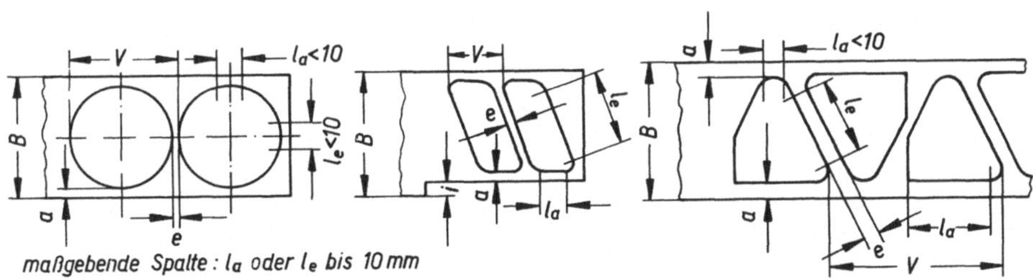

maßgebende Spalte: l_a oder l_e bis 10 mm

Im Schnittstreifen sind bei einfachen Streifen und bei Wendestreifen:

a Randbreite in mm, l_a Randlänge in mm, B Streifenbreite in mm, e Stegbreite in mm, l_e Steglänge in mm, V Vorschub in mm, i Seitenschneiderabfall in mm

Richtwerte sind für spröde und weiche Werkstoffe und Wendestreifen um 50 % zu vergrößern.

46

D. Schneidwerkzeuge

1. Schneidwerkzeuge ohne Führung

a) Grundlagen

Bei kleinen Stückzahlen werden zum Ausschneiden oder Lochen *Schneidwerkzeuge ohne Führung* [1]) angewandt. Der Schneidstempel (Lochstempel) ist zum Werkzeugunterteil innerhalb des Werkzeuges nicht geführt. Die Führung des Stempels zur Schneidplatte erfolgt nur über die Stößelführung der Presse. Man gibt deshalb dem Stößelschlitten ein kleines Führungsspiel.

Beim Einstellen wird die Schneidplatte nach dem bereits eingespannten Stempel ausgerichtet. Der Schneidspalt ist gleichmäßig eingestellt, wenn ein Papier auf dem ganzen Umfang angeschnitten wird; dann erst erfolgt das Festspannen des Werkzeugunterteils auf dem Pressentisch. Um ein Verschieben während der Arbeit zu vermeiden, wird vor dem Ausrichten zwischen Werkzeug und Tisch dünnes Papier gelegt.

Zum Schneiden weicher Werkstoffe, bis Scherfestigkeit $\tau_s \approx 250\frac{N}{mm^2}$ härtet man nur die Stempel (Wasserhärter); Schneidplatten aus St 60 oder C 100 bleiben weich.

Schneiden können auch arcatom [2]) auftraggeschweißt sein. Im Grundwerkstoff, St 50 oder St 60, wird eine Aussparung eingearbeitet, damit die etwas spröde auftraggeschweißte Schneidkante einen guten Halt bekommt (Bild D/2 a IV). Vor dem Schweißen ist das Werkstück auf $\approx 300\ ^\circ$C vorzuwärmen.

Zum Abstreifen des Bleches vom Stempel dient ein *fester geschlossener Abstreifer,* der am Pressengestell oder auf dem Werkzeugunterteil befestigt ist. Während des Schneidens wird das Blech meist von Hand gehalten; die Verwendung der Zweihandeinrückung oder eines Schutzgitters ist kaum möglich.

Um Unfälle zu vermeiden, soll der *Stößelhub* H_{max} = 8 mm betragen; bei größerem Hub sind entsprechend AWF 5902 für Abstreifer die im Bild D/1 angegebenen Richtwerte einzuhalten [3]). Offene Abstreifer (Bild D/2, Teil 1) sind nur bei *Stößelhub* $h \leqslant 8$ mm zulässig (Unfallschutzvorschrift).

---

[1]) Werkzeug-Einteilung und Benennung nach DIN 9869 Blatt 1 und 2; danach entfallen die seither üblichen Benennungen (wie *Freischnitt, Plattenführungsschnitt, Gesamtschnitt* usw.).

[2]) *Puhrer,* Schweißtechnik, Viewegs Fachbücher der Technik, Friedr. Vieweg + Sohn GmbH, Braunschweig. Beim *Arcatomschweißen* wird ein Lichtbogen zwischen zwei Wolframelektroden, denen Wasserstoff durch Ringdüsen zugeführt wird, gezogen. Das Gas spaltet sich im Lichtbogen in Atome und vereinigt sich danach wieder zu molekularem Wasserstoff; dadurch entstehen hohe Temperaturen und gleichzeitiger Schutz gegen Oxydation.

[3]) Bei Einlegearbeiten in Schneid- und Umformwerkzeuge entstehen etwa $\frac{3}{4}$ aller Unfälle infolge Nichteinhaltung der Richtwerte (Bild D/1) bzw. infolge fehlender oder falsch angeordneter Schutzgitter (vgl. Bild D/6). Im AWF-Blatt 5902 ist als Maß $c < 12$ mm angegeben. Rechnet man beim neuen Werkzeug mit je 5 mm Abschliff des Stempels und der Schneidplatte, ergibt sich das bei der Werkzeugkonstruktion zu berücksichtigende, im Bild D/1 angegebene Maß c = 12 mm + 2 · 5 mm = 22 mm.

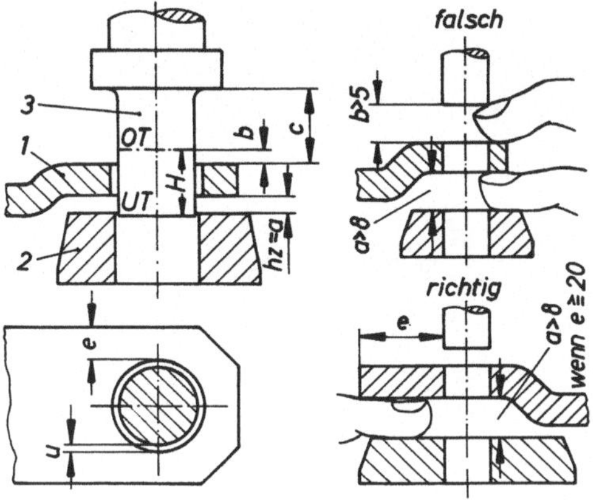

Bild D/1
Richtwerte, nur für geschlossene Abstreifer,
gültig bei Stößelhub $H > 8$ mm
Größte lichte Höhe zwischen Schneidplatte
und Abstreifer $hz = a_{max} = 8$ mm, Höchst-
lage der Stempelschneide im OT bis Abstreifer
$b_{max} = 5$ mm, Mindestabstand der Unterkante
des Stempelfußes (bzw. der Stempelhalteplatte)
im UT bis Abstreifer, bei neuem Werkzeug
$c_{min} = 22$ mm, Mindestabstand der Abstreifer-
vorderkante bis Stempel $e_{min} = 10...15$ mm

Beachte: bei $e \geqslant 20$ mm kann a_{max} auf
8...10 mm erhöht werden.
1 fester Abstreifer, umschließt allseitig Stempelschneide mit Spaltweite $u = 0,5...1$ mm,
2 Schneidplatte, *3* Schneidstempel

b) Ausschneidwerkzeuge

Die Werkzeuge werden einfach und billig, wenn man *auswechselbare Schneidplatten* sowie
Stempel mit auswechselbarem Einspannzapfen verwendet (Bild D/2). Der *Einspannzapfen*
stellt eine feste Verbindung des Werkzeugoberteiles mit dem Pressenstößel dar; er soll
den Vorschriften der Berufsgenossenschaften entsprechend eine Einkerbung oder besser
eine Eindrehung erhalten, damit das Oberwerkzeug nicht unbeabsichtigt beim Lockerwerden der Befestigungsschrauben am Klemmdeckel des Pressenstößels (siehe Bild D/3
IV) herunterfällt. Außerdem muß bei Werkzeugen ohne Führung der Einspannzapfen mit
dem Werkzeugoberteil entsprechend Bild D/2a III...V *gegen Lockerwerden gesichert* sein.
Das Gewinde bei Ausführung III ist mit Kupfervitriol bestrichen; durch den Kegelstift
St_K verkeilen sich die Gewindegänge, ohne Kupfervitriol würde das Gewinde beim Aus-
einanderschrauben trotz ausgebautem Stift anfressen.

Bei großen Ausschnittformen, die nicht mehr durch den Pressentisch abgeleitet werden
können, ordnet man den Stempel im Unterteil, die Schneidplatte im Oberteil an (Bild
D/2 e). Die Schnitteile werden durch einen Zwangsausstoßer, dessen Wirkungsweise Bild
D/3 zeigt, aus der Schneidplatte abgeworfen.

c) Lochwerkzeuge

Für Lochungen sind vielfach handelsübliche *Lochereinheiten* nach AWF 500.14 einsetzbar
(Bild D/4 a). Man kann z.B. zum Lochen ebener Bleche, mehrere dieser gleich hohen Einheiten mittels Einstellschablonen (Stahlplatte mit Aufnahmebohrungen für Paßstifte) ein-
spannen und alle Löcher mit einem Hub schneiden. Zum Auswechseln eines Schneidstempels wird seine federnde Haltekugel mittels eines Drückers zurückgedrückt. Nachteilig ist
deren hohe Rüstzeit [1]).

---

[1]) Sehr kurze Rüstzeiten ermöglichen Werkzeugeinheiten, deren auswechselbare Schneidstempel und
Schneidbuchsen in einen gemeinsamen c-förmigen Bügel eingebaut sind (z.B. Firma *Engelking KG*,
Celle, Firma *Saenger*, Frankfurt/Main).

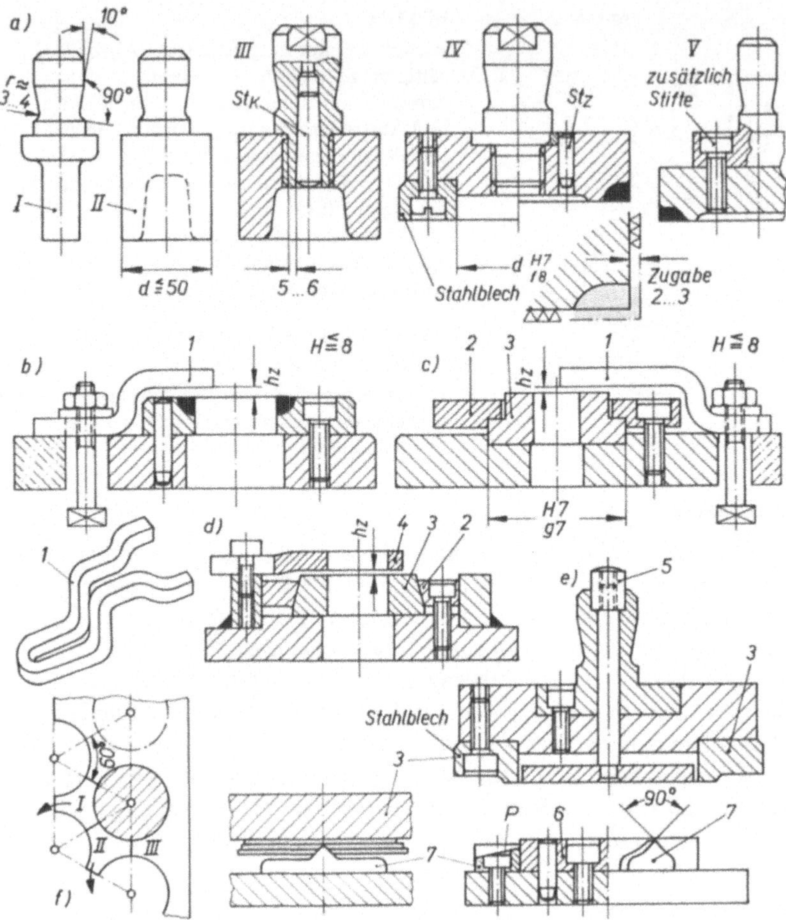

Bild D/2. Ausschneidwerkzeuge ohne Führung

a) Oberteile, Formen I und II, aus einem Stück ($d \leqslant 50$ mm), Formen III…V zusammengesetzt:
Bei Form III ist der Gewindezapfen geglüht, St_K ist ein Kegelstift DIN 1, dessen Aufnahmebohrung nur gebohrt ist; bei Form IV ist er in der Kopfplatte mittels Zylinderstift St_Z, bei einem Werkzeugoberteil aus Grauguß mittels Schaftschraube DIN 427 oder Gewindestift DIN 551, gegen Lösen gesichert.

b) c) und d) Unterteile mit auswechselbaren Einsätzen:
1 gekröpftes Spanneisen zugleich offener Abstreifer, nur zulässig bei Stößelhub $H \leqslant 8$ mm,
2 Spannring, *3* Schneidplatte, *4* geschlossener Abstreifer, wenn Stößelhub $H > 8$ mm;

e) Oberteil mit Schneidplatte (3) und Zwangsausstoßer (5), dazu Unterteil mit Schneidstempel (6) und vier seitlichen Abfalltrennern (7), wenn aus rechteckigen Blechen ausgeschnitten wird;
P Plastilin, zum Ausfugen der Schraubenköpfe;

f) Blechtafel mit Abfallstücken, abgetrennt durch drei Abfalltrenner (7) Nr. I…III; Abfalltrenner arbeiten nach dem Verfahren „Keilschneiden" (siehe Übersichtstafel I und Einleitung Bild 1).

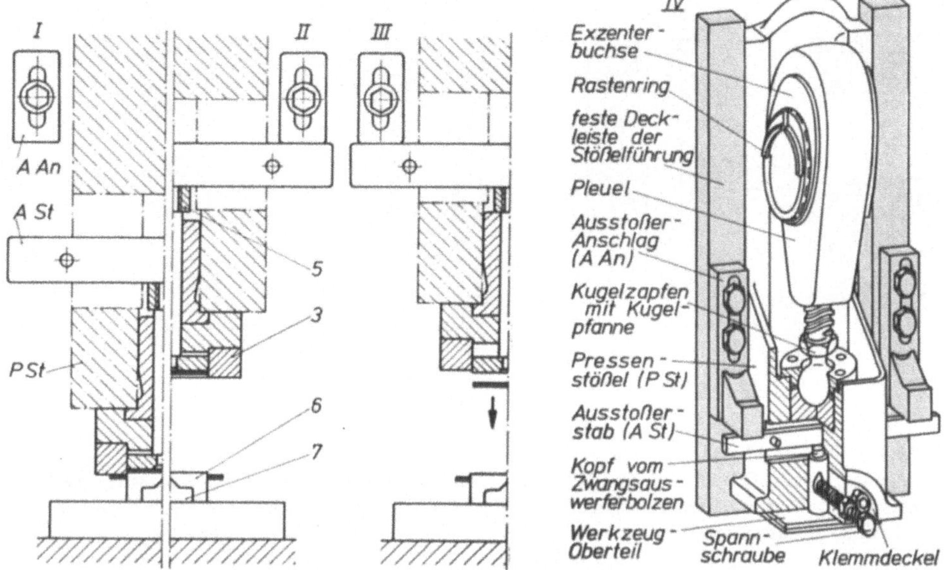

Bild D/3. Wirkungsweise des Zwangsausstoßers im Werkzeug Bild D/2e

   I. Ausschneidwerkzeug ist geschlossen, Pressenstößel in tiefster Lage (*UT*);

  II. Ausstoßbeginn;

 III. Ausschneidwerkzeug ist geöffnet, Pressenstößel in höchster Lage (*OT*), das Schnitteil fällt gerade aus dem Schneidplattendurchbruch; *AAn* Ausstoßeranschläge, auf den beiden festen Deckleisten der Stößelführung sitzend; *ASt* Ausstoßerstab, in einer querliegenden Öffnung des Pressenstößels *PSt* sich bewegend.

      Teile *3, 5, 6, 7* sind vom Ausschneidwerkzeug, Bild D/2 e, übernommen.

 IV. Pressenstößel mit Zwangsausstoßer einer Exzenterpresse, die querliegende Exzenterwelle hat

Für Lochwerkzeuge werden bei Kleinserien oft Lochschablonen eingesetzt (Bild D/4c); das eingelegte Blech halten Blattfedern, Spannasen oder Klemmschrauben. Die Lochstempel, deren Hub zur Unfallverhütung mit H_{max} = 7...8 mm einzustellen ist, sind von einer federnden Abstreifplatte umgeben. Die Dicke der gewichtsmäßig möglichst leicht zu gestaltenden Schablone darf daher höchstens h = 4 mm sein. Man kann auch mittels einer Blechschablone die Lochmitten ankörnen und einen auswechselbaren *Lochstempel* mit federnder oder angeschliffener *Sucherspitze* verwenden (Bild D/4b). Um ein schnelles Auswechseln der Stempel zu erzielen, werden Lochstempel im Halteeinsatz auf Lager gelegt.

2. Ausklinkwerkzeug mit Schneidplattenführung

Zur Weiterbearbeitung größerer Blechteile, die auf Maschinenscheren vorgeschnitten wurden, bewährt sich oft ein Universal-Ausklinkwerkzeug (Bild D/5).

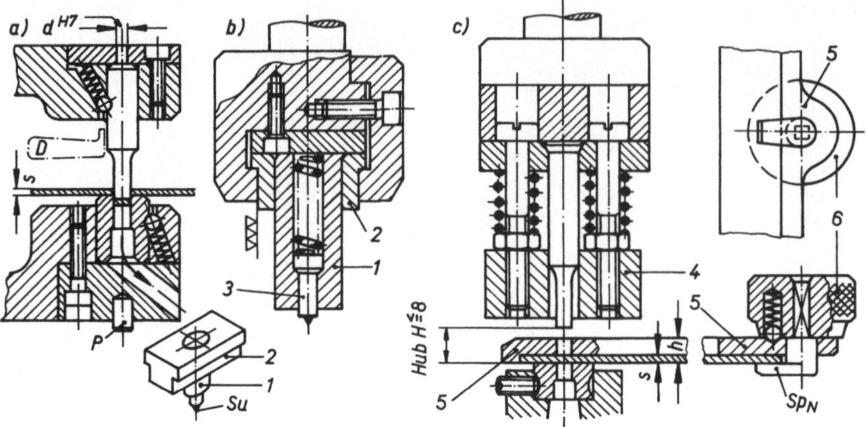

Bild D/4. Lochwerkzeuge ohne Führung

a) Lochereinheit, Paßstift P im Unterteil (bzw. Aufnahmebohrung d^{H7}) dient zur Lagefestlegung des Lochers mittels Einstellschablone; unrunde und eckige Lochstempelformen erfordern zwei Paßstifte bzw. zwei Aufnahmebohrungen;

b) Lochstempel (1) mit Halteeinsatz (2) auswechselbar, Stempel haben Sucherspitze, die angeschliffen (Su) oder federnd (3) ist;

c) Locher mit federnder Abstreifplatte (4) zum Arbeiten nach Lochschablone (5), Festspannen des Bleches mittels Griff (6) mit Spannase (Sp_N).

Bild D/5. Universalausklinkwerkzeug

1 auswechselbare Schneidplatte, *2* auswechselbarer Schneidstempel, in Rückenführung (3) eingepaßt, *4* verstellbare Anschlagschienen auf zwei Spannwinkeln (5), *6* gehärtete Zwischenlage, *7* Grundplatte, gleichzeitig Führung (Maße N) für Teil (3), Ausdrückgewinde A zum Auswechseln der Schneidplatte.

Die Schneidplatte (1) ist in eine rechteckige Ausfräsung der Grundplatte (7) eingepaßt, der Schneidstempel (2) in einer Paßnute gehalten; beide sind schnell auswechselbar. Durch das einseitige Ausschneiden wirken seitliche Kräfte auf den Schneidstempel; er erhält eine kräftige Rückenführung (3), die zugleich die Stempelführung innerhalb der Schneidplatte übernimmt. Eine Säulenführung ist daher nicht erforderlich. Zur Vermeidung von Unfällen darf der Stößelhub H höchstens 8 mm betragen.

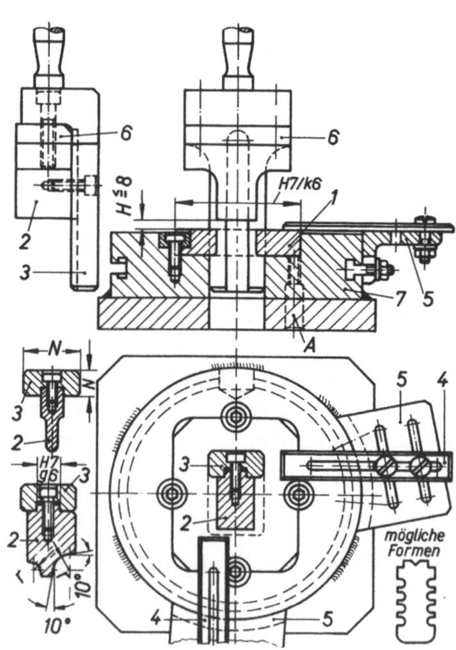

Anmerkung:

Zur *Überprüfung der Grenzstückzahl,* die z.B. mit einem Universalschneidwerkzeug im Vergleich zu einem Serienwerkzeug noch wirtschaftlich gefertigt werden kann, wird meist die aus der Betriebskostenrechnung bekannte Beziehung (ohne Berücksichtigung von Abschreibung und Zinsen) angewandt. Danach ist die Grenzstückzahl

$$i_G = \frac{(k_{w1} - k_{w2}) + (k_{r1} - k_{r2})}{k_{e2} - k_{e1}}$$

Index 1 Serienwerkzeug; Index 2 Hilfswerkzeug
i_G Grenzstückzahl
k_w Werkzeug-Herstellungskosten
k_r Kosten für Rüstzeitaufwand; dabei $k_r = t_r \cdot$ Arbeitsplatzkosten mit Einsteller (t_r Rüstzeit)
k_e Kosten für Zeitaufwand je Einheit (Stück); dabei $k_e = t_e \cdot$ Arbeitsplatzkosten ohne Einsteller (t_e Zeit je Einheit)

●   *Beispiel D/1:*
Es sind an rechteckigen Zuschnitten vier Ecken mit gleicher Schnittlinienform auszuklinken. Zur Verfügung stehen zwei Ausklinkwerkzeuge mit

k_{w1} = 1200,00 DM, k_{w2} = 80,00 DM

t_{r1} = 36 min, t_{r2} = 42 min

t_{e1} = 0,1 min, t_{e2} = 0,3 min

Arbeitsplatzkosten (einschließlich allgemeiner Betriebskosten) mit Einsteller je Stunde = 30,00 DM, ohne Einsteller je Stunde = 20,00 DM.
Die Grenzstückzahl ist zu bestimmen.

●   *Lösung:*

$$k_{r1} = \frac{36 \text{ min}}{60 \text{ min}} \cdot 30,00 \text{ DM} = 18,00 \text{ DM}$$

$$k_{r2} = \frac{42 \text{ min}}{60 \text{ min}} \cdot 30,00 \text{ DM} = 21,00 \text{ DM}$$

$$k_{e1} = \frac{0,1 \text{ min}}{60 \text{ min}} \cdot 20,00 \text{ DM} = 0,033 \text{ DM}$$

$$k_{e2} = \frac{0,3 \text{ min}}{60 \text{ min}} \cdot 20,00 \text{ DM} = 0,100 \text{ DM}$$

$$\text{Grenzstückzahl } i_G = \frac{(k_{w1} - k_{w2}) + (k_{r1} - k_{r2})}{k_{e2} - k_{e1}} = \frac{(1200 - 80)\text{DM} + (18,00 - 21,00) \text{ DM}}{0,100 \text{ DM} - 0,033 \text{ DM}} = 16\,670$$

●   *Ergebnis:*
Ab etwa 17 000 Stück ist für obigen Zuschnitt ein einfaches Serienwerkzeug wirtschaftlicher.

3. Schneidwerkzeuge mit Plattenführung

a) Formgebung der Aufbauteile

Plattenführungswerkzeuge [1]) (Bild D/6) bestehen aus Unterteil [2]) und Oberteil (Stempelkopf). Die mit dem Werkzeugunterteil fest verbundene *Führungsplatte* übernimmt die
Stempelführung und zugleich das *Abstreifen des Bleches* von den Stempeln. Entsprechend
der Abstreifkraft werden die Innensechskantschrauben ausgewählt, die im Stempelkopf
von oben, im Unterteil von oben oder unten eingeschraubt sind.

Nach Angreifen der Abstreifkraft F_B (Abschnitt C.1.e) sollen Befestigungsschrauben noch
eine Restvorspannung behalten. Diese Forderung bedingt Schrauben aus hochfestem Stahl
der Festigkeitsklasse 8.8 bis 12.9 (DIN 267 Blatt 3). Im Werkzeugbau berechnet man

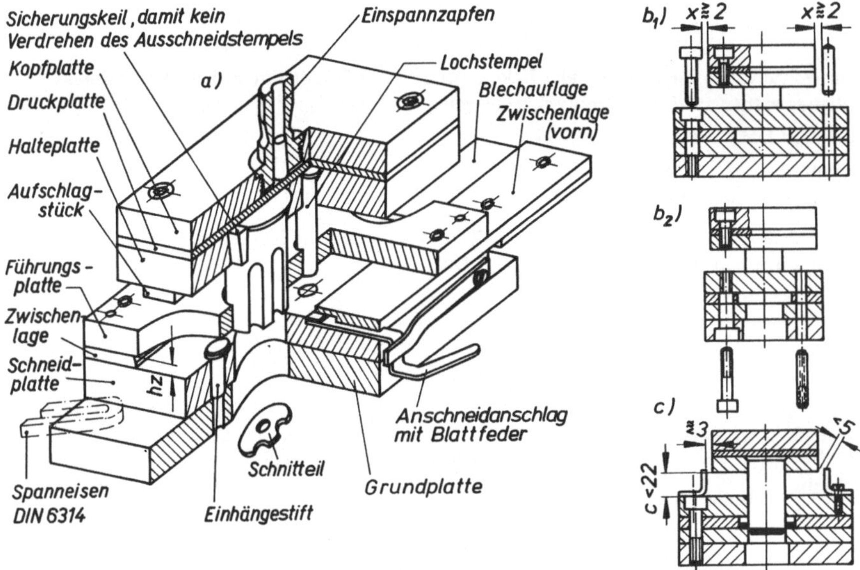

Bild D/6. Folgeschneidwerkzeug (geschlossene Plattenbauweise)

a)   Darstellung ohne Schutzgitter;

b₁) Mindestabstände x der Schraubenköpfe und Stifte von der Kopfplatte, wenn Unterteil von oben
     her verschraubt und verstiftet ist;

b₂) Werkzeug mit Unterteil von unten her verschraubt und verstiftet (Zylinderstifte DIN 7979
     gehärtet);

c)   Richtwerte für festes Schutzgitter; es ist bei Aufschlagstücken und im neuen Werkzeug bei Maß
     $c < 22$ mm erforderlich.

---

[1]) Gestaltung gehärteter Teile (Schneidplatten und Stempel) sowie Werkstoffe siehe A.1 und A.2;
    übliche Stempellänge 70 mm (in Sonderfällen 35 mm, 60 mm, 90 mm).

[2]) In Normblatt DIN 9867 werden die Unterteile mit *Schnittkasten* benannt.

Schrauben entsprechend der Abstreifkraft F_B, setzt jedoch einen höheren Sicherheitsfaktor ein. Für den erforderlichen Spannungsquerschnitt A_s des Gewindes in mm^2 (DIN 13 Blatt 1) gilt die Beziehung:

$$A_s = \frac{F_B \cdot \nu}{\sigma_s} \, .$$

F_B Abstreifkraft in N

σ_s Streckgrenze des Schraubenwerkstoffes (aus DIN 267 Blatt 3) in $\frac{N}{mm^2}$

ν Sicherheitsfaktor, für Befestigungsschrauben der Festigkeitsklasse 10.9 ≈ 6

Ergänzende Angaben über *Plattenführungswerkzeuge* enthalten folgende Norm- und Richtwertblätter:

DIN 9866 Stempelköpfe, Blatt 1 rund, Blatt 2 und 3 eckig
DIN 9867 Schnittkästen (Werkzeugunterteil mit Plattenführung), Blatt 1 Übersicht, Zuordnung
        Blatt 2...5 verschiedene Unterteilausführungen
DIN 9859 Einspannzapfen, Blatt 1 Übersicht, allgemeine Abmessungen
        Blatt 2, 3 und 7 verschiedene Formen
        Blatt 5 und 6 mit runder oder eckiger Kopfplatte
DIN 9845 Schneidbuchsen und Stempelführungsbuchsen
DIN 9846 rechteckige Schneidstempel
DIN 9848, 9849 Anschläge für Schneidwerkzeuge
DIN 9861 runde Schneidstempel bis 14,4 mm Durchmesser
DIN 9862 Seitenschneider
DIN 9863 Anschläge für Seitenschneider
DIN 9864 runde Suchstifte
VDI 3358 Vorschubbegrenzung in Stanzwerkzeugen
VDI 3367 Richtwerte für Steg- und Randbreiten; Anzahl der Werkstücke je Tafel
VDI 3368 Schneidspalt, Bemaßung der Schneidkanten
VDI 3369 Gießharze im Werkzeugbau
VDI 2007 Epoxydharze im Fertigungsmittelbau
VDI 3374 Lochstempel, Blatt 1 mit Bund, Blatt 2 mit Kugelsicherung

Gehärtete Zylinderstifte DIN 6325 oder DIN 7979 Form B (für Sacklöcher) sichern im Unterteil die Lage der Führungsplatte zur Schneidplatte; sie verhindern zugleich, daß sich die Zwischenlagen verschieben. Im Oberteil sind durch die Führungsplatte keine Zylinderstifte erforderlich; der Einspannzapfen kann, wie bei Schneidwerkzeugen ohne Führung, gegen Lösen gesichert sein.

Stempel müssen auch beim Schärfen ihrer Schneiden in der Halte- und Führungsplatte verbleiben; deshalb ist die Größe der Stempelköpfe so zu wählen, daß im Werkzeugunterteil Schrauben und Zylinderstifte ausgebaut werden können, ohne die Stempel aus der Führungsplatte ziehen zu müssen. Die im Bild D/6b$_1$ mit x bezeichneten Abstände sind bei Werkzeugunterteilen, die von oben her verschraubt sind, einzuhalten. In Werkzeugunterteilen, die von unten her verschraubt wurden (Bild D/6 b$_2$), setzt man gehärtete Zylinderstifte mit Innengewinde (DIN 7979) ein. Mittels des Gewindes lassen sich diese Stifte nach unten herausziehen; das Werkzeugunterteil kann damit kleiner gestaltet werden.

Lochstempel aus Federstahldraht (siehe A.1) werden durch zusätzlich in die Führungsplatte eingepreßte gehärtete Buchsen (ähnlich Bild G/10, Teile 10) geführt; diese stützen zugleich die Lochstempel während des Schneidens bei Knickbeanspruchung ab.

Aussparungen in der Führungsplatte, an der Ein- und Auslaufseite des Streifens, erleichtern das Einführen des Bleches und das Sauberhalten des Einhängestiftes.

Die Stempelführungsplatte erhält eine Dicke zwischen 18 mm und 23 mm, bei mehrteiligen Stempeln (Abschnitt D.3.g) 28 mm; je dicker sie ist, desto besser ist die Stempelführung, doch um so zeitraubender wird die Herstellung. Zur Schmierung der Stempel sind in die Führungsplatte *Schmierbecken* eingearbeitet (Bild D/7).

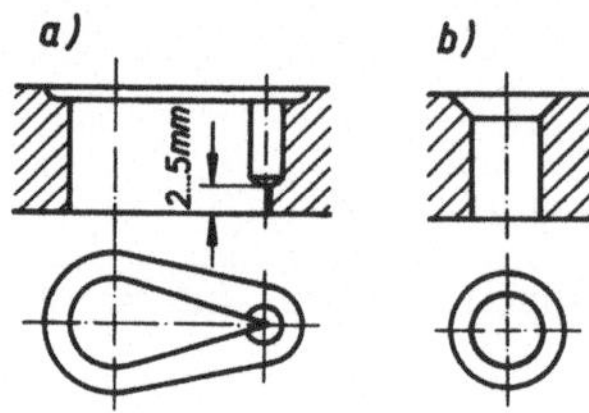

Bild D/7. Schmierbecken in Stempelführungsplatte
a) ausgefräst, spitzwinklige Ecke angebohrt;
b) gesenkt

Die *Zwischenlagen* (Zwischenleisten) erhalten für den Durchgang der Streifen und Bänder den Abstand hz zwischen Schneidplatte und Führungsplatte; sie geben gleichzeitig dem Streifen beim Verschieben seitliche Führung. In Werkzeugen ohne vordere Zwischenlage werden Blechabfälle verarbeitet (vgl. Bild G/7). Man spricht nun von *offener Plattenbauweise*, im Gegensatz zur *geschlossenen Plattenbauweise* mit zwei Zwischenlagen.

Die *Stempelhalteplatte* dient zur Aufnahme der Stempel; diese paßt man in die Durchbrüche der Halteplatte stramm ein und überschleift dann die Platte mit den Stempelköpfen. Abgesetzte Formstempel mit runder Paßform können sich trotz strammen Einpassens verdrehen; deshalb werden sie (ähnlich eingesetzten Schneidbuchsen) in der Stempelhalteplatte mittels Keil gesichert (Bilder A/4 a und D/6).

Bei abgesetzten Lochstempeln und Schaftstempeln (vgl. Bilder A/5 b und c) werden oft *Aufschlagstücke* auf die Stempelführungsplatte geschraubt; diese erfordern ein *Schutzgitter*. Über runde Aufschlagstücke können als Fingerschutz auch schwache Druckfedern gestülpt werden; die lichte Weite zwischen den Windungen muß < 6 mm sein. Ein Schutzgitter ist auch erforderlich, wenn beim neuen Werkzeug in tiefster Stellung UT die lichte Höhe zwischen Führungsplatte und Stempelhalteplatte $c < 22$ mm wird (Bild D/6 c); sobald nach 8…10 mm Abschliff das Maß $c < 12$ mm [1]) ist, könnten ohne Schutzgitter bei Unachtsamkeit Verletzungen auftreten. Aus gleichen Gründen soll die lichte Höhe des Streifendurchganges (zwischen Schneid- und Führungsplatte) $hz \leqslant 8$ mm ausgeführt sein.

Kopfplatte und Stempelhalteplatte werden in Kleinwerkzeugen 12 mm, meist 18 mm oder 23 mm dick gewählt. Bei mehrteiligen Stempeln (Abschnitt D.3.g) ist die Stempelhalteplatte 28 mm dick.

Eine *Druckplatte* zwischen Kopf- und Stempelhalteplatte ist für kleine Stempelformen ($d < 5 \cdot$ Blechdicke) nötig, ebenso wenn sich unter dem Durchgangsgewinde des Einspannzapfens ein Stempel befindet. Bei zu großer Flächenpressung ($\sigma_d \geqslant 200 \frac{N}{mm^2}$ bezogen auf

---

[1]) Nach AWF-Blatt 5902 sind Werkzeuge erst bei $c < 12$ mm mit einem Schutzgitter zu sichern. Rechnet man beim neuen Werkzeug mit je 5 mm größtmöglichem Abschliff des Stempels und der Schneidplatte, ergibt sich das bei der Konstruktion zu berücksichtigende, in den Bildern D/1 und D/6 c angegebene Maß $c = 12$ mm $+ 2 \cdot 5$ mm $= 22$ mm.

den Stempelschaftquerschnitt) würden sich ohne Druckplatte die Stempelköpfe in die
Kopfplatte eindrücken und dadurch ihren festen Sitz in der Stempelaufnahmeplatte verlieren. Die Druckplatte ist 4 mm dick und beidseitig geschliffen. Sie wird aus unlegiertem
Werkzeugstahl (z.B. C 70 W 1) hergestellt, gehärtet und blau angelassen, so daß sie noch
eine Rockwellhärte HRC = 58 ± 2 besitzt. Bei zu harter Druckplatte neigen Lochstempel-
köpfe zum Ausbrechen.

- *Beispiel D/2:*
  In einem Werkzeug sind glatte (nicht abgesetzte) Lochstempel eingebaut. Bis zu welchem
  Verhältnis $\dfrac{\text{Lochstempeldurchmesser } d}{\text{Blechdicke } s}$ ist für Bleche mit $\tau_s = 250 \ \dfrac{N}{mm^2}$ eine gehärtete Druckplatte erforderlich, wenn zulässige Flächenpressung auf Kopfplatte mit $\sigma_{d\,zul} = 200 \ \dfrac{N}{mm^2}$ angenommen wird ?

- *Lösung:*
  Nach Gleichung (C/1) ist Schnittkraft

$$F_s = l \cdot s \cdot \tau_s = \pi \cdot d \cdot s \cdot 250 \ \frac{N}{mm^2}$$

Stempelschaftquerschnitt $A = \dfrac{\pi}{4} \cdot d \cdot d$

Somit gilt die *Bedingung:* $\dfrac{\text{Schnittkraft } F_s}{\text{Stempelschaftquerschnitt } A} \leqslant \sigma_{d\,zul}$; obige Werte eingesetzt

$$\frac{\pi \cdot d \cdot s \cdot 250 \ N/mm^2}{\pi/4 \cdot d \cdot d} \leqslant 200 \ \frac{N}{mm^2} \ ; \ \text{gekürzt}$$

$$\frac{s \cdot 1000}{d} \leqslant 200; \ \text{umgeformt bei Verhältnis}$$

$$\frac{d}{s} \geqslant \frac{1000}{200} \geqslant \frac{5}{1}$$

ist obige Bedingung $\sigma_{d\,zul} \leqslant 200 \ \dfrac{N}{mm^2}$ erfüllt.

- *Ergebnis:*
  Bis Verhältnis $d : s = 5 : 1$ ist beim Lochen von Stahlblechen mit $\tau_s = 250 \ \dfrac{N}{mm^2}$ eine gehärtete
  Druckplatte erforderlich.

Die *Grundplatte* des Werkzeugunterteils wählt man 23 mm, meist 28 mm, 38 mm oder
48 mm dick. Damit Abfälle und Ausschnitte durch die Grundplatte fallen können, hat sie
einen oder mehrere *Durchbrüche*, die um 2...5 mm je Seite größer ausgesägt sind.

Bei Folgewerkzeugen können Abfälle oft schlecht durch das Durchfalloch der üblichen Aufspann-
platten (DIN 55 178) des Pressentisches abgeleitet werden.

Folgende Möglichkeiten kann man nun überprüfen:

1. Das Werkzeug wird auf Leisten gestellt; Abfälle sowie Schnitteile fallen auf eine Blechauflage oder
   in Blechschubladen. Damit die elastische Durchbiegung der Grundplatte gering bleibt, ist sie 38 mm
   oder 48 mm dick.
2. Die Grundplatte erhält schräge Durchfallöffnungen oder es werden Blechrutschen eingesetzt (Bild D/8a).
3. Die Abfälle, z.B. von Seitenschneidern, leiten schräge Durchbrüche nach außen ab (vgl. Bild G/9c).

b) Ausgegossene Stempelführungs- und Halteplatte

Bei Werkzeugen für mittlere Stückzahlen wird Einpaßarbeit erspart, wenn man die Stempel-führungs- und Halteplatte mit Kunstharz [1]) ausgießt (Bild D/8). Zum Schärfen darf man *Schneidstempel nicht aus den gegossenen Stempelführungen herausziehen.* Deshalb werden alle Innensechskantschrauben von außen her eingeschraubt und die im Bild D/6 b_1 ange-

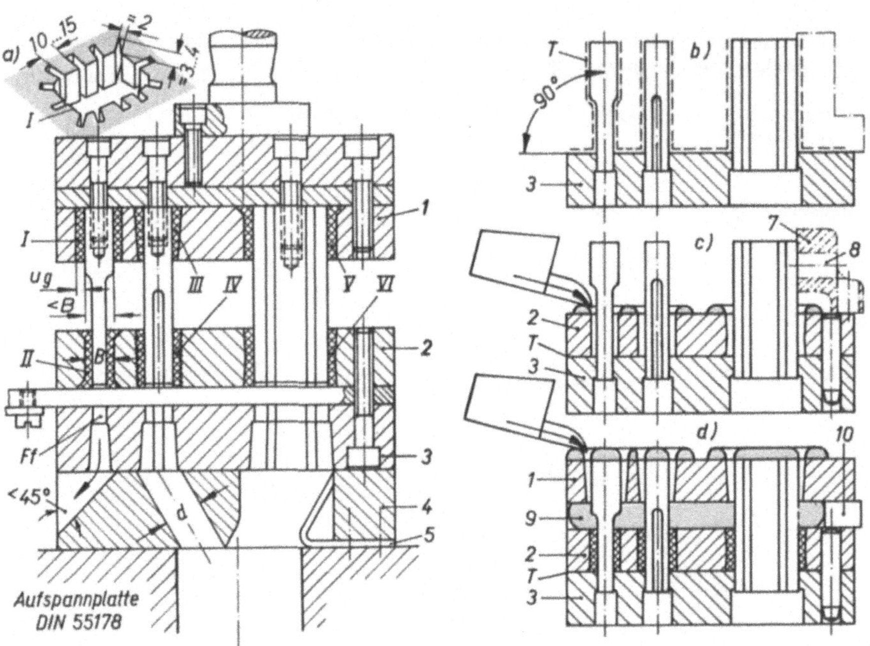

Bild D/8. Plattenführungswerkzeug

Grundplatte mit verschiedenen Formen für Durchfallöffnungen:
1 Stempelhalteplatte, *2* Führungsplatte, *3* Schneidplatte, *4* Grundplatte, *5* Rutsche aus Blech, an Grundplatte angeschraubt

Durchbrüche mit Kunstharz ausgegossen:
a) Gestaltungsmöglichkeiten für Durchbrüche zum Ausgießen:
   I zylindrisch ausgesägt, zusätzlich senkrecht dazu kurze Sägeschlitze, *II* zylindrisch ausgesägt, zusätzlich zwei Schrägen, *III* kegelig ausgesägt, *IV* Bohrung mit Gewindebohrer Nr. 1 aufgerauht, *V* wie *I*, noch zusätzlich eine Schräge eingearbeitet, *VI* beidseitig kegelig ausgesägt, u_g Gießspalt-weite 0,5...3 mm je nach Art des Gießharzes;
b) Stempel senkrecht in Schneidplatte (3) stehend mit Trennmittel (*T*) bestrichen oder besprüht;
c) Ausgießen der Stempelführungen in Führungsplatte (2), *7* Anschlagwinkel mit Haftmagneten (*8*);
d) Ausgießen der Stempelhalteplatte (1), *9* Plastilin, *10* Abstandstücke

---

[1]) Gießharze im Werkzeugbau VDI-Richtlinie 3369; Anregungen enthält auch VDI-Richtlinie 2007 „Epoxydharze im Fertigungsmittelbau". Vereinzelt werden zum Ausgießen noch *Feinzinkguß-legierungen*, z.B. GD Zn Al 4 Cu 3 nach DIN 1743 oder „Zammak" Z 430 S verwendet.

gegebenen Entfernungen x eingehalten [1]). Muß man bei späteren Reparaturen Stempel ausbauen, werden vor dem Wiedereinführen scharfe Schneidkanten mit einem Ölstein angefast; die ausgegossene Führung wird dadurch beim Zusammenbau nicht ausgeschabt. Beim nachträglichen Schärfen der Schneiden wird die Einführfase abgeschliffen.

Zuerst wird die Stempelhalte- und Führungsplatte nach Anriß so ausgesägt, daß die auszugießende Spaltweite je nach Art des Gießhartes $u_\mathrm{g} \approx 0{,}5\dots3$ mm beträgt (Bild D/8 a). Je rauher die Oberfläche der Innenform ist, desto besser haftet nachher das Gießharz. Deshalb werden runde Innenformen oft mit einem Gewindebohrer Nr. 1 oder mit Nutenmeißel zusätzlich aufgerauht. Einen besonders guten Sitz erhalten eingegossene Stahlteile in einer kegelig erweiterten Gießform, da sich in ihr das Kunstharz verkeilt. Zum Gießen müssen die gehärteten, fertiggeschliffenen Stempel *genau senkrecht* in der Schneidplatte stehen. Meist werden Innenformen (Freifläche *Ff*) der noch weichen Schneidplatte ohne Stempelspiel vorgearbeitet und die Stempel mit einer Handspindelpresse genau senkrecht eingedrückt. Damit sie sich in die Durchbrüche der Schneidplatte hineinsuchen können, sind deren Schneidkanten mit einem Ölstein etwa 0,5 mm angefast. Man kann auch bei einfachen Stempelformen die Schneidplatte fertig herstellen und das Stempelspiel für dünne weiche Bleche mittels Lacküberzug bzw. für dicke harte Bleche mittels einigen schmalen Streifen aus Stahlblechfolien ausgleichen. Einen zusätzlichen Halt in der fertigen Schneidplatte erhalten lose sitzende Stempel nach dem Aufsetzen der Führungsplatte durch Anschlagwinkel mit Haftmagneten (Dauermagnete Bild D/8 c, Teil 8).

Nun werden Stempel und Schneidplatte mit einem Trennmittel möglichst dünn überstrichen oder besprüht (Bild D/8 b). Das Gießharz soll an ihnen nicht ankleben. Die auszugießenden Innenformen der Platten müssen einwandfrei entfettet sein, damit das Harz darin gut anhaften kann. Ist die Stempelführungsplatte mit der Schneidplatte ohne Zwischenlagen verschraubt sowie verstiftet und sind die Eingießwulste aus Plastilin geformt, dann ist die Führungsplatte (Bild D/8 c, Teil 2) gießfertig. Flüssiges *Kunstharz*, dem vorteilhaft feinstes Eisenpulver oder Graphitstaub beigemengt ist und flüssiger Härter werden in einem bestimmten Mischungsverhältnis mittels Rührwerk miteinander vermischt und vergossen. Soll die Stempelführungsplatte noch eine Schmierwanne zur späteren Aufnahme der Schmiermittel erhalten, dann wird der Gießspalt nur bis etwa 1…2 mm unterhalb der Plattenoberfläche gefüllt.

Nach dem Aushärten des Gießharzes wird die Stempelhalteplatte aufgelegt; deren parallele Lage erhalten Abstandsstücke (Bild D/8 d, Teile 10). Den Zwischenraum füllt man mit Plastilin aus. Das auf den Stempelköpfen anhaftende Trennmittel darf man zuvor nicht entfernen, wenn beim Zusammenbau die Stempel mit dem Werkzeugoberteil (Kopfplatte) verschraubt werden. Bei späteren Reparaturen lassen sich dann die Stempel ausbauen, ohne die Oberflächen des Gießharzes zu beschädigen; neu einzusetzende Stempel haben im Bereich der ausgegossenen Stempelhalteplatte $\approx 0{,}03$ mm größere Abmessungen, so daß wieder fester Sitz gewährleistet ist.

Nach dem Ausgießen wird, zur Schneidplatte fluchtend, die Stempelhalteplatte mit den Stempelköpfen plangeschliffen.

c) Streifenführung und Streifenzentrierung

Die zu verarbeitenden Bänder und Streifen haben genormte Breitentoleranzen [2]); diese erfordern im Werkzeug je nach gegebenen Werkstückabmaßen (Umfang zu Bohrungen) besondere Führungselemente. Man unterscheidet feste und federnde Streifenführung sowie Streifenzentrierung.

---

[1]) Das Werkzeugunterteil wird kleiner, wenn man die Befestigungsschrauben und die gehärteten Zylinderstifte mit Innengewinde (DIN 7979) von der Unterseite her einführt (vgl. Bild D/6 b_2).

[2]) Breitentoleranz für Bandstahl, warm gewalzt, DIN 1016; Flachstahl, warm gewalzt, DIN 1017; Kaltband, mit Naturkante (NK) oder geschnittener Kante (GK) DIN 1544.

Bei *fester Streifenführung* übernehmen die beiden Zwischenlagen (Zwischenleisten) die
Führung des Streifens (Bilder D/6 und D/9); sie wird ohne zusätzliche Führungselemente
angewandt, wenn die Breitentoleranz auf die Maßhaltigkeit der Ausschnitte keinen Einfluß
hat, z.B. in Ausschneidwerkzeugen. Die nach oben um 3...5° erweiterten Gleitflächen der
Zwischenlagen (siehe Tabelle im Bild D/9) ermöglichen ein störungsfreies Durchschieben
des Streifens. An der Einführseite werden beide oder nur eine Zwischenlage verlängert
und daran das Streifenauflageblech (Dicke 2 mm, 3 mm oder 4 mm) befestigt. Bei mechanischer Vorschubeinrichtung (z.B. Walzen- oder Zangenvorschub) ist der Werkstoff von
der linken Seite aus einzuführen; werden Streifen oder Flachstäbe nur von Hand durch
das Werkzeug geschoben, kann man auch rechts als Einführseite wählen (kürzere Arbeits-
zeiten).

Die *federnde Streifenführung* (Bild D/9) soll bei allen Folgewerkzeugen gewählt werden.
Die Feder drückt den Streifen an die feste Zwischenlage; die Umrisse zu den Löchern
fallen trotz seiner Breitentoleranz gleichmäßig aus. Meist zieht man den Streifen beim
Durchschieben unbewußt an sich heran. Deshalb wird vielfach für die federnde Streifenführung die rückseitig liegende Zwischenlage vorgesehen und dort innerhalb des Werkzeuges

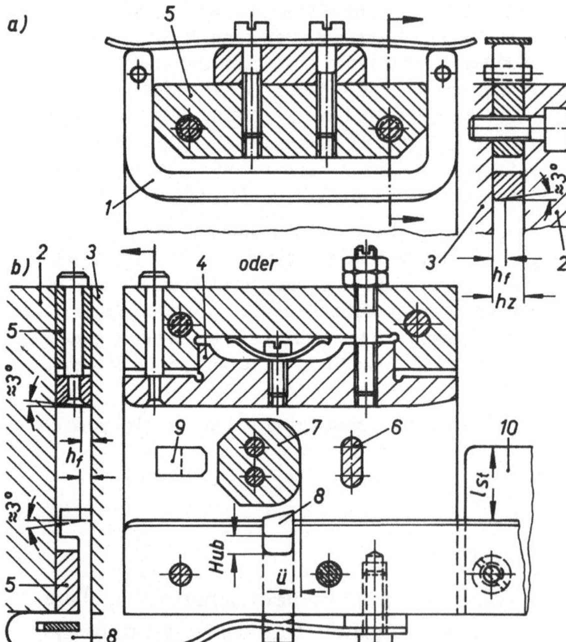

Blechdicke s mm	Maß h_f mm
0,5	1
0,5...1	2
1...2	3
2...3	4
3...5	6

Bei federnden Streifenführungen, die im
Werkzeug vor dem Seitenschneider (außerhalb des Werkzeuges im Streifeneinlauf)
sitzen, ist Teil *3* ein 3...4 mm dickes
Streifenauflageblech (Breite entspricht
Werkzeugbreite) und Teil *2* eine Deck-
leiste (im Bild D/14 dargestellt).

Bild D/9. Federnde Streifenführungen

Alle Flächen zur Streifenführung sind bis Maß h_f senkrecht, dann um 3° geneigt.

a) Mit Führungsbügel: *1* federnder Bügel, *2* Stempelführungsplatte, *3* Schneidplatte;

b) mit federndem Führungseinsatz (4): *5* Zwischenlage, *6* Lochstempel, *7* Ausschneidstempel mit
    zwei Suchstiften, *8* Anschneidanschlag (*An*), *ü* Überschneidung (nur weiche dünne Streifen an-
    schneiden), *9* Einhängestift, *10* Streifenauflageblech $l_{St} \approx \frac{3}{4}$ der Streifenbreite.

angeordnet. Von Nachteil ist, daß die auf den Streifen seitlich wirkende Blattfeder der Streifenvorschubbewegung bremsend entgegenwirkt. Übernehmen Seitenschneider (vgl. Bild D/14) die Vorschubbegrenzung des Streifens, dann sitzt die *federnde Streifenführung im Streifeneinlauf neben dem Seitenschneider* (vgl. Bilder D/15, D/16 c und G/12); beide Zwischenlagen sind nun als Trägerleisten für das Streifenauflageblech erforderlich.

Federnde Streifenzentrierungen (Bild D/10) werden angewandt, wenn *Streifenmittigkeit* gefordert ist, obwohl der zu verarbeitende Werkstoff große Breitentoleranz hat, z.B. bei Flachstäben und Bändern mit kalt gewalzten Kanten.

Bild D/10 I zeigt eine Zentriermöglichkeit über zwei Keiltriebstempel (K) mit Zentrierschiebern (SZ), die den Streifen mittels seiner Seitenflächen zentrieren und gleichzeitig festklemmen. Dadurch wird einwandfreie Streifenmittigkeit erzielt. Nachteilig jedoch ist, daß der zu verarbeitende Werkstoff bei beginnendem Stößelrückzug noch festgeklemmt ist. Dadurch eignet sich diese Konstruktion nur, wenn im Werkzeug die lichte Durchgangshöhe (im Bild D/10 das Maß hz) etwa 1,3...1,5 · Blechdicke beträgt. Zur Vorschubbegrenzung sind bei dieser geringen Durchgangshöhe Hakenanschläge (vgl. Bild D/13) einzusetzen.

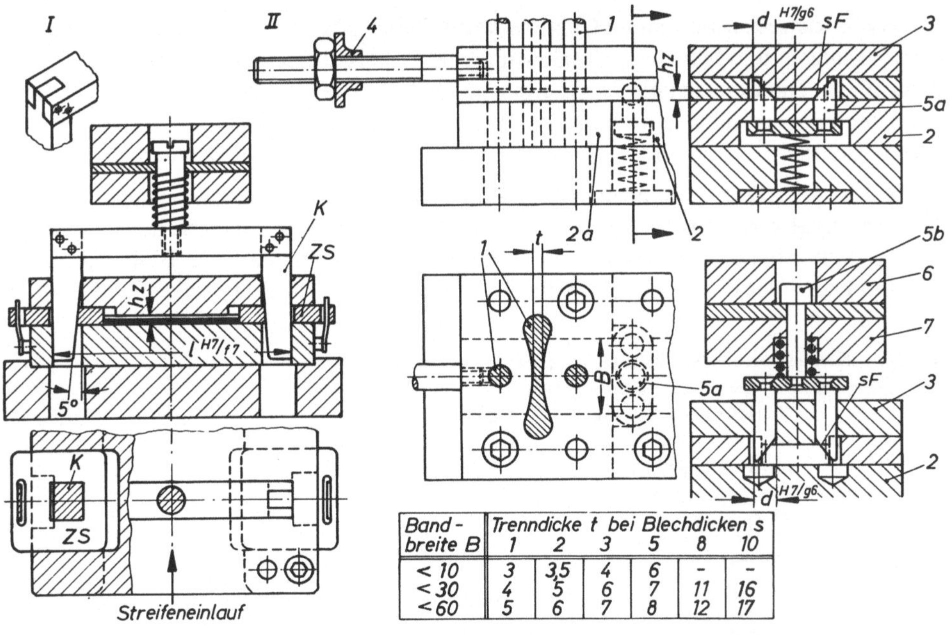

Band-breite B	Trenndicke t bei Blechdicken s					
	1	2	3	5	8	10
< 10	3	3,5	4	6	–	–
< 30	4	5	6	7	11	16
< 60	5	6	7	8	12	17

Bild D/10. Federnde Streifenzentrierungen, dargestellt im Plattenführungswerkzeug

I Zentrierung über Seitenflächen des Werkstoffes mittels Keiltriebstempel (K) und Zentrierschieber (ZS); *II* Zentrierung über Werkstoffkanten mittels zwei schrägen Flächen (sF);

1 Schneid- und Lochstempel, *2* Streifenauflageplatte (St 50), *2a* Schneidplatte, *3* Stempelführungsplatte, lichte Höhe für Streifendurchgang hz = Blechdicke s + (0,5...1) mm, *4* einstellbarer, nichtfedernder Längenanschlag, *5* je eine federnde Zentriereinheit an der Einführseite und im Werkzeug kurz vor den Schneidstempeln, *5a* von unten her wirkend, *5b* von oben her wirkend, *6* Kopfplatte, *7* Halteplatte.

Für Folgeverbundwerkzeuge darf man keilbetätigte Zentrierschieber (Bild D/10 I) nur vorsehen, wenn obige Voraussetzungen erfüllt sind und zusätzlich die Streifen während der Umformung ihre Höhenlage beibehalten. Von Vorteil sind möglichst kleine Umformwege der Stempel. Die auf den Keilstempelbügel mittigwirkende Druckfeder muß im vorgespannten Zustand die beiden Schieber an die Seitenflächen des Werkstoffes heranführen und dann als Federhub noch den gesamten Umformweg der Stempel mitmachen; große Umformwege erfordern große Federwege, diese lange Druckfedern und damit hohe Werkzeuge.

Bei der Ausführungsart nach Bild D/10 II wird der Werkstoff entlang seiner Kanten mittels zwei schrägen Flächen sF der Zentrierstempel (Teile 5), die von oben oder von unten her unter Federdruck stehen, zentriert. Diese Konstruktion kann man bei allen Werkzeugen anwenden, auch ist sie unabhängig von der Art des Werkstoffvorschubes. Nachteilig ist, daß in Werkzeugen mit mehreren Arbeitsfolgen je eine Zentriereinheit im Streifeneinlauf und im Auslauf erforderlich ist und daß die Zentrierung je nach Kantengüte unterschiedlich ausfällt; Schnittgrate geschnittener Streifen dürfen daher nicht in Richtung der Zentrierstempelflächen sF zeigen.

d) Vorschubbegrenzung einfacher Streifen

Einfache Schnittstreifen werden im Gegensatz zum Wendestreifen nur einmal durch das Werkzeug (Einfach- und Mehrfachschneidwerkzeuge, Übersichtstafel II im Abschnitt Einleitung) geführt. Die Genauigkeit des Streifenvorschubes (Tabelle D/1) ist von der Art der Vorschubbegrenzung und vom vorhandenen Schnittgrat der Anschlagflächen abhängig. Besonders wichtig ist, ob mit oder ohne federnde Streifenführung gearbeitet wird.

Zuerst muß im Werkzeug der eingeführte Streifenanfang zum Anschneiden angeschlagen werden, um unnötigen Werkstoffverbrauch zu vermeiden. Bei Ausschneidwerkzeugen versucht man ohne Anschneidanschlag auszukommen, indem der Streifen am Einhängestift (Bild D/11 a), an einer Einhängeplatte (Bild D/11 b), oder am Anschlagwinkel (Bild D/11 c)

Tabelle D/1: Kleinstwerte verschiedener Vorschubbegrenzungsarten

	Vorschubbegrenzung	Genauigkeit in mm
Streifenvorschub von Hand	nur Einhängestift Einhängeplatte Anschlagwinkel	± 0,1
	nur Hakenanschlag	± 0,08...0,1
	nur Seitenschneider	± 0,07...0,08
	zusätzlich Suchstift (je nach Blechdicke)	± 0,06...0,07
Bandvorschub maschinell	nur Walzenvorschub	± 0,1
	zusätzlich Seitenschneider	± 0,06...0,07
	und noch dazu Suchstift	± 0,05...0,06
	nur Zangenvorschub	± 0,06...0,08
	zusätzlich Seitenschneider	± 0,05...0,06

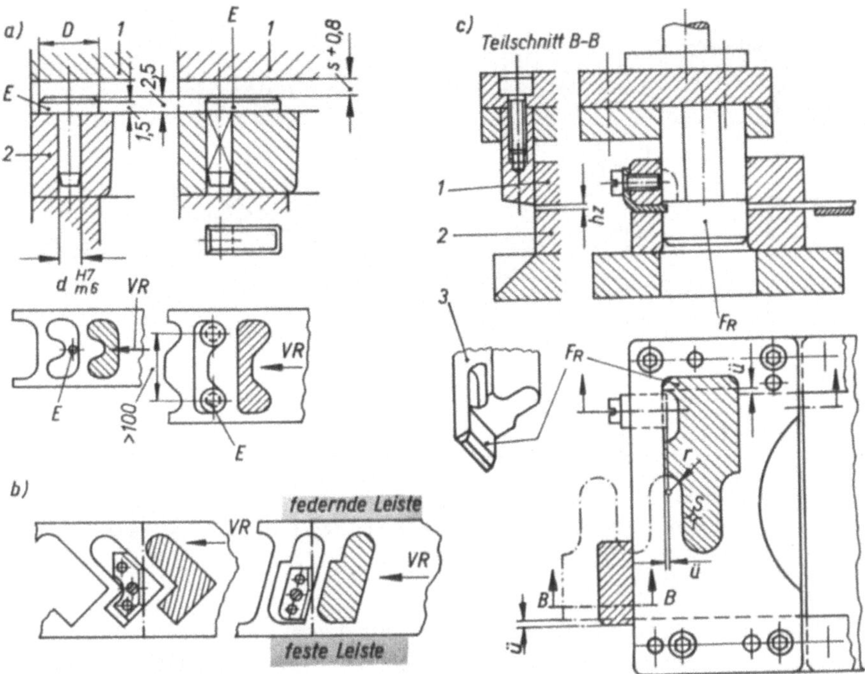

Bild D/11. Vorschubbegrenzung

a) Einhängestift (E) für runde oder quadratische Aufnahmebohrung, *1* Führungsplatte, *2* Schneidplatte;

b) Einhängeplatte, gleichzeitig Anschneidanschlag;

c) Anschlagwinkel bei abfallosem Trennen von Blechen 3...8 mm dick, Maß *hz* = Blechdicke *s* + 0,5 mm,
ü Überschneidung, damit gratfreie Ausschnitte (scharfgeschnittene Ecken), *3* Ausschneidstempel
mit Rückenführung F_R;

VR Vorschubrichtung des Schnittstreifens.

angeschlagen wird. Sind *Anschneidanschläge An* (Bild D/12) erforderlich, werden diese
Anschläge in Ausschneidwerkzeugen in der Regel ohne Feder (Bild D/12 a), in Folgewerkzeugen mit Feder eingebaut. Die Feder kann den Anschneidanschlag vom Streifen weg-
drücken, so daß er erst durch Fingerdruck in Anschlagstellung kommt (Bild D/12 b). In
Werkzeugen mit einem oder mit mehreren Suchstiften (Bild D/17 g) soll zu deren Schutz
die Feder den Anschlag immer auf den Streifen drücken (Bilder D/12 c, D/6 und D/9);
den eingeführten Streifen kann man nach dem Anschneiden erst weiterschieben, wenn der
Anschlag von Hand zurückgezogen ist. Meist sind zwei Anschneidanschläge erforderlich,
da bei eingebauten Suchstiften der Streifenanfang bereits gelocht sein muß, bevor er den
ersten Sucher erreicht. Behindert ein Stempel den Einbau eines waagerecht liegenden An-
schneidanschlages, kann man einen *senkrecht wirkenden Anschneidstift* in die Stempelführungsplatte (Bild D/19 f, Teile 2 und 3) oder in die Grundplatte einbauen. Die *Streifenvorschubbegrenzung* erfolgt bei Handvorschub im Schnittstreifen durch *Einhängestift*
oder *Einhängeplatte* (Bild D/11); beide sind billig in der Herstellung und im Einbau, doch
müssen sie vor jedem Schärfen der Schneidplatte ausgebaut werden.

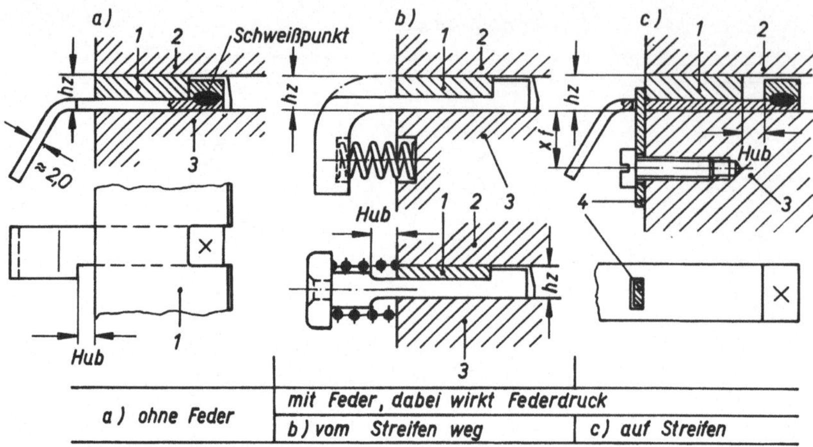

a) ohne Feder	mit Feder, dabei wirkt Federdruck	
	b) vom Streifen weg	c) auf Streifen

Bild D/12. Anschneidanschläge *An*   a) ohne Feder, b) und c) mit Feder

1 Zwischenlage Höhe *hz*, *2* Führungsplatte, *3* Schneidplatte, *4* Blattfeder 0,5 mm dick, Federlänge x_f möglichst groß.

Anschlagwinkel (Bild D/11 c) sind *mit einem abfallos trennenden Schneidstempel abgestimmt*, dadurch können Anschlagwinkel bei allen Streifenvorschubarten eingesetzt werden. Abfallos trennende Stempel schneiden einseitig; zum Trennen dicker Bleche erfordern diese Stempel zusätzlich eine Rückenführung, die zur Abstützung innerhalb der Schneidplatte und zur Entlastung der Stempelführungsplatte dient (Bild D/11, Teil 3). Das Schnitteil hat wechselseitig liegende Schnittgrate; seine Ecken sind einwandfrei geschnitten, sofern die Stempelschneiden um die Maße *ü* verlängert wurden (vgl. auch Bilder A/3 b und c).

Mit *Hakenanschlägen* (Bild D/13) erreicht man bei lichter Durchgangshöhe *hz* = Blechdicke *s* + (0,5...1) mm die kürzeste Zeit für Streifenvorschub von Hand; sie sind auch in Verbindung mit Walzenvorschubgeräten gut einsetzbar. Die während des Schneidens sich abwärts bewegende Druckplatte (2) des Werkzeugoberteils hebt über eine einstellbare Anschlagschraube die Nase *N* des Hakenanschlages (1) um etwa 1,5 · Blechdicke ab (Lage *II*). Gleichzeitig verschiebt die Schenkelfeder (8a) die Hakenanschlagnase *N* innerhalb des Durchbruches der Führungsplatte (4) um das Maß *u*. Während des Stempelrückzuges kommt die Nase auf den inzwischen geschnittenen Steg des Abfallstreifens mit der Auflagebreite *u* zu liegen (Lage *III*). Bei der nachfolgenden Vorschubbewegung des Streifens fällt die Nase durch den Druck der Schenkelfeder (8 a) in den ausgeschnittenen Schnittstreifen (Lage *IV*) und begrenzt den Streifenvorschub, indem sie in der Führungsplatte auf der gegenüberliegenden Fläche des Durchbruches anschlägt (Lage *I*). Anstatt der Schenkelfeder (8 a) kann auch auf der Stempelführungsplatte (4) eine Blattfeder (8 b) vorgesehen werden [1]).

---

[1]) Da der Anschlag bei jedem Stößelhub im Durchburch hin- und herpendelt, ist er in VDI-Richtlinie 3358 (Vorschubbegrenzung in Stanzwerkzeugen) mit Vertikal-Pendelanschlag bezeichnet.

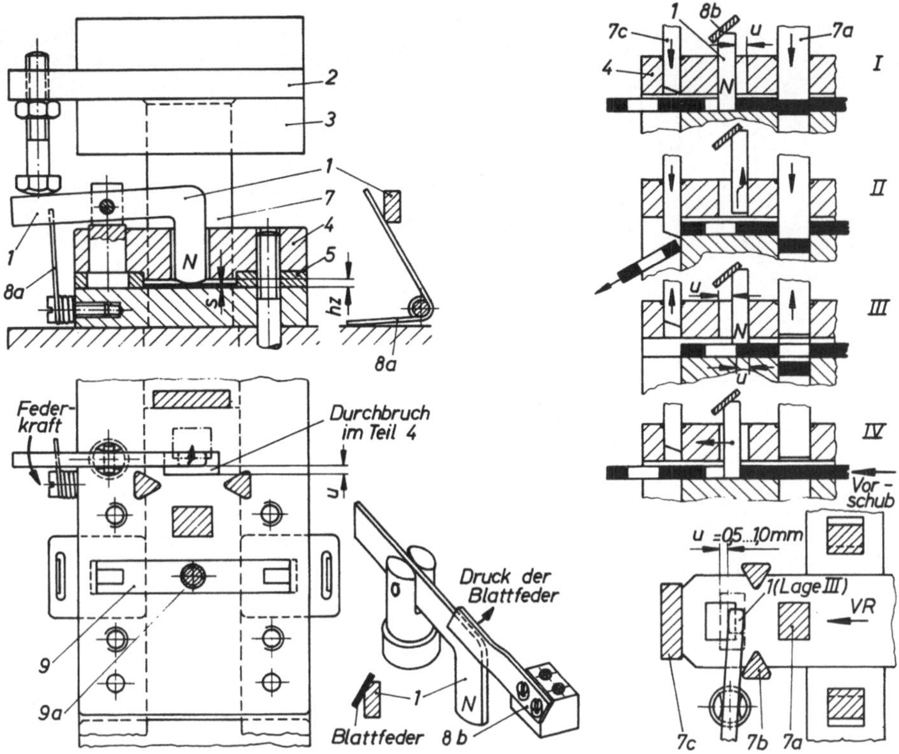

Bild D/13. Hakenanschlag

1 Hakenanschlag, *2* Druckplatte mit Anschlagschraube zum Anheben von Teil *1*, *3* Stempelhalte-platte, *4* Führungsplatte mit Durchbruch für Teil *1* mit Spielraum Maß *u*, *5* Zwischenlagen, die eine lichte Höhe im Streifendurchgang Maß $hz_{max} \lesssim 1{,}3 \cdot s$ oder bei dicken Blechen $hz_{min} = s + (0{,}5...1)$ mm ergeben, *6* Schneidplatte, *7* Schneidstempel, *7a* rechteckiger Lochstempel, *7b* seitliche Ein-schneidstempel, *7c* Trennstempel, *8a* Schenkelfeder oder *8b* Blattfeder mit Halteklotz, der auf Führungsplatte (*4*) befestigt ist (beide Federn drücken Hakennase *N* abwärts), *9* federnde Streifen-zentrierung mit Hubbegrenzungsschraube (*9a*) entsprechend Bild D/10 I.

Lage I: Schnittstreifen wurde vorwärtsgeschoben, Hakenanschlagnase *N* hat ihn bereits angeschlagen, ***Schneidbeginn.***

Lage II: Ende des Schneidvorganges, Hakenanschlagnase *N* wurde durch Anschlagschraube der Kopfplatte (*2*) angehoben.

Lage III: Ende des Stempelrückzuges, Hakenanschlagnase *N* wird durch Federn (*8a* oder *8b*) abwärtsgedrückt, Streifenvorschub beginnt.

Lage IV: Kurz vor Ende des Streifenvorschubes.

Seitenschneider (Bild D/14) klinken Streifen um ihr Vorschubmaß *V* aus; die Streifen sind daher um das *Abfallmaß i* (Tabelle C/3) breiter. Die freigemachten Schnittflächen schlagen nach jedem Vorwärtsschieben des Streifens an einem Anschlageck an; diese Ecke kann in der Zwischenlage gehalten sein oder auftraggeschweißt werden. Die Stempelfüh-rungsplatte nimmt die beim Ausklinken entstehende Seitenkraft auf. Seitenschneider sind

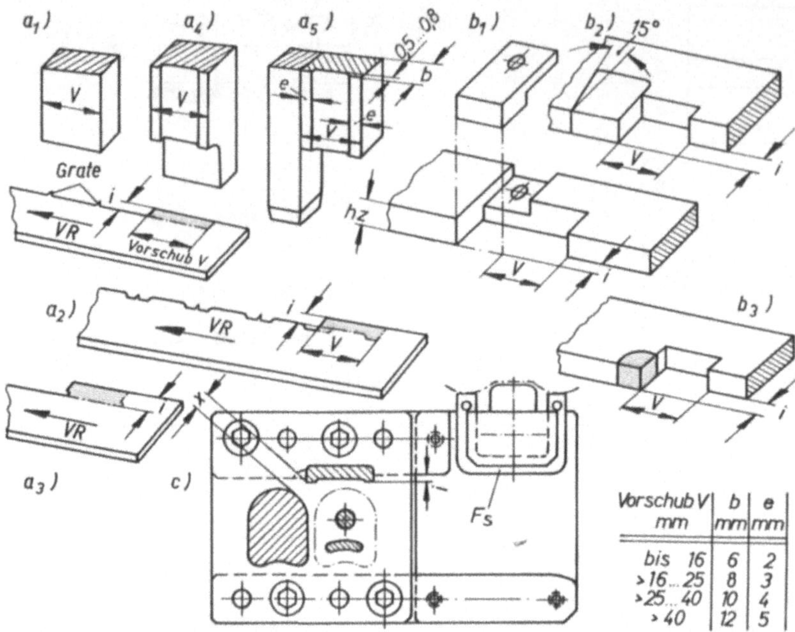

Bild D/14. Seitenschneider

Maß V entspricht dem Streifenvorschub, Seitenschneiderabfall i aus Tabelle C/3, VR ist Vorschubrichtung des Streifens, bei Bandvorschubeinrichtungen von links.

a) Seitenschneiderformen: a_1) gerade, a_2) ausgespart, a_3) gerade mit Vorschneidnase, a_4) ausgespart mit Rückenführung, a_5) ausgespart mit Seitenführungsstempel;

b) Anschlageckformen für Zwischenlagen: b_1) aufgesetzt, b_2) eingesetzt, b_3) auftraggeschweißt;

c) Ausführungsbeispiel (Draufsicht ohne Werkzeugoberteil): x nicht zu klein, sonst Rißgefahr der Schneidplatte, F_s federnde Streifenführung, auf der *gleichen Seite wie der Seitenschneider* sitzend.

so anzuordnen, daß Anschneidanschläge wegfallen und die Sicht auf die Lochstempel nicht behindert wird. Zum Ausklinken von Stahlblechen ab 2,5 mm Dicke können Seitenschneider zur zusätzlichen Abstützung innerhalb der Schneidplatte noch eine Rückenführung erhalten. Den Streifenanschlag in Verbundwerkzeugen verbessern Seitenschneider mit Seitenführungsstempel; nachteilig ist, daß in der Schneidplatte die Durchbrüche größer werden, wodurch sich deren Rißgefahr erhöht.

In der Regel läßt man vor dem Seitenschneider eine federnde Streifenführung wirken. Die beim Ausklinken entstehende Seitenkraft drückt, wie die Federn der Streifenführung, den zu verarbeitenden Werkstoff auf die gegenüberliegende feste Zwischenlage; dadurch bleiben die Lochabstände zum Schnitteilumriß trotz Bandbreitentoleranz maßhaltig. Sind breite Streifen mit kleinem Vorschub durch ein Werkzeug zu führen, ordnet man an der Einführseite zwei sich gegenüberliegende Seitenschneider an; die federnde Streifenführung entfällt.

Bei gerader Seitenschneiderform (Bild D/14 a_1) kann der Streifendurchlauf durch Grate gehemmt werden. Diese entstehen durch Runden der Ecken des Seitenschneiders bei Abnutzung. Auch bleiben vereinzelt Schnittabfälle an der Druckfläche des Seitenschneiders haften, weil sie nicht von der geradlinigen Freifläche der Schneidplatte abgestreift wurden; die Abfälle können auf den Schnittstreifen fallen und so zu Stempelbrüchen führen. Beide Mängel treten bei ausgesparten Seitenschneidern (Bild D/14 a_2) nicht auf.

Seitenschneider mit Vorschneidnase (Bild D/14 a_3) erhöhen die Genauigkeit des Streifenvorschubes und ergeben am Werkstück eine scharf geschnittene Ecke.

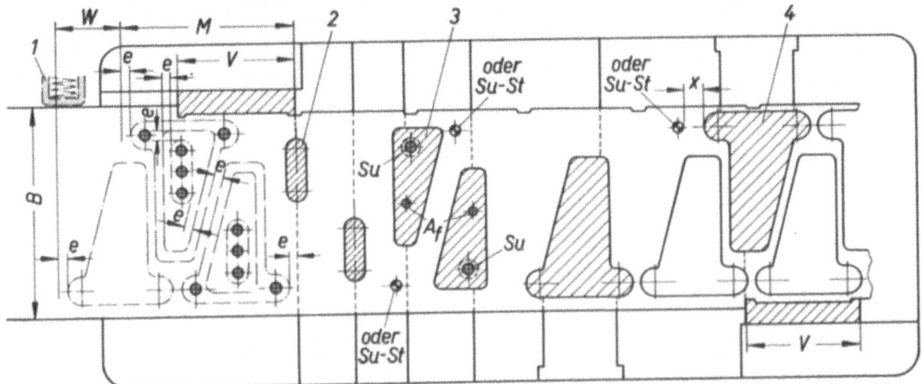

Bild D/15. Stempelanordnung mit Streifenbild eines Folgeschneidwerkzeuges für zwei verschiedene Ausschnittformen mit übereck stehenden Seitenschneidern.

Schneidplatte ist in Formstücke unterteilt und wird in einer rechteckigen Ausfräsung der Grundplatte aufgenommen, Gewinde- und Stiftlöcher sind nicht dargestellt. Stegbreiten e aus Tabelle C/3; Maße B, M, W, V sind zur Stückzahlberechnung (D.5) erforderlich.

1 federnde Streifenführung, 2 Ausschneidstempel für Schnitteil I, 3 Lochstempel mit eingesetztem Suchstift Su und federnder Abstoßnadel Af (vgl. Bild D/17 e), 4 Ausschneidstempel für Schnitteil II. Anstatt der Teile Su und Af können auch Suchstempel $Su-St$ (vgl. Bild D/17f, II) eingesetzt werden.

Bei Folgewerkzeugen mit mehreren Arbeitsstufen schlägt der Streifenrest am Anschlageck des Seitenschneiders nicht mehr an. Zum Anschlagen der letzten Teile wird ein *zweiter Seitenschneider* (Bild D/15), vereinzelt auch ein *Einhängestift* eingebaut. Den zweiten Seitenschneider ordnet man im Streifenauslauf, jedoch übereck stehend, mit beliebigem Abstand vom ersten Seitenschneider an. Der Einhängestift ist billiger; da er das zügige Durchführen des Streifens behindert, baut man in der Regel noch zusätzlich einen ausgesparten Stempel ein, der den Steg nach dem Anschlagen trennt (siehe Bild D/22).

Bei entsprechender Ausschnittform ist es möglich, in auszuschneidende größere Innenformen (Bild D/15) oder in den Abfallstreifen ein kleineres Schnitteil zu legen. Rotor- und Statorbleche werden regelmäßig mit Folgeschneidwerkzeugen im Streifen gemeinsam ausgeschnitten, wobei der Werkstoff mittels Vorschubeinrichtung vorwärts bewegt und durch Suchstifte lagenmäßig gesichert wird. Magazine nehmen die Ausschnitte auf und scheiden damit Abfälle aus.

Formseitenschneider ergeben einfachere Formen des nachfolgenden Ausschneidstempels. Wie bei Seitenschneidern kann ohne Vorschneidnase (Bild D/16 c) an der Trennfläche ein Grat entstehen. Auch haben die Schnittflächen am Werkstück wechselseitig liegende Schnittgrate; daher sind Formseitenschneider nicht immer anwendbar (Bild D/16 e).

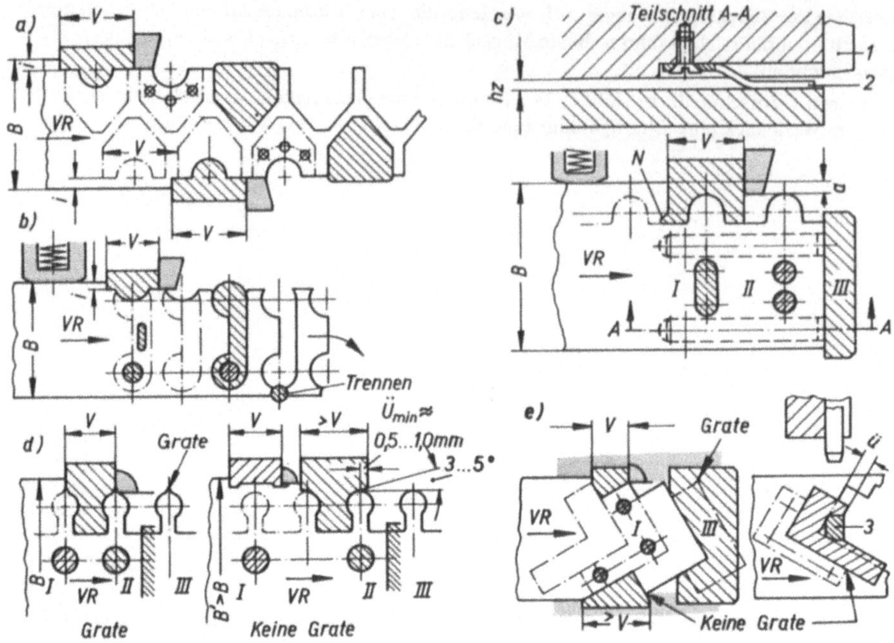

Bild D/16. Formseitenschneider

a) und b) ergeben einfache Formen für Ausschneidstempel, c) durch Vorschneidnase N entstehen scharfe Ecken am Schnitteil, d) und e) Gratbildung und Behebung;

nach federnder Streifenführung, die Arbeitsfolgen: *I* Lochen, *II* Suchen, *III* Trennen;

1 Trennmesser, *2* Schleppfeder, *3* Streifen-Anschlagstempel, im Ausschneidstempel geführt.

Maße a und i aus Tabelle C/3, VR ist Vorschubrichtung des Streifens bzw. Bandes, Überschneidung $ü$ ergibt scharfgeschnittene Ecken an Schnitteilen, $hz_{max} \lesssim 1{,}3 \cdot$ Blechdicke s, bei dicken Blechen $hz_{min} \approx$ Blechdicke $s + (0{,}5\dots1)$ mm.

Oft sind Werkstoffe nicht als Band, sondern nur als Tafel (damit als Streifen) vorrätig. Sind weiche Werkstoffe $\geqslant 1$ mm Blechdicke in einem Folgeschneidwerkzeug mit letzter Arbeitsstufe „abfalloses Trennen" zu verarbeiten, so kann man mit dem neuen Schnittstreifen den Rest des vorherigen Streifens durch das Werkzeug schieben. Hierbei darf die lichte Weite zwischen Schneid- und Stempelführungsplatte nur $hz_{max} \approx 1{,}3 \cdot$ Blechdicke s betragen. Zusätzlich muß dann noch vor dem Abtrennstempel eine Blattfeder sitzen, die auf den Streifenrest bremsend wirkt (Teilschnitt A—A im Bild D/16 c).

Suchstifte (Bild D/17) sichern zusammen mit Vorschubelementen die Streifenlage; sie sind bei Stahlblechen ab 0,5 mm Dicke, bei Aluminium und anderen weichen Werkstoffen ab 1,25 mm Dicke mit Erfolg anwendbar. Für dünnere Bleche eignen sich Suchstifte nicht; anstatt die Streifenlage zu sichern, weiten sie die Lochränder einseitig auf. Sind im Schnittteil nur kleine Bohrungen vorhanden, versucht man in den Schnittstreifen besondere Durchbrüche für *Suchstempel* zu schneiden (Bilder D/17 f, g).

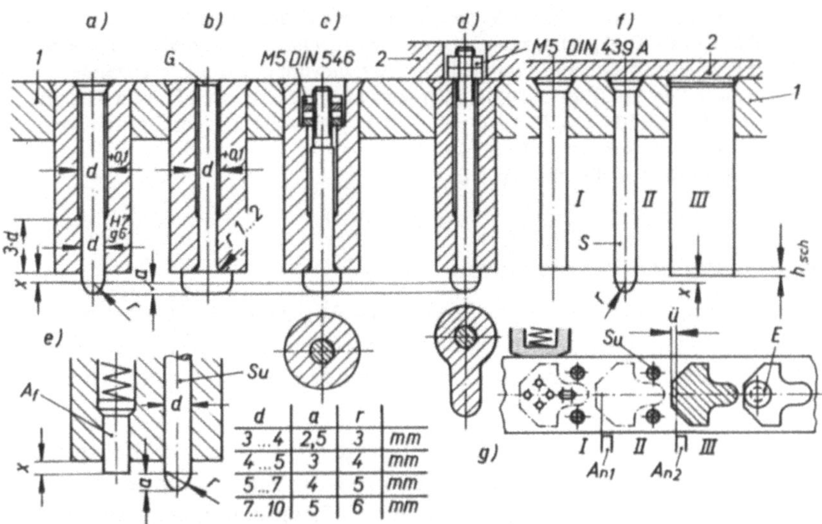

Bild D/17. Suchstifte in Plattenführungswerkzeugen

Sucher im Ausschneidstempel:

a) gut;

b) schlecht, Suchstift schwierig entfernbar, da kopfseitig schwache Stauchung G erforderlich;

c) d) gut; Muttern können auch auf Zwischenplatte (2) sitzen;

e) Ausschneidstempel mit Sucher Su und federndem Abstoßstift A_f oder federnder Abstoßnadel mit Federraum in Kopfplatte (Federhub $\approx 1 \ldots 2$ mm);

f) *Suchstempel Su:*
dünne Lochstempel stehen um $h_{sch} = (0{,}5 \ldots 1) \cdot$ Blechdicke dem Ausschneidstempel gegenüber zurück;

g) Streifen mit Arbeitsfolgen: *I* Lochen, *II* Suchen mit zwei Suchstempeln Su, *III* Ausschneiden; zusätzlich sind federnde Streifenführung, Anschneidanschlag An_1, An_2 und Einhängestift E erforderlich, durch Überschneidung $ü$ wird Anschlagfläche für E angeschnitten (weiche Werkstoffe).

Maß x bei Streifenvorschub von Hand = 1,3 · Blechdicke, bei Walzenvorschub = Blechdicke + 1,0 mm.

Bei Ausschneidstempeln mit eingesetztem Suchstift muß man vor jedem Schärfen der Stempel den Sucher herausdrücken. Die Ausführung nach Bild D/17 b verursacht dabei Schwierigkeiten. Infolge des eingesetzten Suchstiftes können auch Ausschnitte unter dem Ausschneidstempel vereinzelt hängenbleiben und so zu Werkzeugstörungen führen. Um dieses Anhaften zu vermeiden, läßt man Ausschneidstempel tiefer in die Schneidplatte eintauchen, damit die Ausschnitte trotz des Suchers durch den zylindrischen Schneidplattendurchbruch abgestreift werden (vgl. Bild D/9 b). Allerdings nützen sich dadurch die Schneiden der Stempel und der Schneidplatte schneller ab. Ausgeschnittene Teile bleiben am Ausschneidstempel nicht haften, wenn man in die Stempel zum Suchstift zusätzliche federnde Abstoßstifte A_f (Bild D/17 e) oder Abstoßnadeln, deren Federräume in der Kopfplatte sind, einbaut.

Bei Plattenführungswerkzeugen, in denen innerhalb der Seitenschneiderstufe gelocht wird, kann man nach dem Anschlageck des Seitenschneiders die Streifenlage zusätzlich noch durch einen (oder mehrere) Suchstempel sichern (Bilder D/17 f *II* und D/15, Stempel $Su - St$).

In *Werkzeugen mit federnder Abstreifplatte* und in Säulengestellen mit Führungsplatte, die von oben her unter Federdruck steht (Tabelle D/3), müssen Suchstempel (Bild D/17 f *II*) bei geöffnetem Werkzeug der federnden Platte gegenüber vorstehen, zusätzlich sind seitlich vom Suchstempel sitzende federnde Abdrückstifte erforderlich (vgl. Bild G/10). Üblich setzt man bei federnden Platten die *Suchstifte in das Werkzeugunterteil* ein (Bild G/5 *III*); dadurch wird die Lagesicherung des Streifens vom Suchstift bereits schon übernommen, sobald der Werkstoff durch die von oben her wirkende Federkraft abwärts bewegt wird, also bevor der Streifen festgeklemmt ist.

e) Vorschubbegrenzung bei Wendestreifen

Bei entsprechender Ausschnittform werden im Streifen die Ausschnittreihen wechselweise angeordnet. Man erhält einen Wendestreifen. Dieser wird zweimal durch das Werkzeug geführt, wobei die Streifen zuerst im 1., dann im 2. Durchgang geschnitten werden. Hierbei ist zu beachten:

1. *Symmetrische Ausschnitte* behalten für beide Durchgänge den gleichen Streifenanfang; der Streifen wird *um seine Längskante* geklappt (Bild D/18 a). Zum Anschneiden im 2. Durchgang ist ein weiterer Anschlag An_2 nötig. Erhält dieser eine andere Außenform, werden Verwechslungen vermieden.

2. Bei *unsymmetrischen Ausschnitten* wird der Streifen nach dem 1. Durchgang um 180° gedreht (Bild D/18 b); das Streifenende wird beim 2. Durchgang der Streifenanfang. Die unterschiedlichen Streifenlängen erfordern zum Anschneiden im 2. Durchgang einen federnden angeschrägten Einhängestift E_f (Bild D/18 b, Teilschnitt $T–T$), der in die beim 1. Durchgang ausgeschnittenen Durchbrüche nur einhängt, wenn zum Anschneiden der Streifen *gegen die Durchgangsrichtung* gezogen wird.

Wendestreifen: Arten	
Ausschnittform: a) symmetrisch	b) nicht symmetrisch
Wendestreifen wird umgeklappt	um 180° gedreht
Gleicher Streifenanfang beim 1. und 2. Durchgang	Streifenende vom 1. Durchgang ist Anfang für 2. Durchgang
Für Arbeitsfolgen Lochen und Schneiden sind erforderlich:	
Zum Streifenanschlag: je Durchgang ein Anschneidanschlag An_1 oder An_2	für 1. Durchgang Anschneidanschlag An_1 für 2. Durchgang Einhängestift federnd E_f
Zur Vorschubbegrenzung: ein Einhängestift E	ein Einhängestift E

Fehlstanzungen bei Wendestreifen werden vermieden, indem Form und Lage des Einhängestiftes bzw. der Einhängeplatte so festgelegt werden, daß der Abfallstreifen nicht in die ausgeschnittenen Durchbrüche des 1. Durchganges einhängen kann.

Für Wendestreifen ist oft die Vorschubgenauigkeit eines Seitenschneiders nötig. Nach dem 1. Durchgang ist die Streifenbreite um den Seitenschneiderabfall (siehe Tabelle C/3) kleiner. Folglich muß für den 2. Durchgang die dem Seitenschneider gegenüberliegende Zwischenlage mittels Längskeil um den Seitenschneiderabfall i versetzt werden (Bild D/18 c). Ein Schneidwerkzeug mit zweireihig angeordneten Schneidstempeln (Streifenbild D/15) ist daher meist günstiger.

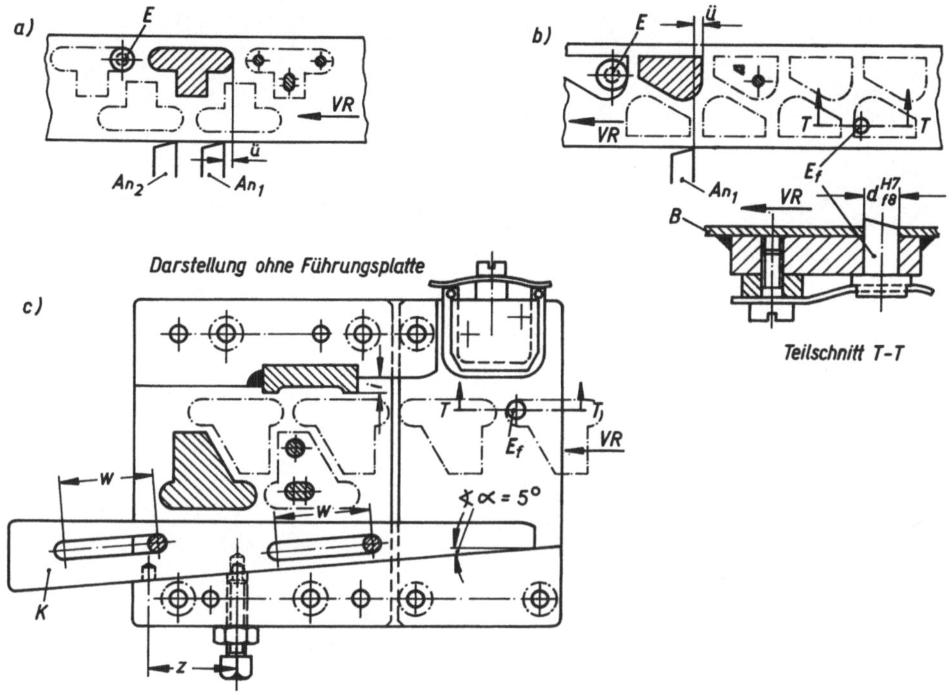

Bild D/18. Wendeschneiden

Ausschnittform:

a) symmetrisch, Anschneidanschläge: An_1 für 1. Durchgang (Überschneidung $\ddot{u}$), An_2 für 2. Durchgang;

b) nicht symmetrisch, im Teilschnitt $T\!-\!T$ ist B Streifenauflageblech; VR Vorschubrichtung des Schnittstreifens;

c) Ausführung mit Seitenschneider, Zwischenlagen sind um 0,1 mm höher als Verstellkeil K,

Schlitzlänge $w = \dfrac{i}{\sin 5°} \approx 11,5 \cdot i$, Abstand der Anschlagbohrungen $z = i \cdot \cot 5° \approx 11,43 \cdot i$,

i Seitenschneiderabfall (Tabelle C/3).

f) Abschneidwerkzeuge

Geringsten Werkstoffabfall erzielt man mit Abschneidwerkzeugen (Übersichtstafel II). Man unterscheidet Anschneiden

1. ohne Stegverlust (Bilder D/19 a, b)

2. ohne Randverlust (Bild D/10)

3. abfallos, Werkstücke zueinander parallel verschoben liegend; die Schnittlinie ist gerade (vgl. Bild G/10) oder gekrümmt, Formlinie genannt (Bild C/2)

4. abfallos, Werkstücke zueinander wechselseitig liegend (Bilder D/19 c, e).

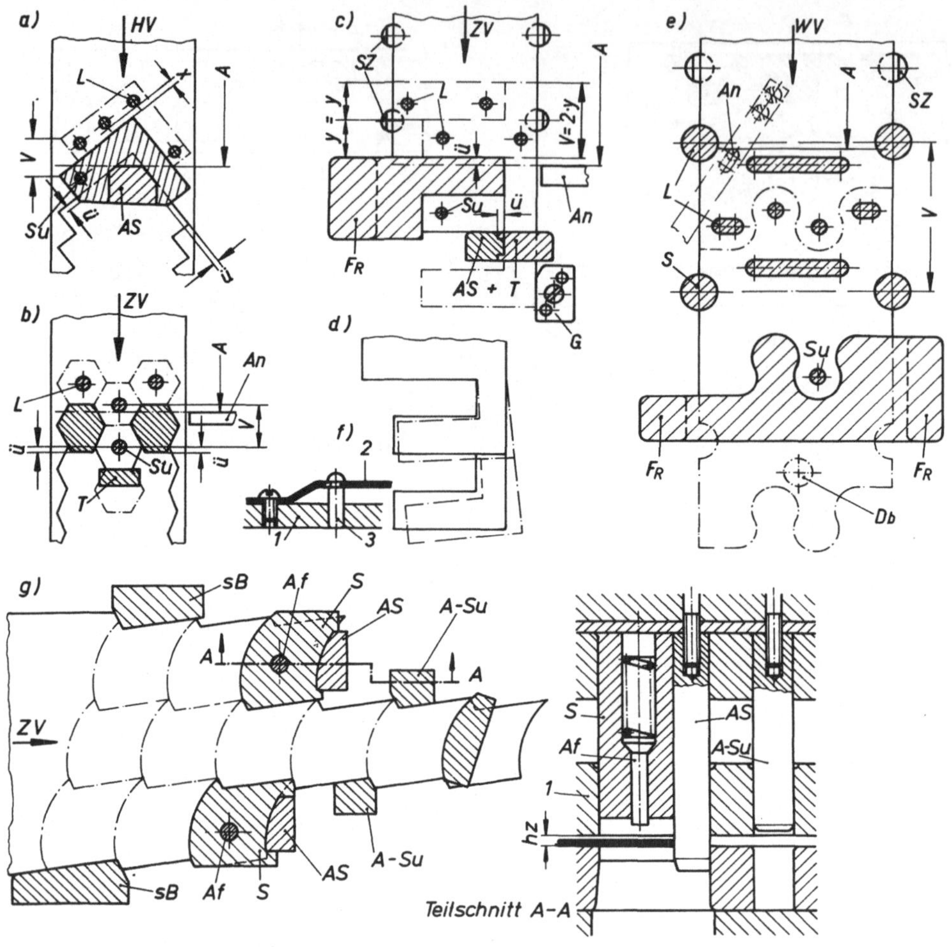

Bild D/19. Vorschubbegrenzung bei Abschneidwerkzeugen

a), b) ohne Stegverlust, Maß x überprüfen, ob Rißgefahr der Schneidplatte;

c), e) abfallos, Werkstücke wechselseitig zueinanderliegend;

d) Formverzerrung des Streifens von c) infolge Eigenspannungen im Band (übertrieben dargestellt), Formverzerrung auch nach innen möglich;

f) Anschneidanschlag An für Streifen e) in Stempelführungsplatte (1) eingebaut, bestehend aus: Blattfeder (2), auf diese wird beim Anschneiden von Hand gedrückt, Anschneidstift (3) ist in der Blattfeder (2) mittels Langloch gehalten;

g) ohne Stegverlust, parallel verschobene Schnittlinie in dreireihigem Schnittstreifen, $hz_{max} \lessgtr 1{,}3 \cdot s$, bei dicken Blechen $hz_{min} \approx s + (0{,}5 \ldots 1)$ mm.

HV Handvorschub, ZV Zangenvorschub, WV Walzenvorschub, V Vorschub, T Trennstempel (ähnlich Bild D/11c, Teilschnitt B–B), L Lochstempel, Su Suchstempel, A Streifenanfang beim Anschneiden mit Anschneidanschlag An oder Anschlagstempel AS, $ü$ Überschneidung, F_R Ausschneidstempel mit Rückenführung (ähnlich Bild D/11, Teil 3), SZ Streifenzentrierung (Bild D/10 II), G feste Gleitfläche, in gegenseitiger Abstimmung mit AS-Gleitflächen, zur Minderung der Formverzerrung, Db federnder Druckbolzen als Niederhalter während des Schneidens von oben her wirkend, sB seitliche Beschneidstempel, S Schneidstempel mit federndem Abstoßstift Af, A–Su Außenformsucher.

Zur Erzielung maßhaltiger Ausschnitte ist bei der Gestaltung von Abschneidwerkzeugen zu beachten:

a) Zum Abschneiden ohne Randverlust ist der *Streifen mittig durch das Werkzeug* zu führen; Streifenmittigkeit erzielt man mit Streifenzentrierungen SZ (Bild D/10).

b) Der *Vorschub* des Streifens oder des Bandes muß *maßhaltig* und gleich groß bleibend sein. Es sind daher bei Handvorschub HV und bei Walzenvorschubgeräten, außer Anschlagflächen (Einhängestift, Anschlagwinkel, Anschlagecken für Formseitenschneider) noch zusätzlich Suchstempel Su erforderlich. Bei Zangenvorschubgeräten ZV dienen Suchstifte Su nur zur seitlichen Lagebegrenzung des Bandes, nicht zur Vorschubverfeinerung. In Schneidwerkzeugen mit Handvorschub HV muß noch eine Blattfeder auf den letzten Ausschnitt bremsend wirken (Teilschnitt $A-A$ in Bild D/16 c).

c) Während des Abschneidens entsteht durch die Druckkraft des Schneidstempels und der Schneidplatte ein Kräftepaar (Bild C/2 I). Die Auswirkungen dieses Drehmomentes lassen sich weitgehend mindern, wird im Werkzeug eine geringe Streifendurchgangshöhe ($hz_{max} \leq 1,3 \cdot$ Blechdicke, bei dicken Blechen $hz_{min} \approx$ Blechdicke + (0,5...1 mm) vorgesehen.

d) Der teilweise eingeschnittene Streifen erfährt *infolge freiwerdender Eigenspannungen* eine Formverzerrung; man versucht, diese durch Suchstifte Su oder Gleitflächen G (Bild D/19 c) in kleinen Grenzen zu halten.

   Bei Suchstempeln unterscheidet man zwischen *Innenform-Suchstempel*, die mittels einer Werkstückinnenform und *Außenform-Suchstempel*, die mittels einer teilweise freigeschnittenen Werkstückaußenform (Bild D/19 g, Teil $A-Su$) die Streifenlage sichern. Vereinzelt kann auch die Form eines Anschlagstempels zum Anschlagen und zur gleichzeitigen Lagesicherung des Streifens dienen (Stempel $AS + T$ im Bild D/19 c).

e) Die *Ecken der Schnitteile* sollen *gratfrei* sein; geeignet sind Ausschneidstempel mit Überschneidungen (Maße $\ddot{u}$ in den Bildern A/3 b, c, D/19 a und D/11 c) oder Formseitenschneider mit Vorschneidnase N (Bild D/16 c).

f) *Zum Schneiden dicker Stahlbleche* erhalten *einseitig schneidende Stempel* (siehe Bild D/11, Teil 3) eine Rückenführung zur zusätzlichen Abstützung in der Schneidplatte; die Stempelführungsplatte wird entlastet, die Schnittflächengüte der Teile verbessert, die Standmenge der Schneiden erhöht. Auch einsatzgehärtete Stempelführungen (Bild C/2, Teil 4) können geeignet sein.

g) Die Schnittkanten der Werkstücke zeigen Schnittgrate in verschiedenen Richtungen (vgl. Übersichtstafel II).

g) Mehrteilige Stempel und Schneidplatten

Stempel und Schneidplatten werden in Einzelstücke unterteilt:

1. wenn dadurch mehrere gleiche oder symmetrische Grundformen entstehen, die paarweise oder auf Umschlag geschliffen werden können und daher hohe Gleichmäßigkeit erreichen;

2. bei schwierig herzustellenden Umrißformen;

3. wenn für enge kleine Schneidplattendurchbrüche keine Funkenerosionsmaschine zur Verfügung steht;

4. bei großem Härteverzug (großflächige Schneidplatte);

5. bei kleinem Stempelspiel, das nur durch Schleifen erreichbar ist;

6. wenn die Standmenge durch geschliffene Stempel und Schneidplattendurchbrüche erhöht werden soll;

7. bei Hartmetallschneidplatten.

Mehrteilige Stempel (Bild D/20 a) können durch Paßnute oder mit Schrumpfring zusammengehalten sein. Zusätzlich kann man auch ein Füllstück aus St 60 weich einsetzen; dieses stützt die Stempelteile auf etwa $\frac{2}{3}$ ihrer Länge ab. Müssen Stempelhalte- und Führungsplatte die Stempelteile allein zusammenhalten, dann sind sie dicker auszuführen (siehe D.3.a).

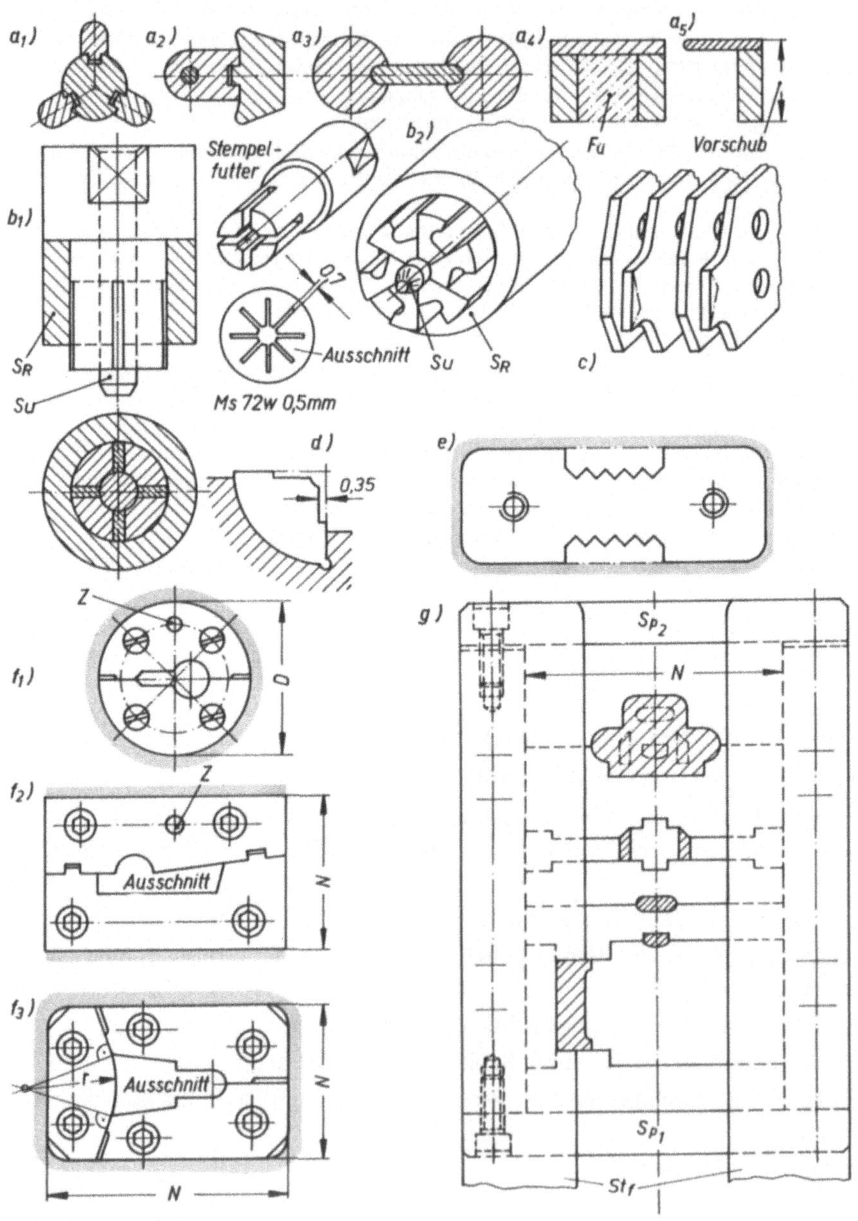

Zum Lochen der sternförmigen Innenform (Bild D/20 b) sind für je vier Schlitze zwei Stempel um 45° versetzt angeordnet. Vor dem Aufschrumpfen wird der Ring bis zur Anlaßtemperatur der Schneidstempel erwärmt, der Futterkörper mit den vier Schlitzstempeln oft unterkühlt. Als letzter Arbeitsgang wird der Außendurchmesser des aufgeschrumpften Ringes passend zur Stempelführungsplatte überschliffen. Die vier Schneidplattenteile werden nach dem Härten zum Rundschleifen weich zusammengelötet und dann deren Innenform in einer Vorrichtung auf Umschlag geschliffen (Bild D/20 d).

Müssen mehrere, eng nebeneinanderliegende rechteckige Schlitze gelocht werden, verstiftet man die Lochstempel mit den erforderlichen Zwischenstücken (Bild D/20 c) zu einem gemeinsamen Stempelsatz. Die Druckflächen der Schneidstempel können zwecks Minderung der Schnittkraft dachförmig ausgeschliffen sein (siehe Bild C/3 b); dadurch wird zugleich das Hochreißen der Lochabfälle vermindert. Die Schneidplatte setzt sich ebenfalls aus Stegen und Zwischenplatten zusammen; auch diese sind miteinander verstiftet.

Für *mehrteilige Schneidplatten* (Bild D/20 f) ist die einfachste Aufnahme die runde Form (ISA-Passung H/7/p6). Zum Schneiden von Stahlblechen bis 1,5 mm Dicke können rechteckige Schneidplatten in einer 8...15 mm tiefen Nute N oder in einer rechteckigen Aussparung, 10...20 mm tief, gehalten sein.

Folgeschnitte mit zwei Seitenschneidern, mehreren Lochstempeln und zwei oder mehreren Ausschneidstempeln (vgl. Bilder D/15 und D/25) ergeben Schneidplatten mit großen Außenmaßen. Ohne eine in Formstücke aufgeteilte Schneidplatte wären Härteverzug, auch Härterisse unumgänglich.

Bei der Gestaltung derartiger Schneidplattenteile ist auf gleichmäßige Flächenverteilung und allmähliche Querschnittübergänge (wegen Härteverzug), sowie auf leicht nachschleifbare Außenform zu achten. Alle Formstücke (außer Paßstücke St 50) sind aus verzugsarmen Werkzeugstählen (z.B. X 210 Cr W 12 oder X 165 Cr V 12, Tabelle A/3) anzufertigen. Die Schneidplattenteile werden stramm sitzend in einer rechteckigen Ausfräsung der Grundplatte eingepaßt. Über die beiden Zwischenlagen drückt die Stempelführungsplatte auf die Schneidplattenteile und gibt ihnen auch während des Stempelrückzuges festen Halt. Mittig liegende Formstücke müssen mit zusätzlichen Schrauben von unten her befestigt sein.

Bild D/20. Mehrteilige Stempel und Schneidplatten

a) Querschnittformen für mehrteilige Schneidstempel,
　　a_4) können mit oder ohne Füllstück *Fü* ausgeführt sein,
　　a_5) mehrteiliger Seitenschneider für Verbundwerkzeuge;
b) Stempelstücke mit Suchstift *Su* mittels Schrumpfring S_R zusammengehalten;
c) Lochstempel, bestehend aus dünnen Platten und Zwischenstücken, verstiftet;
d) Schneidplattenteilstücke (für Werkzeug des Stempels b_1) in Schleifvorrichtung auf Umschlag geschliffen;
e) Schneidplatteneinsatz;
f) mehrteilige Schneidplatten; Aufnahmeformen:
　　f_1) Zentrierung D Passung H7/n6...k6 mit einem Zylinderstift Z,
　　f_2) Paßnute N Passung H7/n6...k6,
　　f_3) rechteckige Ausfräsung oder Schrumpfring;
g) Baukastenform; Schneidplattenteile werden durch zwei Spannplatten *Sp* zusammengepreßt und durch zwei Streifenführungsleisten *Stf* nach unten gedrückt (Schneidstempel sind schraffiert).

Bei größeren Schnittkräften werden die Schneidplattenteile in einem Spannring (runde oder rechteckige Form), der nach unten um $10'$ erweitert ist, oder in einem Schrumpfring zusammengehalten.

Für den Schrumpfring eignet sich am besten 50 Cr V 4, Werkstoff-Nr. 1.8159 (bzw. als Werkzeugstahl unter Nr. 1.2241). Dieser wird zum Einschrumpfen auf etwa 250 °C erwärmt und nach dem Einfügen der Schneidplattenteile sofort im Öl abgeschreckt, damit deren Schneiden vom Ring her nicht erwärmt werden.

Für kleine Ausschnitte wählt man oft die *Baukastenform* (Bild D/20 g). Die einzelnen Schneidplattenteile sind in einem u-förmigen Aufnahmekörper seitlich geführt; die beiden Streifenführungsleisten *Stf* und zwei Spannplatten *Sp* halten sie zusammen. Die Spannplatte Sp_1 wird vor, die Platte Sp_2 nach dem Einfügen der Schneidplattenteile angeschraubt.

Oft ermöglichen *Schneidbuchsen* (Bild A/4) oder *Schneidplatteneinsätze* (Bild D/20 e), hergestellt aus hochlegiertem Werkzeugstahl, die Wahl eines niedriglegierten Stahles für eine großflächige Schneidplatte. Ähnliche Einsätze in Schneidplatten werden bei sehr engen Durchbrüchen vorgesehen, besonders, wenn keine Funkenerosionsmaschine vorhanden ist.

h) Schneidwerkzeuge mit Sinterwerkstoffen

Schneidwerkzeuge, die mit Sinterwerkstoffen (siehe A.3) bestückt sind, erhalten ein Säulengestell mit etwas dicker gestaltetem Ober- und Unterteil, das vier oder zwei kugelgeführte Säulen hat. Der Schneidspalt ist bis etwa 1,3mal größer als bei Stahlschnitten gleicher Herstellungsgüte.

Die Schneidplatte (Bild D/21 b_1) wird bei größeren Ausschnitten in einfache, leicht nachschleifbare Formstücke aus Hartmetall oder Ferro-Tic geteilt. Einige Leisten (4) klemmen die Formstücke in die Aufnahmeplatte (3), wodurch sich die gesinterten Teile gegenseitig satt abstützen. Die dabei im Sinterwerkstoff entstehenden Druckspannungen bauen die beim Schneiden wirksamen Seitenkräfte F_2 (Bild C/1) ab. Schneidbuchsen für runde Lochstempel preßt man in die Aufnahmeplatte ein.

Gesinterte Stempel (Bild D/21, Teile $a_1 \dots a_3$) sollen kurz sein. Sie können in die Stempelhalteplatte (1) eingepreßt oder durch Leisten (4) eingeklemmt werden; man kann sie auch längs der Stempelkopfkante einkleben. Ringförmige Stempel schraubt man auf einen Stempelfuß aus St 60; der gesinterte Werkstoff wird durch den Druck der Schnittkraft über die $3 \dots 5°$ nach innen geneigte Auflagefläche zusätzlich noch zusammengehalten.

Hartmetallstücke, nicht Ferro-Tic, können gelegentlich auch durch Hartlöten mittels Elektrolyt-Kupferlot befestigt werden. Der erforderliche Lötspalt (etwa 0,5 mm) wird durch Zwischenlegen eines Kupferdrahtgewebes *Kd* eingehalten. In diesem Gewebe sind Flußmittel eingelagert, damit der Lötvorgang bei Erwärmung selbsttätig erfolgen kann. Beim Abkühlen, das möglichst langsam erfolgen muß, treten im Hartmetallstück Druck-(Schrumpf-)Spannungen auf, da Stahl sich doppelt soviel wie Hartmetall zusammenzieht. Hartmetallstücke mit Innengewinde neigen zur Rißbildung. Sind Innengewinde unumgänglich, z.B. um Formstücke auf Stempelfüßen zu befestigen, dann klebt man Gewindebuchsen aus St 60 mit etwa 0,1 mm Spielraum ein; Hartlötungen sollte man bei derartigen Buchsen umgehen. Es zeigt sich, daß Gewindebuchsen, die vom Hersteller in Sintermetalle bereits eingesetzt sind, sichersten Halt ergeben.

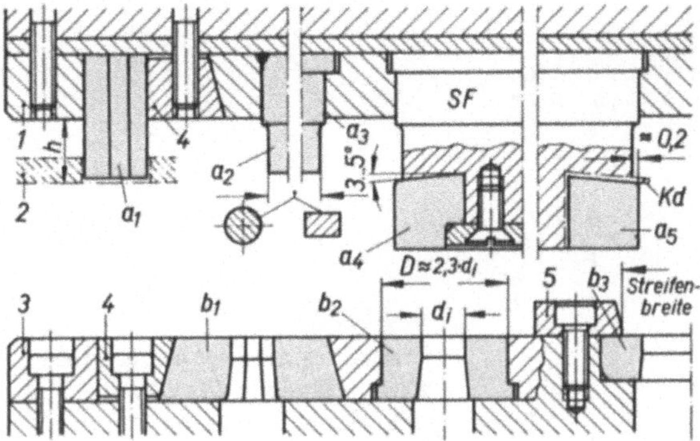

Bild D/21. Gesinterte Hartmetalle für Stempel und Schneidplatten

a) Gestelloberteil: Stempelhalteplatte (1) verschraubt, verstiftet; dünne Abstreifplatte (2), damit Hartmetallstempel möglichst wenig aus Teil 1 herausragen (Maß h); Befestigungsarten: a_1) geklemmt mittels Klemmleiste (4), a_2) eingeklebt oder hartgelötet, a_3) eingepreßt, a_4/a_5) auf Stempelfuß SF geschraubt (2...3 Schrauben) oder hartgelötet mittels eingelegtem Kupferdrahtgewebe Kd, das zugleich Flußmittel enthält;

b) Gestellunterteil: Grundplatte (3) verschraubt, verstiftet; Befestigungsarten für Schneidplattenteile, -einsätze, -formstücke: b_1) geklemmt (wie a_1), b_2) eingepreßt, b_3 eingepaßt in Nute und mit Zwischenlagen (5) gehalten.

4. Lage des Einspannzapfens

Der Schneidspalt fällt entlang den Schneidkanten nicht immer gleichmäßig aus. Oft werden dünne Lochstempel zum Ausschneidstempel um $h_{\text{sch}} = (0{,}5...1) \cdot$ Blechdicke zurückgesetzt (vgl. Bild D/17 f). Dadurch will man die Auswirkungen der Seitenkraft des Ausschneidstempels auf die dünnen Lochstempel abschwächen und die Bruchgefahr der Lochstempel, hervorgerufen durch die Winkelauffederung des C-Pressengestells, mindern. Trotzdem wird zur Festlegung des Einspannzapfens angenommen, daß *alle Schnittkräfte gleichzeitig wirken* und damit der Druckmittelpunkt im Gesamtschwerpunkt [1] aller Schnittkräfte liegt. Zu seiner Lagebestimmung kann sowohl von den Schnittkräften einzelner Stempel als auch von den Linienschwerpunkten der Schnittlinien [2] ausgegangen werden, da nach Gleichung (C/1) Schnittkraft und Länge der Schnittlinien verhältnisgleich sind (Bild D/22).

---

[1] Verfahren zur Lagebestimmung der Resultierenden und des Linienschwerpunktes behandelt „*Böge, Mechanik und Festigkeitslehre*", Viewegs Fachbücher für den Techniker, Verlag Friedr. Vieweg + Sohn GmbH, Braunschweig.

[2] Entlang der Schnittlinie wird Werkstoff geschnitten (DIN 8588).

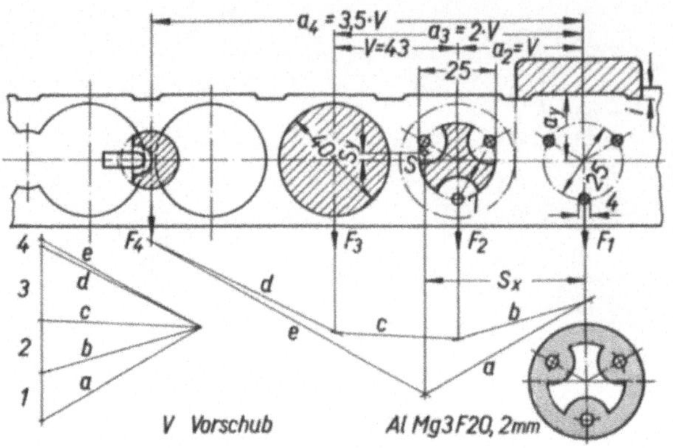

Bild D/22
Ermittlung der Lage des Einspannzapfens für Schneidwerkzeuge
(einreihiger Schnittstreifen)
V Vorschub

a) Lagebestimmung mit Schnittkräften einzelner Stempel

Der *Gesamtschwerpunkt* mehrerer Einzelkräfte wird mit Hilfe des Momentensatzes bestimmt aus

$$S = \frac{F_1 \cdot a_1 + F_2 \cdot a_2 + F_3 \cdot a_3 + \dots}{F_1 + F_2 + F_3 + \dots} = \frac{\Sigma (F \cdot a)}{\Sigma F} \text{ in mm} \qquad \text{(D/1)}$$

S Abstand des Gesamtschwerpunktes von der Bezugsachse in mm [1])
F_1, F_2, F_3 ... Schnittkräfte F_S in N oder in kN
a_2, a_2, a_3 ... Abstände der Schnittkräfte von der Bezugsachse in mm [1])

Als Bezugsachse nimmt man die Mittellinie des ersten oder letzten Stempels an; damit
ist der Abstand $a_1 = 0$. Auch die zeichnerische Lösung mit Hilfe des Seileckverfahrens
wird oft angewandt.

b) Lagebestimmung mit den Längen der Schnittlinien

Anstelle der Schnittkräfte F_S werden die Längen der Schnittlinien eingesetzt.

$$S = \frac{l_1 \cdot a_1 + l_2 \cdot a_2 + l_3 \cdot a_3 + \dots}{l_1 + l_2 + l_3 + \dots} = \frac{\Sigma (l \cdot a)}{\Sigma l} \text{ in mm} \qquad \text{(D/2)}$$

S Abstand des Gesamtschwerpunktes von der Bezugsachse in mm [1])
l_1, l_2, l_3... Teillängen der Schnittlinie in mm [1])
a_1, a_2, a_3... Abstände der Linienschwerpunkte dieser Teillinien von der Bezugsachse in mm[1])

● *Beispiel D/3:*
Für den im Bild D/22 dargestellten Streifen aus Al Mg 3 F 20 ist die Lage des Einspannzapfens
festzulegen.

---

[1]) Anstatt mm können einheitlich cm eingesetzt werden (kleinere Zwischenprodukte).

● *Lösung:*

Beim Seitenschneider kann man als Schwerlinie dessen Mitte oder auch, wie in diesem Beispiel, die Symmetrieachse der Lochstempel annehmen. Die Ungenauigkeit dieser Vereinfachung ist ohne Einfluß.

Scherfestigkeit nach Gleichung (C/1):

$$\tau_s = 0{,}8 \cdot \sigma_B = 0{,}8 \cdot 200 \ \frac{N}{mm^2} = 160 \ \frac{N}{mm^2}$$

Schneidkantenlänge der drei Lochstempel $l' = 38$ mm

$$\underline{\text{des Seitenschneiders } l'' = 46 \text{ mm}}$$
$$l_1 = l' + l'' = 84 \text{ mm}$$

Schnittkraft F_s nach Gleichung (C/2):

$$F_1 = l_1 \cdot s \cdot \tau_s = 84 \text{ mm} \cdot 2{,}0 \text{ mm} \cdot 160 \ \frac{N}{mm^2} \approx 26\,800 \text{ N}$$

Schneidkantenlänge des Formlochstempels:

$l_2 = 91$ mm; somit $F_2 \approx 29\,100$ N

Schneidkantenlänge des Ausschneidstempels:

$l_3 = 126$ mm; somit $F_3 \approx 40\,300$ N

Schneidkantenlänge des Trennstempels:

$l_4 = 16$ mm; somit $F_4 \approx 5\,100$ N

Abstände $a_1 = 0$, $a_2 = 43$ mm, $a_3 = 86$ mm, $a_4 = 150{,}5$ mm.

Abstand des Gesamtschwerpunktes in Streifenrichtung unter Verwendung

1. der Schnittkräfte nach Gleichung (D/1)

$$S_x = \frac{F_1 \cdot a_1 + F_2 \cdot a_2 + F_3 \cdot a_3 + F_4 \cdot a_4}{F_1 + F_2 + F_3 + F_4}$$

$$S_x = \frac{26\,800 \text{ N} \cdot 0 \text{ mm} + 29\,100 \text{ N} \cdot 43 \text{ mm} + 40\,300 \text{ N} \cdot 86 \text{ mm} + 5\,100 \text{ N} \cdot 150{,}5 \text{ mm}}{26\,800 \text{ N} + 29\,100 \text{ N} + 40\,300 \text{ N} + 5\,100 \text{ N}} \begin{array}{l} = 54{,}2 \text{ mm} \\ \approx 54 \text{ mm} \end{array}$$

2. der Längen der Schnittlinien nach Gleichung (D/2)

$$S_x = \frac{l_1 \cdot a_1 + l_2 \cdot a_2 + l_3 \cdot a_3 + l_4 \cdot a_4}{l_1 + l_2 + l_3 + l_4}$$

$$S_x = \frac{84 \text{ mm} \cdot 0 \text{ mm} + 91 \text{ mm} \cdot 43 \text{ mm} + 126 \text{ mm} \cdot 86 \text{ mm} + 16 \text{ mm} \cdot 150{,}5 \text{ mm}}{84 \text{ mm} + 91 \text{ mm} + 126 \text{ mm} + 16 \text{ mm}} \begin{array}{l} = 54{,}2 \text{ mm} \\ \approx 54 \text{ mm} \end{array}$$

3. des Vorschubs V

Dieser Lösungsgang ist anwendbar, wenn die Einzelabstände ein Vielfaches des Vorschubs V darstellen. Nach Bild D/22 wird

$$S_x = \frac{l_1 \cdot 0 + l_2 \cdot V + l_3 \cdot 2\,V + l_4 \cdot 3{,}5\,V}{l_1 + l_2 + l_3 + l_4}$$

$$S_x = \frac{84 \text{ mm} \cdot 0 + 91 \text{ mm} \cdot V + 126 \text{ mm} \cdot 2\,V + 16 \text{ mm} \cdot 3{,}5\,V}{84 \text{ mm} + 91 \text{ mm} + 126 \text{ mm} + 16 \text{ mm}} = \frac{399 \text{ mm} \cdot V}{317 \text{ mm}} = 1{,}26 \cdot V$$

Mit $V = 43$ mm wird $S_x = 1{,}26 \cdot 43$ mm $= 54{,}2$ mm ≈ 54 mm

4. Abstand des Gesamtschwerpunktes quer zur Streifenrichtung

Der Schwerpunktabstand wird nach Gleichung (D/2) bestimmt und als Bezugsachse die Mittellinie des Streifens gewählt (nach dem Streifenbild ist Abstand a_y = 23 mm).

$L = l' + l_2 + l_3 + l_4 = 38$ mm $+ 91$ mm $+ 126$ mm $+ 16$ mm $= 271$ mm;

$$S_y = \frac{L \cdot 0 + l'' \cdot a_y}{L + l''}$$

$$S_y = \frac{271 \text{ mm} \cdot 0 \text{ mm} + 46 \text{ mm} \cdot 23 \text{ mm}}{271 \text{ mm} + 46 \text{ mm}} = 3{,}34 \text{ mm} \approx 3 \text{ mm}$$

Diese Geringe Abweichung wird meist vernachlässigt.

● *Ergebnis:*
Die Lage des Einspannzapfens ist im Bild D/22 dargestellt.

c) Lagebestimmung mit Linienschwerpunkten

Bei unsymmetrischer Stempelform ermittelt man zuerst für jede Einzellinie den Linienschwerpunkt. Bei *Kreisbögen* wird deren Mittelpunktswinkel zeichnerisch festgestellt und
aus Tabelle D/2 der Multiplikator für die Bogenlänge und die Lage des Linienschwerpunktes des nächstliegenden Winkelwertes entnommen; Mittelpunktswinkel über 90° werden
unterteilt. Die einzelnen Linienschwerpunkte werden mit Hilfe des Seileckverfahrens in
der x- und y-Achse zu einem gemeinsamen Linienschwerpunkt, dem Druckmittelpunkt
des Einspannzapfens zusammengefaßt. Vorteilhaft trägt man im Linieneck die einzelnen
Teilstücke in der Reihenfolge ab, wie sie in der Figur liegen (Bild D/23 a).

Tabelle D/2: Bogenlänge und Linienschwerpunkt

$\sphericalangle\,\alpha$	180°	120°	90°	85°	80°	75°	70°	65°
b	3,142	2,094	1,571	1,484	1,396	1,309	1,222	1,135
y_0	0,637	0,827	0,900	0,911	0,921	0,930	0,939	0,947

$\sphericalangle\,d$	60°	55°	50°	45°	36°	30°	22,5°	18°
b	1,047	0,960	0,873	0,785	0,628	0,524	0,393	0,314
y_0	0,955	0,962	0,968	0,975	0,984	0,989	0,993	0,996

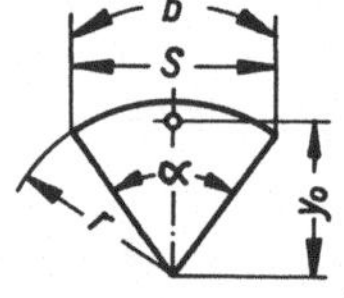

Sehne $s = 2 \cdot r \cdot \sin\dfrac{\alpha}{2}$

Linienschwerpunkt $y_0 = \dfrac{r \cdot s}{b}$

Bogen b = Tabellenwert $\cdot r$;
Linienschwerpunktabstand y_0 = Tabellenwert $\cdot r$

d) Lagebestimmung bei Mehrfachschneidwerkzeugen

In mehrreihigen Schnittstreifen können Schnittlinien parallel verschoben oder wechselweise, d.h. zentrisch-symmetrisch [1]) zueinander liegen.

---

[1]) Verbindungsstrecken zwischen zentrisch-symmetrischen Punkten (bzw. zwischen zentrisch-symmetrisch zueinander liegenden Figuren) werden durch das Symmetriezentrum halbiert. Alle Punkte (Figuren) lassen sich durch Drehung um dieses Zentrum stets zur Deckung bringen (Punktsymmetrie).

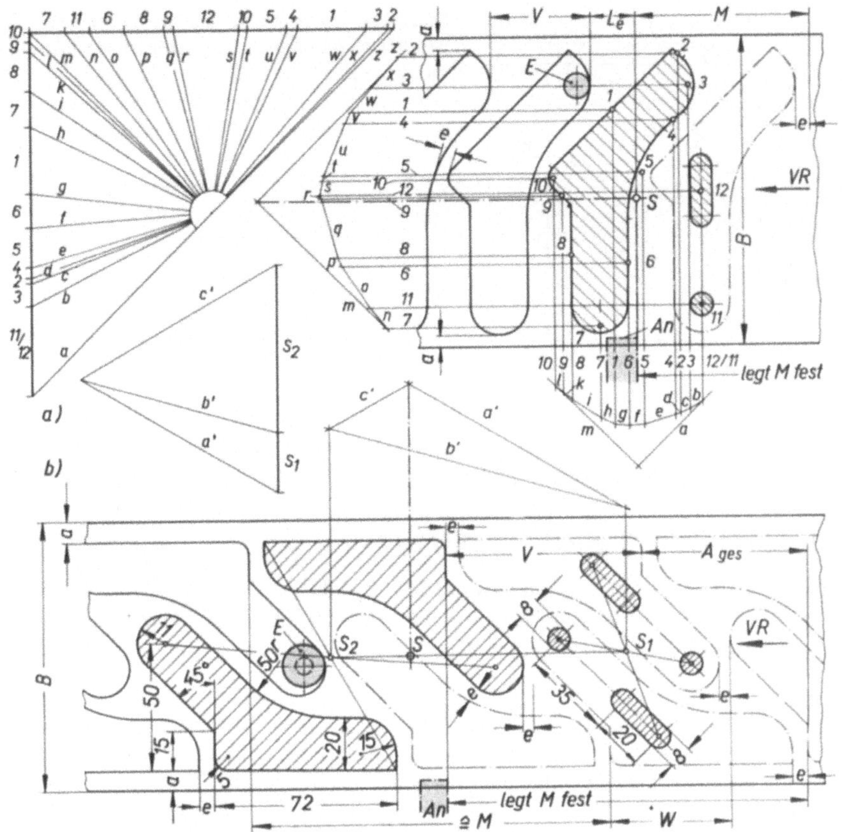

Bild D/23. Lagebestimmung des Einspannzapfens

a) Ausschneidwerkzeug (einreihiger Schnittstreifen);

b) Mehrfachschneidwerkzeug mit zentrisch-symmetrisch liegenden Schnittlinien (zweireihiger Schnittstreifen);

VR Vorschubrichtung des Streifens; *An* Anschneidanschlag, der das Maß *M* festlegt, *E* Einhängestift, L_e Abstand zwischen *An* und *E*, Steg- und Randbreiten siehe Tabelle C/3.

Bei *parallel verschobenen Schnittlinien* wird für jede Stempelform zuerst deren Linienschwerpunkt ermittelt; dann werden die Schwerpunkte gleicher Formen zu einem gemeinsamen Teilschwerpunkt (Bild D/24) zusammengefaßt. Den Gesamtschwerpunkt *S* erhält man graphisch oder durch Rechnung.

Schnittlinien liegen zueinander *zentrisch-symmetrisch*, wenn ein Wendestreifen durch Konstruktion eines Mehrfachschneidwerkzeuges vermieden wird (Bilder D/23 b und D/25 e); Einzelschwerpunkte werden nicht bestimmt. Man verbindet zwei gegenüberliegende Ecken oder Mittelpunkte von Radien miteinander, halbiert deren Entfernung und erhält den gemeinsamen Linienschwerpunkt dieser Einzelflächen. Der Gesamtschwerpunkt *S* wird danach graphisch oder durch Rechnung ermittelt.

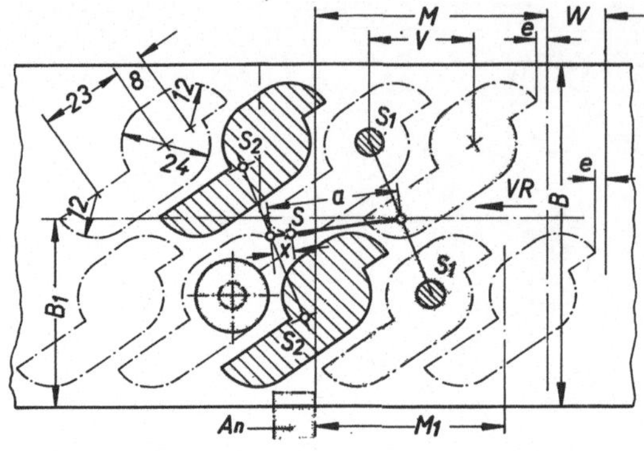

Bild D/24. Mehrfachschneidwerkzeug mit parallel verschobenen Schnittlinien (zweireihiger Schnittstreifen)

s_1 Linienschwerpunkte der Lochstempel, s_2 Linienschwerpunkte der Ausschneidstempel, S Gesamtschwerpunkt VR Vorschubrichtung, An Anschneidanschlag.

Lagebestimmung des Einspannzapfens

$$x = \frac{l_1 \cdot a + l_2 \cdot 0}{l_1 + l_2}$$

l_1, l_2 Schnittlinienlängen in mm, a Abstand des Linienschwerpunktes von der Bezugsachse.

Bei *einreihigem Schnittstreifen* (Einfachschneiden) ist M_1 der Längenbedarf für ersten Ausschnitt und B_1 die Streifenbreite.

5. Streifeneinteilung, Stückzahlberechnung je Tafel

Vielfach werden Streifen aus Tafeln 1 x 2 m geschnitten. Bei der Einteilung eines Streifens für Zuschnitte aus Aluminium und dessen Legierungen, die noch abgebogen werden, ist darauf zu achten, daß die Biegekanten möglichst senkrecht zur Walzrichtung liegen (vgl. Bild G/14).

Als Tafelgröße setzt man bei Feinblechen 1 x 2 m ein. Auf Maschinenscheren kann der letzte Streifen von der Tafel noch abgetrennt werden, wenn die Abfallbreite größer als der Abstand des Blechhalters zum Schermesser ist. Entstehen kleinere Abfallbreiten, werden als letzte Arbeitsfolge sämtliche Reststreifen um die Abfallbreite beschnitten (Anschläge verstellen). Vorteilhaft ist, schon bei der Werkzeugkonstruktion die Streifenbreite um 1...3 mm größer vorzusehen, wenn dadurch die Tafeln restlos aufteilbar sind.

Die günstigste Lage eines Ausschnittes im Streifen findet man durch Ausprobieren mit anschließendem Aufzeichnen des Schnittstreifens (Mindestmaße für Rand- und Stegbreiten, Seitenschneiderabfall, siehe Tabelle C/3). Zur Berechnung der Stückzahl je Tafel werden Vorschub V und Längenbedarf M, bei Mehrfachschnitten und Wendestreifen auch der erforderliche Restbedarf W für den nachfolgenden Ausschnitt aus der Zeichnung gemessen. Gleichzeitig legt man die Lage der Stempel und der Bauteile zur Vorschubbegrenzung des Streifens fest. Die *Stückzahl der Werkstücke je Tafel* [1]) erhält man aus

$$St = \frac{B_\mathrm{T}}{B} \tag{D/3}$$

$$A_\mathrm{ges} = M - V$$

$$Z_\mathrm{St} = \frac{L - A_\mathrm{ges}}{V} \tag{D/4}$$

---

[1]) Die Formelzeichen entsprechen Richtlinie VDI 3367.

$$Z_{\mathrm{T}} = St \cdot Z_{\mathrm{St}} \qquad\qquad\qquad (D/5)$$

$$L_{\mathrm{Rest}} = (L - A_{\mathrm{ges}}) - (Z_{\mathrm{St}} \cdot V \qquad\qquad\qquad (D/6)$$

Übersicht über Formelzeichen bei

	einreihigem Schneiden	mehrreihigem Schneiden und Wendeschneiden
St	Anzahl der Streifen je Tafel	ebenso
B_{T}	Tafelbreite bei 1 m oder 2 m langen Streifen	ebenso
B	Streifenbreite	ebenso
A_{ges}	gesamter Anschnittverlust	ebenso
M	Längenbedarf (mit doppelter Stegbreite) für den ersten Ausschnitt	ebenso für das erste Doppelstück; Drei- oder Vierfachstück
V	Streifenvorschub	ebenso
L	Länge des Streifens	ebenso
Z	Anzahl der Ausschnitte	Anzahl der Doppelstücke, Drei- oder Vierfachstücke
Z_{St}	je Streifen	je Streifen
Z_{T}	je Tafel	Anzahl der Ausschnitte je Tafel
L_{Rest}	restlicher Abstand im Schnittstreifen zwischen letztem Ausschnitt und Streifenende	ebenso zwischen letztem Mehrfachstück und Streifenende
L_{e}	nur für Werkzeuge ohne Suchstift: Abstand von Vorderkante Ausschneidanschlag A_{n} bis Einhängestift E	entfällt
W	entfällt	Restbedarf für nachfolgenden Ausschnitt

Ist $L_{\mathrm{Rest}} > W$, wird je Streifen ein weiteres Stück ausgeschnitten.

Richtlinien für die Streifeneinteilung:

1. *Längliche Ausschnitte* sollen im Streifen quer zur Vorschubrichtung *VR* liegen. Dadurch mindern sich Vorschub V, Werkzeuglänge und evtl. Herstellungskosten. Die höhere Stückzahl je Streifen Z_{St} verringert den Anteil je Werkstück am Blechabfall und an Zeitaufwand für Streifenein- und Streifenweglegen.

2. *Mehrfachschneidwerkzeuge* (mehrreihige Schnittstreifen) erfordern den geringsten Blechbedarf, aber höhere Herstellungskosten.

3. *Wendestreifen* werden gewählt, wenn im Vergleich zum einfachen Streifen bei Stahl- und Aluminiumblechen mehr als 10 % an Werkstoffkosten eingespart werden.

4. *Längenbedarf M* für den ersten Ausschnitt sollte klein sein; bei Mehrfachschneidwerkzeugen entsteht dann die kleinste Werkzeuglänge. Je nach Streifenvorschubrichtung ist die linke oder rechte Maßhilfslinie der Länge M, in den Bildern D/25 a...d der Pfeil B_M, entscheidend für die Lage bestimmter Bauteile der Vorschubbegrenzung.

Bei Ausschneidwerkzeugen ohne Anschneidanschlag mit Streifen-*Vorschubrichtung nach rechts* ergibt sich die Form der Einhängeplatte durch die Lage der *rechtsliegenden Maßhilfslinie für Länge M* und aus der weiter rechts verbleibenden Umrißform des Ausschnittes (Bild D/25 a). Bei Wendestreifen muß zusätzlich überprüft werden, ob die Einhängeplatte genügend groß ist, damit sie während des zweiten Streifendurchganges nicht in die beim ersten Durchgang bereits ausgeschnittenen Durchbrüche einhängen und so den Streifen falsch anschlagen kann.

Wird in Schneidwerkzeugen mit nach rechts geführten Streifen ein Anschneidanschlag oder ein Seitenschneider vorgesehen, dann ist zu deren Lagefestlegung wieder von der rechtsliegenden Maßhilfslinie der Länge M auszugehen. Den Anschneidanschlag bzw. das Anschlageck des 1. Seitenschneiders ordnet man entweder auf dieser Maßhilfslinie oder um einen Vorschub V in oder gegen die Vorschubrichtung versetzt an (Bilder D/25 b...d).

Bei nach *linksgeführten* Streifen geht man von der *linksliegenden Maßhilfslinie der Länge M* aus.

Maß W wird entgegen der Vorschubrichtung gemessen; es beginnt auf der andern Maßhilfslinie der Länge M und schließt das nächstliegende Werkstück *einschließlich Stegbreite e* ein (Bild D/25).

5. Beim *Einführen eines neuen Streifens* sollen Lochstempel mit ihrem ganzen Umfang schneiden; Ausschneidstempel können teilweise anschneiden. Damit Stempelkanten durch das teilweise Anschneiden dicker Bleche nicht ausbrechen, wählt man eine dickere Stempelführungsplatte. Bei einreihigen Streifen (siehe D.3.d) entstehen oft günstigere Anschneidverhältnisse [1]), wenn die Restlänge L_{Rest} verkleinert und dafür am Streifenanfang das Maß M vergrößert wird.

6. Ist bei *Werkzeugen ohne Suchstift* $L_{Rest} > L_e$ (siehe Bild D/23 a), so wird kein Anschneidanschlag vorgesehen.

7. *Höhere Stückzahlen* erhält man vielfach mit 2 m langen Streifen; jedoch sind diese beim Verarbeiten unhandlicher.

8. In *Mehrfachschneidwerkzeugen* sind runde Ausschneidstempel unter 60° zueinander anzuordnen (ähnlich Bild D/2 f).

9. *Formseitenschneider* ergeben kleinere Streifenbreiten; es ist keine Randbreite a (Tabelle C/3) erforderlich (siehe Bild D/16 e).

10. Streifen- und Schnitteilbreite können gleich groß sein, wenn die Streifenkanten mit einer Kreismesser-Streifenschere einwandfrei geschnitten sind und das Werkzeug mit federnder Streifenzentrierung (Bild D/10) arbeitet.

---

[1]) Ausschneidstempel sollen bei mittelharten Blechen bis $\frac{1}{3}$ oder über $\frac{2}{3}$ ihres Umfanges anschneiden.

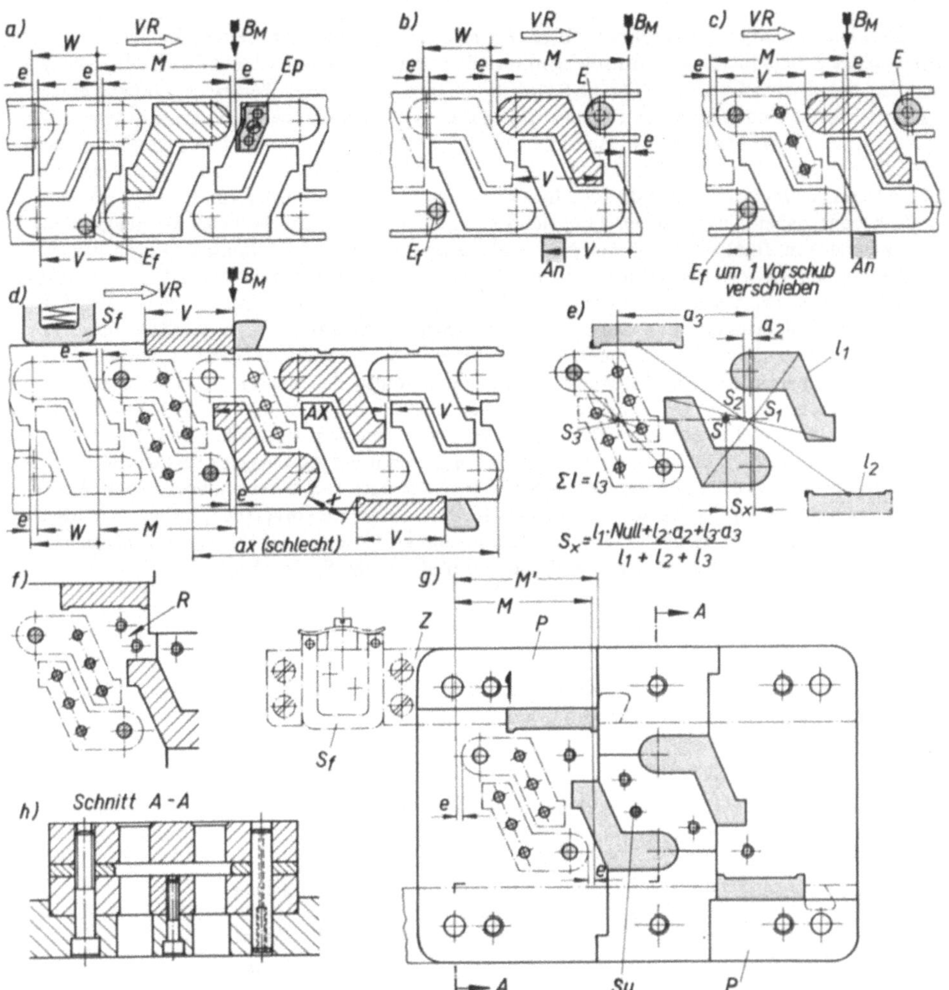

Bild D/25. Streifeneinteilung, Anordnung der Stempel und der Trennfugen, lagemäßige Bestimmung der Bauelemente für Vorschubbegrenzung und Festlegung der Maße für Stückzahlberechnung

a) Ausschneidwerkzeug für Wendestreifen mit einer Anschlag-Einhängeplatte (*Ep*);

b) wie a) jedoch mit Einhängestift *E* und Anschneidanschlag *An*;

c) Folgeschneidwerkzeug für Wendestreifen mit gleichen Anschlagelementen wie b);

d) Folgeschneidwerkzeug für Mehrfachschneiden mit zwei Seitenschneidern;

　Maße *M, V, W* sind Maße für Stückzahlberechnung, *e* Stegbreiten;
　B_M mit Pfeil ist die maßgebliche Maßhilfslinie der Länge *M*;
　AX ist das Außenmaß der beiden Ausschneidstempel;

e) Lagebestimmung des Einspannzapfens vom Werkzeug d);

f) Trennfugen der Schneidplattenteile in der Seitenschneider-Lochstufe bei ursprünglichem Maß *M* aus Werkzeug d), dabei erhöhte Rißgefahr *R*;

g) Anordnung der Stempel und der Trennfugen mit vergrößertem Maß *M'* (damit ist Rißgefahr gemindert!), *Su* Suchstempel, *Z* Zwischenlagen mit eingesetztem Anschlageck (strichpunktiert dargestellt), *P* Paßstücke, hinter Seitenschneider sitzend, aus St 50;

h) Querschnitt *A—A* durch Schneidwerkzeug, um 1,25mal verkleinert dargestellt.

Bei der *Streifeneinteilung eines Mehrfach-Folgeschneidwerkzeuges* mit zwei Seitenschneidern muß
die großflächige Schneidplatte in Formstücke unterteilt werden (Bilder D/15 und D/25). Zuerst zeichnet man den *Schnittstreifen* auf, indem die Schnittlinienumrisse mehrerer Werkstücke, unter Berücksichtigung der Rand- und Stegbreiten (Tabelle C/3) punkt-symmetrisch aneinandergereiht werden.
Sind 1 m oder 2 m lange Streifen aus Blechtafeln zu verarbeiten, ist jeweils die damit erzielbare *Werkstückanzahl Z* zu ermitteln. Liegt der Schnittstreifen fest, werden die beiden *Ausschneidstempel* aus-
gesucht, welche den *kleinsten Abstand* zwischen ihren äußeren Schneidkanten (im Bild D/25 d, das
Maß AX) haben; dabei muß zwischen den beiden Stempeln ein rißunempfindliches Schneidplatten-
Formstück entstehen. Jetzt erst kann man *im Streifenauslauf den zweiten Seitenschneider* festlegen;
er wird *dem letzten Ausschneidstempel gegenüberliegend*, jedoch unabhängig von der Lage des Maßes M,
angeordnet. Es ist nur zu beachten, daß durch den zweiten Seitenschneider ein einfaches Formstück
der geteilten Schneidplatte entsteht. Der *erste Seitenschneider* sitzt *auf der gegenüberliegenden Strei-
fenlängskante* im Bereich der Lochstempel, die man um eine Arbeitsstufe versetzt, vor dem ersten
Ausschneidstempel anordnet. Das *Anschlageck* des ersten Seitenschneiders liegt bei *nach rechtsgeführten Streifen auf der rechten Maßhilfslinie der Länge M* (Pfeil B_M im Bild D/25 d). Entstehen
durch den ersten Seitenschneider härterißempfindliche Schneidplattenformstücke (Bild D/25 f) und
die Stückzahlberechnung ergibt ein Streifenreststück L_{Rest}, wird das Anschlageck und damit der
erste Seitenschneider bei nach rechtsgeführten Streifen weiter nach rechts verschoben, also Maß M
auf M' vergrößert (Bild D/25 g). Sind zusätzlich noch Suchstempel Su vorgesehen, ordnet man diese
hinter dem Anschlageck des ersten Seitenschneiders sitzend an. Zuletzt wird im Streifeneinlauf, auf
der Seite des ersten Seitenschneiders, eine federnde Streifenführung S_f eingebaut.

- *Beispiel D/4:*
  Die Stückzahlen je Tafel sind für die Streifen in den Bildern D/23 a, b und D/24 entsprechend
  den Gleichungen (D/3)...(D/6) zu ermitteln.

- *Lösung:*
  Am *Streifen für das Ausschneidwerkzeug* (einreihiger Schnittstreifen, Bild D/23 a) werden
  gemessen $B = 124$ mm, $M = 70$ mm, $V = 38$ mm, $L_e = 16$ mm.

1 m langer Streifen	2 m langer Streifen
$St = \dfrac{B_T}{B} = \dfrac{2000 \text{ mm}}{124 \text{ mm}} = 16$	$St = \dfrac{B_T}{B} = \dfrac{1000 \text{ mm}}{124 \text{ mm}} = 8$
$A_{ges} = M - V = 70\,\text{mm} - 38\,\text{mm} = 32\,\text{mm}$	$A_{ges} = M - V = 70\,\text{mm} - 38\,\text{mm} = 32\,\text{mm}$
$Z_{St} = \dfrac{L - A_{ges}}{V} = \dfrac{1000\,\text{mm} - 32\,\text{mm}}{38\,\text{mm}} = 25$	$Z_{St} = \dfrac{L - A_{ges}}{V} = \dfrac{2000\,\text{mm} - 32\,\text{mm}}{37,8\,\text{mm}} = 52$
$Z_T = St \cdot Z_{St} = 16 \cdot 25 = 400$ Stück	(V auf 37,8 mm gemindert) $Z_T = St \cdot Z_{St} = 8 \cdot 52 = 416$ Stück

Sind nur 1 m lange Streifen vorrätig, ist

$$L_{Rest} = (L - A_{ges}) - (Z_{St} \cdot V) = (1000 \text{ mm} - 32 \text{ mm}) - (25 \cdot 38 \text{ mm}) = 18 \text{ mm};$$

Ein Anschneidanschlag An ist nicht erforderlich, da $L_{Rest} > L_e$ ist. Sind aber im Ausschneidstempel Suchstifte eingebaut, müßte der Anschneidanschlag „An" bleiben.

Der *Streifen für das Mehrfachschneidwerkzeug* (zweireihiger Schnittstreifen Bild D/23 b) ergibt
$B = 111$ mm, $M = 143$ mm, $V = 77$ mm, $W = 50$ mm.

Bei 2 m langen Streifen sind:

$$St = \frac{B_T}{B} = \frac{1000 \text{ mm}}{111 \text{ mm}} = 9$$

$$A_{ges} = M - V = 143 \text{ mm} - 77 \text{ mm} = 66 \text{ mm}$$

$$Z_{St} = \frac{L - A_{ges}}{V} = \frac{2000 \text{ mm} - 66 \text{ mm}}{77 \text{ mm}} = 25 \text{ Doppelstücke} = 50 \text{ Stück}$$

$$L_{Rest} = (L - A_{ges}) - (Z_{St} \cdot V) = (2000 \text{ mm} - 66 \text{ mm}) - (25 \cdot 77 \text{ mm}) = 9 \text{ mm}$$

$L_{Rest} < W$, somit kein weiteres Stück

$$Z_T = St \cdot Z_{St} = 9 \cdot 50 = 450 \text{ Stück}$$

Mit 1 m langen Streifen erhält ma je Tafel 432 Stück

Am 2 m langen *Streifen für das Schneidwerkzeug* Bild D/24 werden gemessen bei:

einreihigem Schnittstreifen	zweireihigem Schnittstreifen
$B_1 = 50$ mm, $M_1 = 49$ mm, $V = 27,5$ mm	$B = 91$ mm, $M = 61$ mm, $V = 27,5$ mm, $W = 15$ mm
$St = \dfrac{B_T}{B_1} = \dfrac{1000 \text{ mm}}{50 \text{ mm}} = 20$	$St = \dfrac{B_T}{B} = \dfrac{1000 \text{ mm}}{91 \text{ mm}} = 11 \; \left(\text{Maß } B = 91^{-0,2}_{-0,5}\right)$
$A_{ges} = M_1 - V = 49 \text{ mm} - 27,5 \text{ mm} = 21,5 \text{ mm}$	$A_{ges} = M - V = 61 \text{ mm} - 27,5 \text{ mm} = 33,5 \text{ mm}$
$Z_{St} = \dfrac{L - A_{ges}}{V} = \dfrac{2000 \text{ mm} - 21,5 \text{ mm}}{27,5 \text{ mm}} = 72 \text{ Stück}$	$Z_{St} = \dfrac{L - A_{ges}}{V} = \dfrac{2000 \text{ mm} - 33,5 \text{ mm}}{27,5 \text{ mm}} = 71 \text{ Doppelstücke} = 142 \text{ Stück}$
	$L_{Rest} = (L - A_{ges}) - (Z_{St} \cdot V) = (2000 \text{ mm} - 33,5 \text{ mm}) - (71 \cdot 27,5 \text{ mm}) = 14 \text{ mm}$
	Die Stegbreite ist beim letzten Stück um 1 mm schwächer, damit $Z_{St} = 142 + 1 = 143$ Stück
$Z_T = St \cdot Z_{St} = 20 \cdot 72 = 1440 \text{ Stück}$	$Z_T = St \cdot Z_{St} = 11 \cdot 143 = 1573 \text{ Stück}$

● *Ergebnis:*
Die höchste Stückzahl je Tafel erhält man in der Regel bei 2 m langen, mehrreihig angeordneten Schnittstreifen.

6. Säulengeführte Werkzeuge

a) Grundlagen

Bei *Säulengestellen* wird die Führung des Werkzeugoberteils zum Unterteil auf zwei oder vier Säulen übertragen. Im *Vergleich zur Plattenführung* ergeben sich folgende Vorteile:

1. Bohrungen einer Säulenführung sind *einfacher herzustellen* als *Durchbrüche* in der Plattenführung.

2. Säulenführungen *arbeiten am genauesten*; dadurch erhöht sich die Standmenge der Schneiden.

3. Säulengestelle mit Kupplungszapfen *ermöglichen den Einsatz älterer Pressen für Schneidwerkzeuge*; die Säulen übernehmen dann allein die Werkzeugführung, unabhängig von der Güte der Stößelführung im Pressengestell.

4. DIN-Gestelle (Tabelle D/3) und von Herstellern genormte Gestelle mit auswechselbaren, teilweise mit vorgearbeiteten Einbauteilen, sind *kurzfristig lieferbar*. Der Werkzeugbau wird entlastet, kürzere Liefertermine sind möglich.

5. Das *Einrichten* unter Pressen erfordert *weniger Zeitaufwand*.

6. *Angelernte Kräfte* können als *Einrichter* tätig sein.

7. Sollten sich die Spanneisen für das Werkzeugunterteil lockern, entstehen keine Schäden.

Für Säulengestelle sind *Einspannzapfen und Kupplungszapfen* geeignet.

Einspannzapfen (Bilder D/27 b, D/29 II, D/31) stellen eine starre Verbindung zwischen Pressenstößel und Werkzeugoberteil dar; sie kommen daher bei außermittig liegendem Druckpunkt (Gesamtschwerpunkt) allein nur in Betracht, z.B. in Säulengestellen mit

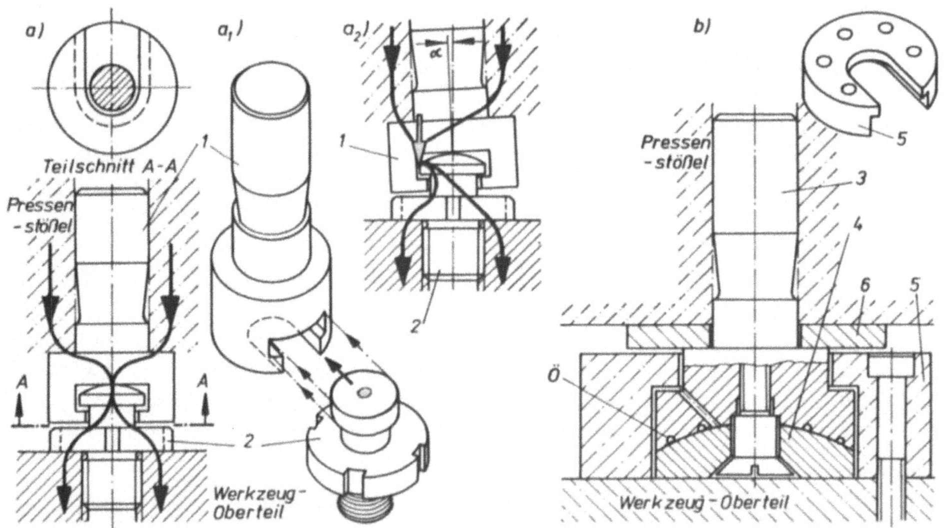

Bild D/26. Zapfen für Werkzeugoberteile

a) Kupplungszapfen mit Aufnahmefutter, a₁) als Schrägbild dargestellt, a₂) außermittig wirkender Druckpunkt bei Winkelabweichung der Stößelführung, falls die Kuppe des Zapfens keine leicht ballige Form hat;

b) Einspannzapfen mit beweglicher Kugelkalotte (bleibt im Pressenstößel);

1 Aufnahmefutter, *2* Kupplungszapfen, *3* Einspannzapfen mit Kalotteninnenform, die Einstiche (*Ö*) und eine Bohrung für Schmieröl hat, *4* Kalotten-Gegenform einsatzgehärtet, *5* Aufnahmering, auf das Werkzeugoberteil geschraubt, *6* Druckplatte, gehärtet.

Tabelle D/3: Säulengestellformen

Säulengestelle in Gußausführung: Übersicht DIN 9811 Führungssäulen DIN 9825 Blatt 2						
Arbeits-fläche	Führungs-säulen stehen	Oberteil mit Gewindeanschluß Form	Oberteil ohne Gewindeanschluß Form	Säulen-gestell	Säulen-gestell mit dickem Oberteil	Säulen-gestell mit Führungs-platte
rund	mittig	DG	– DIN	9812	–	9814
		–	D DIN	9812	9816	9814
		–	DF DIN	–	und mit beweglicher Führungs-platte 9816	–
rechteckig	mittig	CG	C DIN	9812	–	9814
	übereck	CG	C DIN	9819	–	–
	hinten	–	C DIN	9822	–	–
Einspannzapfen DIN 9859					abgestimmt mit Säulengestell	
mit Gewindeschaft Blatt 3, 7					Form DG, CG	
mit runder Kopfplatte Blatt 5					Form D, DF	
mit eckiger Kopfplatte Blatt 6					Form C	
Kupplungszapfen mit Aufnahmefutter Bild D/26 a					abgestimmt mit Säulengestell Form DG, CG, auch DIN 9816	

hintenstehenden Säulen. Nachteilig ist, daß diese Zapfen Ungenauigkeiten der Stößelführung (auch die Winkelauffederung bei C-Gestell-Pressen) auf das Werkzeugoberteil,
damit über die Säulen auf die Schneidkanten übertragen.

Kupplungszapfen mit Aufnahmefutter (Bild D/26 a) leiten den Kraftfluß punktförmig
über die leicht ballige Form des Zapfens; sie sollen daher nur bei mittig liegendem Druckpunkt eingesetzt werden, d.h. wenn der berechnete Schwerpunkt mittig zu den Säulen-
achsen liegt. Da sich infolge ungleichen Schneidspaltes und ungleicher Schneidenabnutzung
der wirkliche Druckpunkt zum berechneten Druckpunkt verschiebt, soll man in Gesamtschneidwerkzeugen diese Bauteile nur für annähernd runde Schnitteile anwenden (siehe
Bild D/29 I). Auch die Werkzeugbauhöhe vergrößert sich durch das Aufnahmegehäuse.

Einspannzapfen mit Kugelkalotte (Bild D/26 b) vereinigen wesentliche Vorzüge des Einspannzapfens und des Kupplungszapfens. Über die bewegliche Kalotte (4) werden Ungenauigkeiten der Stößelführung (besonders die Winkelauffederung bei C-Gestell-Pressen) ausgeglichen. Die Führung des Oberteils zum Unterteil bleibt immer den Säulen allein übertragen, sofern der wirkliche Druckpunkt innerhalb der Kalottendruckfläche liegt; Einspannzapfen mit Kugelkalotte sind daher auch zum Einbau in säulengeführte Folgewerkzeuge geeignet (Viersäulengestelle). Von Nachteil ist die große Werkzeugbauhöhe. Für Werkzeuge mit Zwangsausstoßer (vgl. Bild D/31) werden diese Zapfen kaum eingesetzt; durch den Ausstoßerbolzen bedingt, liegt die bewegliche Kalotte ohne Halteschraube im Einspannzapfen; weshalb ein geschlossener Aufnahmering erforderlich wird. Der Einspannzapfen ist dann infolge der Kalotte werkzeuggebunden.

Werden Säulengestelle aus Stahlplatten selbst hergestellt, dreht man die Aufnahmebohrungen für Säulen und Führungsbuchsen (vielfach auf einem Lehren-Bohrwerk) in einer Aufspannung gemeinsam aus und preßt die einsatzgehärteten Säulen aus Ck 15 oder Ck 25 sowie Führungsbuchsen aus Bronze (auch Sinterbronze), einsatzgehärtetem Stahl, Grauguß GG 26 oder Sonderaluminiumbronze (vgl. I.1.b) ein. Hierbei wird die Innenbohrung der Führungsbuchsen etwas enger, weshalb zum Ausdrehen der Führungsbuchsen des Werkzeugoberteils die Passung G 6 vorgeschrieben wird, falls die Buchsen für Säulen mit Passung h 5 bestimmt sind. Mit Stahlbuchsen erzielt man hohe Führungsgenauigkeit; sie sind allerdings gegen Metallstaub äußerst empfindlich.
Um Arbeitszeit einzusparen, werden handelsübliche Säulen in das Unterteil eingepreßt und Führungsbuchsen mit Kunstharz eingegossen (Bild D/27 b, vgl. auch D.3.b).
Säulengestelle mit Kugelführung (Bild D/34) ergeben die höchste Laufgenauigkeit, da die Kugeln völlig spielfrei abrollen. Im Durchmesser sind die Kugeln um etwa 0,0025 mm größer als die Spaltweite zwischen Säule und Laufbuchse. Die Kugel-Aufnahmebohrungen der Käfighülse werden auf einer steilen schraubenförmigen Linie angeordnet, so daß jede Kugel ihre eigene Laufbahn hat. Es sind auch *Kugelführungseinheiten zum Selbsteinbau* [1]) im Handel; sie bestehen aus Säule, Laufbuchse und vollständigem Kugelkäfig. Die Außenform der Laufbuchse hängt davon ab, ob sie zum Eingießen mit Kunstharz (geringster Arbeitsaufwand) oder mit Breitflansch zum Einschrauben und Verstiften (im Großwerkzeugbau gebräuchlich) oder zum Einpressen vorgesehen wird. Einpressen ist umständlich; die auf dem Lehren-Bohrwerk zusammen mit dem Unterteil eingearbeitete und zusätzlich gehonte Aufnahmebohrung im Gestelloberteil darf zur Laufbuchse nur 0,003…0,004 mm Vorspannung haben, da höhere Vorspannung die Kugelaufnahmebohrung verkleinert und somit zu vorzeitigem Verschleiß führt. Beim Einsetzen der Kugelkäfighülsen ist zu beachten, daß die Käfighülsen während des Werkzeughubes noch eine Zusatzbewegung ausführen, die durch die spielfrei sich abrollenden Kugeln bedingt ist.

Bei Säulengestellen [2]) ist zu beachten, daß die *Verbindungsgerade der Säulenmitten* nicht senkrecht, sondern *schräg zum Streifendurchgang* verläuft (Tabelle D/3). Dadurch erzielt man folgende Vorteile:

1. Sichtverhältnisse werden besser.

2. Einlegemöglichkeiten sind günstiger.

3. Liegen die Säulenmitten auf der Längsachse der Ausschnitte, fällt meist die Gestellgröße kleiner aus, die wirksamen Kräfte sind zu den Säulenmitten günstiger verteilt (kleinere Hebelarme).

4. Bei Schneidwerkzeugen mit Zwangsausstoßer können die fertigen Teile mittels Druckluft weggeblasen werden.

5. Auch größere Gestelle eignen sich noch für kleine Pressen.

---

[1]) vgl. VDI 3355 Kugelführungen – Einbaurichtlinien für Stanzerei-Großwerkzeuge.

[2]) Übersicht DIN 9811 legt für Gestelle Kurzbezeichnungen fest; z.B. heißt Säulengestell DG 80 DIN 9814: Säulengestell mit mittigstehenden Führungssäulen und beweglicher Führungsplatte, runde Arbeitsfläche 80 mm ϕ, mit Gewindeanschluß im Oberteil, DIN 9814.

Gestelle mit hintenstehenden Säulen ermöglichen die Verarbeitung von Profilen, Blechabfällen (siehe Bild D/31) und langen Blechteilen.

b) Schneidwerkzeuge mit Säulenführung

Zum Schneiden dünner Bleche mit zusammengesetzten, geschliffenen Schneiden (siehe D.3.g), ebenso bei größeren Stückzahlen, setzt man oft säulengeführte Schneidwerkzeuge ein. Die einteilige oder mehrteilige Schneidplatte ist im Werkzeugunterteil verschraubt und verstiftet oder zusätzlich eingelassen. Im Oberteil werden ähnlich Plattenführungswerkzeugen kleine Stempelformen in einer Stempelhalteplatte, deren Lage Zylinderstifte sichern, aufgenommen. Größere Stempel werden kopfseitig angeschraubt und verstiftet; vereinzelt nimmt man sie in einer Zentrierung oder Paßnute auf (ISA Passung H7/m6) und sichert sie mit einem Zylinderstift gegen Verdrehen oder Verschieben. In der Regel läßt man entweder den Stempel oder nur die Schneidplatte ein.

Feste Abstreifer sind auf der Schneidplatte angeschraubt (vgl. Bild G/9). Man kann auch im Oberteil eine federnde Abstreifplatte (Druckfedern siehe Abschnitt B., Abstreifkräfte vgl. C.1.e) oder ein Säulengestell mit beweglicher Führungsplatte (Gestell DIN 9814, Tabelle D/3) einsetzen. Hierbei sind zum Schneiden dünner Bleche (weiche Buntmetalle) in der Schneidplatte zusätzlich Abhebestifte günstig, denn federnde Abstreif- oder Führungsplatten drücken während des Werkzeugrücklaufes den Streifen auf die Schneidplatte, bis die Schneidstempel vom ausgeschnittenen Blech zurückgezogen sind. Bei geringstem Schnittgrat haften daher Schnittstreifen an der Schneidplatte; das Weiterschieben dünner Streifen wäre ohne Abhebestifte behindert. Als Federhub reichen $\approx 0,5$ mm aus.

In Säulengestellen mit beweglicher Führungsplatte wird oft zur besseren Abstützung dünner Lochstempel eine gehärtete Stempelführungsleiste in eine Paßnute der Führungsplatte eingelassen (siehe Bilder D/34 und B/4). Beim Schärfen der Schneidstempel werden statt dieser gehärteten Führungsleiste die Auflagescheiben der Abstreifer-Druckfedern abgeschliffen (Bild D/34, Teile 8) und damit die säulengeführte Platte nachgestellt.

c) Ausschneidwerkzeuge in Gesamtbauweise

Zum Beschneiden großflächiger formgezogener Teile und zum Ausschneiden großer Werkstücke, die nicht mehr durch den Pressentisch abgeleitet werden können, setzt man entweder Ausschneidwerkzeuge ohne Führung nach Bild D/2e oder säulengeführte Ausschneidwerkzeuge in Gesamtbauweise ein.

Bei Schneidwerkzeugen in Gesamtbauweise ist im Unterteil der Stempel von einer Abstreifplatte umschlossen. Diese Platte kann federnd sein (Bild D/27); sie kann auch unter dem Druck eines Federdruckgerätes oder eines Ziehkissens [1]) stehen. Letzteres ist im Pressentisch eingebaut, seinen Druck übertragen Bolzen oder Hubbegrenzungsschrauben. In der Schneidplatte, die im säulengeführten Oberteil verschraubt und verstiftet ist, bewegt sich ein Ausstoßer. Ist er federnd (Bild D/27 a), drückt er die Ausschnitte in den Abfallstreifen zurück; er kann auch zwangsbetätigt (Bild D/27b) wirken, vorausgesetzt, daß sich im Pressenstößel ein querliegender Ausstoßerstab befindet (Prinzip Bild D/3).

---

[1]) Ziehkissen, auch mit „Druckluftziehgerät" oder „pneumatischer Druckapparat" bezeichnet, sind wie Federdruckgeräte in Schneid- und Umformwerkzeugen vielseitig einsetzbar (Prinzip siehe Bild H/2).

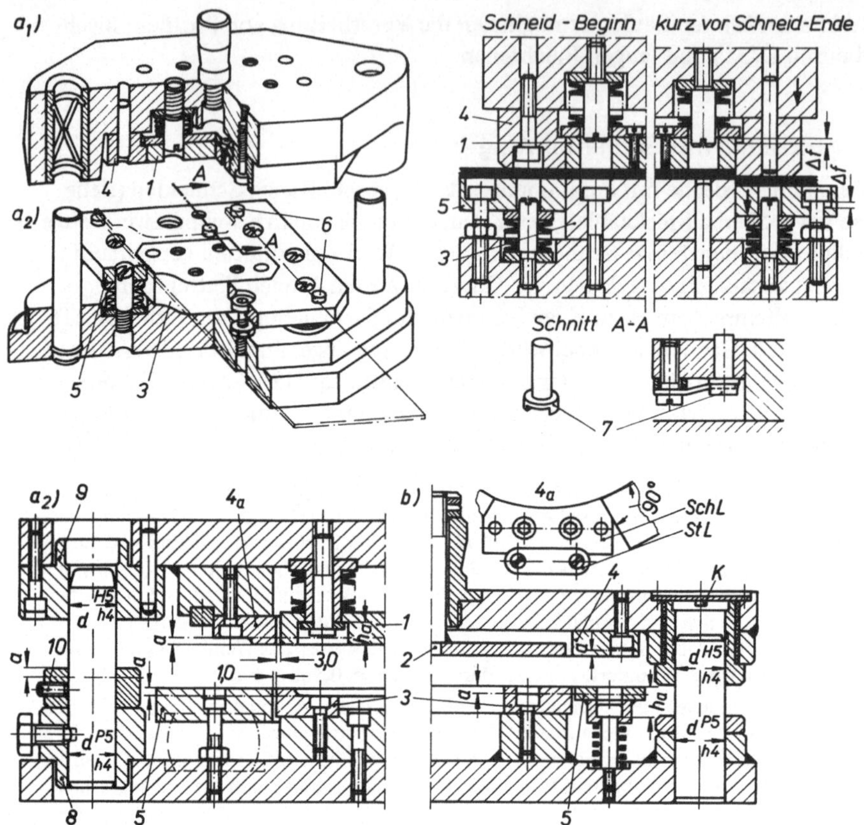

Bild D/27. Ausschneidwerkzeug in Gesamtbauweise

a) mit federnder Ausstoßerplatte (1); a₁), a₂) unterschiedliche Ausführungen:

b) mit Zwangsausstoßer (2);

a möglicher Abschliff für Schneidkanten und Platten;

3 Schneidstempel, *4* Schneidplatte, *4a* geteilte Schneidplatte, bestehend aus Schneidleisten *SchL* mit Stützleisten *StL*, *5* Abstreifplatte, *6* feste Streifenführungsstifte, *7* federnder Anschlagstift für Streifenanfang (mit Blattfeder);

bei a₂) Führungssäule, in Säulenlagern (8, 9) nach AWF 500.10.01 (oder VDI 3356) aufgenommen; da sehr großer Pressenhub, hat jede Säule Einführschräge und Aufschlagring (10), befestigt mit zwei Gewindestiften;

bei b) Führungsbuchse für Säulen (Lüftungskanal K), mittels Kunstharz eingegossen.

Zwangsausstoßer werfen die Ausschnitte kurz vor dem oberen Totpunkt des Pressenstößels aus, dadurch können die Teile bei neigbaren Pressen mittels Druckluft weggeblasen oder lose auf dem Streifen liegend, besser beiseite gelegt werden. Außerdem ist die Vorschubbegrenzung des Streifens durch Einhängestifte möglich. Zwangsausstoßer setzt man daher besonders bei Streifenvorschub von Hand bevorzugt ein, obwohl sie etwas härter arbeiten.

Beim Schärfen der Schneiden werden federnde Ausstoßer und Abstreifplatten meist mit
abgeschliffen. Schraubenköpfe, die zur Hubbegrenzung dienen, erfordern in der Abstreifplatte (Bild D/27 b, Teil 5) bzw. im Ausstoßer (siehe Bild D/31, Teil 4) eine Mindestloch-
tiefe h_a = Federhub + Kopfhöhe der Ansatzschraube + (3...5 mm) Mindestspielraum über
deren Kopf + Abschliffmaß a zum Schärfen.

Abstreif- und Ausstoßplatte führt man gleich dick aus; dadurch entstehen beim autogenen Brenn-
schneiden die Abstreifplatte (mit Brennspaltweite 3...4 mm) und zugleich die Ausstoßplatte. Die
brenngeschnittenen Flächen werden nicht nachgearbeitet (vgl. Bild D/27 b).

Stempel und Schneidplatte werden aus Werkzeugstahlblech hergestellt. Sie können auch entsprechend
Bild D/2 auftraggeschweißte Schneiden haben oder aus Schneidleisten *SchL* (Bild D/27) zusammengesetzt sein. Zum Schneiden dünner Bleche werden diese Leisten nur angeschraubt und verstiftet;
bei großem Schnittdruck wird die Seitenkraft durch Stützleisten *StL* in Nuten aufgenommen. Das
Einfräsen dieser Nuten erfolgt erst nach dem Zusammenpassen der Schneidleisten.

Im Bild D/27 a₂ wurden für die Führungssäulen je zwei Säulenlager (8) und (9) vorgesehen, die verschraubt und verstiftet sind; die Lager könnten auch mit Kunstharz (Bild D/27 b) eingegossen sein.

d) Gesamtschneidwerkzeuge

Diese Werkzeuge, zum gleichzeitigen Lochen und Ausschneiden in einem Stößelhub,
bedingen *hohe Herstellungs- und Wartungskosten*. Sie werden nur angewandt, wenn die
Außen- zur Innenform gleichmäßig ausfallen muß (Toleranz ± 0,01...0,03 mm).

Grundsätzlich sollte man vor der Wahl eines Gesamtschneidwerkzeuges einen Vergleich
mit einem plattengeführten Werkzeug anstellen. Mit Plattenführungswerkzeugen kann bei
entsprechender Blechdicke ebenfalls hohe Genauigkeit (± 0,05 mm) erzielt werden, wenn
eine federnde Streifenführung und zwei Seitenschneider im Zusammenwirken mit Suchstiften (D.3.d) eingebaut sind (siehe Bild D/15). Die Plattenbauweise ermöglicht außerdem höhere Hubzahlen der Presse, bessere Überwachung der Stempel, kräftigere Bauweise
und damit weniger Werkzeugstörungen; der Schnittgrat des Werkstückumrisses liegt zu
den Bohrungen jedoch wechselseitig. Bei Gesamtschneidwerkzeugen haben die gelochten
Bohrungen und der Werkstückumriß den Schnittgrat auf der Unterseite des Schnitteiles.

Die Konstruktion eines Gesamtschneidwerkzeuges (Bilder D/29 und D/31) ist der eines
Ausschneidwerkzeuges in Gesamtbauweise (Bild D/27) ähnlich; die Bauelemente können
sinngemäß übernommen werden. In der Schneidplatte (Oberteil) befinden sich ein Ausstoßer und noch zusätzlich Lochstempel; die entsprechenden Schneiddurchbrüche
(Gegenschneiden der Lochstempel) enthält der Ausschneidstempel im Unterteil. Um
diesen Stempel ist die federnde Abstreifplatte angeordnet. Sollte diese Platte über ein
Ziehkissen wirken, müßte man die Abfälle der Lochstempel mittels elektro-pneumatisch
gesteuerter Schieber durch waagerecht liegende Kanäle ableiten.

Auch bei Gesamtschneidwerkzeugen werden im Oberteil Zwangsausstoßer bevorzugt; sie
sind im Einspannzapfen (Bild D/29 II) oder im Kupplungzapfen (Bild D/30) eingebaut.
Die Wirkungsweise innerhalb des Werkzeuges zeigen Bilder D/30 a...d, die Betätigung
durch den im Pressenstößel querliegenden Ausstoßerstab Bild D/3.

Gestaltungsrichtlinien für den Werkzeugentwurf (Bilder D/28, D/29, D/30 und D/31)

1. Das *Oberteil wird durch Einbauteile weniger geschwächt,* wenn man entsprechend
   Bild D/29 ein Säulengestell mit dickem Oberteil DIN 9816 Form D oder DF (Tabelle
   D/3) wählt. Werden Gesamtschneidwerkzeuge in Normalgestelle eingebaut, so nimmt
   im Oberteil eine angeschraubte und verstiftete Zwischenplatte die Lochstempel und
   die Schneidplatte auf (Bild D/31, Teil 2).

2. *Große Ausschneidstempel* schraubt man auf das Unterteil und verstiftet sie. *Kleine
   Stempel* werden in einer Stempelhalteplatte aufgenommen; sie können auch einen
   Stempelfuß für die Schraubenköpfe erhalten.

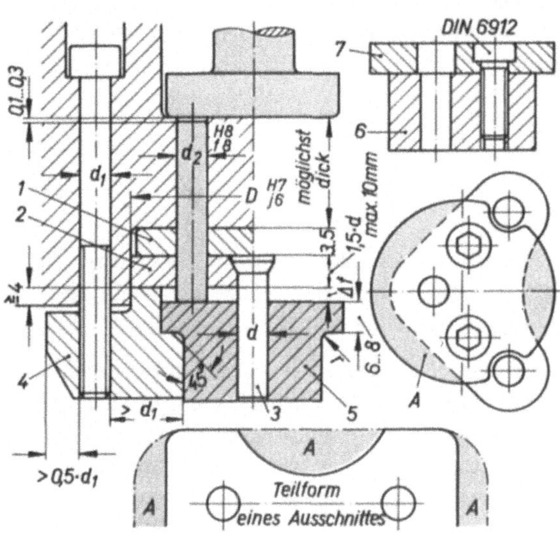

Bild D/28

Richtmaße für Gesamtschneidwerkzeuge
1 Druckplatte, *2* Halteplatte für Lochstempel (3), *4* Schneidplatte, *5* eintei-
liger Ausstoßer mit gefrästen Aufschlagflächen *A*, *6* zweiteiliger Ausstoßer mit
angeschraubter Aufschlagplatte (7).

Hub des Ausstoßers Δf = Blechdicke +
+ Eintauchtiefe der Schneiden + Sicherheitsweg.

Teile (4) und (5) aus hochchromhaltigem
Werkzeugstahl.

Bild D/29. Gesamtschneidwerkzeug
a möglicher Gesamtabschliff zum Schärfen;
Ausführung I mit federndem Ausstoßer und Kupplungszapfen;
Ausführung II mit Zwangsausstoßer und Einspannzapfen;
H_{w1} und H_{w2} sind Werkzeughöhen bei Ausführung I und II.
Wichtigste Bauteile im Oberteil: *1* Halteplatte für Lochstempel (2), *3* Schneidplatte mit Ausstoßer (4);
im Unterteil: *5* Stempel mit Stempelfuß für Außenform mit Durchbrüchen für Lochstempel (Zylinderstift *Z*), *6* federnde Abstreifplatte, *7* Streifenführungsstifte, *8* Aufschlagring, *9* Schutzgitter.
Maß *h* je nach Presse verschieden groß.

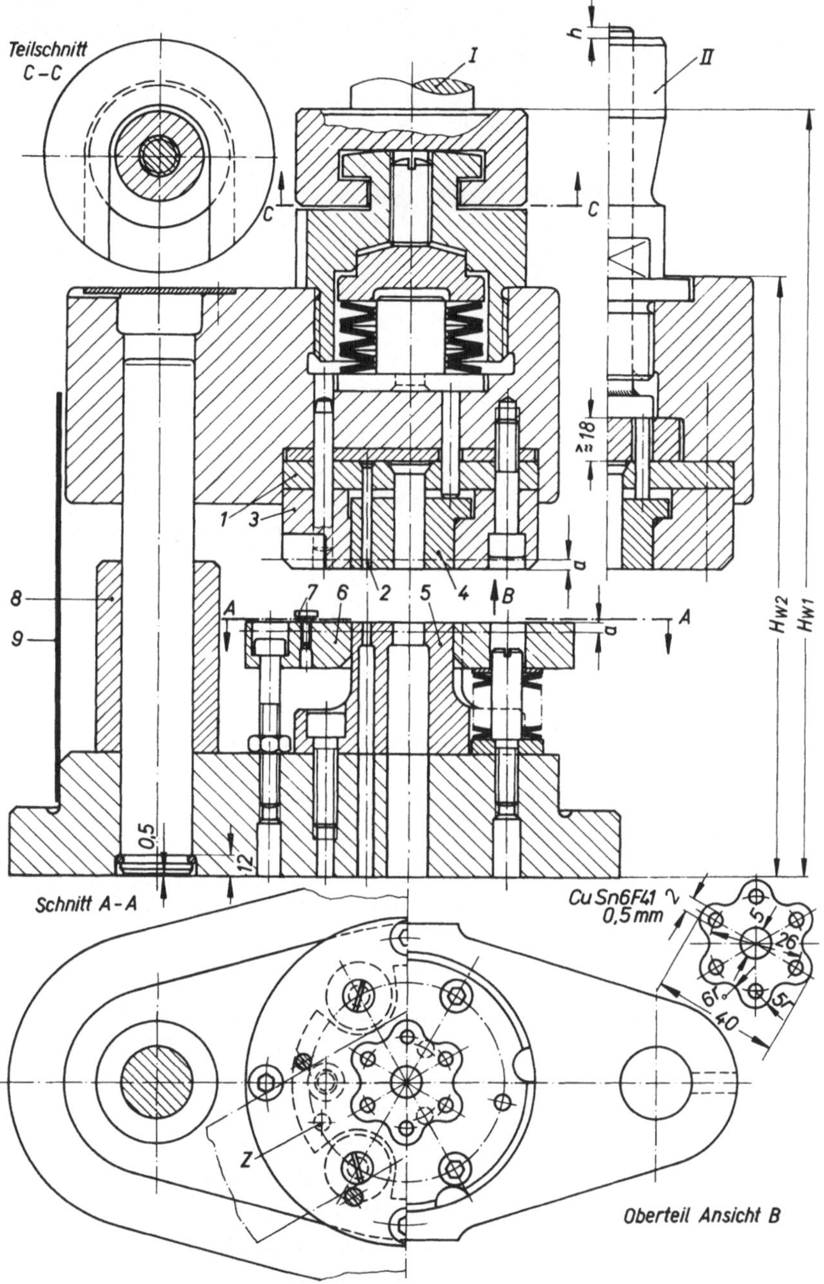
Teilschnitt
C-C
I
II
h
C
C
≈18
1 3
8
9
7 6 2 5 4 B
A
A
a
a
Hw2
Hw1
0,5
12
Schnitt A-A
Cu Sn6F41
0,5mm
5
5
26
6
5
40
Z
Oberteil Ansicht B

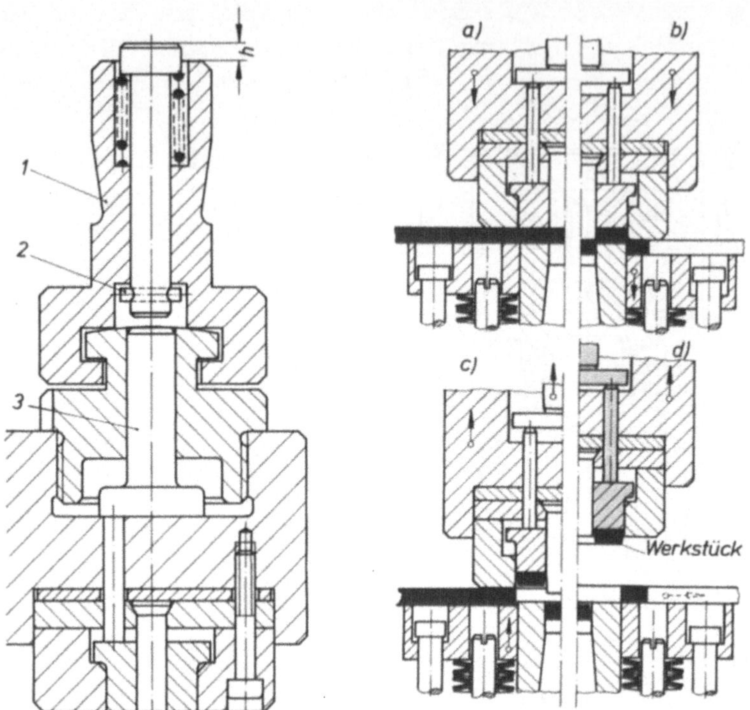

Bild D/30. Oberteil eines Gesamtschneidwerkzeuges mit Zwangsausstoßer, in Kupplungszapfen
eingebaut

1 Zwangsauswerferkopf mit schwacher Druckfeder, *2* Zylinderstift, *3* Druckplatte.
h ist je nach Presse verschieden groß.

Wirkungsweise der Werkzeugbauteile: a) bei Schneidbeginn, b) während des Schneidens, c) während
der Schnittstreifen vom Ausschneidstempel abgestreift wird, d) während des Ausstoßens durch den
Zwangsausstoßer.

3. *Schneidplatten,* besonders zusammengesetzte Schneidplattenteile, sind weniger rißempfindlich, wenn in ihnen die Schraubenköpfe vorgesehen sind (Bild D/31); doch
   werden ihre Außenmaße und damit das Säulengestell größer. Deshalb wird trotz erhöhter Rißgefahr oft die Schneidplatte aus hochchromhaltigem Werkzeugstahl angefertigt, dann vom Oberteil her angeschraubt [1]) und verstiftet, teilweise auch eingelassen; zur Zentrierung kann deren Außendruchmesser (Bild D/29) oder ein Durchmesser,
   abgestimmt mit der Halteplatte für Lochstempel (Bild D/28), gewählt werden. Beim
   Einbau der Schneidplatte sind die Befestigungsschrauben gleichmäßig anzuziehen.
   In der Regel läßt man entweder die Schneidplatte oder den Stempel ein und hält deren
   Lage zueinander durch Zylinderstifte fest.

---

[1]) Werkzeuge deren Schneid- (Umform-)elemente von außen verschraubt sind, lassen sich meist leichter auseinanderbauen, falls bei Stempelbruch (und dgl.) das Oberteil nicht mehr von den Säulen
abgezogen werden kann. Der Zusammenbau des Werkzeuges ist etwas umständlicher.

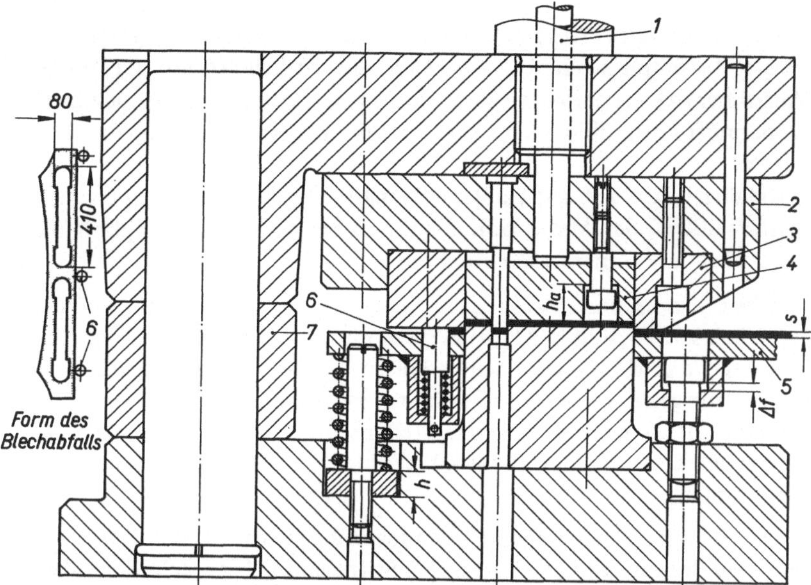

Bild D/31. Gesamtschneidwerkzeug zur Verarbeitung von Blechabfällen im Gestell mit hintenstehenden Säulen

1 Zwangsausstoßer, *2* Zwischenplatte (St 50) zur Aufnahme der Lochstempel, der geteilten Schneidplatte und der Anschlagschrauben für Ausstoßer (4), *5* Abstreifplatte, zugleich Auflagefläche für Blechabfall mit angeschweißten Augen für Hubbegrenzungsschrauben und federnde Anschlagstifte (6), Scheibenhöhe *h* beim Schärfen der Schneiden mit abschleifen, *7* Aufschlagringe.

4. Die Außenform der *Aufschlagfläche des Ausstoßers* soll einfach sein, damit die Gegenaussparung in der Schneidplatte nicht rißfördernd wirkt und leicht herstellbar ist. Man unterscheidet ein- und zweiteilige Ausstoßer (Bild D/28). Je nach Ausschnittform werden bei einteiligen Ausstoßern die Aufschlagflächen auf einer Vertikalfräsmaschine (Bild A/5 a) oder Stempelhobelmaschine ausgearbeitet. Zur Minderung der Bruchgefahr sind die Übergänge zur Aufschlagfläche ausgerundet; dementsprechend ist auch die Kante in der Schneidplatte anzuschrägen. Die Umrißform eines zweiteiligen Ausstoßers wird mit dem Stempel als ein Stück hergestellt und trenngesägt; nach dem Härten schraubt man die Aufschlagplatte an. Nachteilig dabei ist, daß zweiteilige Ausstoßer durch die Gewindelöcher rißempfindlich sind und sich deren Schrauben lockern können. Bei größeren Ausschnittformen kann man Aufschlagflächen am Auswerfer weglassen und zur Hubbegrenzung 2...3 Anschlagschrauben einbauen (Bild D/31); für deren Schraubenköpfe ist wie bei Abstreifplatten (siehe D.6.c) auf genügende Lochtiefe h_a zu achten.

5. Zur *Lagebestimmung des Einspannzapfens* ist die Innen- und Außenform des Schnittteiles maßgebend. Um diesen Schwerpunkt werden für den Ausstoßer drei Druckbolzen angeordnet; diese sind um 0,1...0,3 mm kürzer, damit vom Ausstoßer her keine Druckkräfte auf die Schneidplatte übertragen werden.

6. Die *Abstreif- und Ausstoßkraft* (Prozentsätze siehe C.1.e) der zusammengepreßten Federn wird für die Abstreifplatte (Bild D/29, Teil 6) aus der Schnittkraft der Außenform, für den Ausstoßer (4) aus der gesamten Schnittkraft (für Innen- und Außenform) bestimmt. Man überprüft noch, ob die Vorspannkraft der Druckfedern $F_1 \gtrless$ die Hälfte der Abstreifkraft ist.
   Die gleichen Kräfte übertragen sich auf die Befestigungsschrauben. Die Stempelschrauben müssen die Abstreifkraft der Außenform, die Schrauben für die Schneidplatte die Abstreifkraft der Außen- und Innenform aufnehmen.

7. Sind *Blechabfälle im Gesamtschneidwerkzeug* zu verarbeiten, ist ein Gestell mit hintenstehenden Säulen einzusetzen (Bild D/31), außerdem muß der Werkstoff auf der Abstreifplatte eine genügend große Auflagefläche erhalten. Die Dicke dieser großflächigen Abstreifplatte soll gering gehalten werden (Gewichtsminderung). Man muß sie daher nach mehrmaligem Schärfen der Schneiden nachstellen; unter den Druckfedern sind gehärtete Scheiben (Bild D/31, Scheibenhöhe h) erforderlich, die beim Schärfen ebenfalls abgeschliffen werden.

8. Die *Führung der Streifen und Bänder* übernehmen feststehende Stifte (Bild D/29, Teile 7) oder federnde Bolzen (Bild D/31, Teile 6). Stifte sind billiger, erfordern aber in der Schneidplatte Aussparungen, welche die Rißbildung begünstigen.

9. *Für Streifen* ist in der Einlaufseite eine vergrößerte *Auflagefläche* von Vorteil; sie kann an die Abstreifplatte als Winkel angeschraubt oder stirnseitig stumpf angeschweißt sein.

- *Beispiel D/5:*
  Die wirksamen Kräfte im Gesamtschneidwerkzeug (Bild D/29) und die Stößelpreßkraft sind zu ermitteln. Der Umfang des Ausschneidstempels beträgt 131 mm, derjenige der sieben Lochstempel 53 mm.

- *Lösung:*
  Scherfestigkeit nach Gleichung (C/2)

$$\tau_s = 0{,}8 \cdot \sigma_B = 0{,}8 \cdot 410 \, \frac{N}{mm^2} \approx 330 \, \frac{N \cdot}{mm^2}$$

Nach Gleichung (C/1) ist Schnittkraft

$$F_{S1} = l \cdot s \cdot \tau_s = 131 \, \text{mm} \cdot 0{,}50 \, \text{mm} \cdot 330 \, \frac{N}{mm^2} \approx 21\,600 \, N$$

Entsprechend C.1.e werden für die Federn im Unterteil als Abstreifkraft 18 % der Schnittkraft gewählt; F_2 = 18 % von 21 600 N = 3900 N, mit 10 % Sicherheitszuschlag wird $F_2 \approx 4300$ N. Die Tellerfedern sind im Beispiel B/2 berechnet.
Schnittkraft zum Lochen

$$F_{S3} = l \cdot s \cdot \tau_s = 53 \, \text{mm} \cdot 0{,}50 \, \text{mm} \cdot 330 \, \frac{N}{mm^2} = 8700 \, N .$$

Somit gesamte Schnittkraft

$$F_{S4} = F_{S1} + F_{S3} = 21\,600 \, N + 8700 \, N = 30\,300 \, N .$$

Die Ausstoßkraft für die Druckfedern im Oberteil wird mit 26 % der gesamten Schnittkraft angenommen. Somit F_5 = 26 % von 30 300 N $\approx$ 8000 N, mit 10 % Sicherheitszuschlag $\approx$ 8800 N. Die Tellerfedern sind im Beispiel B/3 berechnet.

Erforderliche Stößelpreßkraft F = gesamte Schnittkraft F_{S4} + Federkraft gespannt als $F_{Aufwand}$ der unteren und der oberen Federsäulen (aus den Berechnungsbeispielen B/2 und B/3 entnommen), dazu kommen noch 30 % Sicherheitszuschlag. Somit

$$F = 1{,}3 \ (30\,300 \ N + 3 \cdot 1430 \ N + 10\,400 \ N) \approx 60\,000 \ N = 60 \ kN.$$

● *Ergebnis:*
Bei einer Einständer-Exzenterpresse mit festem Tisch (DIN 55171) und Aufspannplatte (DIN 55187) muß man *wegen der erforderlichen Werkzeugbauhöhe* bei Ausführungen mit Kupplungszapfen eine Presse mit 400 kN vorsehen; bei Verwendung von Einspannzapfen und Zwangsausstoßer genügt eine 160 kN-Presse. Rein kräftemäßig würde eine 60 kN-Presse gerade noch ausreichen.

Zur Fertigung von kleinen bis mittleren Stückzahlen werden in Ausschneidwerkzeuge in Gesamtbauweise, auch in Gesamtschneidwerkzeuge, als *Abstreifer* und *Ausstoßer* oft Platten aus *Gummi oder aus hochelastischem Kunststoff* (Bild D/32) eingeklebt. Die Gummiplatten stehen drucklos zu den Schneiden bei Aluminium 0,5...0,8 mm, bei Stahlblechen etwa 1 mm vor. In Gesamtschneidwerkzeugen dürfen nur 1 bis 2 einfache Lochstempel eingebaut sein, sonst bringt die im Oberteil eingeklebte Gummiplatte die Ausstoßkräfte nicht mehr auf. Läßt man die Schneiden tiefer als 0,1...0,3 mm in die Schneidplattendurchbrüche eintauchen, werden die Gummiplatten stärker zusammengepreßt, sie weiten sich mehr als die in Tabelle Bild D/32 angegebene Spaltweite aus.

Nur das Werkzeugunterteil wird auf den Pressentisch gespannt. Zum Schneiden drückt der Stößel das mittels zwei Zylinderstiften (verschiedene Durchmesser) geführte Werkzeugoberteil abwärts. Nach dem Schneidvorgang drücken die Gummiplatten das Werkzeug auseinander; die beiden Druckfedern heben das Oberteil während des Streifenvorschubes ab. Die drei *Anschneidanschläge* (Teile 7...9) sind in der gleichen Anordnung auch für die üblichen Gesamtschneidwerkzeuge und Ausschneidwerkzeuge in Gesamtbauweise, jeweils mit federndem Ausstoßer, geeignet.

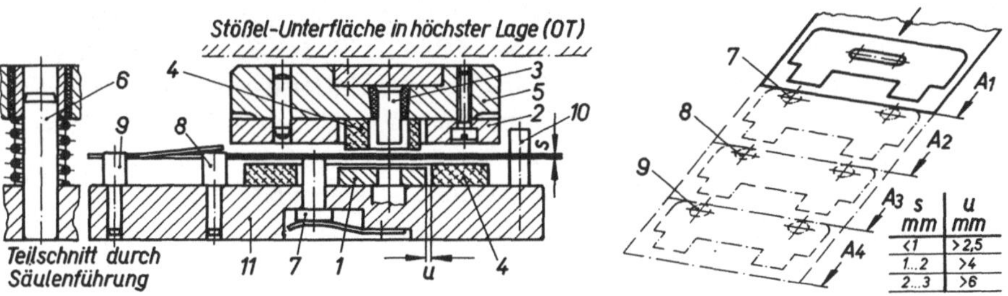

Bild D/32. Gesamtschneidwerkzeug mit Gummiabstreifer und -ausstoßer
1 Schneidstempel für Außenform, mit Unterteil verschraubt und verstiftet, *2* Schneidplatte (Teile 1 und 2 je etwa 7,5 mm dick), *3* Lochstempel, *4* aufgeklebte Gummiplatte, etwa 8 mm dick, zum Schneiden von Aluminiumblechen: Shorehärte 60...70°, von Stahlblechen: Shorehärte 75...80°, *5* Oberteil, etwa 18 mm dick mit Einfräsungen oder Abdrückgewinde zum Abnehmen der Schneidplatte, ohne Einspannzapfen, *6* Säulenführung, bestehend aus zwei Zylinderstiften, zwei Bohrbuchsen mit zwischengelegten Druckfedern, *7* federnder Anschneidanschlag für Streifenlage A_1, *8* fester Anschneidanschlag für Streifenlage A_2, nach Streifenvorschub wird (8) ein Ausdrückstift, *9* fester Anschneidanschlag für Streifenlage A_2, nach Streifenvorschub ist (9) ein Einhängestift, *10* Stifte zur seitlichen Streifenführung, *11* Werkzeugunterteil, etwa 18 mm dick, Lochstempel (3) und Säulenführungsbuchsen sind mittels Kunstharz eingegossen.

e) Nachschneid- und Kantenglättezugwerkzeuge

Sind am Werkstück glatte Schnittflächen nötig, z.B. bei Innen- oder Außenzahnformen,
bei Schaltnasen usw. werden zuvor die Teile in einem Schneidwerkzeug mit Bearbeitungszugabe ausgeschnitten und nachfolgend auf einer Exzenterpresse mittels Nachschneidwerkzeug oder Kantenglättezugwerkzeug nachgearbeitet. Bei beiden Verfahren entstehen
feine Späne; trotz des säulengeführten Schneidwerkzeuges liegt ein spanendes Verfahren
vor [1]).

Als *Bearbeitungszugabe i je Schnittfläche* rechnet man bei Stahlblechen für Innenformen
$i \approx 4\,\%$, für Außenformen $i \approx 8\,\%$ der Blechdicke s; als Erfahrungsformel kann auch
gelten:

$$i = 0{,}3\,\%_0 \ \text{von} \ (s \cdot \tau_s) \ \text{in mm} \qquad\qquad \text{(D/7)}$$

i Bearbeitungszugabe je Schnittfläche in mm
s Blechdicke in mm
τ_s Scherfestigkeit des Bleches in $\dfrac{\text{N}}{\text{mm}^2}$

Stahlbleche ab 3 mm Dicke werden meist zweimal nachgeschnitten, um eine riefenfreie
Oberfläche zu erhalten.

Die Innenform der geteilten Schneidplatte ist geschliffen, geläppt und poliert, der Stempel
nur geschliffen. Beide müssen genau zueinander fluchten, weshalb kugelgeführte Gestelle
üblich sind.

Nachschneid- und *Kantenglättezugwerkzeuge* sollen *unter einer kräftemäßig reichlich
bemessenen Presse mit O-Gestell* [2]) arbeiten, damit durch die Pressenauffederung keine
Ungenauigkeiten auf die Schneiden bzw. Schnittflächen übertragen werden. Die Schneidplattenteile, aus 12 %igem Chromstahl hergestellt, werden in einem *Spannrahmen oder
Schrumpfring* zusammengehalten. Der Spannrahmen (Bild D/33, Teil 3) ist innen um
10 Winkelminuten kegelig erweitert; dadurch schnäbeln die Plattenteile vor dem Einpressen gerade noch an. Der Preßdruck des Spannrahmens ist nötig, da sich innerhalb der
Schneidplatte immer 4...6 nachgeschnittene Teile befinden. Den Stempelhub begrenzen
Aufschlagstücke oder Ringe. Die Stempelschneide taucht bei einem Kantenglättezugwerkzeug $\approx 0{,}1$ mm, beim Nachschneidwerkzeug nicht ein.

Einlegerichtung der Ausschnitte

Beim *Kantenglättezug* soll man Ausschnitte aus Blechen, $s < 3$ mm, entgegen ihrer Ausschneidrichtung einlegen. Infolge der kleinen Schneidkantenabrundung ($Sr \approx 0{,}2...0{,}3$ mm)
der Schneidplatte wird das Werkstück im Bereich der Schneidplatte nicht nachgeschnitten,

---

[1]) Nachschneiden von Schnittflächen VDI-Richtlinie 2030. Schrifttum für Sonderverfahren unter
    Sonderpressen (Feinschneiden, Repassiernachschneiden) ist im Anhang aufgeführt.

[2]) Durch die Winkelauffederung einer Presse mit C-Gestell fluchtet der Stempel nicht mehr mit der
    Schneidplatte; die Schneiden nutzen sich ungleich ab und können stellenweise ausbrechen.

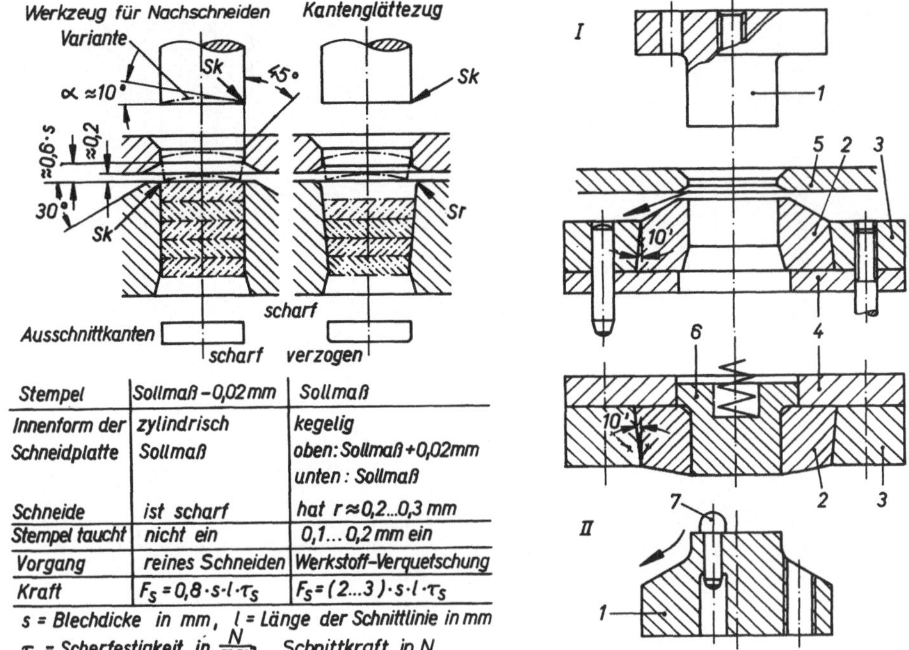

Stempel	Sollmaß −0,02 mm	Sollmaß
Innenform der Schneidplatte	zylindrisch Sollmaß	kegelig oben: Sollmaß +0,02 mm unten : Sollmaß
Schneide	ist scharf	hat $r \approx 0,2...0,3$ mm
Stempel taucht	nicht ein	$0,1...0,2$ mm ein
Vorgang	reines Schneiden	Werkstoff-Verquetschung
Kraft	$F_s = 0,8 \cdot s \cdot l \cdot \tau_s$	$F_s = (2...3) \cdot s \cdot l \cdot \tau_s$

s = Blechdicke in mm, l = Länge der Schnittlinie in mm
τ_s = Scherfestigkeit in $\frac{N}{mm^2}$, Schnittkraft in N

Bild D/33. Nachschneidverfahren auf Exzenterpresse
Nachschneiden von Schnitteilen: *I* ohne Bohrung, *II* mit Aufnahmebohrung;
Sk Schneide, scharf geschliffen, *Sr* Schneidkantenabrundung (vereinzelt auch 45°-Fase ≈0,1...0,2 mm breit);
1 Stempel, *2* geteilte Schneidplatte, *3* Spannrahmen oder Schrumpfring, *4* Druckplatte, *5* Einlegeschablone ausschwenkbar, *6* Ausstoßer, *7* Einhängestift.

sondern die Schnittflächen werden verquetscht, also kalibriert. Außerdem wird durch das Glätten die untere Kante des Werkstückes leicht verzogen. Dieses Verfahren läßt sich deshalb nur für einfache Außenformen anwenden.

Beim *Nachschneiden* ist die Einlegerichtung der Ausschnitte ($s < 3$ mm) aus Werkstoffen mit hohem Formänderungsvermögen ohne Einfluß auf die Güte der nachgeschnittenen Flächen. Teile aus harten spröden Werkstoffen sowie dicke Zuschnitte ($s > 3$ mm) sollen nur in ihrer Ausschneidrichtung eingelegt werden. Während des Nachschneidens schält sich dann auf der Schneidplattendruckfläche anfangs ein dicker Spanquerschnitt ab, der dem Schneidende zu dünner wird [1] und daher weniger zum vorzeitigen Abbrechen neigt; die Oberflächengüte der nachgeschnittenen Fläche wird besser. Die Schnittflächen haben scharfe Kanten, hohe Oberflächengüte und hohe Maßgenauigkeit.

---

[1] Da der Span von der Schnittfläche „abgeschabt" wird, bezeichnet man Nachschneidwerkzeuge oft noch mit *Schabeschneidwerkzeug* (entgegen DIN 9870 Blatt 2).

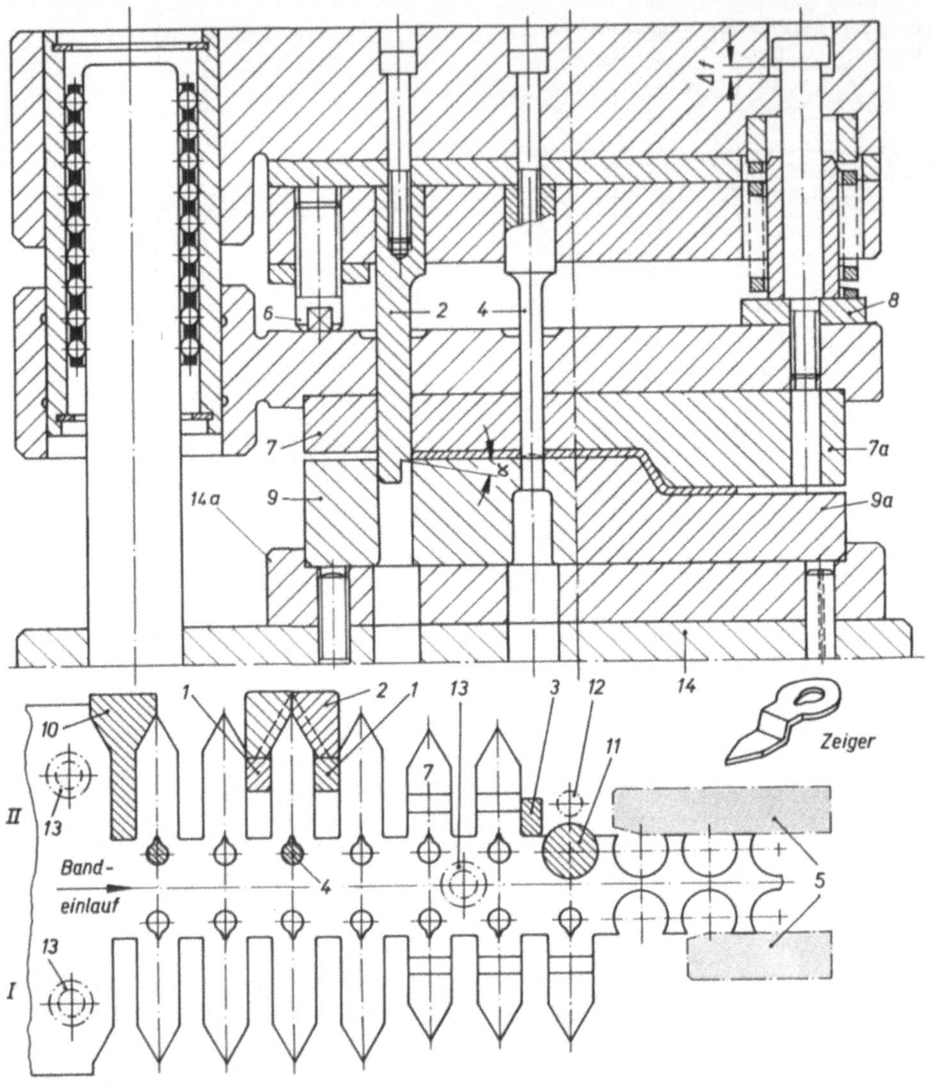

Bild D/34. Nachschneiden im Verbundwerkzeug

1 Suchstempel, *2* geteilter Nachschneidstempel, *3* Suchstempel, *4* runder Nachschneidstempel, *5* Gleitstücke, *6* einstellbare Aufschlagschraube mit Feingewinde (1 mm Steigung) und Gegenmutter, *7* Führungsleiste für Schneid- und Nachschneidstempel, *7a* Biegestempel, beide in Nute der Führungsplatte eingepaßt, *8* Zwischenringe, beim Schärfen der Schneidstempel nur untere Ringe abschleifen, *9* geteilte Schneidplatte, *9a* Gegenstempel, beide sitzen in einer Paßnute der Zwischenplatte (14a), die mit dem Unterteil verschraubt und verstiftet ist, *10* Formseitenschneider, *11* Ausschneidstempel, *12* federnder Abstoßer (Federraum im Oberteil), *13* federnder Abhebestift für Streifen (Federraum im Unterteil, Federhub ≈ 2 mm), *14* handelsübliches Säulengestell mit Führungsplatte und durchgehender Kugelführung; Federkraft vorgespannt $F_1 > F_{\text{Biegen}}$, Federkraft gespannt $F_2 > F_{\text{Abstreifen}}$. Schnittstreifen ist *I* ohne, *II* mit Stempel dargestellt.

In der Regel wird für Nachschneidwerkzeuge (Tabelle, Bild D/33) der Schneidstempel kleiner als der Schneidplattendurchbruch ausgeführt. Ist der Stempel größer, dann soll bei tiefster Werkzeuglage *UT* zwischen Stempelschneide und Schneidplattendruckfläche noch mindestens ein Abstand von etwa $\frac{1}{20}$ der Blechdicke vorhanden sein; nachfolgend eingelegte Ausschnitte schieben noch nicht fertig geschnittene Teile in den Schneidplattendurchbruch. Entstehende Späne fließen unbehindert ab, erhält die Innenform der Einlegeschablone eine Aussparung (Bild D/33 I) und wird die lichte Weite zwischen Einlegeschablone und Schneidplattendruckfläche $\geqslant 1$ mm ausgeführt; zusätzlich ist die Druckfläche der Schneidplatte etwa 2...3 mm eben, dann seitlich um $\approx 30°$ abgeschrägt. Die festklemmbare Einlegeschablone schwenkt man zur öfteren Werkzeugreinigung weg. Durch reichliches Schmieren (Petroleum, Seifenwasser) werden Späne weggeschwemmt; auch wird die Güte der nachgeschnittenen Flächen verbessert. Bei runden Stempelformen kann die Stempeldruckfläche konkav freigespart sein (Neigung der Druckfläche an Schneidkante $\sphericalangle \alpha \approx 10°$); Keilwinkel und somit Schnittkraft werden kleiner, Schnittflächengüte besser.

Ausschnitte mit Bohrungen werden zum Nachschneiden in ihren Lochwandungen aufgenommen. Der Stempel mit den Aufnahmestiften sitzt im Unterteil, die Schneidplatte im Oberteil (Bild D/33 II). Die Späne behindern nicht mehr. Während des Nachschneidens schiebt die Schneidplatte entstehende Späne vor sich weg. Ein stark gefederter Ausstoßer, Federkraft zusammengepreßt $\approx (0{,}6...0{,}8) \cdot$ Schnittkraft, drückt nach jedem Hub das Werkstück aus der Schneidplatte heraus. Beim Nachschneiden weicher Werkstoffe mittels runder Stempelform entsteht meist ein ringförmiger Span, den zwei oder drei Abfalltrenner (ähnlich Bild D/2 e, Teile 7) zerkleinern.

Sind *Nachschneidstempel in einem Folge- oder Verbundwerkzeug* (Bild D/34) eingebaut, so müssen im Werkzeug während des Nachschneidens Erschütterungen und Rückfederungen vermieden werden; diese mindern die Oberflächengüte der nachgeschnittenen Flächen. Folglich sind Säulengestelle mit Kugelführung und ein kräftiges Pressengestell (O-Gestell) unerläßlich. Damit die Schneid- und Umformvorgänge vor Nachschneidbeginn bereits beendet sind, läßt man die Druckflächen der Ausschneid- und Lochstempel zu den Nachschneidstempeln um $\gtrless 1$ Blechdicke vorstehen. Formschlüssige Biegestempel sind federnd zu gestalten; meist werden sie an der Führungsplatte des Gestells befestigt. Während des Nachschneidens darf sich der Werkstoff durch seitlich *wirkende Kräfte* nicht verschieben, weshalb man einzelne einseitig schneidende Nachschneidstempel vermeiden soll. Auch wenn symmetrisch sitzende einseitig schneidende Nachschneidstempel eingebaut sind, müssen zusätzlich noch starke Druckfedern, Federkraft zusammengepreßt F_2 mindestens $(0{,}5...0{,}8) \cdot F_{\text{Nachschneiden}}$, über die bewegliche Führungsplatte des Säulengestells auf die Blechoberfläche wirken. Die Druckfläche der Nachschneidstempel ist bei offener Schnittlinie unter $\sphericalangle \alpha = 5...10°$ geneigt; bei runden Lochstempeln wird sie konkav (Neigung der Druckfläche an Schneidkante $\sphericalangle \alpha \approx 10°$) freigespart. Ihr Abstand zur Schneidplatte wird bei tiefster Werkzeuglage durch Aufschlagstücke oder Aufschlagschrauben mit Feingewinde eingehalten.

Im Verbundwerkzeug, Bild D/34, werden gleichzeitig zwei Teile gefertigt; man erzielt symmetrisch
sitzende Nachschneidstempel und symmetrische Biegeform, wobei sich Seitenkräfte aufheben. Das
Streifenende kann sich im Werkzeug seitlich nicht verschieben, da außer der federnden Streifenführung
und den beiden Seitenschneidern noch zusätzlich rechteckige Suchstifte (1) und (3) und im Streifenauslauf Gleitstücke (5) eingebaut sind. Späne der Nachschneidstempel müssen durch reichlich bemessene
Kühlmittelstrahlen (in Wasser lösliche Seifen oder Öle, siehe Tabelle L/1), die auf Schabestellen gerich-
tet sind, weggeschwemmt werden. Während der Werkstoff um eine Vorschublänge weitergeführt wird,
muß er durch federnde Bolzen abgehoben sein, damit gleichzeitig Kühlmittelstrahlen die gesamte Schneidplattenoberfläche überspülen. Der Federhub dieser Abhebebolzen ist daher größer ($\Delta f_{min} \approx 2$ mm) als
in üblichen Schneidwerkzeugen ($\Delta f \approx 0,5$ mm). Damit die reichlich bemessene Kühlflüssigkeit mitge-
schwemmte Spänchen aus dem Werkzeug sicher ableitet, wird oft die Schneidplattendruckfläche nach
den Schabestufen zur Werkzeugaußenseite hin geneigt ausgeführt, damit der Streifenwerkstoff auf ihr
nicht mehr voll aufliegt. Auch in die Schneidplattendruckfläche eingearbeitete, oben offene Ablauf-
kanäle, die zur Werkzeugaußenkante hin tiefer werden, erleichtern das unbehinderte Abfließen feinster
Spänchen zusammen mit dem Kühlmittel, besonders wenn die Kanalflächen riefenfrei ausgeführt sind
und sauber gehalten werden. Damit Kanäle keine Abdruckstellen auf der Blechoberfläche hinterlassen,
müssen die Übergänge von den Kanalseitenflächen auf die Schneidplattendruckfläche abgerundet sein.
Die Erfahrung zeigt, daß ohne derartige Maßnahmen polierte Blechoberflächen vereinzelt durch feinste
Nachschneidspänchen beschädigt würden (z.B. Kratzerbildung, eingedrückte Spänchen).

E. Werkstoffverhalten bei Biegeumformungen

1. Rückfederung

Während der Umformung schmiegt sich der Zuschnitt an die Stempeldruckfläche an. Im Bereich der Biegerundung dehnt sich die Außenseite des Bleches, sie nimmt dabei Zugspannungen auf, die oberhalb der Fließgrenze [1]) liegen. Die an der Stempelrundung anliegende Blechinnenseite wird gestaucht; sie erfährt Druckspannungen, die ebenfalls größer als die Fließgrenze sind. Im Werkstoffinnern werden die Fasern nur innerhalb des elastischen Bereiches beansprucht; sie könnten nach der Umformung wieder zurückfedern, wären die Oberflächen nicht plastisch verformt. Daher federt das gebogene Blech nur soweit zurück, bis sich die Spannungen gegenseitig ausgeglichen haben (Bilder E/1 a...c).

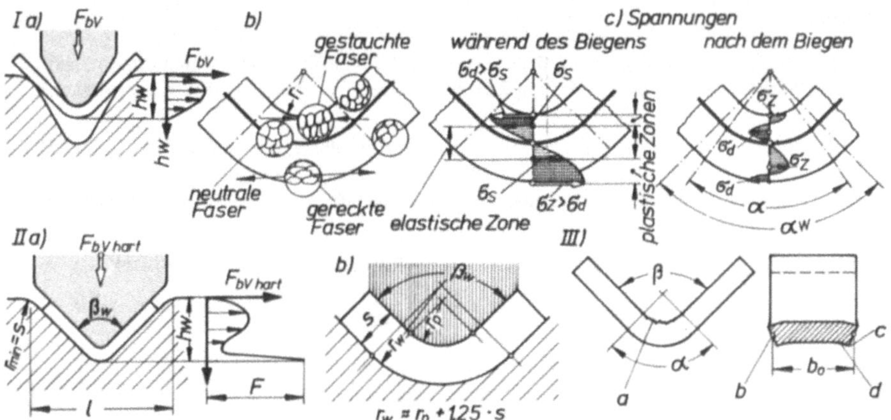

Bild E/1. Keilbiegen, Kraft-Weg-Kurven und Biegeteil

  I. Freies Biegen: a) Verfahren, b) Werkstoffgefüge im gebogenen Zustand, c) vorherrschende Spannungen während und nach dem Biegen
σ_d Druckspannung, σ_z Zugspannung, $\sigma_s \,\hat{=}\,$ Fließgrenze

  II. Formschlüssiges Biegen: a) Verfahren, b) Rundung des Stempels r_p und Gesenkes r_w
F_{bV} Biegekraft zum freien Keilbiegen, $F_{bV\,hart}$ Biegekraft zum formschlüssigen Keilbiegen (hartaufsitzender Stempel), hw Umformhöhe (wirksamer Hub), l Gesenkweite, r_{min} Mindestabrundung der Einlaufkanten für Gesenk, s Blechdicke, b_0 Breite des Ausgangsstoffes, α Winkel am gebogenen Teil, α_w Biegewinkel im Werkzeug (Winkelunterschied $\hat{=}$ Rückfederung)

 III. Biegeteil: a Innenseite mit Quetschfalten infolge Werkstoffstauchung, b geneigte Schmalseiten, sie entstehen immer, c mehrere Risse an Außenkante, wenn Kante nicht entgratet, d Riß an Oberfläche, bei fehlerhaftem Werkstoff.

---

[1]) *Böge,* Mechanik und Festigkeitslehre, Viewegs Fachbücher der Technik, Friedr. Vieweg + Sohn GmbH, Braunschweig.

Während des *freien Biegens* (Bild E/1 *III*) schieben die durch Druck- und Zugspannung überlasteten Fasern die Werkstoffkanten etwas nach außen; sind die Kanten nicht entgratet, entstehen kleine Risse. Wird zum freien Biegen die Stempelrundung mit $r_\mathrm{p} \lessgtr s$ ausgeführt, können Quetschfalten auf der druckbeanspruchten Blechinnenseite entstehen.

Beim *formschlüssigen Biegen* (Bilder E/1 II a, b) sitzen die Umformflächen des Biegestempels und des Biegegesenks auf dem Werkstoff „formschlüssig" auf. Durch zusätzliches Nachdrücken im geschlossenen Werkzeug (hartaufsitzender Stempel) überlagern senkrechtwirkende Druckspannungen die im Werkstoff vorhandenen waagerechtwirkenden Biegespannungen; innerhalb des Blechquerschnittes werden die plastischen Zonen auf Kosten der elastischen Zone breiter, weshalb die gebogenen Werkstücke in ihrer Form gleichmäßiger ausfallen. Damit dieser zusätzliche Nachdruck sich in der Biegerundung verdichtet, sind Stempel- und Gesenkrundung entsprechend Bild E/1 II b) aufeinander abzustimmen.

Die *Rückfederung beim Biegen* fällt unregelmäßig aus; sie wird maßgebend beeinflußt von:

a) der Streckgrenze (Fließgrenze) des umzuformenden Werkstoffes,

b) dem Verhältnis $\dfrac{\text{Innenbiegerundung}}{\text{Blechdicke}} = \dfrac{r_\mathrm{i}}{s}$.

    Je kleiner der Innenbiegehalbmesser r_i ist, desto höher sind die im Blech wirksamen Spannungen, wodurch mehr Werkstoffzonen im plastischen Zustand verformt werden; die Rückfederung wird kleiner.

c) der Art der Umformung, ob sie als freies Biegen oder als formschlüssiges Biegen erfolgt (Bilder E/1 I und II). Auch beim formschlüssigen Biegen, wenn Stempel und Gegenstempel über das zwischenliegende Blech gegenseitig hart aufsitzen, kann sich infolge der Blechdickentoleranz der wirksame Stempeldruck und damit die Rückfederung ändern.

Für formschlüssige Biegewerkzeuge kann man den etwas kleineren Gesenkwinkel β_w überschlägig berechnen, wenn ein Biegeverhältnis $\dfrac{\text{Innenbiegerundung}}{\text{Blechdicke}} = \dfrac{r_\mathrm{i}}{s} = 0,5 \ldots 2,0$ vorliegt:

$$\boxed{\beta_\mathrm{w} = (0,98 \ldots 0,99) \cdot \beta} \qquad\qquad \text{(E/1)}$$

Für Stahlbleche ist der Wert 0,98, für Aluminium 0,99 einzusetzen.

β_w Gesenkwinkel in Grad
β Öffnungswinkel des Biegeteiles in Grad

Für 90° Biegungen werden bei Verhältnis $r_\mathrm{i} : s < 8$ auch folgende empirisch ermittelten Beziehungen angewandt:

$$\boxed{\begin{aligned} \text{Stahlbleche} \qquad & \beta_\mathrm{w} = 88° - \frac{r_\mathrm{i}}{5,5 \cdot s} \\[2em] \text{Aluminiumbleche} \quad & \beta_\mathrm{w} = 89° - \frac{r_\mathrm{i}}{18 \cdot s} \end{aligned}} \qquad\qquad \text{(E/2)}$$

β_w Gesenkwinkel in Grad
r_i Innenbiegerundung in mm
s Blechdicke in mm

Die *Rückfederung* kann man auch *ausgleichen*:

in Einfach-Abbiegewerkzeugen durch entsprechende Neigung der Zuschnittaufnahmefläche (vgl. Bild F/6);

in Mehrfach-Abbiegewerkzeugen [1]) durch

a) Nachdruck der Biegestempelabrundung r_p auf die Innenrundung des Biegegesenks (Bild E/2 a),

b) Neigen der Stempel- und Gesenkdruckflächen am Übergang Bodenrundung auf Boden (Bild E/2 b) entsprechend Gleichung (E/1) oder Gleichung (E/2), die Stempeldruckfläche ist in der Mitte freigefräst,

c) Drehung zweier Wellen, die zum Überbiegen je eine Aussparung haben (Bild E/2 c),

d) durch federnden Gesenkboden, über den der Stempel zuletzt hart aufsitzt (Bild E/2 d).

Erhalten Stempel und Gegenstempel in den Ecken *Prägekanten* (Bild E/2 d), wird die Rückfederung meist vernachlässigt. Im Stanzteil bleiben entlang den Biegekanten eingeprägte Vertiefungen zurück; diese Kanten sind infolge Kaltverfestigung härter und steifer, das Profil kann sich weniger verwerfen. Dauerschwingungen können jedoch Haarrisse in den kaltverfestigten Ecken verursachen.

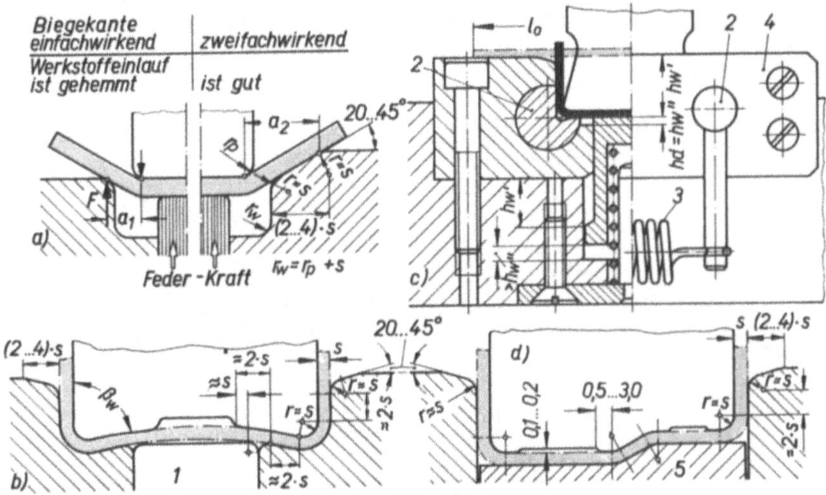

Bild E/2. Biegekantenform; Mehrfach-Abbiegewerkzeuge, Biegerichtung nach obengehend

a) b) mit Gegenhalter (1);

c) mit zwei ausgesparten Wellen (2) zum Überbiegen der winklig gestellten Schenkel; beide Wellen werden zuletzt noch gedreht, *3* Zugfedern auf beiden Werkzeugseiten, *4* Platten zur Wellenlagerung, *hd* erforderlicher Hub zur Drehung der Wellen, *hw* gesamter Umformweg ($hw = hw' + hd$), l_0 gestreckte Länge;

d) mit Prägekanten und federndem Gesenkboden (5).

---

[1]) Sind u-förmige Werkstücke in Mehrfach-Abbiegewerkzeugen zu fertigen, werden die beiden Schenkel des Biegeteils über zwei Einlaufkanten gleichzeitig winklig gestellt; die Biegerichtung kann nach oben- oder untengehend sein.

2. Berechnung der Zuschnittlänge [1])

Während des Biegens liegt bei Verhältnis $\dfrac{r_i}{s} \geqslant 4$ in der Mitte des Bleches eine Werkstoff-
schicht, die weder gestaucht noch gestreckt wurde. Man bezeichnet sie mit *neutrale Faser;*
ihre Länge entspricht der Ausgangslänge vor dem Biegen (l_0). Bei Verhältnis $\dfrac{r_i}{s} < 4$ verändert sich die Lage dieser neutralen Faser und damit die Zuschnittlänge l_0. DIN 6935
gibt Korrekturwerte zur Ermittlung des jeweiligen Faserabstandes a an (Bild E/3), der von
der Blechinnenseite aus gemessen wird. Mit nachfolgenden Gleichungen kann überschlägig
die *gestreckte Länge l_0* ausgerechnet werden:

$$\boxed{a = s \cdot K \quad \text{in mm}} \tag{E/3}$$

$$\boxed{r_n = r_i + a \quad \text{in mm}} \tag{E/4}$$

$$\boxed{l_0 = l_1 + l_2 + \frac{\pi \cdot r_n \cdot \alpha^0}{180°} = l_1 + l_2 + r_n \cdot \text{arc } \alpha} \tag{E/5}$$

a Abstand der neutralen Faser, von der Innenseite aus gemessen, in mm
K Korrekturwert aus Bild E/3
r_i innerer Biegehalbmesser in mm
r_n Halbmesser der neutralen Faser in mm
l_0 Zuschnittlänge in mm, l_1, l_2 Schenkellänge in mm
α Biegewinkel = 180° − Öffnungswinkel $\beta°$

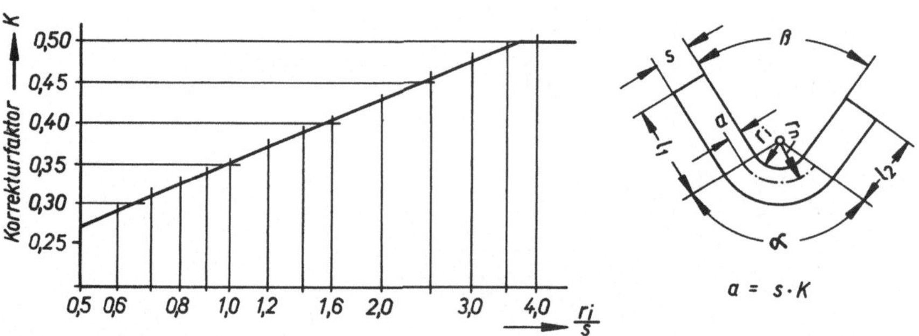

Bild E/3. Korrekturfaktor zur Lagebestimmung der neutralen Faser

Beim Ausprobieren neuer Biegewerkzeuge durch Umformen von Zuschnitten, deren Längenmaße
durch Rechnung bestimmt wurden, muß man vereinzelt größere Abweichungen einzelner gestreckter
Längen feststellen. Diese sind bedingt durch die Art der Werkzeugkonstruktion, durch die Größe des
Federdrucks der Blechhalterdruckfedern, besonders durch die Art des umzuformenden Werkstoffes.
Zu hoch angesetzte Federkräfte bewirken meist eine unerwünschte Zuschnittlängung.

---

[1]) In der Leitnorm DIN 8580 wird der Zuschnitt mit „Ausgangsform" bezeichnet.

- *Beispiel E/1:*
  Für die Lasche nach Bild E/4 ist die Länge l_0 der Ausgangsform auszurechnen.

- *Lösung:*
  Strecke $x = (r_i + s) \cdot \tan \dfrac{\alpha}{2} = 5,0 \text{ mm} \cdot \tan 22,5° \approx 2,1 \text{ mm}$

  $l_1 = 27,0 \text{ mm} - s - r_{i\,1} = 27,0 \text{ mm} - 2,0 \text{ mm} - 2,0 \text{ mm} = 23,0 \text{ mm}$

  $l_2 = 12,0 \text{ mm} - s - r_{i\,1} - x = 12,0 \text{ mm} - 2,0 \text{ mm} - 2,0 \text{ mm} - 2,1 \text{ mm} = 5,9 \text{ mm}$

  $l_3 = 31,0 \text{ mm} - x = 31,0 \text{ mm} - 2,1 \text{ mm} = 28,9 \text{ mm}$.

  Bogen $r_i = 2\,mm$: $\dfrac{r_i}{s} = \dfrac{2,0 \text{ mm}}{2,0 \text{ mm}} = 1$, nach Bild E/3 ist $K \approx 0,35$;

  damit nach Gleichung (E/3) $a = s \cdot K = 2,0 \text{ mm} \cdot 0,35 = 0,7 \text{ mm}$.

  Nach Gleichung (E/4) wird

  $r_n = r_i + a = 2,0 \text{ mm} + 0,7 \text{ mm} = 2,7 \text{ mm}$;

  nach Gleichung (E/5)
  Bogenlänge $\hat{b}_1 = r_n \cdot \text{arc } 90° = 2,7 \text{ mm} \cdot 1,5708 \approx 4,2 \text{ mm}$.

  Bogen $r_i = 3\,mm$: $\dfrac{r_i}{s} = \dfrac{3,0 \text{ mm}}{2,0 \text{ mm}} = 1,5$, nach Bild E/3 ist $K \approx 0,40$;

  damit nach Gleichung (E/3) $a = s \cdot K = 2,0 \text{ mm} \cdot 0,40 = 0,8 \text{ mm}$.

  Nach Gleichung (E/4) wird

  $r_n = r_i + a = 3,0 \text{ mm} + 0,8 \text{ mm} = 3,8 \text{ mm}$;

  nach Gleichung (E/5)
  Bogenlänge $\hat{b}_2 = r_n \cdot \text{arc } 45° = 3,8 \text{ mm} \cdot 0,7854 \approx 3,0 \text{ mm}$.

  Zuschnittlänge (Länge der Ausgangsform)
  $l_0 = l_1 + l_2 + l_3 + \hat{b}_1 + \hat{b}_2 = 23,0 \text{ mm} + 5,9 \text{ mm} + 28,9 \text{ mm} + 4,2 \text{ mm} + 3,0 \text{ mm} = 65,0 \text{ mm}$.

- *Ergebnis:*
  Die Lasche hat eine Zuschnittlänge $l_0 = 65,0 \text{ mm}$.

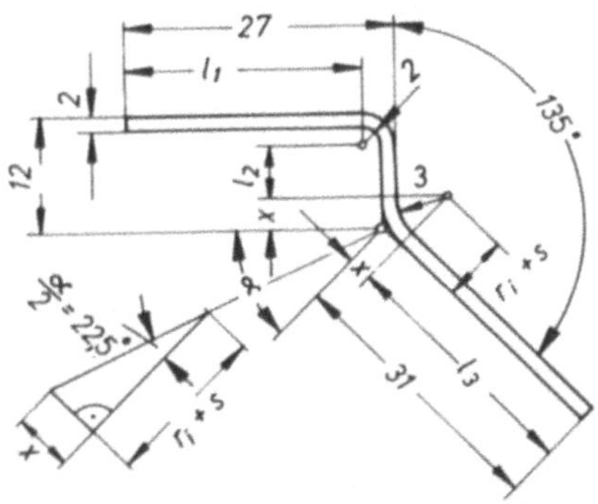

Bild E/4. Lasche zu Berechnungsbeispiel E/1

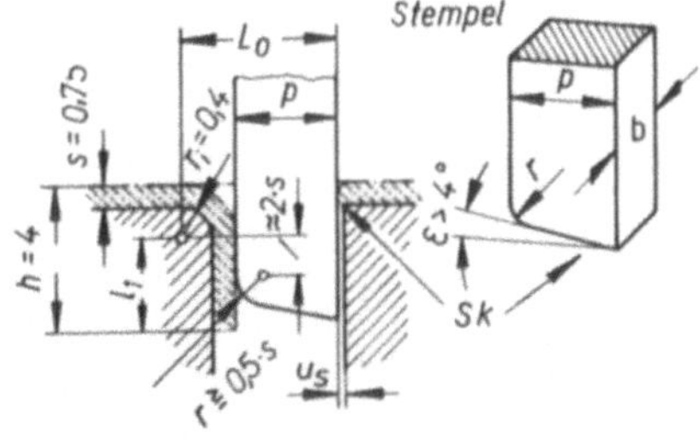

Bild E/5. Schneid-Abbiege-Stempel zu
Beispiel E/2
Sk sind Schneiden, ϵ ist Neigungswinkel
der Druckfläche

- *Beispiel E/2:*
  In Cu Zn 28 F 36, Blechdicke $s = 0,75$ mm, werden nach Bild E/5 Lappen eingeschnitten und gleichzeitig abgebogen. Gesucht ist das Stempelmaß p.

- *Lösung:*
  $l_1 = h - s - r_i = 4,00$ mm $- 0,75$ mm $- 0,40$ mm $= 2,85$ mm ;

  Bei Verhältnis $\dfrac{r_i}{s} = \dfrac{0,4 \text{ mm}}{0,75 \text{ mm}} \approx 0,53$ wird aus Bild E/3 der Korrekturfaktor $K \approx 0,28$ abgelesen, damit ist nach Gleichung (E/3) $a = s \cdot K = 0,75$ mm $\cdot\ 0,28 = 0,21$ mm;

  nach Gleichung (E/4) $r_n = r_i + a = 0,4$ mm $+ 0,21$ mm $= 0,61$ mm.

  Gestreckte Länge des Bogens nach Gleichung (E/5)

  $\hat{b} = r_n \cdot \text{arc } \alpha = 0,61$ mm $\cdot$ arc $90° = 0,96$ mm,

  somit gestreckte Länge $l_0 = l_1 + \hat{b} = 2,85$ mm $+ 0,96$ mm $\approx 3,8$ mm.

  Stempelmaß $p' = l_0 - (r_i + s) = 3,8$ mm $- (0,4$ mm $+ 0,75$ mm$) = 2,65$ mm;

  hiervon sind Schneidspalt- und Biegespaltweite noch abzuziehen.

  Nach Bild C/4 ist Schneidspaltweite $u_s = \frac{1}{2} sp \approx \frac{1}{2} \cdot \left(\frac{1}{120} \cdot s \cdot \sqrt{\frac{\tau_s}{10}} \right)$

  Mit $\tau_s \approx 0,8 \cdot \sigma_B = 0,8 \cdot 360 \dfrac{\text{N}}{\text{mm}^2} \approx 300 \dfrac{\text{N}}{\text{mm}^2}$ wird

  $$u_s = \frac{1}{2} \left(\frac{1}{120} \cdot 0,75 \text{ mm} \cdot \sqrt{\frac{1}{10} \cdot 300 \frac{\text{N}}{\text{mm}^2}} \right) \approx 0,02 \text{ mm}.$$

  Die Biegespaltweite wird um 0,03 mm größer als die Blechdicke angenommen.

- *Ergebnis:*
  Das Stempelmaß beträgt $p = 2,65$ mm $- 0,02$ mm $- 0,03$ mm $= 2,6$ mm.

F. Biegewerkzeuge

1. Grundlagen

a) Aufnahme der Umformkräfte im Werkzeug

Um die Werkstückform werden zuerst Stempel und Gegenstempel konstruiert und dann entsprechend der Umformkraft [1]) die Dicke der Platten und die Größe der Presse ausgewählt. Die Umformkraft kann im Werkzeug mittig oder außermittig angreifen.

Bei *mittig angreifender Umformkraft* (Keilbiegen, symmetrisches Mehrfach-Abbiegen) werden Stempel und Gegenstempel im Ober- und Unterteil nicht eingelassen, sondern nur angeschraubt und ihre Lage mit je zwei Stiften gesichert. Durch *außermittig wirkende Kräfte* (z.B. Einfach-Abbiegen, Formbiegen, Rollbiegen, Prägen) entstehen *Seitenkräfte*, die Stempel und Gegenstempel gegenseitig zu verschieben versuchen. Folglich sind zur Lagesicherung größere Zylinderstifte und meist in der Grund- und Kopfplatte noch zusätzlich Paßnuten (siehe Bilder F/6 und F/7) oder rechteckige Paßflächen nötig; diese werden etwas tiefer als zur Aufnahme mehrteiliger Schneidplatten (vgl. D.3.g) gestaltet. Um die Führung des Pressenstößels zu entlasten, können bei außermittigem Kraftangriff Stempel und Gegenstempel gegenseitig geführt sein.
Zur *Stempelführung* eignen sich:

1. *kräftige Säulen* oder Führungsbolzen aus Stahl C 25 oder C 35, einsatzgehärtet (z.B. bei Verbundwerkzeugen);
2. *Stempelführungsflächen* aus Aluminiumbronze (Abschnitt I.1.b) oder Stahl, einsatzgehärtet, an denen sich der Stempel nur in einer Richtung (ähnlich Bild C/2, Teil 4) oder allseitig (z.B. Stempelführungsplatte in Folgeverbundwerkzeugen) abstützen kann,
3. *Rückenführung*, z.B. für Keiltriebstempel (Bilder F/10 und F/11) und Abbiegestempel (ähnlich Seitenschneider für dicke Bleche, Bilder D/14 a_4 und F/1 a).

b) Einlaufkante

Je besser in Biegewerkzeugen die Einlaufkante poliert ist, desto leichter gleitet das umzuformende Blech in das Werkzeug ein. Zugleich wird die Blechdicke weniger geschwächt, die Ausschußquote verringert. In Abbiegewerkzeugen ist keine Einlaufrundung sondern eine unter 20...45° (allgemein 30°) geneigte Einlauffläche üblich (vgl. Bilder E/2 und F/4).

---

[1]) *Grüning,* Umformtechnik, Viewegs Fachbücher der Technik, Friedr. Vieweg + Sohn GmbH, Braunschweig. Die in diesem Buch benötigten Gleichungen zum Berechnen der Kräfte sind für einige Umformverfahren im Anhang angegeben.

Beim Anbiegen der Biegeschenkel in Abbiegewerkzeugen ist auf den Werkstoff ein Biegemoment [1]) $Mb = F \cdot a$ wirksam. Wurden abgerundete Biegekanten gewählt, entstehen kurze Hebelarme (Maß a_1 im Bild E/2 a), somit hohe Auflagekräfte. Infolge dieser hohen Beanspruchung drücken sich abgerundete Einlaufkanten schon beim Anbiegen in die Werkstückoberfläche ein; sie hemmen den Werkstoffeinlauf und verursachen zusätzlich noch Einlaufriefen.

Werden die *Biegekanten mit geneigten Einlaufflächen* versehen, erfolgt das Anbiegen über die äußere Biegekante, also mit langem Hebelarm (Maß a_2 im Bild E/2 a); erst nachfolgend wird der im Biegebereich inzwischen plastisch gewordene Werkstoff über die innere Biegekante fertiggebogen. Biegekanten mit geneigter Einlauffläche werden daher oft mit „*zweifachwirkender*" *Biegekante* bezeichnet.

Die Einlauf- und Umformflächen großer Gesenke und Stempel können zwecks Verzugsminderung mittels *Brennhärten* [2]) verschleißfest gemacht sein. Als Werkstoff hierfür sind z.B. Stähle Cf 45 (f ist Kennbuchstabe für „flammhärtbar"), 50 Cr V 4 oder 58 Cr V 4, ebenso Gußeisensorten mit perlitischem Grundgefüge sowie Stahlguß (Kohlenstoffgehalt $\geqslant 0{,}45\,\%$) geeignet.

Sind *Weißbleche, farbig bedruckte, polierte Bleche* durch Keilbiegen oder durch Abbiegen [3]) umzuformen, können auf der Werkzeugoberfläche trotz aller Schmiermittel und hochglanzpolierter oder hartverchromter Einlaufflächen feinste Schürfspuren entstehen, da kleinste Teilchen vom Überzug abblättern und an den Einlaufkanten aufschweißen oder aufkleben. Die beschädigte Werkstückoberfläche wird bald Roststellen zeigen. In solchen Fällen bieten meist Abhilfe:

a) beim *Biegen um gerade Biegekanten:* hartverchromte Biegerollen. Diese werden in das Werkzeugober- oder -unterteil eingebaut; je Biegekante ist eine Rolle erforderlich (Bild F/1 a).

b) beim *Formbiegen* und bei *Bördelumformungen* [4]): eingepaßte Leisten aus Sonderaluminiumbronze mit ellipsenförmiger Einlaufkante (Bild F/1 b). Nur bei blanken Blechen darf an Stellen großer Umformung zusätzlich weißer fettfreier Festschmierstoff (siehe I.b) oder Schmiermittel mit Graphitzusatz aufgebracht werden. Stehen Werkzeuge mit Stahleinlaufkanten zur Verfügung, sind Kunststoffgleitfolien für alle Blechsorten geeignet. Diese werden lose zwischen Zuschnitt und Werkzeuggleitflächen liegend mit umgeformt und danach vom Fertigteil abgezogen. Auf polierte Bleche kann man vor der Umformung auch einen Kunststoffüberzug (Ziehlack) aufspritzen. (Weitere Angaben über Sonderbronzen, Kunststoff-Gleitfolien und -Überzüge siehe I.1 b.)

---

[1]) Dem äußeren Biegemoment ($Mb = F \cdot a$) ist das innere Biegemoment gleichzusetzen. Dieses ist abhängig von den Biegespannungen im Werkstoff, die höchstens σ_{Bruch} erreichen können und vom Widerstandsmoment des rechteckigen Blechquerschnittes $\omega = \dfrac{s^2 \cdot b}{6}$ (worin s die Blechdicke und b die Biegekantenlänge bedeutet). Die vollständige Beziehung lautet daher $Mb = F \cdot a = \sigma_{\text{B}} \cdot \dfrac{s^2 \cdot b}{6}$.

[2]) Brennhärten ist eine örtlich begrenzte Oberflächenhärtung mittels Schweißbrenner und anschließendem Abschrecken im Wasser oder besser mittels Sonderbrennern mit eingebauter Wasserbrause (z.B. Firma *Peddinghaus*, Gevelsberg, Westfalen). Die angegebenen Werkstoffe erreichen Oberflächenhärten bis ≈ 60 HRC bei Erwärmung auf $900\ldots950\ ^\circ$C und nachfolgendem Abschrecken im Wasser. Vgl. *Puhrer*, Schweißtechnik, Viewegs Fachbücher der Technik, Friedr. Vieweg + Sohn GmbH, Braunschweig.

[3]) Durch Abbiegen wird ein Schenkel aus seiner Ursprungslage abgebogen, eine zusätzliche Richtungsangabe (Hochbiegen oder Abwärtsbiegen) entfällt nach DIN 9870 Blatt 3.

[4]) Ein Bord oder Bördel ist ein zur Werkstückgröße relativ kleiner, hochgestellter Rand.

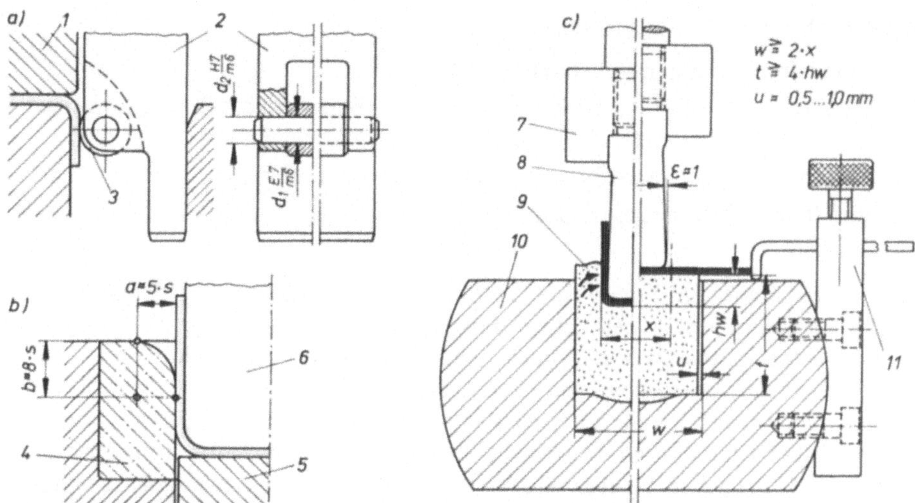

Bild F/1. Umformen von polierten, bedruckten oder kunststoffbeschichteten Blechen
a) Rolle als Biegekante zum geradlinigen Abbiegen;
b) Einpaßleiste aus Sonderaluminiumbronze (vgl. I.1.b), z.B. für Bördelumformungen;
c) Gesenk aus hochelastischem Kunststoff.

1 federnder Gegenhalter, *2* Biegestempel mit Rückenführung, *3* hartverchromte Rolle (für Bohrung) auch Toleranzfeld E 8 geeignet), *4* Einpaßleiste, *5* federnder Ausstoßer, *6* Biegestempel, *7* Stempelfutter, *8* auswechselbarer Stempel aus St 50, *9* Kunststoffpolster, *10* Kofferraum, *11* einstellbarer Werkstoffanschlag.

Zur Umformung von *kunststoffbeschichteten Stahlblechen* werden als Biegegesenk auch Druckkissen aus hochelastischem Kunststoff (80...90° Shorehärte A) eingesetzt, um Riefen oder Schürfungen auf den Oberflächen der Biegeschenkel zu verhindern. Sind farbig bedruckte Bleche in einem Kunststoffgesenk umzuformen, wird empfohlen, zusätzlich eine Kunststoff-Gleitfolie zwischen Blech und elastischem Druckkissen zu legen und diese Folie mit Emulsionen (z.B. Bohrwasser) zu bestreichen.

Das Biegegesenk, ein rechteckiges handelsübliches Kunststoffpolster, liegt in einem dickwandigen Kofferraum [1]). Es sind nur noch die von der Werkstückform abhängigen Stempel (áus St 50) anzufertigen. Ein Stempelfutter nimmt die auswechselbaren Stempel auf (Bild F/1 c). Der Stempelverschleiß ist gering, da sich der Werkstoff infolge des hohen seitlich wirkenden Druckes im Kunststoffdruckkissen während seiner Formgebung der Stempelform anschmiegt.

Kunststoffgesenke erfordern hohe Pressendrücke. Z.B. sind zum Keilbiegen eines 2 mm dicken Bleches, $\sigma_B \approx 400 \ \frac{N}{mm^2}$, je 10 mm Werkstücklänge etwa 1500...1800 N Stößelpreßkraft erforderlich. Am besten eignen sich hydraulische Pressen mit etwas längerer Umschaltzeit des Pressenstößels im unteren Totpunkt.

---

[1]) Kunststoffkissen und Aufnahmekoffer (weitere Anwendungsgebiete, auch Ausschneiden und Lochen mittels Kunststoff-Druckkissen) z.B. der Firma *Veith KG,* Öhringen.

c) Aufnahmeformen für Zuschnitte

Je nach Zuschnittform kommen in Betracht (Bild F/2):

1. Außenaufnahme mittels festen, federnden oder bei Universalbiegewerkzeugen mittels verstellbaren Anschlagleisten (Bild F/3 $c_1 \ldots c_3$) sowie Anschlagbolzen (Bild F/3 e).
2. Innenaufnahme, auch Lochaufnahme genannt (Bilder F/6 und F/7).
3. Außen- und Innenaufnahme gemeinsam.
4. Zuführschienen.

Die *Außenaufnahme* wird für Zuschnitte ohne Bohrungen angewandt. *Aufnahmeleisten* erhalten Einführschrägen und in den Ecken Freibohrungen; erst, wenn das Werkzeug ausprobiert und die Zuschnittlänge festgelegt ist, werden die Leisten verschraubt, verstiftet und zum Härten nochmals abgenommen. Von Nachteil ist das schlechte Reinigen der Leisten und daher die Bildung von Schmutzecken. Man ersetzt deshalb die Leisten oft durch mehrere Zylinderstifte und nimmt die schnellere Abnützung der punktförmigen Anschlagstellen in Kauf. Ist eine Schenkellänge des Biegeteiles toliert, wird ein *federnder Anschlag*, z.B. mittels Blattfeder, in Erwägung gezogen (Bild F/3 c_3); der tolerierte Biegeschenkel muß dann am festen Anschlag liegen. Zuschnitte mit rechteckiger Grundform können, von Hand aneinandergereiht, zwischen zwei *Zuführschienen* (Bild F/2 d, Teile 1) oder Zuschnitte beliebiger Außenform mittels *Schieber* in das Gesenk geschoben werden. Außerdem stehen handelsübliche Einlegegeräte zur Verfügung.

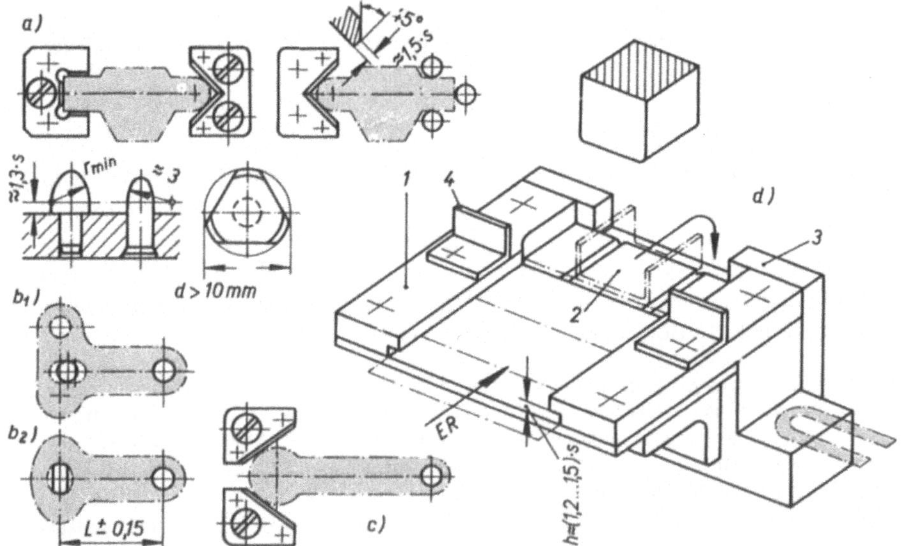

Bild F/2. Aufnahme für Zuschnitte

a) Außenaufnahme; b) Lochaufnahme; c) gemeinsame Aufnahme; d) Zuführschienen

1 Führungsschienen, *2* federnder oder zwangsbetätigter Auswerfer im Biegegesenk (Gegenstempel), *3* Anschlagecken für Zuschnitt, *4* Winkel zur Befestigung der Plexiglas-Schutzwand; falls Biegeteile vereinzelt am Biegestempel hängen bleiben, wird auf das Unterteil noch ein Abstreifbügel geschraubt; *ER* Einschieberichtung der Zuschnitte

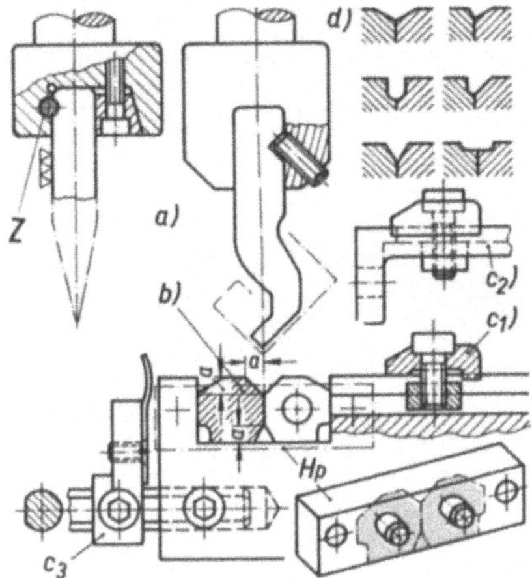

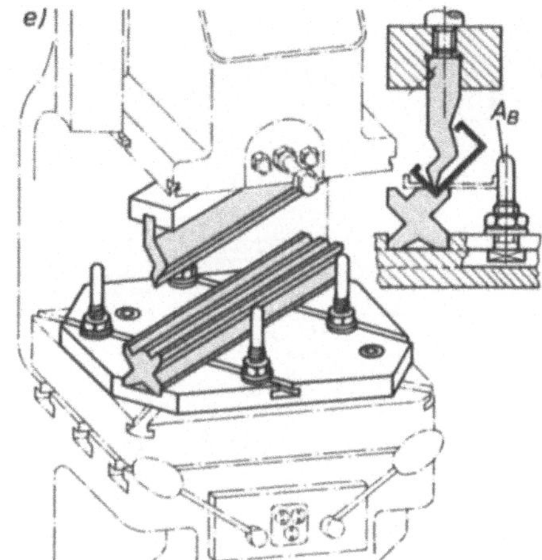

Bild F/3. Universal-Keilbiegewerkzeug mit oder ohne Säulengestell

a) auswechselbare Stempel, Z querliegender Zylinderstift;

b) Biegeschienen mit je zwei seitlichen Aufnahmebohrungen für Stifte der beiden seitlichen Halteplatten Hp;

c) verstellbare Anschläge, c_1) in T-Nute des Werkzeugunterteils, c_2) im Langloch eines Winkels, c_3) federnd, Blattfeder 1 mm dick;

d) Möglichkeiten zum Zusammensetzen der Biegeschienen;

e) auswechselbare Biegestempel mit Universalbiegegesenk, beide als Profil zum Biegen langer Werkstücke geeignet, A_B verstellbare Anschlagbolzen.

Bei *Innenaufnahme* (Lochaufnahme) erhalten eingelegte Zuschnitte gleichbleibende Lage; doch kann das Herausnehmen der Werkstücke zu Störungen führen, auch wenn am Aufnahmestift der Abrundungshalbmesser $r \geqslant$ Durchmesser der Aufnahmebohrung gewählt wird. Die lagemäßige Festlegung von Zuschnitten erfolgt über zwei weit auseinanderliegende Aufnahmebohrungen; haben diese größere Toleranzen in den Lochabständen, ist ein Einhängestift abgeflacht (Bild F/2 b_2). Für Aufnahmebohrungen $d > 10$ mm ϕ soll der Stift dreiseitig abgeflacht sein.

2. Federeinbau

Abhebe- und Abstoßstifte, Auswerfer, Blechhalter und Vorbiegestempel werden oft durch Druckfedern getätigt.

Die Federn baut man nach gleichen Grundsätzen, wie in B.1 beschrieben, ein. Ihr Druck kann mittig in einem Punkt (Bild F/6) oder gleichzeitig in mehreren Druckpunkten über eine Druckplatte mit Bolzen (Bild F/4 d) wirken.

Federnde *Abhebe- und Abstoßstifte* (Bilder F/5 und F/8) führen meist nur etwa 1 mm Federhub aus; Tellerfedern sind günstiger, denn sie ergeben auch bei hohen Federdrücken kleine Federräume. Für *federnde Auswerfer* sind Schraubendruckfedern, bei großen Feder-

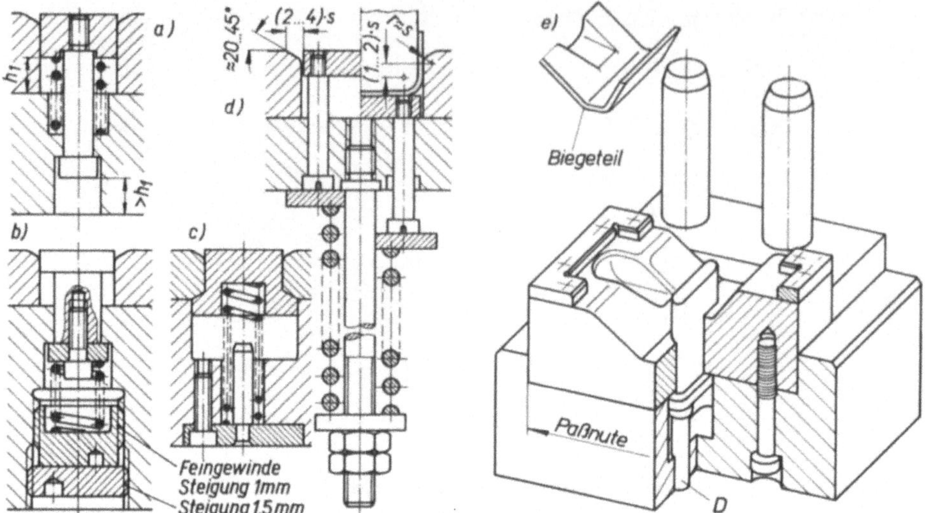

Bild F/4. Gestaltung von Auswerfern in Mehrfach-Abbiegewerkzeugen

a) ungünstig: Gewindegänge können ausreißen, Ansatzschraube kann sich lockern, auch wenn Körnerspitze in Gewindeende eingeschlagen wurde;

b) Gewinde ist entlastet, Federdruck nachstellbar, die beiden Verstellmuttern verklemmen sich gegenseitig, also keine Lockerung;

c) übliche Ausführung für kleine Auswerferkräfte;

d) Federdruckeinrichtung für große Auswerferkräfte;

e) Auswerfer, betätigt über zwei Druckbolzen D mittels Ziehkissen, das sich im Pressentisch befindet (vgl. Bild H/2).

kräften auch Kunststoff-Druckfedern geeignet. Deren Mindestfederkraft F_2, Federn gespannt, entspricht bei

> hartaufsitzendem Stempel $F_2 \approx 10...15\,\%$ der Umformkraft,
> nicht hartaufsitzendem Stempel $F_2 \approx 20...30\,\%$ der Umformkraft.

Werkstücke werden mit Sicherheit ausgestoßen, wenn (ähnlich Schneidwerkzeugen) die Federvorspannkraft F_1 etwa die Hälfte der Federkraft F_2 (Federn sind gespannt) beträgt. Um hohe Werkzeuge (Bilder F/4 a, b, c) zu vermeiden, versucht man, die Federn unter dem Werkzeug anzuordnen (Bild F/4 d) oder handelsübliche Federdruckgeräte bzw. Pressen mit Ziehkissen im Pressentisch [1]) einzusetzen (Bild F/4 e).

Vereinzelt müssen in Keilbiege- und in Mehrfachabbiegewerkzeugen die Auswerfer bei beginnender Umformung den Zuschnitt bereits an die Stempeldruckfläche angepreßt haben und so verhindern, daß sich der Zuschnitt beim Anbiegen unter dem Stempel verschiebt (Bild F/4 e). In diesen Fällen sind Federdruckgeräte oder Ziehkissen geeigneter als eingebaute Druckfedern.

---

[1]) Ziehkissen, auch mit „Druckluftziehgerät" bezeichnet, sind wie Federdruckgeräte in Schneid- und Umformwerkzeugen einsetzbar (Bild H/2).

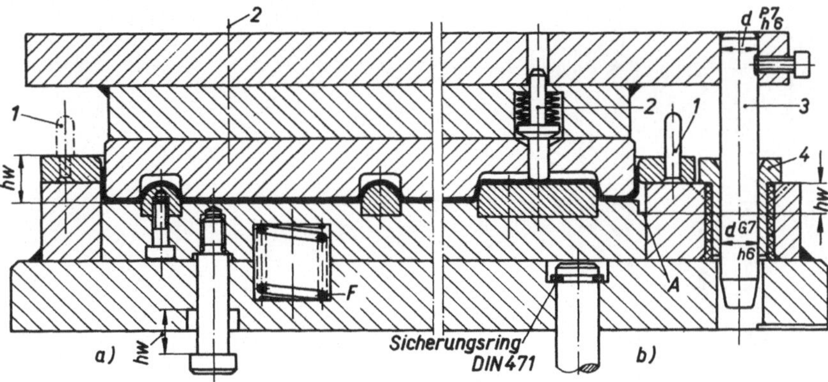

Bild F/5. Formbiege-Bördelwerkzeug mit Gegendruck eines Ziehkissens

a) Druckübertragung durch drei (oder vier) Hubbegrenzungsschrauben (Ansatzschrauben nach Richtlinie VDI 3363), schwache Druckfedern F verhindern, daß während des Werkzeugtransportes die Köpfe der Ansatzschrauben herausragen;

b) Druckübertragung durch drei (oder vier) Druckbolzen, Aufschlagflächen A sind dann erforderlich.

1 Stifte für Zuschnittzentrierung, *2* federnde Abstoßstifte, *3* Führungssäulen mit langer Einführschräge (da großer Pressenhub), im Oberteil eingepreßt; dadurch unbehindertes Einlegen der Zuschnitte, *4* Führungsbuchsen mittels Kunstharz eingegossen; hierzu ist je eine Eingießnute und Entlüftungsnute in der Aufnahmeplatte vorhanden.

Im Formbiege-Bördelwerkzeug (Bild F/5 a) werden zuerst die Versteifungen im Boden geformt; die Gegenkraft nimmt ein Ziehkissen auf.

Den Ausstoßer des Biegewerkzeuges (Bild F/6) betätigt ein Federdruckgerät. Sein Federdruck wirkt mittig (1 Druckpunkt); er ist schnell einstellbar. Das vielseitig verwendbare Gerät hängt in der Durchgangsöffnung des Pressentisches bzw. der Aufspannplatte DIN 55 178 und wird durch Lappen L, die in T-Nuten greifen, gegen Verdrehung gesichert. Bei dem im Bild F/6 dargestellten Abbiegewerkzeug wird die Rückfederung durch entsprechende Neigung der Stempelflächen berücksichtigt; Stempelwinkel β_w entsprechend Gleichung (E/1) oder (E/2). Zum Biegen dicker Bleche soll der Stempel abgestützt sein (Bild F/6, Teil R.

Federnde Blechhalter werden in Biege- und in Verbundwerkzeuge eingebaut; sie sind wie federnde Abstreifplatten in Schneidwerkzeugen gestaltet. Die Federkraft vorgespannt F_1 entspricht der *erforderlichen Blechhalterkraft* F_B; sie wird bestimmt aus

$$\boxed{\begin{aligned} F_B &= p \cdot A \quad \text{in N} \\ p &\approx 0{,}8 \cdot \frac{\sigma_B}{100} \quad \text{in } \frac{N}{cm^2} \end{aligned}} \qquad (F/1)$$

F_B Blechhalterkraft in N

p spezifische Blechhalterkraft in $\dfrac{N}{cm^2}$

A Blechhalterdruckfläche in cm^2

σ_B Mindestzugfestigkeit des umzuformenden Werkstoffes in $\dfrac{N}{cm^2}$

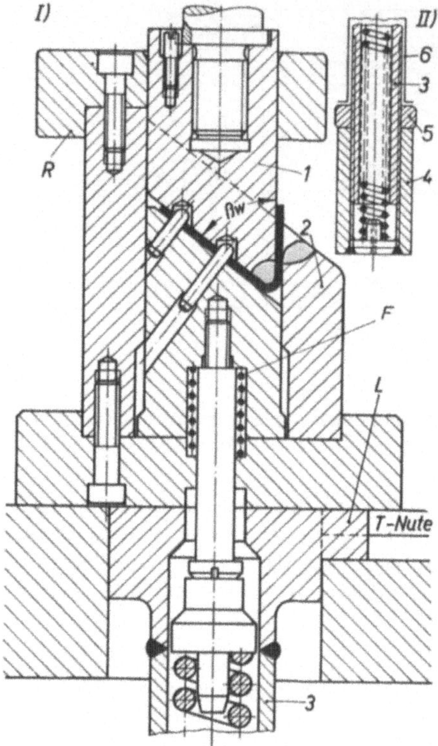

Bild F/6

Einfach-Abbiegewerkzeug mit Gegenhalter

I. Stempel (1) und Futterkörper (2) aus St 50 mit auftraggeschweißter, zweifachwirkender Biegekante; R Stempelführungsring, nur bei dicken Blechen erforderlich; F schwache Druckfeder, die verhindert, daß während des Werkzeugtransportes der Druckbolzen aus dem Werkzeug herausragt.

II. Unteres Ende des Federrohres (3) mit Überwurfmutter (4) und Gegenmutter (5) zur Federdruckeinstellung, Blechmantel (6) als Gewindeschutz.

Der federnde Blechhalter F_B (Bild F/7) soll verhindern, daß die Bohrungen des Biegeteiles im Einhängestift A_L der Lochaufnahme ausgeweitet werden.

Der sich abwärts bewegende Stempel (Bild F/7) biegt zuerst den kurzen Biegeschenkel ab (Biegekraft F_1); nachfolgend wird die 90°-Biegung, zunächst als freies Biegen vorgebogen, dann als formschlüssiges Biegen fertiggeformt (Gesamtkraft F_3). Während des freien Biegens fließt Werkstoff in das Gesenk nach, verursacht jedoch in der Längsrichtung des Zuschnittes hohe Zugbeanspruchungen. Ohne federnden Blechhalter F_B müßte deren Hauptanteil von den beiden Aufnahmebohrungen des Werkstücks aufgenommen werden.

Sind zur Formgebung eines Werkstückes *gleichzeitig mehrere Keilbiegungen* auszuführen und es kann dabei von außen her kein Werkstoff nachfließen, dann erfolgt die Umformung nur durch Blechdehnung mit gleichzeitiger Schwächung der Blechdicke in den Biegekanten. *Federnde Vorbiegestempel* (Bild F/8) ermöglichen jedoch ein gleichmäßiges Nachfließen des Bleches und erzeugen Werkstücke mit annähernd gleichbleibender Blechdicke.

Entspricht die vorgespannte Federkraft jedes Vorbiegestempels (Bild F/8) der Umformkraft für freies Keilbiegen, formt der mittlere Stempel (2) zuerst die mittlere Versteifung vor; dann folgen die beiden äußeren Stempel (1) nach. Erst, wenn die Außenschenkel des Stanzteiles abgebogen sind, sitzen die drei federnden Vorbiegestempel auf; sie wirken jetzt als hartaufsitzende Stempel. Die Werkstückform wird fertig gepreßt; das Blech wird hierbei in den Biegekanten über die Streckgrenze beansprucht und federt danach kaum noch auf.

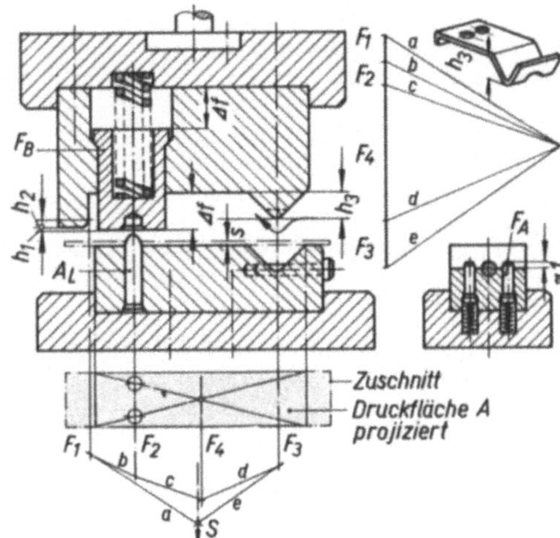

Bild F/7

Mehrfachbiegewerkzeug mit hartaufsitzendem Stempel

A_L Stift für Lochaufnahme, F_A federnde Abstoßstifte, F_B federnder Blechhalter mit Federhub $\Delta f = h_1 + h_2 + h_3$, dabei:

h_1 Hubweg zum Festhalten des Zuschnittes,

$h_{2\,min} \hateq$ Höhe der zweifachwirkenden Biegekante,

h_3 entsprechend Werkstückhöhe;

S Lage des Einspannzapfens;

Angaben über die Kräfte für Seileck:

F_1 Abbiegekraft F_{bL} (Gleichung 0/2),

F_2 Blechhalterkraft der vorgespannten Feder (Gleichung F/1),

F_3 Summe aus Umformkraft für Keilbiegen F_{bV} (Gleichung 0/1) + Abbiegen (Gleichung 0/2) + Formbiegekraft für querliegende Sicke (Gleichung 0/3) + Federkraft zusammengepreßt der beiden Abstoßstifte [1])

F_4 Zuschlag für hartaufsitzenden Stempel $\approx A \cdot p$,

$$\text{dabei } p \approx \frac{\sigma_B\,\frac{N}{mm^2}}{3\ldots5}$$

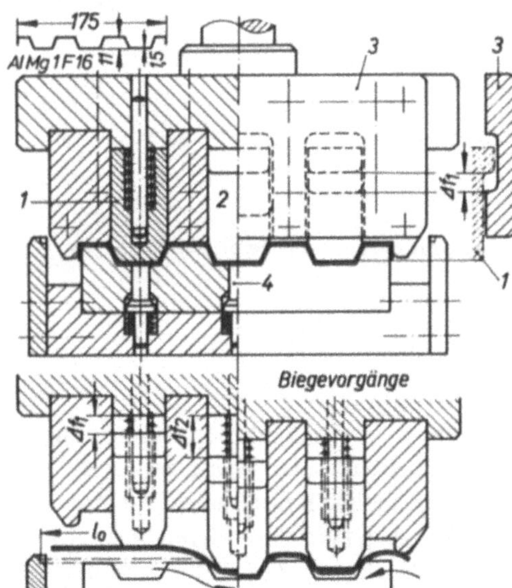

Bild F/8

Biegewerkzeug mit federnden Vorbiegestempeln (1 und 2), seitliche Abdeckplatten (3) haben Aussparungen zur Hubbegrenzung (Δf_1 bzw. Δf_2) der Vorbiegestempel, 4 federnde Abhebestifte, l_0 Zuschnittlänge

---

[1]) Ist Keilbiegen zusätzlich mit einfachem Abbiegen auszuführen, kann zum Berechnen der Umformkraft anstatt F Keilbiegen + F Abbiegen auch die Umformkraft F Keilbiegen verdoppelt werden (höhere Sicherheit); bei beiden Berechnungsarten ist zusätzlich noch Zuschlag für hartaufsitzenden Stempel erforderlich.

- *Beispiel F/1 :*
  Die Anzahl der Federn für die Vorbiegestempel, Bild F/8, ist zu bestimmen. Länge des Biegeteiles = 150 mm (entspricht Biegebreite b), Gesenkweite l = 35 mm.

- *Lösung:*
  Für freies Keilbiegen (Anhang des Buches) ist in Gleichung (0/1) der Korrekturfaktor

  $K = \dfrac{2,2}{\sqrt{l}}$ ein Erfahrungswert (nach *Oehler*), damit

  $$F_{bV} = \frac{2,2}{\sqrt{l}} \cdot \frac{\sigma_B \cdot b \cdot s^2}{l} = \frac{2,2}{\sqrt{35\ \text{mm}}} \cdot \frac{160\ \frac{N}{mm^2} \cdot 150\ \text{mm} \cdot 1,5^2\ \text{mm} \cdot \text{mm}}{35\ \text{mm}} \approx 580\ \text{N}$$

  Da Vorbiegekraft F_{bV} durch Schraubendruckfedern aufgebracht wird, noch 10 % Zuschlag;
  ergibt Vorspannkraft der Druckfedern F_1 gesamt ≈ 640 N.

  Diese Umformkraft müssen die *vorgespannten* Federn mit Sicherheit abgeben. Es werden Schraubendruckfedern mit folgenden Angaben gewählt: Außendurchmesser D_a = 17 mm, Drahtdurchmesser d = 2,25 mm, ungespannte Länge L_0 = 85 mm, Anzahl der federnden Windungen = 12,1.
  Bei Nennfederweg f_N = 49,5 mm ist Federnennkraft F_N = 313 N.

Vorbiegestempel:	Mitte	außen
Federkraft gesamt $\hat{=}$ Vorbiegekraft	640 N	640 N
Federweg f_N =	49,5 mm	49,5 mm
Federhub Δf =	25 mm	10 mm
Federweg vorgespannt $f_1 = f_N - \Delta f$ =	24,5 mm	39,5 mm
Federkraft vorgespannt F_1	≈ 150 N	≈ 250 N
erforderliche Federanzahl = $\dfrac{\text{Vorbiegekraft}}{F_1 \text{ je Feder}}$	5	3

  Die vorgespannten Federn bringen über jedem Vorbiegestempel F_1 gesamt ≈ 750 N auf, damit
  sind ≈ 30 % Sicherheitszuschlag (auf F_{bV}) enthalten.

- *Ergebnis:*
  Für den mittleren Vorbiegestempel sind fünf Federn, für die beiden äußeren Stempel je drei
  Federn erforderlich.

3. Anwendung von Kunstharzen [1])

Zur Aufnahme bereits vorgeformter Blechteile (z.B. in Beschneidwerkzeugen) und zum
Formbiegen dünner und weicher Bleche werden oft Kunstharze als *Vollguß* verwandt.
Miteingegossenes *Glasfasergewebe* erhöht die Druckbeständigkeit des Harzes. Als Anwen-
dungsbeispiel zeigt Bild F/9 I ein säulengeführtes Werkzeug zum Formbiegen eines Möbel-
beschlages mit erhabener Zierform aus dünnem Blech. Der Stempel (*St*) ist aus Kunstharz, dem feingemahlenes Eisenpulver beigemengt wurde, gegossen. *Eisenpulver* erhöht die
Druckbeständigkeit und mindert den Schwund. Aus gleichen Gründen sind dünn gegossene
Kunstharzschichten anzustreben. Kunstharze mit Shorehärte A zwischen 75...85° eignen
sich zum Formbiegen besonders gut. Sind Kunstharze noch etwas elastisch, preßt ein satter,

---

[1]) Gießharze im Werkzeugbau vgl. VDI-Richtlinien 3369, 2007 sowie Abschnitt D.3.b.

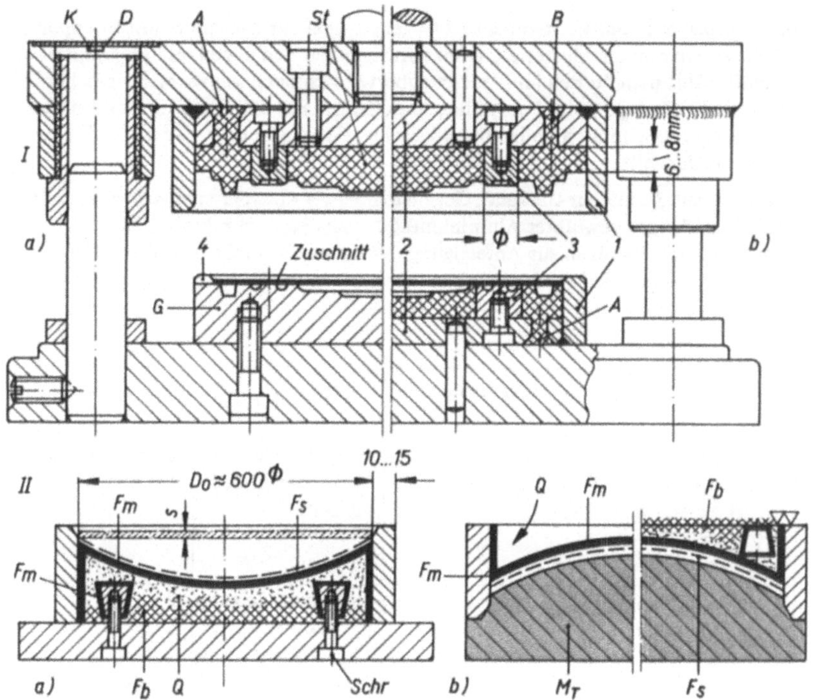

Bild F/9. Formbiegewerkzeug mit Umformflächen

Im Oberteil sind Führungsbuchsen für Säulen mittels Kunstharz eingegossen, L Luftkanal, D Staubdeckel;

I. Oberflächenschichtguß:
   a) für dünne Stahlbleche mit gegossenem Kunstharzstempel und Gegenstempel G aus St 60,
   b) für Messing- und Aluminiumbleche mit Kunstharzstempel und -Gesenk;

A Eingußbohrung, B Entlüftungsbohrung;
Stahlmantel (1) mit eingeschweißtem Stahlboden (2), Stahldruckstücke (3) angeschraubt und mit eingegossen; Aufnahme für Zuschnitt, mit zwei oder drei Aushebeschlitzen (4)

II. Vollguß:
   a) Gegenstempel aus Kunstharz: die Schrauben *Schr* greifen in Stahlgewindestücke, die in Füllmasse mit eingegossen sind;
   b) Herstellung des Gegenstempels: auf Modell oder Musterstück M_T, das mit dünnem Trennmittelüberzug versehen ist, die verschiedenen Schichten auftragen; zuletzt F_b-Schicht überhobeln oder überfräsen

etwas länger wirkender Umformdruck auf das Blech. Eingelegte Zuschnitte erhalten eine gute Auflage, sofern das Unterteil die konkave Form hat.

Ist zur Herstellung einer Kunstharzform der Gegenstempel (Bild F/9, Teil G) aus Stahl bereits vorhanden, so wird mit ihm zuerst mittels einer 10...20 mm dicken Gummiplatte eine Urform aus Blei- oder Messingblech gedrückt. Diese Urform hat die Blechdicke des Fertigteils, ihre mit Trennschicht dünn bestrichene Oberfläche ergibt die Form zum Abguß des Gesenks. Damit das Kunstharz am Boden und Mantel des Stahlrahmens gut anhaftet, werden zuvor alle Stahloberflächen durch Sandstrahlen aufgerauht sowie entfettet.

Zur Anfertigung kleiner Stückzahlen können Stempel und Gegenstempel aus Kunstharz mit Eisenpulverzusatz gegossen sein. Dient als Urform ein Musterteil, dann wird es innen und außen mit Trennmittel dünn überzogen. Vorteilhaft wählt man für den im Werkzeugoberteil sitzenden konvexen Stempel ein elastisches, für das Gesenk im Werkzeugunterteil ein schlagzähes Kunstharz. Die Gießform für das konkave Gesenk besteht ebenfalls aus einem Stahlboden mit angeschweißtem Stahlring, der zugleich die Einlegeform für den Zuschnitt darstellt.

Ähnliche Werkzeuge, Stempel aus Stahl oder Grauguß, Gegenstempel als *Kunstharzvollguß* hergestellt (Bild F/9 II), werden zum Formbiegen gewölbter Aluminiumböden aus 3..;5 mm Blechdicke auf Spindelpressen angewandt. Die Arbeitsfolgen zur Anfertigung des Unterteils sind aus Bild F/9 IIb und aus nachfolgender Tabelle ersichtlich.

Schichten bei Vollguß

Arbeits-folgen	Kurz-zeichen	Zweck	Beimengungen zum Harz und Härter	Verarbeitung	Schichtdicke
1	F_s	Feinschicht als Umformfläche evtl. verstärkt mit Glasfaser-gewebe	Chromoxide Titanoxide	aufgestrichen auf Trennschicht des Modells	möglichst dünn 1 (...3) mm
2	F_m	Feinschicht als Bindeschicht	Metallpulver	aufgestrichen auf a) Stahl entfettet b) Schicht F_s	2 (...3) mm
3	Q	Füllmasse	Quarzsand Quarzmehl	gestampft, teils gegossen	beliebig
4	F_b	Feinschicht, spanabhebend bearbeitbar	Schiefermehl	zähflüssig bis streichbar	5...20 mm

Hohe Lebensdauer der Kunstharz-Umformflächen lassen sich nur erzielen, werden schnittgratfreie Zuschnitte eingelegt und wird der sich ansammelnde Schmutz laufend entfernt.

4. Waagerechtbewegungen im Werkzeug

Durch den senkrecht bewegten Stößel können im Werkzeug waagerechte Bewegungen erreicht werden, z.B. durch:

a) Drehung einer ausgesparten Welle (ähnlich Bild E/2 c) oder eines Winkelhebels.

b) geneigte Flächen, z.B. *Keiltriebstempel,* Außen- oder Innenkegel.

Im Rahmen dieses Buches werden nur die vielseitig angewandten Keiltriebstempel (Bild F/10) besprochen. Diese Stempel müssen ein Biegemoment übernehmen; daher ist auf gute Befestigung und Abstützung der Stempel zu achten.

Keiltriebstempel sind im Werkzeugoberteil *befestigt* mittels

a) *Paßnute* und zwei oder drei querliegenden gehärteten Bolzen, die zur Kraftübertragung dienen (Bilder F/10 d_1 und f); nicht in Verbundwerkzeugen üblich;

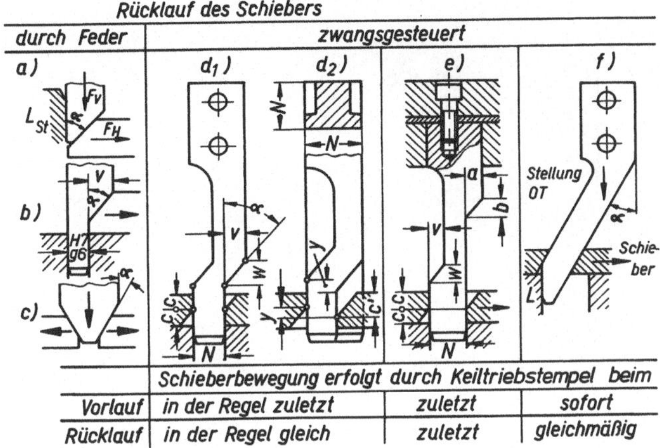

Bild F/10. Übersicht über Keiltriebstempel

a) einseitig wirkender Keiltriebstempel mit feststehender Stützleiste L_{St} als Rückenführung;

b) einseitig wirkender, geführter Keiltriebstempel, Führung im Werkzeugunterteil;

c) zweiseitig (oder vierseitig) wirkender Keiltriebstempel;

d) e) f) Keiltriebstempel (tan $\alpha = v/w$) für zwangsgesteuerte Schieberbewegung; Stempelformen d_1) und e) sind in der Grundplatte, Maß N, geführt (Passung H7/g6); bei Stempel e) sind Maße $a = v$, $b = w$; versteifte Stempelform d_2 erlaubt zusätzliche Führung in Stempelführungsplatte mit rechteckigem Durchbruch N x N; der Keiltriebstempel f) soll sich immer innerhalb des Schiebers befinden. Fläche L stützt Stempel ab.

b) *Stempelhalteplatte:* sie ist etwas dicker auszuführen. Zusätzlich müssen die Stempel kopfseitig angeschraubt sein, wenn während des Stößelrücklaufes ebenfalls zwangsbetätigte Schieberbewegungen ausgeführt werden (Bild F/10 e);

c) *Stempelfuß:* dieser darf kein Biegemoment aufnehmen, der Keiltriebstempel muß im Werkzeugunterteil noch abgestützt sein.

Als *Abstützung der Keiltriebstempel* sind geeignet

a) *Durchbrüche in der Stempelführungsplatte,* z.B. bei einseitig wirkenden Keiltriebstempeln, die in Folgeverbundwerkzeugen arbeiten (Bild G/17);

b) *Führungen im Werkzeugunterteil* (in den Bildern F/10 d_1, f das Durchbruchmaß N, ebenso im Bild F/12 das Paßmaß 16 H 7).

c) *Stützleisten:* zusätzlich als Rückenführung für einseitig wirkende Keiltriebstempel (Bilder F/10 a, F/11).

Der Keiltriebstempel im Bild F/10, Form d_1, ist durch die gleich hohen Kröpfungen geschwächt. Es ist daher zweckmäßig, die Keilflächen um Maß y zu versetzen (Stempelform d_2) und die Gleitflächen im Schieber tiefer zu legen $\left(\text{Maß } c' = c\,\frac{y}{2}\right)$.

Über Keile bewegte Schieber gleiten in Führungen, die meist als T-Nuten (Bild F/11), selten als Schwalbenschwanznuten (Bild F/14) ausgeführt sind. Schieber und Führungen sind in der Regel gehärtet.

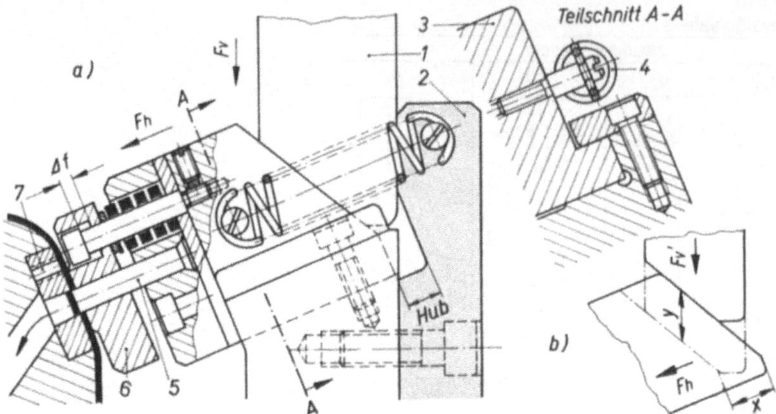

Bild F/11. Keilbetriebener Locher

a) Gestaltung

1 einseitig wirkender Keiltriebstempel, *2* Abstützleiste zur Rückenführung, *3* keilbewegter Schieber
mit T-Nutenführung, Rückzug durch Zugfeder (4), *5* Lochstempel, *6* federnde Blechandrückplatte,
zugleich Abstreifplatte mit Federhub Δf, *7* Schneidplatte mit Abziehgewinde, nach jedem Schärfen
Folien unterlegen.

b) Kraft-Weg-Beziehungen:

ohne Reibung $F_\mathrm{v} \cdot y = F_\mathrm{h} \cdot x$, mit Reibung $F_\mathrm{v}' \approx (1{,}4 \ldots 1{,}5) \cdot \dfrac{F_\mathrm{h} \cdot x}{y}$

Keilwinkel α soll $45°$ nicht überschreiten, um rasche Abnützung der Keilflächen (Stempel
und Schieber) zu vermeiden. Außerdem erhöht sich mit größer werdendem Keilwinkel die
senkrecht wirkende Stempelkraft entsprechend nachfolgenden Gleichungen:

$$\boxed{F_\mathrm{v} \text{ (ohne Reibung)} = F_\mathrm{h} \cdot \tan \alpha} \qquad\qquad (F/2)$$

$$\boxed{F_\mathrm{v} \text{ (mit Reibung)}\ \ = F_\mathrm{h} \cdot \tan (\alpha + 2 \cdot \varrho)} \qquad\qquad (F/3)$$

F_v senkrecht (vertikal) wirkende Kraft im Keiltriebstempel in N bzw. in kN
F_h waagerecht (horizontal) wirkende Kraft im Schieber in N bzw. in kN
α Keilwinkel in Grad
$\varrho \approx 6°$, entsprechend Reibungskoeffizienten $\mu = 0{,}1 \mathrel{\hat{=}} \tan \varrho$

Da außer der Reibung in den Keilflächen noch zusätzlich Reibung durch Schieberführungen auftritt,
ist in Gleichung (F/3) der Wert $2 \cdot \varrho$ einzusetzen.

- *Beispiel F/2:*
  Aus rechteckigen Zuschnitten, Werkstoff Al Mg 2 F 15, sind rohrförmige Bogenstücke in einem
  Biegewerkzeug mit Keiltrieb zu fertigen. Die wirksamen Kräfte sind zu bestimmen.

- *Lösung:*
  Die zwischen zwei Zuführschienen (vgl. Bild F/2 d) liegenden, aneinandergereihten rechteckigen
  Zuschnitte werden von Hand zum Biegegesenk geschoben (Bild F/12). Als Unfallschutz dient
  eine Plexiglasscheibe.

Zuerst biegt der *federbelastete Formstempel* den Zuschnitt u-förmig vor. Zum nachfolgenden Fertigbiegen verschieben zwei Keiltriebstempel je einen Schieber um das

Maß $v = \dfrac{19\ \text{mm} - 13\ \text{mm}}{2} = 3$ mm. Damit über die Schieber zuletzt noch ein Prägedruck wirkt, gleiten die Keiltriebstempel um $h_{\ddot{u}} \geqslant 1{,}5$ mm tiefer. Der zwangsgesteuerte Schieberrückzug erfolgt ebenfalls über die Keiltriebstempel während des Stößelrücklaufes. Man versucht, mit kleinen Wegen auszukommen, um die vorgespannte Feder, die bereits die Vorbiegekraft aufbringen muß, nicht unnötig mehr zu beanspruchen. Sind Biegeteile aus Werkstoffen mit hoher Festigkeit zu fertigen, wird am Keiltriebstempel die unter Winkel α geneigte Druckfläche verlängert; der Prägedruck auf dem Schieber wird dann ohne Überlauf über die vergrößerte Druckfläche des Keiltriebstempels ausgeübt (geringer Verschleiß der einsatzgehärteten Gleitflächen). Auch einseitig wirkende Keiltriebstempel mit Schieberrücklauf durch Druckfedern sind geeignet; einen in der Höhe noch zusätzlich einstellbaren einseitig wirkenden Keiltriebstempel, eingebaut in ein Folgeverbundwerkzeug, zeigt Bild G/17.

Die fertig geformten Teile bläst ein Druckluftstrahl vom Stempel weg. Damit dieses Wegblasen ohne Ablenkungen beobachtet werden kann, wurde in der Höhenlage des Zuschnitts je ein *Arbeitskontakt* [1]) angeordnet. Liegt ein Zuschnitt nicht richtig im Gesenk, wird der Stromkreis durch diese Kontakte nicht geschlossen; der Stößelhub kann nicht eingeleitet werden.

Im Bild F/12 ist Keilwinkel $\alpha = 45°$, damit wird Maß v = Maß w.

Federhub der Kunststoff-Druckfeder ist

$$\Delta f = w + h_{\ddot{u}} = 3\ \text{mm} + 1{,}5\ \text{mm} = 4{,}5\ \text{mm}.$$

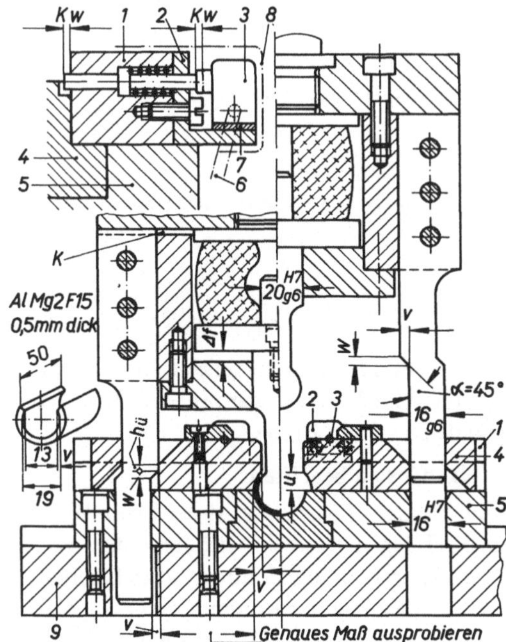

Bild F/12. Biegewerkzeug mit Keiltrieb, überwacht durch Arbeitskontakt

Eingesetzter Kontakt, als Teilschnitt vergrößert dargestellt:

1 hintere Führungsleiste für Schieber (*4*), *2* Winkel, *3* handelsüblicher Kontakt mit Kontaktweg *Kw*, *4* Schieber, *5* Grundkörper, in Grundplatte eingelassen, *6* Schwachstromkabel, *7* Isolierplatte, *8* Schutzkappe aus Blech, *9* Grundplatte des Werkzeugs; $h_{\ddot{u}}$ Überlaufweg des Keiltriebstempels nach erfolgter Umformung, *K* Lüftungskanal

---

[1]) Der Arbeitskontakt wird vor jedem Stößelhub durch den Arbeitsrhythmus geschlossen; er muß den Stromkreis einer elektro-magnetisch, elektro-pneumatisch oder elektro-hydraulisch gesteuerten Reibkupplung einer Presse nur zum Einrücken der Kupplung überbrücken. Während der Umformung des Zuschnittes öffnet sich wieder der Arbeitskontakt. Weitere Gestaltungsmöglichkeiten enthält Richtlinie VDI 3360 „Sicherung von Stanzwerkzeugen durch elektrische Kontaktschalter".

Berechnung der wirksamen Kräfte; Gleichungen (0/2) und (0/4) im Anhang des Buches.

F Mehrfach-Abbiegen = 2 Kanten $\cdot F_{bL}$ = 2 Kanten $\cdot$ 0,25 $\cdot \sigma_B \cdot b \cdot s$ =

$$= 2 \cdot 0,25 \cdot 150 \frac{N}{mm^2} \cdot 50\,mm \cdot 0,5\,mm \quad = 1900\,N$$

Sicherheitszuschlag = 33 % von 1900 N $\qquad\qquad\qquad\qquad \approx\; 600\,N$

F maßgebend für vorgespannte Feder $\qquad\qquad\qquad\qquad = 2500\,N$

Da Kunststoffdruckfedern zum Setzen neigen, wird Federkraft F_1 um 20 % erhöht =
= 1,2 $\cdot$ 2500 N = 3000 N = 3 kN

Die Federberechnung wurde im Beispiel B/4 durchgeführt. Die zusammengepreßte Feder gibt
≈ 4300 N $\approx 4,5$ kN ab.

$$F \text{ Biegen je Seite} = \frac{\sigma_B \cdot b \cdot s^2}{u} = \frac{150 \frac{N}{mm^2} \cdot 50\,mm \cdot 0,5^2\,mm \cdot mm}{8\,mm} \approx 300\,N$$

$F_{Zuschlag}$ für hartaufsitzenden Schieber je Seite:

$$\text{Mit } p = \frac{\sigma_B \left[\frac{N}{mm^2}\right]}{2...5} = \frac{150 \frac{N}{mm^2}}{3} = 50 \frac{N}{mm^2} \text{ wird}$$

$$F = A \text{ projiziert} \cdot p = (8\,mm \cdot 50\,mm) \cdot 50 \frac{N}{mm^2} \qquad\qquad \approx 20\,000\,N$$

F gesamt waagerecht wirkend = F_H $\qquad\qquad\qquad\qquad = 20\,300\,N \approx 20,3\,kN$

F senkrecht je Seite, Gleichung (F/3)

= $F_V = F_H \cdot \tan(\alpha + 2 \cdot \varrho) = 20,3$ kN $\cdot \tan(45° + 12°) \approx 32$ kN

Pressendruck erforderlich = 2 $\cdot F$ senkrecht + F der zusammengepreßten Feder
= 2 $\cdot$ 32 kN + 4,5 kN $\approx$ 70 kN (ohne Sicherheit).

- *Ergebnis:*
  Die vorgesehene Kunststoffdruckfeder muß F_1 vorgespannt $\gtrless 3$ kN aufbringen; die Keiltriebstempel übertragen je 32 kN.

5. Rollbiegen

Rollbiegen ist Biegeumformen, bei dem ein angekippter oder vorgebogener Rand der Ausgangsform (ebener Zuschnitt, tiefgezogenes Hohlteil oder Rohr) eingerollt wird. Die Biegeachsen können gekrümmt (kreisförmig) oder gerade sein (Bild F/13).

Um einwandfreie Rollformen zu erreichen, ist folgendes zu beachten:

a) Vor dem Rollbiegen *um eine gekrümmte (kreisförmige) Biegeachse* ist der obere Werk-
   stückrand zu planen und die Kante, die beim Rollbiegen gestreckt wird, zu entgraten.
   Sind Rollbiegungen „nach außen" auszuführen, kann man die Hohlteile so tief ziehen,
   daß nach dem Beschneiden des oberen Randes der Anfang der Rundung (von der Ziehkantenabrundung des Ziehringes herrührend, Maß r_z im Bild F/13 b) noch erhalten
   bleibt.

b) Vor dem Rollbiegen *um eine gerade Biegeachse* ist das Ende des zu rollenden Schenkels
   anzurunden; die Walzfaser soll quer zur Biegeachse liegen (Bild F/14 a).

c) Die Gleitflächen der Rollform im Stempel bzw. im Schieber müssen poliert und immer
   gut befettet sein.

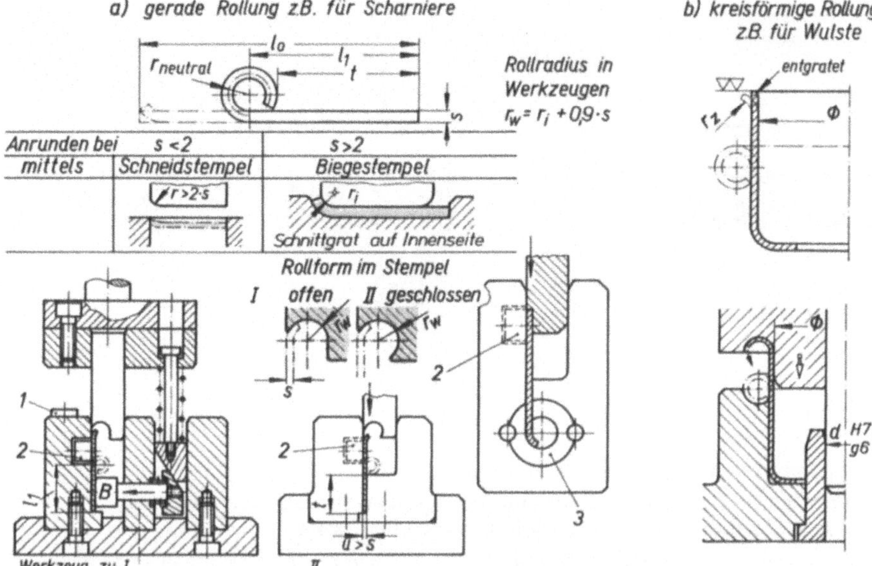

Bild F/13. Rollbiegewerkzeuge mit senkrechter Umformrichtung

Rollbiegen um gerade Biegeachse: Rollform im Stempel ist
I. offen, folglich keilbetätigter federnder Blechhalter B,
II. geschlossen, folglich nur Einlegeschlitze mit Weite $u > s$

1 Aufschlagstücke, *2* Dauermagnete eingeklebt, *3* geschlitzte Rollbuchse mit seitlichem Ausstoßerbolzen, im Buchseninnendurchmesser geführt.

Rollbiegen um kreisförmige Biegeachse: Ober- und Unterteil aus St 60, Rollflächen flammgehärtet und poliert

d) Der Innenradius der Rollform sollte mindestens $r_w = 0{,}8 \cdot$ Blechdicke s betragen.

e) Der untere Totpunkt (tiefste Lage, Werkzeug geschlossen) eines Rollbiegewerkzeuges wird ausprobiert und dann erst durch *Aufschlagstücke* festgehalten.

f) Zur Ermittlung der *gestreckten Länge* wird zuerst der Halbmesser der neutralen Faser r_n nach Bild E/3 ermittelt. Nur wenn der Innendurchmesser der fertigen Rollform $d_i \geqslant 8 \cdot$ Blechdicke beträgt, ist der neutrale Faserdurchmesser $d_n = (d_i + s)$. Gestreckte Länge $l_0 = l_1 + \widehat{l_b}$.

$$l_0 = l_1 + \frac{5}{6} \cdot \pi \cdot d_n = l_1 + 2{,}6 \cdot d_n \text{ in mm} \qquad (F/4)$$

l_1 gerade bleibende Schenkellänge in mm
d_1 Innendurchmesser der fertigen Rollform in mm
d_n Durchmesser der neutralen Faser in mm (nach Bild E/3)
s Blechdicke in mm

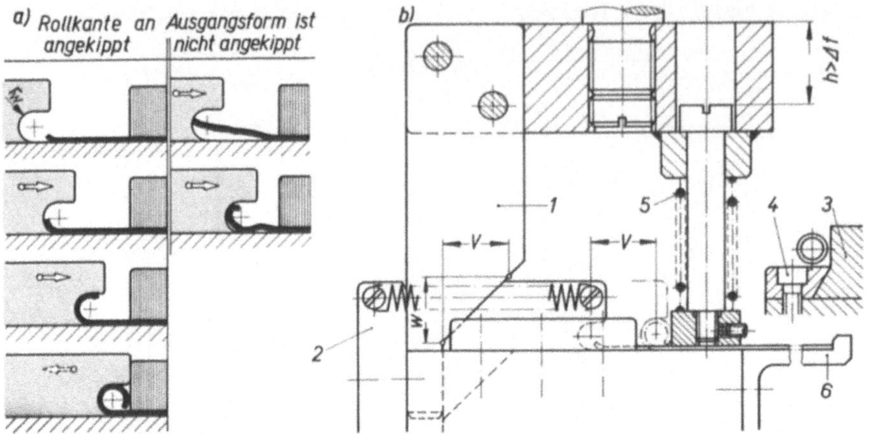

Bild F/14. Waagerechtes Rollbiegen

a) Rollvorgang, wenn am Zuschnitt die Rollkante angekippt und nichtangekippt ist
b) einseitig wirkender Keiltriebstempel (1), Rückzug mittels Federkraft

2 Abstützleiste, *3* Schieber mit offener Rollform, *4* Schieber-Führungsleiste (je mit einer Schraube und zwei Zylinderstiften befestigt), *5* Blechhalterfedern (zwei Stück) mit Federhub $\Delta f >$ Maß V, da Keilneigungswinkel 45°, *6* Auflagewinkel zugleich Längenanschlag

g) Das Werkzeug-Ober- und Unterteil soll durch *Gleitflächen* oder *Säulen* (Säulengestell) zueinander geführt sein. Während des Rollbiegens um gerade Biegeachsen sind seitliche Kräfte wirksam; auf gute Werkzeugführung ist besonderer Wert zu legen.

h) Stempel mit *geschlossener Rollform* ziehen während ihres Rücklaufes die gerollten Teile aus ihrem Einlegeschlitz, die Werkstücke dürfen daher im Werkzeug nicht durch Keilflächen festgeklemmt sein.

i) Dünne Stahlbleche erhalten vor Beginn des Rollbiegens bei senkrechter Umformrichtung eine Stütze durch einen *Dauermagnet*; dadurch kann der Einlegeschlitz breiter ausgeführt sein.

k) Große Zuschnittformen, die durch senkrechtes Rollbiegen ausknicken könnten, werden waagerecht liegend gerollt (Bild F/14); der Schieber hat dann eine *offene Rollform*. In Verbundwerkzeugen ist bei waagerecht liegendem Werkstoff ebenfalls die offene Rollform anzuwenden (Bild G/16).

6. Lage des Einspannzapfens

Bei Biegewerkzeugen nimmt man an, alle Umform- und Federkräfte (Federn gespannt) wirken gleichzeitig. Der Einspannzapfen liegt daher im Schwerpunkt aller angreifenden Kräfte (Bild F/15). Durch diese Annahme will man erzielen, daß sich Stempelführungen sowie Gleitflächen durch außermittig wirkende Kräfte weniger abnützen. Den Gesamtschwerpunkt ermittelt man mittels Seileckverfahren (Bild F/7) oder mit Hilfe des Momentensatzes nach Gleichung (D/1).

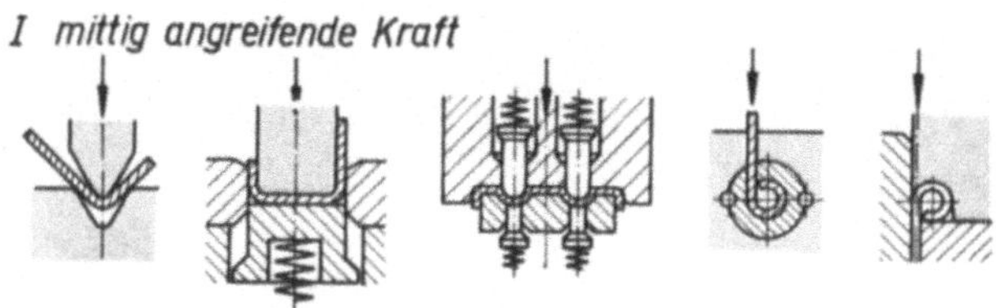

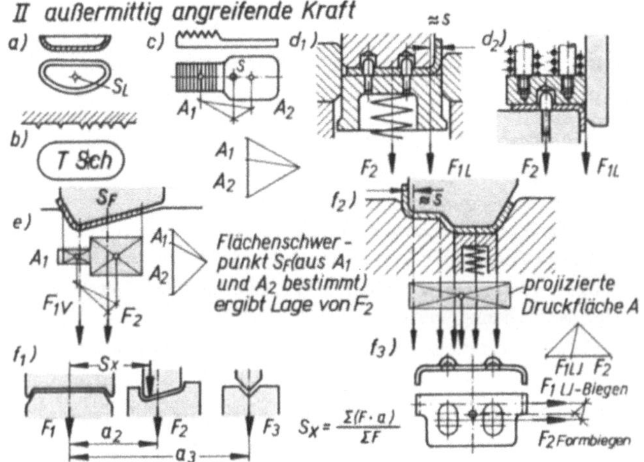

Bild F/15
Lagebestimmung des Einspannzapfens bei Umformwerkzeugen

Umformung	Lagebestimmung durch	
I. symmetrisch	Symmetrieachse, beim Rollbiegen die Blechmitte	
II. unsymmetrisch a) Gesenkbördeln	Linienschwerpunkt des Umfanges	
b) Schriftprägen	Linienschwerpunkt der Prägelinien	
c) Vollprägen (Druckumformung)	Flächenschwerpunkt aus Einzelflächen A_1, A_2	
d) Abbiegen (nach oben oder nach unten gehend)	Momentensatz oder Seileckverfahren	Abbiegekraft F_{1L} und Federkraft F_2
e) Keilbiegen mit hartaufsitzendem Stempel		Biegekraft F_{1V} und Zuschlag für hartaufsitzenden Stempel
f) Mehrfachbiegen		Einzelkräfte

G. Verbundwerkzeuge

1. Grundlagen

a) Einteilung der Werkzeuge

Verbundwerkzeuge (VW) vereinigen die beiden technologisch verschiedenen Arbeitsverfahren „Schneiden" und „Umformen" [1].

Das Zusammenlegen mehrerer Arbeitsgänge in ein einziges Werkzeug bringt u.a. folgende Vorteile:

1. Die Werkzeugkosten eines VW sind in der Regel niedriger als bei Einzelwerkzeugen.
2. Die Pressen sind wirtschaftlicher ausgenützt; Rüst- und Stückzeiten werden eingespart.
   Eine Arbeitskraft kann gleichzeitig zwei Pressen überwachen, wenn diese auf Dauerhub eingestellt, mit Walzen- oder Zangenvorschub ausgerüstet und die Werkzeuge durch Kontakte überwacht sind.
3. Die Durchlaufzeit im Betrieb wird gekürzt; Kosten für Transport, Zwischenkontrollen, Terminüberwachung, Aufsicht und Organisation werden eingespart.

Nachteilig ist, daß bei Änderungen der Werkstückform meist das gesamte Werkzeug unbrauchbar wird und hohe Instandhaltungskosten entstehen.

Um diese teuren Werkzeuge vor Schäden zu schützen, werden in Pressen mit elektrisch gesteuerten Momentkupplungen vielfach *Arbeits- und Ruhekontakte* (Bilder F/12 und G/10 sowie VDI-Richtlinie 3360) eingebaut.

Ineinander festgefahrene Werkzeug-Ober- und -Unterteile lassen sich ohne Schwierigkeit wieder auseinander bauen, wenn bei deren Anfertigung alle Schrauben von außen her, d.h. von der Auflageseite des Ober- und Unterteiles her eingeführt wurden; der Zusammenbau ist dadurch etwas umständlicher (Bilder G/7, G/8). Werden im Unterteil die Schrauben von oben her eingeschraubt, muß man auf die Einhaltung des Maßes $x \approx 2$ mm (vgl. Bilder D/6 b_1 und G/5) achten.

Die VW teilt man entsprechend der Anordnung ihrer *Arbeitsstufen* ein:

1. *Folgeverbundwerkzeuge FVW:* Ähnlich Folgeschneidwerkzeugen werden die Werkstücke in mehreren hintereinanderliegenden Arbeitsstufen hergestellt. Die Maßhaltigkeit der Fertigteile (Außen- zur Innenform) ist abhängig von der Art der Streifenführung und der Vorschubbegrenzung (siehe D.3.c und d).
2. *Gesamtverbundwerkzeuge GVW:* Ähnlich einem Gesamtschneidwerkzeug wird das Werkstück mit einem Stößelhub in untereinanderliegenden Arbeitsstufen geschnitten und geformt. Die Fertigteile haben gleiche Maße, wenn sich der Zuschnitt während der Umformung unter dem Umformstempel nicht verschiebt.

Die FVW werden vielfach für Werkzeuge „Schneiden – Biegen", GVW für „Ausschneiden – Ziehen" oder „Ausschneiden – Ziehen – Schneiden" (Abschnitte I und K) angewandt. Beim Verarbeiten von Bändern in FVW kann je nach Werkstückform die letzte Arbeitsstufe „Trennen mit gleichzeitigem Biegen" in Gesamtbauweise ausgeführt sein (Bilder G/4 und G/10).

---

[1] VW (Verbundwerkzeug), FVW (Folgeverbundwerkzeug), GVW (Gesamtverbundwerkzeug) sind Kurzbezeichnungen nach VDI-Richtlinie 3351.

Je nach *Führung des Oberwerkzeuges* zum Unterwerkzeug unterscheidet man:

1. *Werkzeuge ohne Führung,* z.B. GVW für „Ausschneiden—Ziehen" runder Näpfe (Abschnitte I.1 und I.2.a).

2. *Werkzeuge mit Plattenführung*
   a) mit fester Stempelführungsplatte, als reine Plattenbauweise offen oder geschlossen (Bilder G/7 und G/8).
   b) mit federnder Stempelführungsplatte, die zum Unterteil über zwei oder vier Bolzen geführt ist (Bilder G/5 und G/10).

3. *Werkzeuge mit Säulenführung*
   a) mit einer im Werkzeugunterteil sitzenden starren Abstreifplatte (Bild G/9).
   b) mit einer oder mehreren ungeführten Platten, die getrennt federnd sind (Bild G/12).
   c) mit säulengeführter, federnder Stempelführungsplatte (Bild G/14); zusätzlich kann noch ein federnder Blechniederhalter (Bild G/16, Teil 3) in ihr geführt oder ein Biegestempel (Bilder G/5, Teil 1 und D/34, Teil 7 a) mit angeschraubt sein.
   d) mit je einer säulengeführten federnden Schneid- und Stempelführungsplatte (Bild G/6, Teile 4 und 10).

Werkzeuge mit federndem Blechhalter oder mit federnder Abstreifplatte erhalten zum Verarbeiten dünner weicher Bleche im Werkzeugunterteil meist *federnde Bolzen (Abhebestifte,* siehe D.6.b); diese sollen den Streifen von der Schneidplatte abheben, damit die Vorschubbewegung durch Schnittgrate nicht gehemmt wird. Bei Werkzeugen in reiner Plattenbauweise und bei säulengeführten Werkzeugen mit starrer Abstreifplatte entfallen diese federnden Abhebestifte; der Streifen wird nach der Umformung durch die Abstreifkraft der Stempel mit Sicherheit gehoben und an der im Werkzeugunterteil sitzenden starren Platte abgestreift.

Ähnlich Schneidwerkzeugen ist die zu wählende Führung abhängig von der:

1. Form der eingebauten Stempel, ob diese dünn, zusammengesetzt oder bruchempfindlich sind,

2. Blechdicke (Schneidspalt),

3. Größe der seitlich wirkenden Kräfte,

4. geforderten Standmenge [1]) der Schneiden im Verbundwerkzeug.

Sind in einem FVW Hartmetalleinsätze (D.3.h) eingebaut, dann läßt sich die Standmenge durch Viersäulengestelle mit Kugelführung wesentlich erhöhen.

Vor der Streifeneinteilung für ein FVW überprüft man entsprechend den erforderlichen Arbeitsfolgen (Bild G/1):

1. Muß der Streifen seitlich oder innen *freigeschnitten* werden?
   Seitlich freigeschnittene Streifen ergeben meist einfache Werkzeugkonstruktionen.

   Bei Streifen, die *innen freigeschnitten* sind (Bild G/1 Spalte II.2.c), mindert sich in der ersten Umform-(Zieh-)Stufe die Streifenbreite. Diese Breitenminderung machen die zuvor freigeschnittenen Verbindungsstege ebenfalls mit, indem sie gelängt werden und dabei geneigte Lage erhalten. Erst in der letzten Umformstufe erhalten die anfangs geneigt liegenden Stege wieder parallele Lage zueinander. Die unterschiedlichen Stegverschiebungen verursachen im Streifen unterschiedliche Werkstück-

---

[1]) Standmenge ist Anzahl der ausgeschnittenen Werkstücke zwischen jedem Schärfen der Schneiden.

abstände. Innerhalb der einzelnen Zieh- und in der Nachschlagstufe [1]) zentriert sich der umzuformende Werkstoff über seine Blechdicke zwischen Gesenk und Stempel noch von selbst; Maßungenauigkeiten machen sich erst in den nachfolgenden Loch- und Schneidstufen bemerkbar. Um diese zu mindern, setzt man zwischen letzter Umformstufe (bzw. Nachschlagstufe) und nachfolgender Schneid-(Loch-)stufe eine *Formsucherplatte in die federnde säulengeführte Platte* (Berechnungsbeispiel B/1) ein. Die Druckfläche der Formsucherplatte ist mit der Werkstückform abgestimmt. Dieser Formsucher sichert gleichbleibende Streifenlage innerhalb der nachfolgenden Loch- und Schneidstufen, indem er den Streifen mittels der vorgespannten Federkraft der federnden Platte bereits festhält, bevor andere Stempel ihn berühren. Die Druckfedern der federnden Platte müssen daher einen Mindestfederhub von Δf_{min} = 0,5...1 mm Weg zur Lagesicherung des Streifens + Umformweg hw der Umformstempel übernehmen.

Beim Werkzeugzusammenbau setzt man zuerst nur die Arbeitsstufen bis zur Formsucherstufe in das Werkzeug ein und bestimmt durch Messen mehrerer Probestreifen den letzten durchschnittlichen Stufenabstand; dementsprechend werden die im Werkzeug nachfolgenden Loch- und Schneidplattenteile auf Teilungsabstand geschliffen.
Da Werkstoffe auch innerhalb der gleichen Liefermenge unterschiedliche Dehnung (Stauchung) haben können, versucht man oft, die dadurch verursachten Maßunterschiede mittels eines zusätzlichen Suchstiftes, der im letzten Ausschneidstempel eingebaut ist, zu mindern. Zum Suchstift müssen jedoch noch federnde Abstoßnadeln in den Ausschneidstempel eingebaut werden, damit die ausgeschnittenen Werkstücke weder am Suchstift (bzw. an der Stempelschneide) noch im Schneidplattendurchbruch vereinzelt hängenbleiben. Die zusätzlichen Abstoßnadeln erhöhen die Rißgefahr im Stempel.

2. Kann der Streifen seitlich oder innen nur *eingeschnitten* werden?

Im ringförmig eingeschnittenen Streifen (Bild G/1, Spalte II.2.d) entstehen durch Formbiegen (Ziehen) keine nennenswerten Abweichungen des Vorschubmaßes, da sich während der Umformung die freigeschnittenen Stege leicht verschieben können. Von Vorteil ist, wenn man bei geeigneter Werkstückform in den letzten Ausschneidstempel noch einen Suchstift und federnde Abstoßnadeln einbaut; die fertigen Werkstücke weisen dann geringere Maßabweichungen auf.

3. Ist die Umformung *ohne Einschneiden* und *ohne Freischneiden* möglich?

Beim Formbiegen des Streifens (Bild G/1, Spalte II.2.b) muß man außer Minderung der Streifenbreite noch veränderten Abstand zu den nachfolgenden Loch- und Schneidstufen, sowie Blechdickenschwächung in Kauf nehmen. Um trotzdem maßgleiche Werkstücke zu erhalten, ist im Werkzeug eine *federnde Formsucherplatte* (Bild B/4, Teil 1) erforderlich. Voraussetzung hierfür ist, daß die Streifen durch das FVW von Hand bzw. Bandwerkstoffe mittels Walzenvorschubeinrichtung mit selbsttätiger Walzenlüftung geführt werden und daß im Werkzeug eine säulengeführte Platte mit Druckfedern hoher Vorspannung eingebaut ist. Der an der Unterseite der federnden Platte sitzende Formsucher wird zwischen Umform- und Lochstufe eingebaut, damit er das Band mittels der vorgespannten Federkraft bereits festhält, bevor der Umformstempel beginnt, den Werkstoff zu formen. Dadurch werden die von der Umformstufe her im Werkstoff wirkenden Zugspannungen vor den nachfolgenden Schneidstufen aufgefangen (siehe auch Berechnungsbeispiel B/1).

4. Muß der *Zuschnitt vor der Umformung ausgeschnitten* und während des Stempelrückzuges in den Streifen *zurückgedrückt* werden?

Diese Fertigungsart (Streifen Bild G/1, Spalte II.2.a) kommt in Betracht, wenn der Werkstückumfang gebördelt wird oder wenn durch Freischneiden (Einschneiden) bruchempfindliche Schneidstempel entstehen würden (Bild G/14).

---

[1]) Am Werkstück werden die Übergangsrundungen zum Boden bzw. zum Flansch ausgepreßt und gleichzeitig der Flansch eingeebnet; Nachschlagen wird auch „Gesenkdrücken", „Kalibrieren" oder „Nachprägen" genannt (vgl. DIN 8583 Blatt 4, Ordnungsnummer 2.1.3.2.4).

Prinzip	Aufbau	Merkmal	Abbildung eines Beispieles
I ohne Abfall im Schnittstreifen	1. Gesamtbauweise	Trennen zugleich Umformen	
	2. Folgebauweise	seitlich Freischneiden	
II mit Abfall im Schnittstreifen	1. Folgebauweise	seitlich Freischneiden	
	2. Folgebauweise	a) Ausschneiden (Ausschnitt in Streifen gedrückt)	
		b) Formbiegen ohne Freischneiden	
		c) innen Freischneiden	
		d) ringförmig Einschneiden	

Bild G/1. Einteilung der Verbundwerkzeuge

Auch auf die *Lage des Schnittgrates* längs des Werkstückumrisses muß man bei der Streifeneinteilung achten. Fertigteile, die zuerst seitlich freigeschnitten und zuletzt ausgeschnitten, bzw. die formschlüssig aneinandergereiht abgeschnitten wurden (die Streifen im Bild G/1, Spalten I., II. 1), haben wechselseitig liegenden Schnittgrat. Werkstücke, die ebenfalls zuvor seitlich freigeschnitten, jedoch zuletzt mittels Trennsteg von einem Schneidstempel (Bilder G/4 c, d) abgetrennt wurden, weisen einseitig liegenden Schnittgrat auf, sofern alle Schneidstempel im Oberteil angeordnet sind.

b) Richtlinien für den Aufbau der Folgeverbundwerkzeuge

Die *reine Plattenbauweise* (mit angeschraubter Stempelführungsplatte) kommt für FVW nur in Betracht, wenn freigeschnittener oder eingeschnittener Werkstoff in Richtung der Stempelbewegung umgeformt wird und *der Streifen vor der Umformung bereits auf der Schneidplatte liegt* (Bild G/1, Spalten I., II.1 sowie Bild G/4 die Streifen b...g). Die Plattenbauweise ist nicht anwendbar für Streifen mit „Zug-Druck-Umformungen" (vgl. Übersichtstafel III), die einen federnden Blechhalter erfordern, und für Streifen mit der Arbeitsfolge „Zuschnittausschneiden mit Zurückdrücken" (Bild G/1, Spalte II. 2a, 2. Arbeitsstufe).

Bei reiner Plattenbauweise muß infolge des größeren Umformweges im FVW die Stempelführungsplatte dicker als bei Schneidwerkzeugen sein, damit bei höchster Stößellage die Schneidstempel in ihr noch genügend geführt sind. Oft baut man die Schneid- und Umformelemente in Säulengestelle ein und ersetzt die Stempelführungsplatte durch eine starre Abstreifplatte (Bild G/9).

Beim Entwerfen treten oft ähnliche Gestaltungsfragen auf, u.a.:

1. Umformrichtung

Die Streifenlage ist so anzuordnen, daß möglichst alle Umformungen in Richtung der Stößelbewegung erfolgen; es entstehen einfachere Werkzeuge, die weniger störanfällig sind. Ist eine Umformung entgegengesetzt zur Stößelbewegung nötig, soll man hierfür die Umformung mit dem geringsten Kraftbedarf bzw. dem kleinsten Umformweg hw vorsehen (weitere Angaben siehe 7. und 9.).

2. Schärfen der Schneiden

Im Werkzeug sollen hintereinanderfolgend die Schneidstufen, danach alle Umformstufen und zuletzt die Trennstufen (evtl. zuvor Lochstufen) angeordnet sein; dadurch kann man im Streifen-Ein- und -Auslauf je eine Schneidplatte vorsehen.

In Werkzeugen mit federnden Platten dürfen *Druckfedern* nach mehrmaligem Schärfen der Schneiden nicht überbeansprucht sein. Die einfachste Lösung ist, wenn in den Schneid-(Trenn-)stufen die federnden Platten zusammen mit den zu schärfenden Schneiden abgeschliffen werden können (Bild G/2). Haben federnde Platten eine der Werkstückform angepaßte Druckfläche, dann sind *zum Abschleifen Auflageringe unter den Druck-*

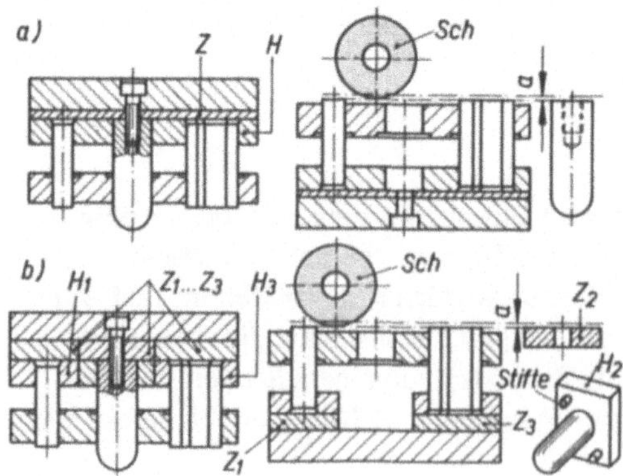

Bild G/2. Schärfen der Schneidstempel (sinngemäß im Werkzeugunterteil mit den Schneidplatten und den Biegegesenken)

a) Oberteil mit einer Stempelhalteplatte H und einer Zwischenplatte Z;

b) Oberteil mit mehreren Stempelhalteplatten $H_1...H_3$ und Zwischenplatten $Z_1...Z_3$;

a Abschliffmaß, *Sch* Schleifscheibe

federn vorzusehen (siehe B.1 mit Bild B/3 c); vereinzelt wird, z.B. bei Schraubendruckfedern, schon bei der Federauswahl der voraussichtliche Gesamtabschliff im Federhub eingerechnet (Bild B/3 e). Kunststoffdruckfedern eignen sich nur für Werkzeuge, die minutlich weniger als 50 Arbeitshübe ausführen (B.4). Zur Festlegung der erforderlichen Federkräfte sind die Angaben über Abstreif- und Umformkräfte (siehe C.1.e, F.2 sowie Gleichungen 0/1...0/3 im Anhang des Buches) zu beachten.

Um im Werkzeugoberteil (-Unterteil) die *Höhenunterschiede zwischen den Schneiden und
den Umformflächen* auch nach mehrfachem Schärfen gleich groß zu erhalten, kann man
verschiedene Möglichkeiten in Erwägung ziehen:

a) Zum Schärfen der Schneiden werden die in den Umformstufen nebeneinanderliegenden
   Umformstempel ausgebaut und deren *Auflagefläche* um das gleiche Maß abgeschliffen;
   die Arbeitsfolgen zeigt Bild G/2 a. Alle Umformstempel werden mittels ihren Befestigungsschrauben, die von außen her eingeführt sind, aus der Stempelhalteplatte gedrückt
   und nach dem Schärfen wieder in die Platte gezogen (weitere Angaben siehe 5.).

b) Unter die Umform- und Gegenstempel kann man auch je eine *Zwischenplatte* legen und
   diese beim Schärfen der Schneiden mit abschleifen. Dadurch müssen die kopfseitig angeschraubten Umformelemente nur ausgebaut, aber nicht nachgearbeitet werden
   (Bild G/7).

c) Im Werkzeugoberteil können *getrennte Zwischen-* und *Halteplatten* (Bild G/2 b,
   $Z_1...Z_3$, $H_1...H_3$) jeweils für die Schneid- und Umformstufen vorgesehen werden.
   Zum Schärfen der Schneiden baut man die in ihrer Halteplatte verbleibenden Umformstempel aus und schleift nur deren Zwischenplatte um das gleiche Abschliffmaß ab.
   Diese Anordnung bedingt höhere Herstellungskosten, da für jede Halteplatte Befestigungsschrauben und zur Lagesicherung Zylinderstifte erforderlich sind (Bilder G/9,
   G/12); jedoch bleiben die Höhenunterschiede der Umformflächen unter sich unver-
   ändert, die Umformstempel verbleiben stramm eingepaßt in der Halteplatte (weitere
   Angaben siehe 5.).

d) Geradlinige und kreisförmige Biegekanten werden oft innerhalb der Schneidplatte vorgesehen; nach *jedem Schärfen* ist *Nachrunden* von Hand erforderlich (Bild G/10).

e) *Beschriftungs-* und *Prägestempel* kann man bei symmetrischer Druckfläche in ihrer
   Höhenlage *verstellbar* ausführen, z.B. über Druckbolzen mit Gegenmutter (Fein-
   gewinde 1 mm Steigung); nach jedem Schärfen der Schneiden werden sie nachgestellt
   (Bild G/8, Teile 1...3).

3. Leerstufen (Sucherstufen)

Schon bei der Streifeneinteilung ist auf große Abstände zwischen den Durchbrüchen in der
Schneidplatte (Rißgefahr) zu achten; innerhalb der Umformstationen ist reichlich Platz
für Druckfedern zu schaffen. Deshalb muß man oft zwischen Schneidfolge und nachfolgender Umformstufe, ebenso bei sehr kleinen Werkstückabmessungen, Leer- oder Sucher-
stufen vorsehen. Mit der Anzahl der Stufen könnten sich ohne Sucher die Maßunterschiede
der Werkstücke vergrößern.

Sucher baut man bei Plattenbauweise in das Oberteil (Bild D/17), bei federnder Zwischenplatte meist
in das Unterteil (Bild G/5, Teil 9) ein. *Formsucherplatten,* die den Streifen (bzw. das Band) bereits lage-

mäßig sichern, bevor die Umformstempel den Werkstoff berühren, müssen in der federnden säulengeführten Platte des Gestells eingebaut sein (weitere Angaben siehe G.1.a, Streifeneinteilung 1. und 3.).

4. Aufschlagstücke

In Schneid-, Biege- und Folgeverbundwerkzeugen kann man *starre Aufschlagstücke* (als
Quader, Bolzen oder Ring) und *einstellbare Aufschlagschrauben mit Gegenmutter* (Bild
D/34, Teil 6) einsetzen. Auf Grund ihrer Wirkungsweise teilt man Aufschlagelemente ein in:

a) *Aufschlagelemente zur Begrenzung der tiefsten Werkzeuglage.* Diese Bauteile sollen das
   Einstellen der Presse erleichtern und damit Pressen vor Überlastung schützen. In Werkzeugen mit einem oder mit mehreren hartaufsitzenden Umformstempeln bringen sie
   den Nachteil, daß bei ungenauer Aufschlaghöhe (z.B. nach dem Schärfen der Schneiden)
   der Schließdruck auf die geformten Werkstücke unterschiedlich stark wirkt und somit
   die gebogenen Schenkel unregelmäßig zurückfedern.

   Es bestehen unterschiedliche Auffassungen darüber, ob es besser ist, hartaufsitzende Stempel ohne
   Aufschlagstücke arbeiten zu lassen, damit der Presseneinrichter die Größe des Schließdruckes durch
   Ausprobieren selbst bestimmen kann.

b) *Aufschlagstücke zur Übertragung des Schließdruckes* vom Werkzeugoberteil her *auf
   federnde Biegestempel* (vgl. Bilder G/5 I, Teile 2 und G/6, Teile 3). Ohne Aufschlagelemente wäre bei tiefster Werkzeuglage nur der Federdruck auf die umzuformenden
   Werkstücke wirksam; Aufschlagstücke als Druckübertragungsmittel auf federnde Biegestempel bilden daher die Regel.

   Aufschlagstücke sind möglichst *symmetrisch zum Einspannzapfen* anzuordnen (Bild G/7). *Aufschlagringe* werden auf *Führungssäulen* gesteckt; sie sind noch durch Gewindestifte an den Säulen zu
   befestigen, wenn das Werkzeug sich bei höchster Pressenstößellage (*OT* außerhalb der Säulen befindet.

Beim Schärfen der Schneiden muß man starre Aufschlagstücke um das gleiche Maß mit-
abschleifen; sie bedingen damit höheren Arbeitsaufwand. Zur *Unfallverhütung* müssen
Werkzeuge, die Aufschlagstücke haben, mit *Schutzgitter* ausgestattet sein oder unter Pressen mit Zweihandeinrückung arbeiten. Nur wenn Aufschlagbolzen eingebaut sind, kann
man das Schutzgitter weglassen und als *Fingerschutz* schwache Schraubendruckfedern
über die Bolzen stülpen; die lichte Höhe zwischen den Drahtwindungen muß < 6 mm sein.

5. Umformen in Stößelbewegung

Umformstempel, die im Werkzeugoberteil sitzen, übertragen die Stößelkraft unmittelbar
auf das Werkstück. Diese Stempel werden in der Regel kopfseitig an das Werkzeugoberteil
angeschraubt, sie können hartaufsitzend oder nicht hartaufsitzend (vgl. Bild E/1 II a)
arbeiten.

Nicht hartaufsitzende Biegestempel sind Stempel, die im FVW u.a. freigeschnittene Schenkel abwärts biegen (Bild G/14, Teile 5, sowie Streifenbilder G/4 c, d). Sie werden im
Werkzeugoberteil in einer Stempelhalteplatte (in der auch Schneidstempel sitzen) aufgenommen und zusätzlich kopfseitig angeschraubt; erst nach mehrmaligem Schärfen der
Schneidstempel werden die Stempel an ihrer Kopfseite abgeschliffen. Das Einstellen der
tiefsten Werkzeuglage *UT* unter der Presse erfolgt entsprechend den Schneidstempeln
(falls das Werkzeug ohne Aufschlagstücke arbeitet).

Wird zu nicht hartaufsitzenden Stempeln noch *ein einzelner hartaufsitzender Stempel* vorgesehen, der ebenfalls Umformungen in Richtung der Stößelbewegung ausführt, ist dieser mit den übrigen Biegestempeln im Werkzeugoberteil kopfseitig zu befestigen. Es empfiehlt sich, für die Schneid- und Biegestempel *eine gemeinsame Stempelhalteplatte, jedoch getrennte Zwischenplatten* (jeweils eine Zwischenplatte im Streifeneinlauf, im Streifenauslauf und unter den Biegestempeln) vorzusehen. Wird beim Schärfen der Schneidstempel auch die Zwischenplatte unter den Biegestempeln um das gleiche Maß mit abgeschliffen, bleibt der Höhenunterschied zwischen den Druckflächen der Schneidstempel und des hartaufsitzenden Stempels (damit auch der übrigen Biegestempel) gleich groß. Durch das regelmäßige Abschleifen der Zwischenplatte unter den Biegestempeln entsteht ein stetig anwachsender Spalt zwischen der Stempelhalteplatte und der Zwischenplatte, was auf die Werkzeugstandmenge keinen Einfluß hat, wenn die Umformstempel kopfseitig angeschraubt wurden. Sind keine Aufschlagstücke eingebaut, erfolgt die *UT*-Einstellung der Presse entsprechend dem einzelnen hartaufsitzenden Stempel.

Sitzen im Werkzeugoberteil *mehrere hartaufsitzende Stempel* (z.B. für formschlüssiges Biegen mit anschließendem Prägen), erfordern diese gleichbleibende Höhenunterschiede unter sich selbst und zu den Schneiden; eine *gemeinsame Zwischenplatte unter den Umformstempeln ist unerläßlich* (Bild G/12, Teil 9). Von Vorteil sind getrennte Stempelhalteplatten, jeweils eine Platte für die Schneidstempel im Streifeneinlauf, im Streifenauslauf und für die Biegestempel (Bild G/2b).

Haben im *Werkzeugunterteil* die entsprechenden Gegenstempel ungleiche Umformhöhen oder ihre Auflageflächen lassen sich nur erschwert abschleifen, muß unter den Biegestufen ebenfalls eine gemeinsame Zwischenplatte, die beim Schärfen der Schneidplattenteile mit abgeschliffen wird, vorhanden sein (Bild G/16, Teil 8).

6. Seitendrücke

Durch unsymmetrisches Biegen entstehen Seitendrücke, welche Umform- und Gegenstempel aufnehmen und auf das Werkzeugober- und -unterteil übertragen. Daher versieht man Umformstempel mit einer Rückenführung und läßt alle Umformelemente in den Werkzeugkörper, in der Regel ein Viersäulengestell, ein. Die einsatzgehärteten Führungssäulen fertigt man mit etwas größerem Durchmesser aus Ck 25 oder Ck 35. Kleine Seitenkräfte kann man mittels Zylinderstifte aufnehmen. Würde sich der Streifen durch Seitendrücke verschieben, kann der Werkstoff während der Umformung auch durch zwei federnde, säulengeführte Platten (Bild G/6, Teile 4 und 10) festgehalten sein. Bei kleinen Werkstückformen werden zweckmäßig zwei sich gegenüberliegende Teile gleichzeitig hergestellt, um damit symmetrische Biegung zu erzielen (Bild D/34).

7. Kragendurchziehen [1])

In Richtung der Stößelbewegung kann man Kragen ohne Vorlocher durchziehen (Bild G/3a), wenn ein rauh gerissener Rand zulässig ist. Wird im FVW mit Vorlocher gearbeitet (Bild G/3b$_1$), stehen die Stempel zum Kragendurchziehen den Lochstempeln gegenüber

---

[1]) In die durchgezogene Wandung (Kragendicke $\approx 0,6 \cdot$ Ausgangsblechdicke) wird anschließend Innengewinde geschnitten; Blechdurchzüge VDI-Richtlinie 3359.

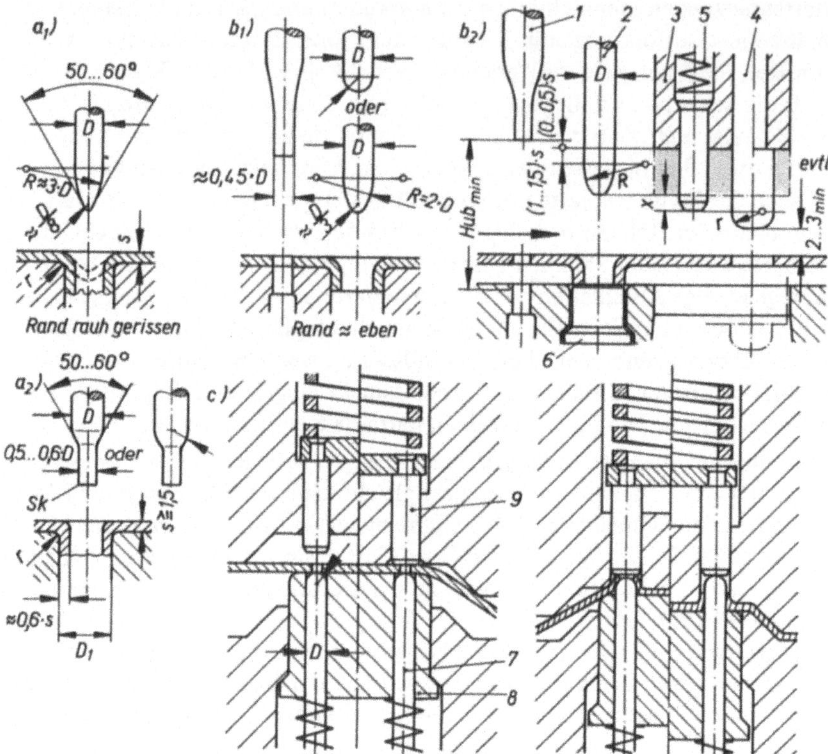

Bild G/3. Kragendurchziehen

a_1) ohne Vorlocher;

a_2) mit Durchziehstempel, der zugleich Vorlocher ist, für dicke Bleche geeignet;
Sk ist Schneide zum Lochen;

b_1) mit Vorlochstempel;

b_2) in FVW (Werkzeug in Plattenbauweise oder als Säulengestell mit starrer Abstreifplatte)
mit den Arbeitsfolgen:
1 Lochen, *2* Kragendurchziehen, *3* Ausschneiden mit gleichzeitigem Suchen (4); der Suchstift
ist mit glatter und abgesetzter Form dargestellt (Maß x und Abmessungen des Suchstiftes Bild D/17),
zusätzlich federnde Abstoßer (5), *6* federnder Ausstoßer (Wölbung des Kragenziehstempels vergrößert seinen Federhub);

c) gegen die Stößelbewegung mit gleichzeitigem Formbiegen; im Unterteil feststehende Durchzieh-
Stempel (7), umschlossen von Federplatte (8); *9* federnde Ausstoßstifte

vor. Sind in plattengeführte Werkzeuge zu den Kragendurchziehstempeln noch zusätzlich
Suchstifte einzubauen, müssen diese Suchstifte noch weiter vorstehen, damit die Streifen-
lage gesichert ist, bevor die Durchziehstempel die Blechoberfläche berühren (Bild G/3 b_2).
Nachteilig beim Durchziehen in Richtung der Stößelbewegung ist jedoch, daß der an der
Außenseite des Kragens liegende Schnittgrat das *Aufreißen der Kragen* begünstigt. Bei

kerbempfindlichen Werkstoffen, z.B. Aluminium und dessen Legierungen, auch bei Stahlblechen der Gruppe 10, werden daher Kragen vielfach gegen die Stößelbewegung gezogen (Bild G/3c). Für Kragen mit größerem Durchmesser eignet sich auch ein Verbundwerkzeug in Gesamtbauweise „Lochen—Ausschneiden—Kragendurchzug" (Bild K/3).

8. Trennstufe [1])

a) *Ausschneiden.* Ausgeschnittene Fertigteile werden in schrägen Durchbrüchen, die im Werkzeugunterteil eingearbeitet sind (Bild D/8 a), in der Regel nach außen, vereinzelt zur Durchfallbohrung im Pressentisch geleitet. Würden die Durchbrüche zu wenig Gefälle erhalten, kann man im Werkzeugunterteil waagerecht liegende Kanäle, in denen sich elektro-pneumatisch gesteuerte Ausstoßschieber bewegen, vorsehen. Stellt man Werkzeuge auf Leisten und läßt Loch- und Seitenschneiderabfälle, ebenso Werkstücke, durch die Schneidplatte auf untergelegte Blechschubladen fallen, so ist das regelmäßige Entleeren der Schubladen von Nachteil.

Werkstücke dürfen am Ausschneidstempel nicht hängen bleiben, weshalb in große Stempel *federnde Abstoßer* eingebaut werden (Bild G/12, Teile 16); kleine Stempel erhalten Abstoßnadeln, deren Druckfedern in der Kopfplatte oder im Gestelloberteil sitzen. Tauchen Stempel ohne federnde Abstoßer tiefer in die Schneidplatte ein, um dadurch die Fertigteile abzustreifen, wird deren Schneidenverschleiß größer, auch können Fertigteile den Schneidplattendurchbruch verstopfen.

b) *Seitliches Abtrennen.* Günstiger ist es, zwei sich gegenüberliegende Teile gleichzeitig herzustellen und diese durch Trennmesser seitlich abzutrennen (Bild G/1, Spalte II.1).

Folgende *Vorteile* werden dadurch erzielt:

α) Es liegt eine symmetrische Biegeform vor, bei der sich Seitenkräfte aufheben.

β) Am Trennmesser bleiben Fertigteile nicht hängen. Nur Stempel mit konkav verlaufender Schneidkante erfordern federnde Abstoßstifte, die außerhalb der Stempel auf das abzuschneidende Werkstück drücken (Bild D/34, Teile 12).

γ) Nach dem Abtrennen kann man die Fertigteile auf Grund ihres Eigengewichtes mit Rutschen in Sammelbehälter leiten.

δ) Bleiben Abfallstreifen zurück, werden diese bei entsprechender Außenform in zwei Gleitstücken noch seitlich geführt (Bild D/34, Teile 5); die Maßhaltigkeit der Stanzteile wird verbessert. Bei Verwendung eines Walzenvorschubgerätes können die Bänder mittels dieser Abfallstreifen zusätzlich gespannt werden [2]). Durch Prägen, auch durch seitliches Freischneiden, längen sich Bänder; ungespannt würden sie durchhängen, die Maßhaltigkeit der Vorschubbegrenzung würde verschlechtert.

Im Werkzeug für Streifen Bild G/4 b_1 werden die fertigen Werkstücke um (ein oder) zwei Vorschübe versetzt, im Streifen Bild G/4 b_2 sich gegenüberliegend ausgeschnitten. Die beiden Konstruktionsarten sind in der unterschiedlichen Biegebreite B des Gegenstempels begründet; nur bei großer Biegebreite B kann die Schmalseite des Schneideinsatzes (6 b) im Gegenstempel (5) ohne Rißgefährdung aufgenommen werden. Die Lage der Schneideinsätze (6 a, b) sichern Füllstücke (7) aus St 50. In beiden Werkzeugen sind die Bauteile 3...7 in einer rechteckigen Ausfräsung der Grundplatte eingepaßt.

c) *Trennen mit auszuschneidendem Trennsteg.* Diese Trennart ist zu wählen, wenn die Schnittgrate einheitlich auf der Werkstückunterseite liegen müssen.

---

[1]) Schnittgratlage vgl. Abschnitt G.1.a.

[2]) Das Walzenpaar in der Auslaufseite läßt man mittels Exzenter um einen genau einstellbaren Unterschiedsbetrag zu den Einlaufwalzen voreilen und spannt dadurch den Streifen.

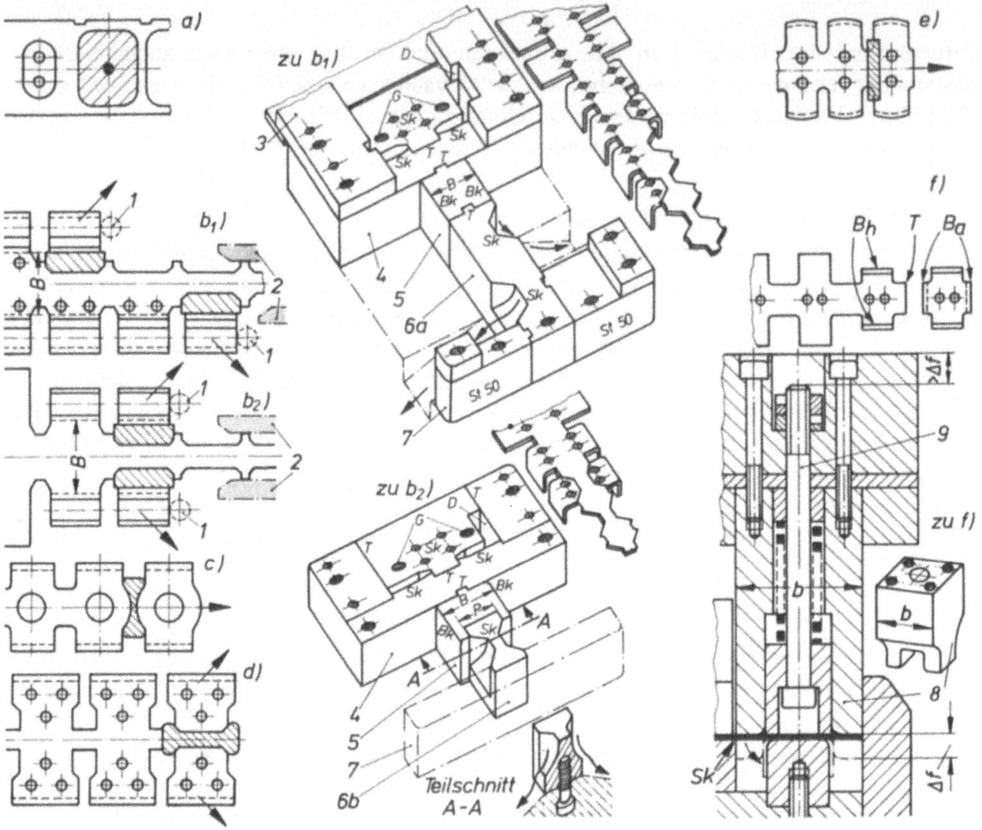

Bild G/4. Trennstufen

a) Ausschneiden;

b) seitliches Abtrennen, Abschneidstempel sind

b_1) um zwei Vorschübe versetzt,

b_2) gegenüberliegend, nur wenn Biegebreite B die Einarbeitung der Paßnute P in den Gegenstempel ermöglicht;

die beiden FVW in Plattenbauweise wurden ohne Führungsplatte und ohne Grundplatte dargestellt, die Grundplatte hat eine rechteckige Ausfräsung zur Aufnahme aller Bauteile; D Durchbruch für Seitenschneider, G Gewindelöcher zur zusätzlichen Befestigung der Schneidplattenteile, T Trennfugen, Sk Schneidkanten, Bk Biegekanten;

1 Anschlagstift für Reststück des Abfallstreifens, 2 zusätzliche seitliche Führungsstücke (Gleitstücke) für Abfallstreifen, 3 Zwischenlagen zur seitlichen Führung des Bandes, vor Seitenschneider sitzt federnde Streifenführung (vgl. Bild D/18), 4 zusammengesetzte Schneidplatte im Streifeneinlauf, 5 Gegenstempel der Biegestufe, $6\,a$ Schneideinsatz für versetztes Abschneiden, $6\,b$ Schneideinsatz für gegenüberliegendes Abschneiden, 7 Paßstücke aus St 50 zur Aufnahme des freien Endes des Schneideinsatzes;

c) querliegender Trennsteg;

d) längsliegender Trennsteg;

e) abfalloses Trennen;

f) abfalloses Trennen mit gleichzeitigem Abbiegen in Gesamtbauweise;

B_h symmetrisches Hochbiegen, T Trennen mit gleichzeitigem Abwärtsbiegen (B_a), 8 Biegestempel, der gleichzeitig Schneiden Sk erhält, Stempelbreite b entspricht Zuschnittmaß bzw. Vorschubmaß, Δf ist der Federhub des Auswerfers (9); Werkstück ist im Bild G/5 dargestellt.

Der Steg kann quer zum Streifen (querliegender Trennsteg) oder in Streifenrichtung (längsliegender Trennsteg) liegen. Vorteilhaft läßt man in der letzten Schneidstufe auf die abzutrennenden Werkstücke noch Blattfedern als Niederhalter (ähnlich Bild D/16 c, Teilschnitt *A–A*) oder federnde Abdrückstifte (ähnlich Bild D/34, Teile 12) wirken.

d) *Abfalloses Trennen ohne oder mit gleichzeitiger Biegeumformung.* Können Werkstücke vom Streifen oder Band abfallos (formschlüssig) getrennt werden, entstehen meist einfache Werkzeugkonstruktionen. Für die Arbeitsstufe „Abfalloses Trennen mit gleichzeitigem Biegen" legt man die Werkstücke so in den Streifen, daß deren *Biegeschenkel abwärts abgebogen* werden (Bild G/4 f); der Umformstempel erhält zusätzlich die Schneidkante *Sk*. Nachteilig ist, daß bei bestimmten Stempelformen durch das mehrmalige Schärfen der Schneide gleichzeitig die Umformfläche des Stempels sich verkleinert (Bild G/10).

9. Umformen gegen die Stößelbewegung

Werkzeuge in reiner Plattenbauweise sind nicht anwendbar. Zuerst prüft man, ob während der Umformung das Band (Streifen)

a) *in seiner Höhenlage verbleiben muß,* z.B. bei Zangenvorschubeinrichtungen. Die Umformung gegen die Stößelbewegung betätigt dann eine Wippe (Bilder G/14, Teile 6…10 und G/15); eine federnde Abstreifplatte hält den Streifen während des Hochbiegens [1]) fest;

b) *sich gleichzeitig abwärts bewegen kann,* z.B. bei Walzenvorschubeinrichtungen mit Walzenlüftung. Die erforderlichen Bauelemente sind je nach Biegeform (symmetrisch oder unsymmetrisch) verschiedenartig.

Bei *symmetrischer Biegung* heben sich wirksame Seitenkräfte auf, weshalb das Band während der Umformung seitlich nicht verschoben wird. Es muß während der Vorschubbewegung jedoch angehoben sein. Hierfür sind im Streifeneinlauf ein federnder Abhebestift (Bild G/12, Teil 7) und innerhalb der Biegestufen weitere federnde Abhebestifte (Bild G/5, Teile 4) oder eine federnde Platte (Bild G/3 c, Teil 7) erforderlich, falls möglich noch zusätzlich eine geneigte Gleitfläche (z.B. am Hochstellstempel, Bild G/5, Teil 3 Fläche *G*). Während der Umformung gegen die Stößelbewegung drückt ein an der federnden Führungsplatte des Säulengestells befestigter Biegestempel (*federnder Biegestempel*) das Band über feststehende Biegekanten abwärts und stellt dadurch freigeschnittene Biegeschenkel hoch [2]). Die *feststehenden Biegekanten* werden *zweifach wirkend* (vgl. Bild E/2a) ausgeführt, dabei ist der Mindestumformweg $hw_{min} \approx (4…5) \cdot$ Blechdicke.

---

[1]) Hochbiegen bzw. Hochstellbiegen trifft eine Aussage über die Biegerichtung, die nach DIN 9870 Blatt 3 (Ausgabe Oktover 1972) nicht gegeben sein muß. Im FVW ist jedoch die Umformrichtung von Bedeutung, weshalb in diesem Teilabschnitt die seither gebräuchlichen Bezeichnungen beibehalten werden.

[2]) Bei Druckfedern, die auf federnde Biegestempel wirken, reicht der Prozentsatz der zulässigen Federkraftabweichung (B.1.d) als Sicherheitszuschlag nicht aus, auf die Druckfeder-Vorspannkraft F_1 sind noch weitere 10…20 % Sicherheitszuschlag erforderlich.

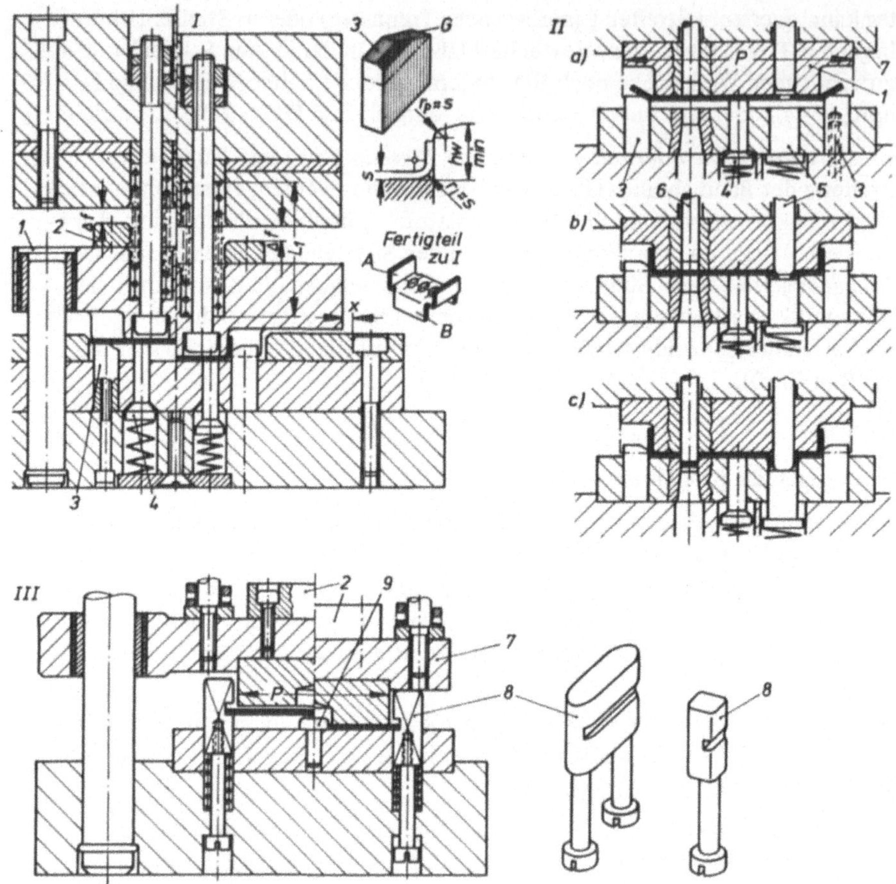

Bild G/5. Symmetrisches Biegen als Umformung gegen die Stößelbewegung

I. Werkzeug mit federndem Biegestempel (1) der zugleich federnder Abstreifer für die Schneidstempel ist, in zwei Führungsbolzen gleitend, dabei Federkraft F_1 (vorgespannt) $> F_{\text{Biegen}}$, F_2 (gespannt) $> F_{\text{Abstreifen}}$, Federhub $\Delta f \triangleq$ Umformweg des Trenn-Umformstempels (im Bild G/4 f, Teil 3);
2 Aufschlagstücke, 3 Hochstellstempel mit Gleitflächen G, Mindestumformweg $hw_{\text{min}} \approx (4 \ldots 5) \cdot$ Blechdicke, 4 federnde Abhebestifte;
Fertigteil: A ist Hochstellbiegen, B ist Trennen mit Abwärtsbiegen (Teilschnitt durch Werkzeug siehe Bild G/4 f);

II. Arbeitsablauf beim symmetrischen Biegen:
a) Beginn des Hochstellbiegens, b) Beginn des Abwärtsbiegens, zuvor muß der Streifen im Unterteil aufliegen, c) Werkzeug in tiefster Lage (UT);
3 Hochstellstempel, 5 Abwärtsbiegestempel mit federndem Auswerfer, 6 Schneidstempel,
7 federnde Führungsplatte des Säulengestells mit Aufschlagstücke, die zur Übertragung des Schließdruckes (formschlüssiges Ausdrücken) dienen;

III. Streifenführungsstifte (8) zugleich federnde Streifenanhebestifte für Säulengestelle mit beweglicher Führungsplatte (7), die eine durchgehende Paßnute P hat, 9 Suchstift.

Federnde Biegestempel, die Umformungen gegen die Stößelbewegung ausführen, baut man meist in eine durchgehende Paßnute der federnden Platte des Säulengestells (vgl. Tabelle D/3) ein; in dieser Paßnute sitzen auch gehärtete Führungsplatten für die Schneid- und Lochstempel der Streifeneinlauf- und -auslaufseite. Bei kleinem FVW kann man den federnden Biegestempel so gestalten, daß er zugleich als federnde Führungs- und Abstreifplatte für die Schneidstempel wirkt (Bild G/5 I, Teil 1).

Arbeitsablauf bei Werkzeugen mit federnden Biegestempeln (Bild G/5 II)

Während des Arbeitshubes formen die Stempel der beweglichen Führungsplatte (federnde Biegestempel) zuerst die Teilform entgegengesetzt zur Stößelbewegung mittels Federdruck (Federkraft vorgespannt $>$ Umformkraft) vor, bis der Streifen auf den Schneidplattenteilen der Einlauf- und Auslaufseite aufliegt. Jetzt erst führen die Druckfedern der Führungsplatte ihren Hub aus, gleichzeitig formen Biegestempel, die im Werkzeugoberteil sitzen, den Werkstoff in Richtung der Stößelbewegung um. Erst kurz vor tiefster Werkzeuglage UT schneiden die Loch- und Ausschneidstempel. Der Federhub der federnden Führungsplatte entspricht damit dem Umformweg der im Oberteil sitzenden Umformstempel, wobei der Schneidweg im Umformweg enthalten ist. Im UT pressen die Stempel der beweglichen Führungsplatte noch über Aufschlagstücke das Werkstück formschlüssig aus. Bei beginnendem Stößelrücklauf werden zuerst die im Oberteil sitzenden Stempel (Biege- und Schneidstempel) zurückgezogen. Danach hebt sich die federnde Führungsplatte mit den dort befestigten Umformstempeln ab, gleichzeitig drücken federnde Abhebestifte den Streifen aus den Hochbiegeeinsätzen (Bild G/5, Teile 3 und 4) heraus. Der Streifenvorschub kann dann beginnen.

Bild G/5 III zeigt *federnde Streifenführungsstifte* mit quadratischer und länglicher Form, die gleichzeitig den Streifen anheben. Diese Stifte (8) sind vielseitig einsetzbar, z.B. auch in Werkzeugen für die im Bild G/1, Spalten II.2.a...d dargestellten Streifen.

Soll im *FVW mit säulengeführter federnder Platte* noch *durch Sucher eine Vorschubverfeinerung* erfolgen, wird man in der Regel einen im Werkzeugunterteil sitzenden Suchstift nach Bild G/5 III, Teil 9, einbauen. Bewegt die federnde Führungsplatte den Streifen über federnde Streifenführungsstifte (8) abwärts, erfolgt bereits die Lagesicherung des Werkstoffes im Suchstift (9). In Werkzeugen, die Umformungen gegen die Stößelbewegung mittels Hochstellstempeln (Bild G/5 I, Teile 3) ausführen, muß der Suchstift (9) höher als die Hochstellstempel (3) sein, damit er die Streifenlage schon vor beginnender Umformung sichert.

Suchstempel, die im Werkzeugoberteil sitzen (Bild D/17 f, II), eignen sich am besten für Werkzeuge in Plattenbauweise (mit starrer Stempelführungsplatte) oder für Säulengestelle mit starrer Abstreifplatte (Bild G/9, Teil A). Will man sie in Werkzeuge mit beweglicher federnder Führungsplatte einbauen, muß bei geöffnetem Werkzeug der zylindrische Teil des Sucherkopfes noch um etwa eine Blechdicke aus der Führungsplatte herausragen. Damit der Streifen nicht am Sucherkopf hängenbleibt, sind in der beweglichen Führungsplatte zusätzlich zwei seitlich sitzende, federnde Abdrückstifte mit Federhub $\Delta f_{min} \approx (1...1,5) \cdot$ Blechdicke anzuordnen (vgl. Bild G/10).

Bei *unsymmetrischer Biegung* würde der Streifen durch außermittig angreifende Umformkräfte seitlich verschoben. Er muß deshalb vor und während der Umformung gegen die Stößelbewegung entsprechend Bild G/6 durch je eine obere und untere Platte, beide federnd und säulengeführt (Teile 4 und 10), mit Sicherheit festgehalten sein. Durch diese beiden Platten ist die Werkzeugherstellung schwieriger.

Im Werkzeugunterteil (12) sind die Stempel (6) und (7) zur Umformung gegen die Stößelbewegung angeordnet. Ihre Gegenstempel (5) sitzen in der oberen federnden Führungsplatte (4), auf der für Druckfedern genügend Platz vorhanden ist. Die Schneidplatten (8 a) sind in die untere federnde Führungsplatte (10) eingelassen. Sie senken sich während der Umformung gegen die Stößelbewegung

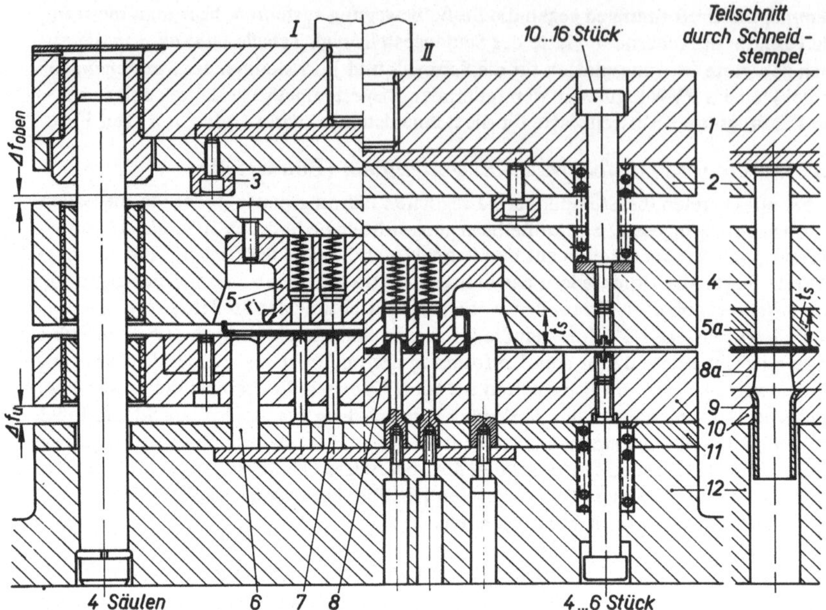

Bild G/6. Verbundwerkzeug mit federnder Schneidplatte

Dargestellte Arbeitsfolge: zweites (unsymmetrisches) Hochbiegen mit Kragendurchzug. Werkzeugstellung *I* kurz vor Beginn der Umformung, Werkzeugstellung *II* kurz vor Beginn des Schneidens.

Bauteile: *1* Oberteil mit Einspannzapfen, *2* obere Stempelhalteplatte, *3* Aufschlagstück, *4* obere federnde Aufnahmeplatte für Biegestempel (5) mit federnden Ausstoßstiften und je einer Führungsplatte (5 a, Dicke t_S) für die Stempel zum Freischneiden und Trennen, *6* Hochbiegestempel, *7* Stempel zum Kragendurchziehen, *8* Führungsplatte für (6) und (7), *8 a* Schneidplatte, *9* Ableitrohre für Blechabfälle der Lochstempel, *10* untere federnde Führungsplatte mit Aufnahmenute für (8) und (8 a), *11* untere Stempelhalteplatte, *12* Säulengestell, Säulenführungsbuchsen sind mit Kunstharz eingegossen.

gleichzeitig mit dem Streifen, ihr Hub Δf_{unten} soll bei Bändern klein sein (Mindestumformweg beim Hochbiegen über zweifachwirkende Biegekante $hw_{\text{min}} \approx 5 \cdot$ Blechdicke). Erst wenn die Umformungen gegen die Stößelbewegung (mittels vorgespannter Federkraft $F_{1\,\text{oben}}$) beendet sind, und die untere federnde Führungsplatte (10) auf dem Werkzeugunterteil (12) aufliegt, beginnen die im Werkzeugoberteil (1) sitzenden Stempel die Umformungen in Richtung der Stößelbewegung; nachfolgend wird das Schneiden und Lochen ausgeführt. Während die beiden letzten Arbeitsvorgänge ablaufen, führen die Druckfedern der oberen Führungsplatte (4) als Federhub Δf_{oben} den Umformweg der im Oberteil sitzenden Stempel (einschließlich Schneidweg) aus. Blechabfälle und Fertigteile müssen durch Ableitrohre (9) abgeführt werden. Die Rohre sind in die untere bewegliche Führungsplatte (10) eingebaut und tauchen in das unbewegliche Unterteil ein. Im geschlossenen Werkzeug, Stellung *UT*, ist über Aufschlagstücke (3) noch ein zusätzlicher Prägedruck auf die geformten Werkstücke im Streifen möglich.

Die Druckfedern im Unterteil übernehmen zusammengedrückt ($F_{2\,\text{unten}}$) während des Stößelrücklaufes nur die Abstreifkräfte der dort befindlichen Umformstempel; dabei Federkraft vorgespannt $\geqq$ die Hälfte von $F_{2\,\text{unten}}$. Im Oberteil bringen die Federn vorgespannt ($F_{1\,\text{oben}}$) die Kräfte der Umformung gegen die Stößelbewegung und zusätzlich als Gegendruck die Federkraft F_2 des Unterteils auf; gespannt müssen sie die Abstreifkräfte aller Schneid- und Umformstempel des Oberteils und den Federdruck des Unterteils ($F_{2\,\text{unten}}$) überwinden.

Nach jedem Schärfen der Stempelschneiden sind die im Oberteil befestigten, nicht hartaufsitzenden Umformstempel kopfseitig, die Scheiben unter den Druckfedern und die Aufschlagstücke (3) mit abzuschleifen. Beim Schärfen der Schneidplattenteile (8 a) im Unterteil werden Führungsplatte (8) mit der unteren Führungsplatte (10) gemeinsam abgeschliffen. Zusätzlich sind noch die im Unterteil sitzenden Umformstempel (6, 7) kopfseitig um den Abschliff zu kürzen. Nur wenn im Werkzeugunterteil anstatt der Ansatzschrauben 4...6 Federführungsbolzen mit zwei oder vier einstellbaren Hubbegrenzungsschrauben (B.1.b) eingebaut sind, entfällt das kopfseitige Abschleifen der im Unterteil sitzenden Umformstempel (6, 7). Die untere federnde Platte (10) ist dann um den jeweiligen Abschliff höher zu stellen, der Federhub Δf_{unten} wird stetig größer, im Federweg f_2 ist der voraussichtliche Abschliff einzurechnen.

c) Lage des Einspannzapfens

Bei der Annahme, sämtliche Kräfte seien gleichzeitig wirksam, werden die Verfahren zur Ermittlung des Druckmittelpunktes von Schnittkräften (siehe D.4.a) und ebenso von Umformkräften (siehe F.6) sinngemäß auf Verbundwerkzeuge übertragen. Da sich die Lage des wirklichen Druckmittelpunktes durch die nacheinander ablaufenden Umform- und Schneidvorgänge fortwährend verändert, erhalten Verbundwerkzeuge einen Einspannzapfen. Für Säulengestelle, dessen Säulen ungefähr symmetrisch zum errechneten Druckmittelpunkt angeordnet sind, eignen sich auch Einspannzapfen mit beweglicher Kugelkalotte (Bild D/26 b).

Die *Schwerpunktlage der Einzelkräfte* wird nach Bild F/15 festgelegt, z.B. bei Schnitt-, Bördel- und Ziehkräften entsprechend der Umrißform, bei Biegekräften nach Lage der Biegekanten, bei Präge- und Formbiegekräften, erzeugt durch hartaufsitzende Stempel, entsprechend der projizierten Druckfläche. Bei Verbundwerkzeugen in Gesamtbauweise „Ausschneiden – Ziehen" (GVW, Bild I/7 II) ist die Schnittkraft des Ausschneidstempels annähernd doppelt so groß wie die Ziehkraft, weshalb der Einspannzapfen im Linienschwerpunkt der Zuschnittform liegt.

Abstreiffedern ordnet man achsensymmetrisch (Bild B/1) zum errechneten Schwerpunkt aus den wirksamen Schnitt- und Umformkräften an. Entstehen Abstreifkräfte hauptsächlich durch Schneidstempel, ist als Druckmittelpunkt aller Druckfedern der Schwerpunkt aus den Schnittlinien (Schnittkräften) zu wählen. Alle Federkräfte, Federn gespannt, sind bei der Lagebestimmung des Einspannzapfens mit zu berücksichtigen (Berechnungsbeispiel zu Bild G/10, sowie zeichnerische Lösung Bild G/12).

2. Ausführung einiger Folgeverbundwerkzeuge

a) FVW in offener Plattenbauweise

Zur Verarbeitung von Blechabfällen sind Gestelle mit hintenstehenden Führungssäulen nach DIN 9822 (Tabelle D/3), die eine starre Abstreifplatte haben (ähnlich Bild G/9), ebenso Plattenführungswerkzeuge in offener Bauweise geeignet.
Im FVW, Bild G/7, wird ein Haltebügel aus Aluminiumlegierung Al Cu Mg hergestellt.

Die Legierung Al Cu Mg ist nur umformfähig, wenn sie zuvor geglüht (Abschnitt L.2.b), abgeschreckt und innerhalb drei Stunden verarbeitet wird. Trotzdem dürfen nur Bohrungen für untergeordnete Zwecke gelocht werden; während des Lochens bilden sich kleine Haarrisse entlang den Lochrändern, die später unter Belastung weiter reißen (Dauerbruch).

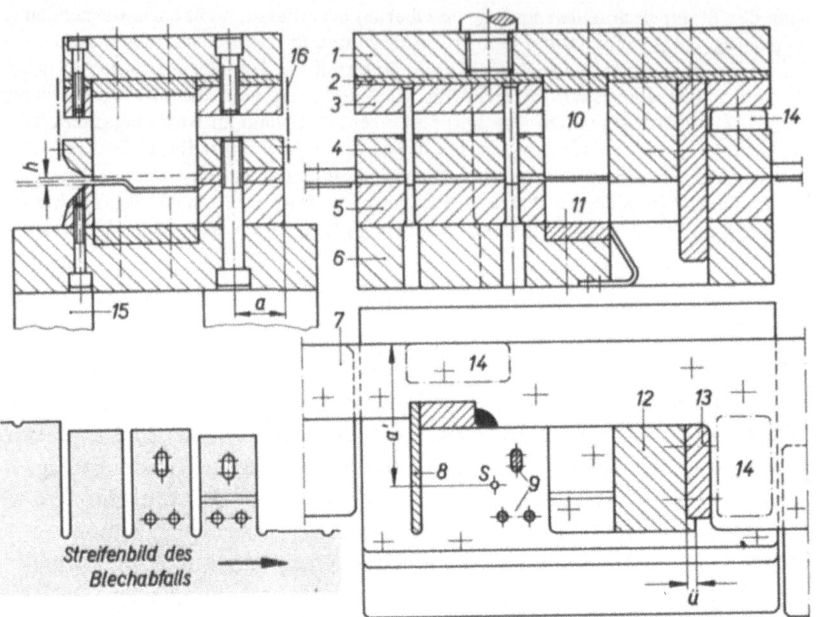

Bild G/7. Offene Plattenbauweise zur Verarbeitung von Blechabfällen

1 Kopfplatte mit Einspannzapfen, *2* Druckplatte nur für Schneidstempel, *3* gemeinsame Stempelhalte-platte, *4* Führungsplatte, *5* Schneidplatte, *6* Grundplatte, *7* hintere Zwischenlage mit angeschraubten Streifenauflageblechen an Ein- und Auslaufseite, *8* Seitenschneider, zusammengesetzt, *9* Lochstempel, *10* Biegestempel, *11* Gegenstempel, je mit Druckplatte zum Abschleifen beim Schärfen der Schneiden, *12* Trennstempel (*ü* Überschneidung), *13* Anschlagstempel zugleich Führung für (12), *14* Aufschlag-stücke, *15* Auflageleisten mit Werkzeugunterteil verschraubt, *16* Schutzgitter

Zum Durchschieben der Blechabfälle bleibt das plattengeführte Werkzeug auf der Bedie-nungsseite zwischen Stempelführungsplatte (4) und Schneidplatte (5) offen ($h < 5$ mm = Blechdicke + 1 mm), also offene Plattenbauweise. Auf der Werkzeugrückseite soll ein großer Randabstand der Befestigungsschrauben (Maß a) vorhanden sein, da über die offene Stempelführungsplatte die Abstreifkräfte (Resultierende im Schwerpunktabstand a') auf diese Schrauben ähnlich einem einarmigen Hebel ($F_\text{Schrauben} \cdot a = F_\text{Abstreifen} \cdot a'$) wirken. Sinngemäß werden starre, vorn offene Abstreifplatten, die in Gestellen mit hintenstehen-den Säulen (DIN 9822) eingebaut sind, gestaltet.

In der Umformstufe sitzen Biegestempel (10) und Gegenstempel (11) gegenseitig hart auf; sie sind kopfseitig angeschraubt und stützen sich auf gehärteten Zwischenplatten ab. Diese Platten werden beim Schärfen der Schneiden um das gleiche Maß mit abgeschliffen. Man kann auch die Zwischen-platten weglassen und die Umformstempel (10, 11) kopfseitig um den Abschliff kürzen. Die Schneid-kante des Ausschneidstempels (12) wurde verlängert (Maß $ü$), damit diese Ecke am Werkstück gratfrei ausfällt. Der Anschlagstempel (13) stützt zugleich den Ausschneidstempel ab, beide sind miteinander verstiftet. Die hintere Zwischenlage (7) ist so gestaltet, daß der zu verarbeitende Blechabfall von der Einführseite bis zum Auslauf eine Anlege- und Gleitfläche erhält.

b) FVW in Plattenbauweise mit federnder Streifenfestklemmung

Mit Werkzeug, Bild G/8, werden in 4 mm dickes Stahl-Kaltband 1,0 mm tiefe Warzen mittels Stempel (7) und Schneidplatte angeschnitten, wobei die Stempelmaße um etwa 10...15% der Blechdicke größer als die Durchbruchmaße der Schneidplatte ausgeführt sind. Als Mindestscherfestigkeit ist nach Abschnitt C.1.b bei Verhältnis $\frac{\text{Stempeldicke}}{\text{Werkstoffdicke}} < 1,5$ die Beziehung $\tau_s' = 1,5 \cdot \sigma_B$ einzusetzen [1]). Wegen der großen Knickbeanspruchung im Stempel und des hohen Druckes des Stempelkopfes auf die Zwischenplatte mußte ein abgesetzter Stempel gewählt werden.

Während des Anschneidens der Warzen, die knapp an der Außenkante des Werkstoffes sitzen, wandern Werkstoffteilchen infolge auftretender Seitenkräfte (Abschnitt C.1.a) nach außen. Dabei entstehen Ausbauchungen, wodurch der Bandstahl im Werkzeug verklemmt; auch würde die fertige Lasche schlecht aussehen. Diese *Ausbauchungen* verhindern zwei seitliche, gehärtete Schieber (5), die durch ein Keilstempelpaar (4) bewegt werden. Die Keilstempel (Keiltriebstempel) stützen sich rückseitig in der Schneidplatte ab, zusätzlich sind sie in der Führungsplatte geführt. Geben die beiden Federn (6) gleich große Kräfte ab, wird das Kaltband zusätzlich zentriert (vgl. Bild D/10 I, Teil K). Während des Schneidens können auftretende Seitenkräfte die Schieber und die federnden Keiltriebstempel nicht zurückdrücken; deren Keilflächen mit Neigung zwischen 3...4° sind selbsthemmend.

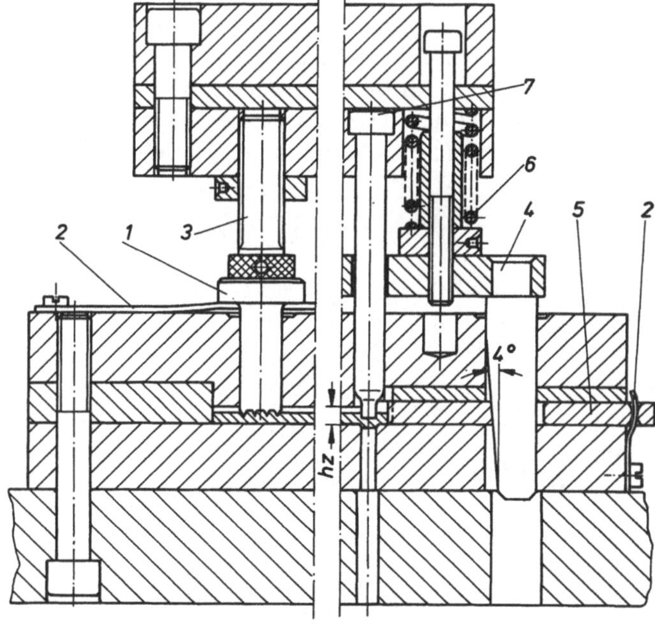

Bild G/8

Verbundwerkzeug mit federnder seitlicher Streifenfestklemmung

Dargestellte Arbeitsfolgen: „Schriftprägen" und „Warzen zum Widerstandschweißen anschneiden"

1 Schriftprägestempel, *2* Blattfeder, *3* Druck- und Einstellschraube mit Feingewinde, *4* Keilstempelpaar, *5* Schieber, *6* Druckfeder mit Federführungsrohr, *7* Warzen-Anschneidstempel

---

[1]) Die Warzenformgebung mittels Stempel und Schneidplatte weist gewisse Ähnlichkeiten mit *Gleichfließpressen* auf, die Umformkraft kann daher auch entsprechend diesem Verfahren bestimmt werden.

Überprüfung der Federn für das Keilstempelpaar

Der verwendete Werkstoff hat Breiten-Nennabmaße $\pm\,0{,}3$ mm. Da zwei Schieber über federnde Keiltriebstempel die Toleranz ausgleichen, ist erforderlicher Federhub bei Keilneigungswinkel $4°$

$$\Delta f = \frac{\text{halbe Toleranz}}{\tan 4°} = \frac{0{,}30 \text{ mm}}{0{,}07} \approx 4{,}5 \text{ mm};$$

mit 2,5 mm Sicherheitsweg wird $\Delta f = 7$ mm.

Gewählt werden zwei Schraubendruckfedern mit folgenden Angaben:
Außendurchmesser 17,5 mm, ungespannte Länge 50 mm, Drahtdurchmesser 3 mm, federnde Windungszahl 9.
Feder gespannt, bei $f_N = f_2 = 16{,}0$ mm ist $F_N = F_2 = 500$ N.
Vorgespannt, bei $f_1 = f_2 - \Delta f = 16{,}0$ mm $- 7{,}0$ mm $= 9{,}0$ mm   wird Federkraft $F_1 \approx 280$ N
(je Druckfeder).
Gleichung (F/2) $F_v = F_h \cdot \tan(\alpha + 2\varrho)$ umgeformt, ergibt (mit $F_v \triangleq F_1$, Feder vorgespannt) die waagerechtwirkende Kraft im Schieber auf die Werkstoffkanten kurz vor Schneidbeginn

$$F_{h \text{ min}} = \frac{F_1}{\tan(\alpha + 2\varrho)} = \frac{280 \text{ N}}{\tan(4° + 2 \cdot 6°)} \approx 1000 \text{ N je Seite.}$$

Der Schriftprägestempel (1) ist in der Höhe einstellbar. Er wird durch eine gehärtete Druckschraube (3) auf die Blechoberfläche gedrückt; zwei seitliche Blattfedern heben ihn wieder ab.

c) FVW mit Säulengestell und starrem Abstreifer

Oft ergeben FVW mit reiner Plattenbauweise (vgl. G.1.b) übermäßig dicke Stempelführungsplatten, wenn man den Schneidstempeln bei höchster Stößellage noch ausreichende Führung geben will. Werden Säulengestelle mit starrem Abstreifer eingesetzt, ist der Stößelhub (Umformweg *hw*) ohne Einfluß auf die Dicke der Abstreifplatte, da alle Stempel über die Säulen geführt sind. Um das Werkzeug ist ein Schutzgitter anzubringen (Unfallschutz).

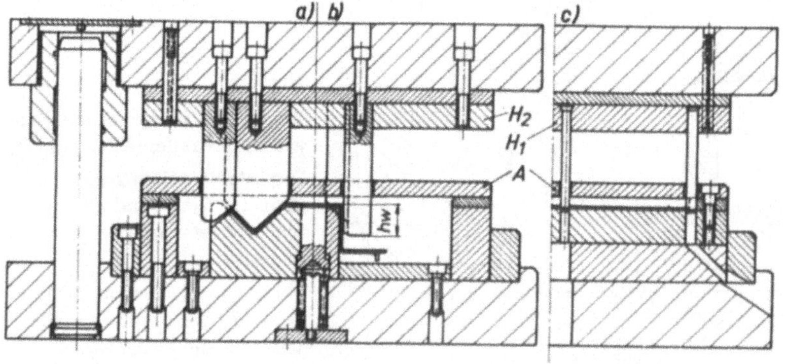

Bild G/9. FVW in Säulengestell mit starrer Abstreifplatte (A) für symmetrische Biegeteile

Querschnitte durch a) Vorbiegestufe mit Teilschnitt durch Führungssäule, b) Fertigbiegestufe,
c) Seitenschneider-Loch-Stufe, im Streifeneinlauf angeordnet;
Werkzeugoberteil hat getrennte Stempelhalteplatten (H_1, H_2) und Zwischenplatten, da zwei Baugruppen, die aus hartaufsitzenden Biegestempeln bestehen, eingebaut sind.

                                        147

Bild G/9 zeigt Querschnitte durch ein FVW mit Säulengestell und starrem Abstreifer für ein symmetrisches Biegeteil, dessen 90°-Biegekanten zusätzliche Versteifungsecken haben. Infolge dieser Versteifungsecken erfordern der hartaufsitzende Vorbiegestempel und der Fertigbiegestempel große Umformwege und damit eine starre Abstreifplatte. Für die federnden Abhebestifte sind schwache Druckfedern vorgesehen, sie müssen nur den bereits abgehobenen Schnittstreifen während seiner Vorschubbewegung die Auflage geben.

d) FVW mit federnder Führungsplatte

Die Laschen (Bild G/10) werden aus Bändern 2 mm x 60 mm der Aluminiumlegierung Al Mg F 20 hergestellt. Fertigteil und Band sind gleich breit. Die Breitentoleranzen erlauben, das Band mittels Walzenvorschubgerät ohne Streifenzentrierung (Bild D/10) durch das Werkzeug zu führen. Zum Einführen eines neuen Bandes ist ein Anschneidanschlag günstig. Suchstempel (6) und ein Taststift (1) mit *Ruhekontakt* [1]) sichern den Vorschub.

In der ersten Arbeitsstufe werden die Vertiefungen geformt und das Langloch ausgeschnitten. Die Formbiegestempel sind kegelig abgesetzt; sie werden beim Schärfen der Schneidstempel kopfseitig mit abgeschliffen. Ebene Bodenflächen mit ausgepreßten Kanten gewährleisten federnde Gegenstempel, die unter einem Federdruck $\gtrless$ 35...40 % der Umformkraft mit $\approx 1{,}0$ mm Mindesthub arbeiten. Die beiden federnden Anhebestifte (11) müssen den Streifen kurz vor Beginn des Vorschubes angehoben haben; Federhub und Vertiefung t der Lasche sind ungefähr gleich groß ($\Delta f \approx 2{,}5$ mm), ihre Federkraft ist gering.

Für das Lochen der Bohrungen in den beiden Vertiefungen werden tieferliegende Schneidbuchsen vorgesehen; ihre Höhe entspricht der Schneidplattendicke. Die Buchsen sind um das Maß der Vertiefung t in die Grundplatte eingelassen. Werden Schneidplatte und ausgebaute Schneidbuchsen beim Schärfen gemeinsam abgeschliffen, bleibt Tiefe t gleich groß.

Vor dem Trennen sichern im Langloch zwei Suchstempel (6) die Streifenlage. Seitlich von jedem Suchstempel sitzen in der beweglichen Führungsplatte (7) noch federnde Abdrückstifte mit Mindestfederhub $\approx 1 \cdot$ Blechdicke. Diese Stifte stoßen den Streifen ab; sie verhindern, daß der Streifen während des Stößelrücklaufes an einem Suchstempel hängen bleibt.

In der Trenn-Biegestufe liegt im Unterteil die höchste Biegekante um Maß $w \gtrless 1{,}5 \cdot$ Blechdicke unterhalb der Schneidkante, so daß die Schneidplatte erst nach mehrmaligem Schärfen die Höhenlage dieser Biegekante erreicht. Der gleiche Höhenunterschied w ist im Oberteil zwischen Schneidkante des Biegestempels und Druckfläche für den waagerecht liegenden Schenkel des Stanzteiles vorhanden. Die letzte Arbeitsstufe erfordert im neuen Werkzeug einen *Schneid-Umformweg* $z \approx 10$ mm. Die Druckfedern (8) der Stempelführungsplatte (7) müssen damit einen Mindestfederhub $\Delta f_{min} = z + 0{,}5$ mm $= 10$ mm $+ 0{,}5$ mm $= 10{,}5$ mm ausführen. Mit 2,5 mm Federhub der federnden Anhebestifte (11) und 2 mm Federhub der federnden Abdrückstifte neben jedem Suchstempel (6), dazu der Mindestfederhub der Führungsplatte (7) $\Delta f_{min} = 10{,}5$ mm wird der *wirksame Stößelweg hw* $= 2{,}5$ mm $+ 2$ mm $+ 10{,}5$ mm $= 15$ mm.

In der Trenn-Biegestufe wird der Schnittstreifen längs einer offenen Schnittlinie abgetrennt; ein Kräftepaar, d.h. ein Drehmoment (vgl. C.1.a), wirkt auf den Schnittstreifen. Dieses Moment nimmt eine federnde Platte auf. Daher wurde für das FVW eine federnde Platte mit zwei Führungssäulen (15 mm und 16 mm ϕ) vorgesehen. Ein Gestell mit federnder Platte, Säulen übereckstehend, wäre ebenfalls geeignet.

Das Werkzeug erhält zum Schutz vor Schäden einen Ruhekontakt (5). Er wird in den Stromkreis einer Pressenkupplung eingebaut, die mittels Elektromagnet oder elektro-

---

[1]) In VDI-Richtlinie 3360 sind mehrere Anwendungsmöglichkeiten von Kontaktschaltern (Schwachspannung) als Prinzipzeichnung dargestellt.

pneumatisch bzw. elektro-hydraulisch gesteuert wird. Betätigt ein Bauelement des Werkzeuges diesen Ruhekontakt, wird der Stromkreis der Pressenkupplung und damit die Stößelbewegung schlagartig unterbrochen.

Im Bild G/10 ist dieses Bauelement der federnde Taststift (1), dessen Durchmesser um 0,3…0,5 mm kleiner als die Werkstückbohrung ist. Bei ungenauem Bandvorschub taucht dieser Stift nicht mehr in die zum Tasten vorgesehene Werkstückbohrung ein; er wird zurückgeschoben und bewegt über eingestochene 45°-Schrägen einen querliegenden Schieber (3). Dieser unterbricht den Stromkreis der Pressenkupplung über einen handelsüblichen Kontaktschalter (5). Die schwache Druckfeder (2) des Taststiftes und die Blattfeder (4) am Schieber gewährleisten spielfreie Bewegung des Taststiftes und des Schiebers. Die Tiefe der eingestochenen 45°-Schrägen entspricht dem Kontaktweg des Schalters (h_3''). Je nach Art der Pressenkupplung ist die Zeitspanne zwischen Betätigung des Kontaktschalters

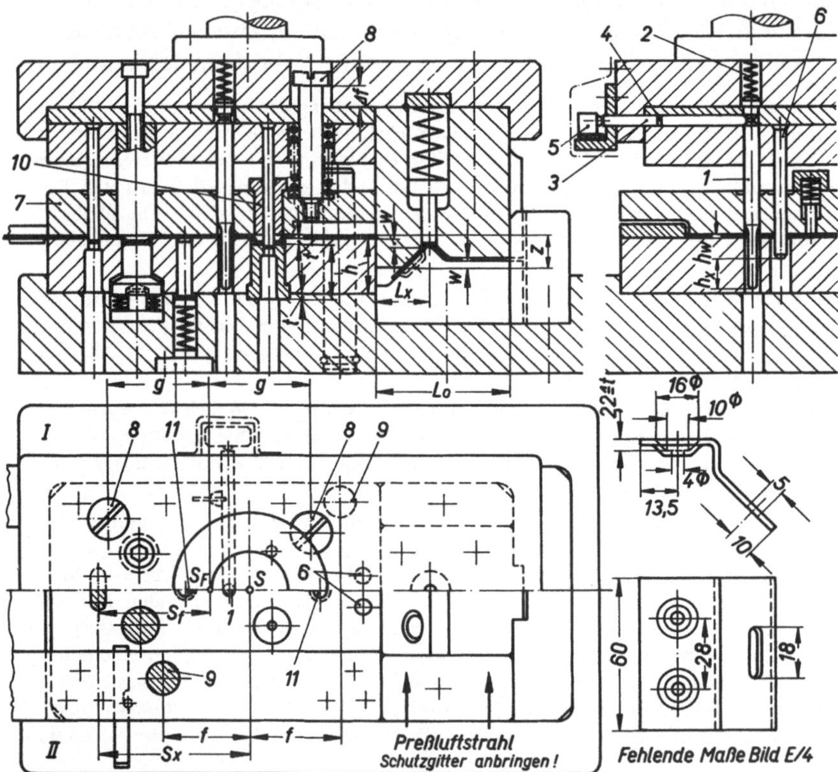

Bild G/10. FVW mit federnder Führungsplatte, Überwachung durch Ruhekontakt
In Draufsicht ist *I* Oberteil, *II* Unterteil ohne Führungsplatte.

Wichtigste Bauteile: *1* Taststift, *2* Druckfeder, *3* querliegender Schieber (Werkstoff 4 mm x 6 mm), *4* Blattfeder (0,8 mm x 4 mm), *5* handelsüblicher Kontaktschalter, der mit zwischengelegter Isolierscheibe mittels Winkel an Werkzeugoberteil geschraubt ist, *6* Suchstempel, *7* federnde Stempelführungsplatte mit vier Druckfedern und Ansatzschrauben (Teile 8) und kurzen Säulen (Teile 9), *10* gehärtete Führungsbuchsen für Lochstempel, in federnde Führungsplatte eingepreßt, *11* federnde Streifenanhebestifte mit Federhub $\Delta f \triangleq t$

S_f Angriffspunkt aller Abstreifkräfte der Schneidstempel $\triangleq$ Schwerpunkt der vier Druckfedern (8), S Angriffspunkt aller wirksamen Kräfte $\triangleq$ Lage des Einspannzapfens.

und Stößelstillstand verschieden. Inzwischen darf das Werkzeug sich höchstens um den Höhenunterschied Taststift – Suchstift, Maß h_x, abwärts bewegen; der Suchstift hat dann noch nicht die Blechoberfläche berührt. Aus dem zu konstruierenden *Hub-Kurbelwinkel-Kreis* (Bild G/11) kann h_x abgemessen werden.

Die vorhandene Exzenterpresse [1]) habe z.B. eine minutliche Drehzahl n = 90, die elektro-pneumatisch betätigte Pressenkupplung eine Bremszeit mit Sicherheitszuschlag von $\frac{1}{17}$ s.

Anzahl der Kurbelumdrehungen während der Bremszeit = $\frac{1}{2}$ · sekundliche Drehzahl · Bremszeit in Sekunden = $\frac{1}{2}$ · $\frac{90}{60\,\text{s}}$ · $\frac{1\,\text{s}}{17}$ = 0,044 Umdrehungen; ergibt als Kurbelwinkel für Bremszeit α_3' = 0,044 · 360° $\approx$ 16°. Bis die Kupplung den Stößelhub unterbrochen hat, dreht sich inzwischen die Exzenterwelle um den Kurbelwinkel $\alpha_3' \approx 16°$ weiter.

Während eines Arbeitshubes (Vorlaufhubes) werden ausgeführt:

a) restlicher Bandvorschub. Dieser hat bei Kurbelstellung 90° vor dem oberen Totpunkt OT begonnen und ist bei Kurbelwinkel α_1 = 90° $\triangleq$ h_1 = $\dfrac{\text{Hub eingestellt}}{2}$ beendet.

b) Vorschubwalzen vom Band abheben (lüften). Je nach Konstruktion der Walzenlüftung ist zum Abheben der erforderliche Stößelhub etwa 1...3 mm, mit Sicherheitszuschlag gewählt h_2 = 4 mm. Dieses Maß h_2, in Abhängigkeit vom eingestellten Stößelhub, ergibt verschieden große Kurbelwinkel α_2. Vom OT aus hat die Exzenterwelle erst Kurbelwinkel α_1 = 90° zurückgelegt; daher läßt sich Kurbelwinkel α_2 mit der vereinfachten Beziehung $\sin \alpha_2 \approx \dfrac{2 \cdot h_2}{\text{eingestellter Stößelhub}}$ ermitteln.

z.B. eingestellter Stößelhub	h_2 = 4 mm $\triangleq$ α_2	h_3'' = 1 mm $\triangleq$ α_3''
30 mm	15°	4°
40 mm	11°	3°
60 mm	8°	2°
80 mm	6°	1,5°

Mit vorläufig geschätztem Stößelhub zwischen 40...60 mm werden für $\alpha_2 \approx 9°$ angenommen.

c) Taststift taucht um sein Vorstehmaß h_x in die Bohrung ein; $h_x \triangleq \alpha_3$. Im Maß h_x ist der Stößelweg während der Bremszeit ($\triangleq \alpha_3'$) und Kontaktweg des Schalters ($h_3'' \approx 0,3...0,5$ mm, mit Sicherheitszuschlag $\approx 1,0$ mm $\triangleq \alpha_3'' \approx 2°$) enthalten. Somit $h_x \triangleq \alpha_3 + \alpha_3' + \alpha_3''$. Mit dem bereits errechneten Wert α_3' = 16° wird α_3 = 16° + 2° = 18°.

d) Suchstempel sichern die Streifenlage; die eingebauten Druckfedern werden betätigt, die Umformung beginnt, sie ist im UT beendet. Dieser wirksame Stößelweg ist von der Werkzeugkonstruktion abhängig, er wurde bereits mit hw = 15 mm festgelegt. Vom Vorlaufhub des Stößels ist für hw der Kurbelwinkel α_4 = 180° – ($\alpha_1 + \alpha_2 + \alpha_3$) übrig.

In diesem Beispiel ist $\sphericalangle$ α_4 = 180° – (90° + 9° + 18°) = 63°

Den vorläufigen *Stößelhub H'* erhält man mit Winkel α_4 nach Bild G/11 aus der Beziehung H' = hw · $\dfrac{2}{1 - \cos \alpha_4}$ oder mit Hilfe des K-Wertes aus dem Kurvenzug des Bildes G/11 b und der Rechnung H' = hw · K. In diesem Beispiel wird mit α_4 = 63° der Faktor $K \approx 3,7$ und damit der vorläufige Stößelhub H' = 15 mm · 3,7 $\approx$ 56 mm.

Jetzt erst konstruiert man mit dem ermittelten vorläufigen Stößelhub H' als Kreisdurchmesser einen vorläufigen *Hub-Kurbelwinkel-Kreis;* in ihm werden zuerst h_2, dann α_3' und h_3'' eingezeichnet. Fällt die Resthöhe hw' größer als das vorgesehene Maß hw aus, dann verkleinert man den vor-

---

[1]) Alle nachfolgenden Angaben ($\sphericalangle$ α_3', α_3'', α_2) sind von der Art der Pressenkupplung, des Walzenvorschubgerätes und des Kontaktschalters abhängig; sie sind teilweise niedriger als in diesem Beispiel angenommen. Während der Bremszeit wird die minutliche Drehzahl von n = 90 U/min auf n = 0 abgebremst; daher ist zur Ermittlung des Bremsweges der Faktor $\frac{1}{2}$ einzusetzen.

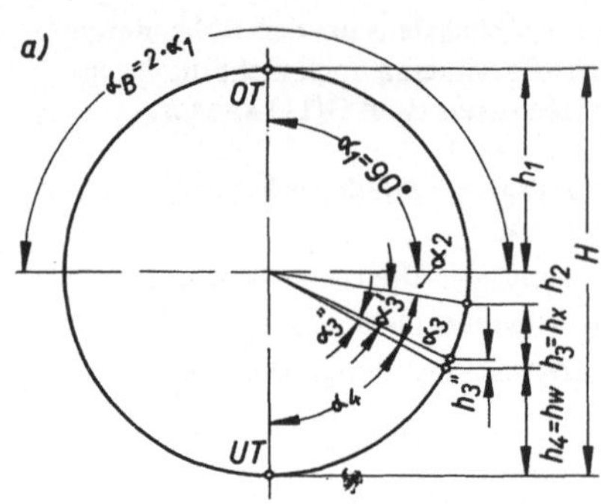
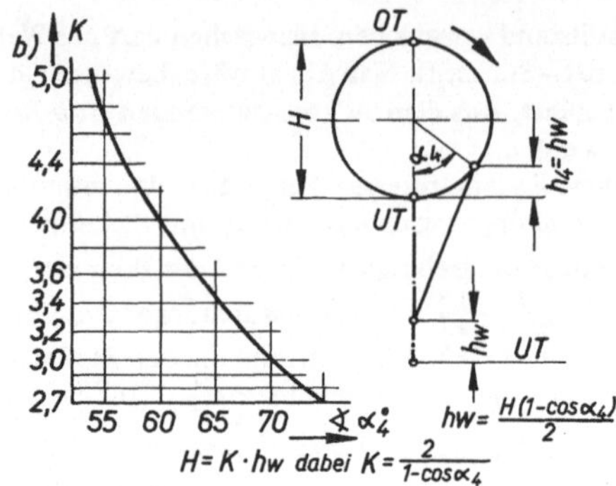

Bild G/11. Hub-Kurbelwinkel-Kreis

a) Kreis mit eingetragenen Winkeln; b) Korrekturfaktor K in Abhängigkeit des Kurbelwinkels α_4

OT oberer Totpunkt, *UT* unterer Totpunkt

H	eingestellter Hub des Pressenstößels (Stößelhub)	h_x	Vorstehmaß des Taststiftes zum Suchstift $\triangleq \alpha_3$
h_1	Stößelweg während des Bandvorschubes	α_3'	Kurbelwinkel für Bremszeit
h_2	Stößelweg zur Walzenlüftung $\triangleq \alpha_2$	h_3''	Kontaktweg des Schalters $\triangleq \alpha_3''$
hw	Umformweg = wirksamer Stößelweg $\triangleq \alpha_4$	α_B	Kurbelwinkel für Bandvorschub $= 180°$

läufigen Stößelhub H'; bei zu kleinem hw' wird H' vergrößert. Bei richtigem Hub H entsteht das vorgesehene Maß hw und gleichzeitig das gesuchte Vorstehmaß h_x des Taststiftes.

Aus dem Hub-Kurbelwinkel-Kreis mit $H' = 56$ mm ϕ und den Werten $h_2 = 4$ mm, $\alpha_3' = 16°$, $h_3'' = 1$ mm, ergibt sich in diesem Beispiel, daß für $hw = 15$ mm der erforderliche Stößelhub H zwischen 56 mm und 58 mm liegen muß. Für h_x werden dann ≈ 8 mm gemessen.

Angaben zur Berechnung der wirksamen Umformkräfte

$$\sigma_B = 200 \frac{N}{mm^2}; \quad \tau_s = 150 \frac{N}{mm^2}$$

Zuschnittlänge (siehe Beispiel E/2) $L_0 = 65$ mm; Abstand von Mitte Biegekante bis Schneidkante

$$L_x = L_1 + \frac{b_1}{2} = 23,0 \text{ mm} + \frac{4,2 \text{ mm}}{2} = 25,1 \text{ mm}.$$

a) *Schnittkräfte*, Gleichungen (C/1) und (C/5):

Langlochstempel F_1	$= 12\,500$ N;	Abstreifkraft $F_1' = 18\,\%$ von 12 500 N	$= 2250$ N
zwei Lochstempel F_2	$= 7\,500$ N;	Abstreifkraft $F_2' = 18\,\%$ von 7 500 N	$= 1350$ N
Trennstempel F_3	$= 18\,000$ N;	Abstreifkraft $F_3' = 5\,\%$ von 18 000 N	$= 900$ N

$F = F_1 + F_2 + F_3 = F_4 = 38\,000$ N;	Abstreifkraft zus.	4500 N
	bei vier Federn je Feder	≈ 1120 N;
	mit 10 % Sicherheitszuschlag F_5	≈ 1230 N

b) *Umformkräfte*, Gleichungen (0/3) und (0/1) im Anhang des Buches:

Formbiegen der beiden Vertiefungen $F_6 = 2$ Stempel $\cdot$ Stempelumfang $\cdot s \cdot \sigma_B \cdot K$

$$= 2 \cdot \pi \cdot 13 \text{ mm} \cdot 2,0 \text{ mm} \cdot 200 \frac{N}{mm^2} \cdot 0,8 = \approx 26\,000 \text{ N}.$$

$F_{gespannt}$ der Gegendruckfedern, damit in den beiden Vertiefungen ebene Böden entstehen,

$\approx 35\ \%$ von $F_6 = 35\ \%$ von $26\ 000$ N ≈ 9000 N, mit $15\ \%$ Sicherheitszuschlag $\approx 10\ 400$ N,

$$\text{je Federsäule} = \frac{10\ 400\ \text{N}}{2} = 5200\ \text{N} \stackrel{\wedge}{=} F_7$$

somit Umformkraft + Gegendruckfederkraft zusammen $= F_{6/7} = 26\ 000$ N $+ 10\ 400$ N $= 36\ 400$ N.

Zweifaches Keilbiegen [1] formschlüssig in der Trenn-Biegestufe $F_8 = 2 \cdot F_{bV} \approx 2 \cdot \dfrac{K \cdot \sigma_B \cdot b \cdot s^2}{l}$

Für Gesenkweite $l \approx 18$ mm wird $K = 1 + \dfrac{4 \cdot s}{l} = 1 + \dfrac{4 \cdot 2{,}0\ \text{mm}}{18\ \text{mm}} = 1{,}45$; somit

$$F_8 = 2 \cdot \frac{1{,}45 \cdot 200\ \dfrac{\text{N}}{\text{mm}^2} \cdot 60\ \text{mm} \cdot 2{,}02^2\ \text{mm}^2}{18\ \text{mm}} = 7800\ \text{N, da hartaufsitzender Stempel}$$

$F_9 = 3 \cdot F_8 = 3 \cdot 7800$ N $= 23\ 400$ N.

Ausstoßerfeder im Gegenstempel $F_{10} \approx 8\ \%$ von $F_9 = 8\ \%$ von $23\ 400$ N ≈ 1850 N, mit $10\ \%$ Sicherheitszuschlag $F_{10} \approx 2000$ N.

c) *Wahl der Federn*

Für die beiden federnden Streifenabhebestifte (11) nach der Formbiegestufe werden als Federkraft (Feder gespannt) je $F_{11} \approx 600$ N gewählt.

Als Gegendruckfedern in der Formbiegestufe $F_7 = 5200$ N wurden sechs wechselsinnig aneinandergereihte Tellerfedern A 40 DIN 2093 vorgesehen. Aus Federkennlinien werden abgelesen:

gespannt $\qquad\qquad F_2 = 5200$ N, $\quad f_2 = 0{,}52$ mm, $\quad \sigma_2 \approx 1020\ \dfrac{\text{N}}{\text{mm}^2}$

vorgespannt $\qquad\quad F_1 \approx 3200$ N, $\quad f_1 \approx 0{,}32$ mm, $\quad \sigma_1 \approx 600\ \dfrac{\text{N}}{\text{mm}^2}$

$$\Delta f = 0{,}20\ \text{mm}$$

gesamter Federhub $\Delta f_{ges} = 6 \cdot 0{,}20$ mm $= 1{,}20$ mm (vgl. B.3 mit Beispiel B/2).

Schraubendruckfedern:

Federkraft für		Abstreifplatte	Ausstoßer im Gegengesenk	Ausstoßer unter den beiden Formbiegestempeln
errechnete Federkraft (N) gepannt		$F_5 = 1230$	$F_{10} = 2000$	$F_{11} = 600$
Kenngrößen der Feder	Außendurchmesser (mm)	21,5	17,5	12,3
	Länge ungespannt (mm)	53	45	25
	Draht rund (mm)	4	–	–
	quadratisch (mm)	–	4	2,5
	Anzahl der federnden Windungen	6	5,5	5,1
	Federkraft gespannt F_2 (N)	1260	2000	650
	Federweg gespannt f_2 (mm)	17	7,2	5,5
Einstellung im Werkzeug	Federhub Δf (mm)	10,5	4	2,5
	Federweg vorgespannt f_1 (mm)	6,5	3,6	3,0
	Federkraft vorgespannt F_1 (N)	460	1000	360

---

[1] Man kann auch rechnen $F_8 = F_{\text{Keilbiegen}} + F_{\text{Abbiegen}} = F_{bV} + F_{bL}$ (Gleichungen 0/1, 0/2 im Anhang des Buches) und dazu den Zuschlag für hartaufsitzenden Stempel berücksichtigen. Die Berechnung $F_8 = 2 \cdot F_{bV}$ ergibt ein höheres Ergebnis und damit mehr Sicherheit.

d) *Lage des Einspannzapfens*

Die Schnittkraft der Trennstufe wird bei der Lageermittlung des Einspannzapfens nicht berücksichtigt, denn das Band ist schon getrennt, bevor die übrigen Stempel wirken.
Die Kraftwirklinie des hartaufsitzenden Biegestempels (F_9) greift in der Mitte der projizierten Druckfläche an.

Für die Lage der Kraftwirklinie von den Abstreiferdruckfedern S_f, die auf die federnde Platte (7) wirken, sind die unter a) ermittelten Abstreifkräfte einzusetzen.

$$S_f = \frac{F_1' \cdot 0 \text{ mm} + F_2' \cdot 88,5 \text{ mm} + F_3' \cdot 140 \text{ mm}}{F_1' + F_2' + F_3'} =$$

$$= \frac{2250 \text{ N} \cdot 0 \text{ mm} + 1350 \text{ N} \cdot 88,5 \text{ mm} + 900 \text{ N} \cdot 140 \text{ mm}}{4500 \text{ N}} \approx 54 \text{ mm}$$

Lage des Einspannzapfens in Richtung des Streifendurchganges, ab Mitte Langloch gemessen:
Als Federkraft setzt man die unter c) ermittelten Werte (Federn gespannt) ein. Die Federkraft der Abstreiferdruckfedern ($4 \cdot F_5 = 4 \cdot 1230 \text{ N} \approx 4900 \text{ N}$) sind mit zu berücksichtigen, da deren Kraftwirklinie zum Einspannzapfen nicht symmetrisch liegt.

$$S_x = \frac{F_1 \cdot 0 \text{ mm} + F_{6/7} \cdot 23,5 \text{ mm} + F_{11} \cdot 40 \text{ mm} + F_2 \cdot 88,5 \text{ mm}}{F_1 \qquad + F_{6/7} \qquad\quad + F_{11} \qquad\quad + F_2} \cdots$$

$$\cdots \frac{+ F_{11} \cdot 102 \text{ mm} + F_{10} \cdot 165 \text{ mm} + F_9 \cdot 175 \text{ mm} + (4 \cdot F_5) \cdot 53 \text{ mm}}{+ F_{11} \qquad\quad + F_{10} \qquad\quad + F_9 \qquad\quad + 4 \cdot F_5}$$

$$S_x = \frac{12\,500 \text{ N} \cdot 0 \text{ mm} + 36\,400 \text{ N} \cdot 23,5 \text{ mm} + 650 \text{ N} \cdot 40 \text{ mm} + 7500 \text{ N} \cdot 88,5 \text{ mm}}{12\,500 \text{ N} \qquad + 36\,400 \text{ N} \qquad\qquad + 650 \text{ N} \qquad\quad + 7500 \text{ N}} \cdots$$

$$\cdots \frac{+ 6500 \text{ N} \cdot 102 \text{ mm} + 2000 \text{ N} \cdot 165 \text{ mm} + 23\,400 \text{ N} \cdot 175 \text{ mm} + 4900 \text{ N} \cdot 54 \text{ mm}}{+ 6500 \text{ N} \qquad\quad + 2000 \text{ N} \qquad\quad + 23\,400 \text{ N} \qquad\quad + 4900 \text{ N}}$$

$$S_x \approx 72 \text{ mm}.$$

e) FVW säulengeführt, mit getrennt federnden Platten

Die Näpfe aus Cu Zn 28 F 28, Bild G/12, werden in einem FVW mit Säulengestell aus Bändern 0,5 mm dick hergestellt. Der Werkzeugaufbau gliedert sich in Werkstoffeinlauf und in die Stufen Einschneiden (I), Umformen (II) und Ausschneiden (III). Jede Stufe hat im Werkzeugoberteil getrennt federnde Platten (4), (11), (18), außerdem getrennte Stempelhalteplatten (3), (10), (17) und Zwischenplatten (2), (9).

Während des *Schärfens der Schneidplatten* bleiben alle federnden Ausstoßer eingebaut, nur die Ziehplatte (12) wurde zuvor umgedreht und wieder eingesetzt. Die tiefersitzende Schneidbuchse (für Lochstempel, Teil 15) muß ausgebaut und jeweils auf die Schneidplattendicke abgeschliffen werden (vgl. G.2.d).

Im *Werkstoffeinlauf* ist vor dem Seitenschneider eine federnde Streifenführung (21) angebracht. Der federnde Stift (7) im Werkstoffeinlauf und die federnden Ausstoßer in den Umformstufen heben den Streifen zum Weiterschieben an. Ohne die *Einschneidstufe* würde beim Umformen das Band Falten werfen. Die Schneidkanten der Einschneidstempel (1) sowie der Schneidplatte (5) sind an zwei sich gegenüberliegenden Stellen je 3 mm angeschrägt; damit bleiben Verbindungsstege im Streifen erhalten.

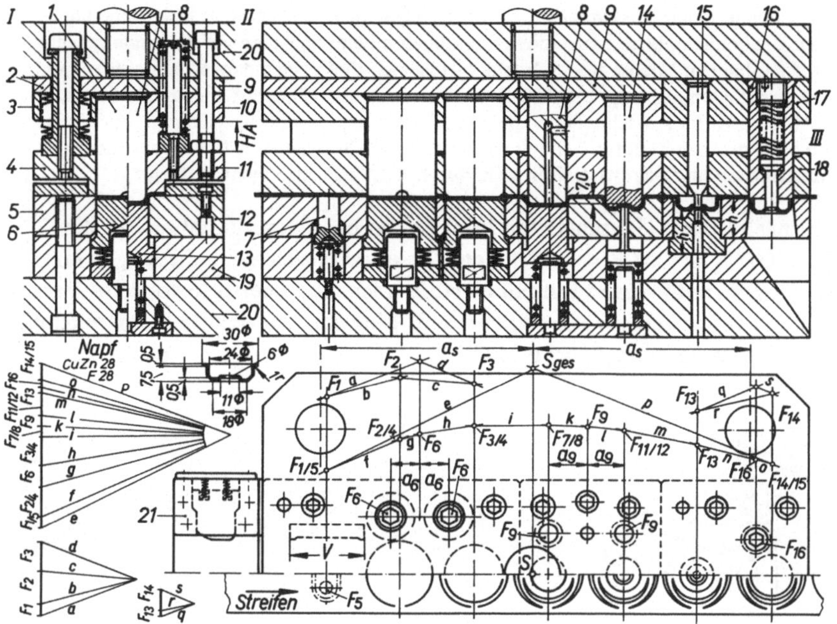

Bild G/12. Verbundwerkzeug mit getrennt federnden Platten
I. Einschneidstufe: *1* Einschneidstempel, *2* Zwischenplatte, *3* Stempelhalteplatte, *4* federnde
   Abstreifplatte, *5* Schneidplatte, *6* Ausstoßer, *7* Streifenabhebestift, federbetätigt;

II. Umformstufe: *8* Umformstempel, *9* Zwischenplatte, *10* Stempelhalteplatte, *11* Blechhalter
   mit Druckfedern, H_A ist die Höhe der Aufschlagstücke, welche auf (11) geschraubt sind,
   12 Ziehplatte, *13* Ausstoßer, *14* Fertigformstempel;

III. Ausschneidstufe: *15* Lochstempel, *16* Ausschneidstempel mit federndem Abstoßstift,
   17 Stempelhalteplatte, *18* Abstreifplatte mit Druckfedern;
   Sonstige Bauteile: *19* durchgehende Grundplatte, *20* Vier-Säulengestell (Ober- und Unterteil),
   21 federnde Streifenführung.

In die Schneidplattendurchbrüche sind federnde Ausstoßer (6) eingebaut. Diese drücken die Ausschnitte in den Streifen zurück und verhindern gleichzeitig, daß die eingeschnittenen Kanten an den Schneiden der Schneidplatte hängenbleiben.

In der *Umformstufe* zieht der erste Stempel (8) den Napf mit Fertigdurchmesser, jedoch noch mit einer etwas größeren Bodenabrundung, bis auf Spiegelhöhe vor. Dadurch liegen nach erfolgtem Streifenvorschub Näpfe und Streifen im Werkzeugunterteil auf, bevor die getrennt federnden Platten nacheinander aufsetzen.

Sind niedere Ziehteile in einem FVW herzustellen, kann man anstatt der drei getrennten Platten (4), (11), (18) eine einzige bewegliche Platte einsetzen, die ebenfalls unter Federdruck steht (Federkraft $F_2 \geqq F_{\text{abstreifen}}$, Federhub $\Delta f <$ Werkstückinnenhöhe). Die Druckfläche dieser Platte ist im Bereich der Umformstufen um etwa 5...7 % der Blechdicke (siehe H.1.c, starre Blechhaltung) abgeschliffen. Man kann auch diesen Abstand zwischen der gesamten Druckfläche der Platte und der Streifenoberfläche vorsehen und die bewegliche Platte auf beiden Zwischenlagen durch Federkraft aufsitzen lassen.

Zum nachfolgenden Lochen in der *Ausschneidstufe* wurde die Schneidbuchse tiefer gelegt. Sie hat die gleiche Dicke wie die Schneidplatte. Wird die Schneidbuchse beim Schärfen der Schneiden regelmäßig mit abgeschliffen, bleiben Buchse und Schneidplatte gleich dick. Nach dem Wiedereinbau der Schneidbuchse wird damit auch der ursprüngliche Höhenunterschied ($\hat{=}$ innere Werkstückhöhe) erhalten. Der federnde Abstoßstift im Ausschneidstempel (16) verhindert, daß Fertigteile im Schneidplattendurchbruch hängen bleiben. In der letzten Schneidstufe sind beide Stempel von einer federnden Abstreifplatte (18) umschlossen, der Schnittstreifen wird durch Abstreifkräfte nicht verformt.

Beim Härten oder nach kurzer Gebrauchszeit können zwischen den Durchbrüchen der Schneidplatte (Bild G/12, Teil 5) Risse entstehen. Diese lassen sich ausschließen, wenn man zwischen der ersten und zweiten Einschneidstufe noch eine Leerstufe vorsieht. Von Nachteil ist, daß dann ein längeres Werkzeug entsteht. Eine oft angewandte Konstruktion, die gleichzeitig das Werkzeug kürzt, zeigt Bild G/13.

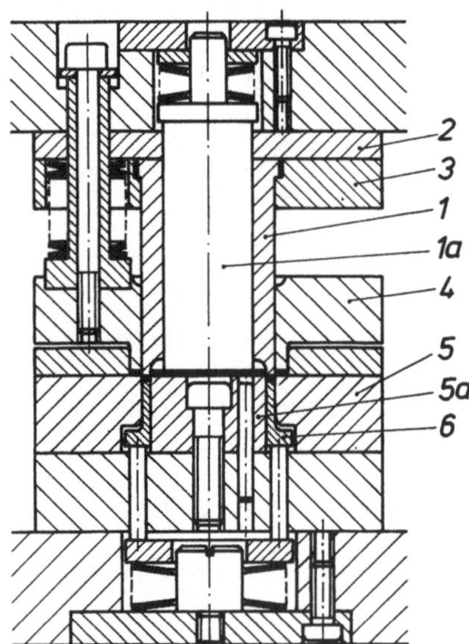

Bild G/13. Einschneidstufe in Gesamtbauweise (Variante für Teile *1, 5, 6* des FVW Bild G/12)

1 Einschneidstempel, *1 a* federnder Abdrückbolzen, Federkraft gespannt $F_{2\,min} \approx 15\,\%$ von F_s innen Ausschneiden, *2* Zwischenplatte, *3* Stempelhalteplatte, *4* federnde Abstreifplatte, *5* Schneidplatte (meist in Formstücke geteilt), *5 a* Schneideinsatz, *6* federnder Auswerferring mit drei Druckbolzen, Federkraft gespannt $F_{2\,min} \approx 15\,\%$ von F_s innen und außen Ausschneiden

Im Streifeneinlauf wurden die beiden Einschneidstufen zusammengelegt und in Gesamtbauweise ausgeführt (Bild G/13). Bei der Anfertigung des Einschneidstempels (1) wird dessen Innendurchmesser mit etwa 1...2 mm Aufmaß und mit großer Innenrundung gedreht und erst nach dem Härten auf Fertigform geschliffen; die Härterißgefahr wird dadurch gemindert. Damit der innere Schneideinsatz (5 a) zentrisch zum Schneidplattendurchbruch sitzt, wird vor dem Abbohren der Paßstiftlöcher ein eigens hierfür gedrehter Zentrierring eingefügt. Zuletzt erhalten die Schneiden an mehreren Stellen noch etwa 3 mm lange Anschrägungen (wie im Bild G/12 die Teile 1 und 5), damit dort Verbindungsstege erhalten bleiben.

Berechnung der wirksamen Umformkräfte

Mit gewähltem, unbeschnittenem Außendurchmesser 33 mm wird der Zuschnittdurchmesser, also der Durchmesser des zweiten Einschneidstempels, mit 42 mm ermittelt (Grundlagen im Abschnitt H.2.a); damit erhält der erste Einschneidstempel 45 mm Durchmesser und der Vorschub (V) 47 mm. Man erkennt, dieses Herstellungsverfahren bedingt einen größeren Werkstoffverbrauch.

a) Einschneidstufe, Gleichung (C/1)

$$F_s = l \cdot s \cdot \tau_s$$

dabei ist bei Cu Zn 28 F 28 die Scherfestigkeit

$$\tau_s \approx 0.7 \cdot \sigma_B = 0.7 \cdot 280 \; \frac{N}{mm^2} \approx 200 \; \frac{N}{mm^2}$$

Schnittkraft des Seitenschneiders

$$F_1 = 50 \; mm \cdot 0.5 \; mm \cdot 200 \; \frac{N}{mm^2} \approx 5000 \; N$$

Schnittkraft des ersten Einschneidstempels

$$F_2 = \pi \cdot 45 \; mm \cdot 0.5 \; mm \cdot 200 \; \frac{N}{mm^2} \approx 14\,200 \; N$$

Schnittkraft des zweiten Einschneidstempels

$$F_3 = \pi \cdot 42 \; mm \cdot 0.5 \; mm \cdot 200 \; \frac{N}{mm^2} \approx 13\,200 \; N$$

Für die Ausstoßer in der Schneidplatte werden als Federkraft gespannt 15...20 % der Schnittkraft angenommen; mit Sicherheitszuschlag gewählt 20 %.
Federkraft F_4 = 20 % von 1420 N $\approx$ 2800 N. Die gleiche Federkraft wird für den zweiten Einschneidstempel gewählt. Der federnde Stift zum Anheben des Streifens in der Einlaufseite erhält zwei Druckfedern, die gespannt je $\approx$ 150 N abgeben; hierfür ist $F_5 = 2 \cdot 150 \; N = 300 \; N$. Als *gesamte Federkraft* wirken im Unterteil innerhalb der Schneidstufen

$$F_4 + F_4 + F_5 = 2800 \; N + 2800 \; N + 300 \; N = 5900 \; N.$$

Die eingeschnittenen Formen werden mit Sicherheit in den Streifen zurückgedrückt, ist die Vorspannkraft der Abstreiffedern im Oberteil $>$ 5900 N. Als Federkraft vorgespannt werden F_6 = 7000 N angenommen; bei vier Federsäulen je $\frac{1}{4}$ von F_6 = 1750 N. Die Abstreifplatte verklemmt nicht, sind die vier Federsäulen symmetrisch zum Schwerpunkt der Schnittkräfte angeordnet (im Bild G/12 graphisch ermittelt mit den Polstrahlen $a...d$).

b) Umformstufe (Gleichungen siehe Anhang des Buches):

Die erste Umformstufe wird rechnerisch als Tiefziehen betrachtet:
Nach Gleichung (0/5) ist Ziehkraft

$$F_7 = \frac{\pi \cdot d_{p1} \cdot s \cdot K_{fm1} \cdot \ln \beta_1}{0.65}$$

Ziehverhältnis β nach Gleichung (H/3) = $\dfrac{D_0}{d_{p1}} = \dfrac{42 \; mm}{24 \; mm} = 1.75$

ergibt aus Kurven im Anhang des Buches, Werkstoff Cu Zn 28,

$$\ln \beta_1 = \ln 1.75 \approx 0.56; \quad k_{fm1} \approx 240 \; \frac{N}{mm^2}.$$

Somit

$$F_7 = \frac{\pi \cdot 24 \; mm \cdot 0.5 \; mm \cdot 240 \; \frac{N}{mm^2} \cdot 0.56}{0.65} \approx 7800 \; N.$$

Die Ausstoßkraft, bei runder Werkstückform und geringer Ziehtiefe mit $\approx$ 10 % der Umformkraft eingesetzt, wird unter Berücksichtigung eines Sicherheitszuschlages $F_8 \approx$ 12 % von 7800 N $\approx$ 950 N.

Umformkraft zum Spiegelformen in der zweiten Stufe:
Nach Annäherungsgleichung (0/3) ist F_{10} = Stempelumfang $\cdot s \cdot \sigma_B \cdot K$; mit Spiegeldurchmesser
11 mm und $K = 0{,}6$ wird

$$F_{10} = \pi \cdot 11 \text{ mm} \cdot 0{,}5 \text{ mm} \cdot 280 \, \frac{N}{mm^2} \cdot 0{,}6 \approx 2900 \text{ N}.$$

Da gleichzeitig die Außenform des Napfes fertig geformt wird und der Stempel (14) hartaufsitzt,
ist $F_{11} \approx 3 \cdot 2900 \text{ N} = 8700 \text{ N}$.

Die in der zweiten Stufe geformten Flächen sind unter 45° geneigt; es reichen zum Ausstoßen
unter Berücksichtigung eines Sicherheitszuschlages $\approx 10 \%$ der Umformkraft aus. Somit Ausstoßkraft $F_{12} = 10 \%$ von 8800 N ≈ 900 N. In beiden Umformstufen werden die gleichen Druckfedern
eingebaut, deren Federkraft gespannt $F_8 = F_{12} = 950$ N ist.

Gleichung (0/5) ergibt mit $\sigma_B = 280 \, \frac{N}{mm^2} = 28\,000 \, \frac{N}{cm^2}$ den Blechhalterdruck

$$p_N = \frac{\sigma_B}{400} \left[(\beta - 1)^2 + \frac{d_p}{200 \cdot s} \right] = \frac{28\,000 \, \frac{N}{cm^2}}{400} \left[(1{,}75 - 1)^2 + \frac{24 \text{ mm}}{200 \cdot 0{,}5 \text{ mm}} \right] \approx 56 \, \frac{N}{cm^2}.$$

In der Werkzeugzeichnung werden als Blechhalterdruckfläche A_N etwa 5 cm x 8 cm = 40 cm² gemessen. Die drei Durchbrüche in der Ziehplatte (12) bleiben unberücksichtigt, denn die genaue
Druckfederkraft muß durch Ausprobieren ermittelt werden.

Mit Blechhalterkraft $F_N = A_N \cdot p_N$ wird $F_9 = 40 \text{ cm}^2 \cdot 56 \, \frac{N}{cm^2} = 2240$ N.

Bei vier Druckfedern kommen je Feder vorgespannt $\frac{F_9}{4} = \frac{2240 \text{ N}}{4} = 560$ N, mit Sicherheitszuschlag
≈ 600 N; deren Kraftwirklinie liegt ungefähr in der Mitte der Blechhalterdruckfläche. Vorgespannt
müssen diese vier Blechhalterdruckfedern über die im Streifen hängenden Werkstücke die beiden im
Werkzeugunterteil sitzenden Ausstoßfedern der beiden Gegenstempel zusammendrücken; es muß
sein

F_9 vorgespannt $> (F_8 + F_{12}$, beide gespannt). Nach Umformbeginn wirkt nur noch der Federdruck F_9.

Man kann auch die Blechhalterplatte (11) auf den Streifenführungsleisten durch die Federkraft
$F_9 > 2250$ N aufsitzen lassen und zwischen Blechoberfläche und Blechhalterplatte einen Abstand
von (5...7) % der Blechdicke s_{max} vorsehen (d.i. starre Blechhaltung, siehe H.1.c).

c) Ausschneidstufe

Schnittkraft nach Gleichung (C/1) des Lochstempels

$$F_{13} = l \cdot s \cdot \tau_s = \pi \cdot 6 \text{ mm} \cdot 0{,}5 \text{ mm} \cdot 200 \, \frac{N}{mm^2} \approx 1900 \text{ N}$$

Schnittkraft des Ausschneidstempels

$$F_{14} = \pi \cdot 30 \text{ mm} \cdot 0{,}5 \text{ mm} \cdot 200 \, \frac{N}{mm^2} \approx 9400 \text{ N}.$$

Abstoßfederkraft im Ausschneidstempel:
Federkraft gespannt $F_{15} \approx 15...20 \%$ von $F_{14} = 18 \%$ von 9400 N = 1700 N, mit Sicherheitszuschlag ≈ 1900 N. Die Näpfe werden mit Sicherheit durch den Schneidplattendurchbruch ge-
stoßen, wenn die Abstoßfeder vorgespannt etwa die Hälfte von 1900 N = 950 N aufbringt und
der Federhub möglichst groß ist.

Federkraft der Abstreifplatte $F_{16} = 18 \%$ von $(F_{13} + F_{14}) = 18 \%$ von (1900 N + 9400 N) ≈ 2000 N;
bei zwei Federn je $\frac{F_{16}}{2} = 1000$ N, mit Sicherheitszuschlag ≈ 1150 N. Die Druckfedern sind ebenfalls symmetrisch zum Schwerpunkt der Schnittkräfte F_{13} und F_{14} angeordnet (im Bild G/12
die Polstrahlen q, r, s).

d) Wahl der Schraubendruckfedern

berechnete Kraft (N)		$F_5 = 300$	$F_8 = F_{12} = 950$	$F_9 = 2240$	$F_{15} = 1900$	$F_{16} = 2300$
Anzahl der Federn		2	1	4	1	2
ergibt Federkraft (N)		150	950	≈ 600	950	1150
Federkraft entspricht F		gespannt	gespannt	vorgespannt	vorgespannt	gespannt
Kenngrößen der Feder	Außendurchmesser (mm)	10	21	18	17,5	19
	ungespannte Länge (mm)	40	40	83	45	35
	Draht rund (mm)	1,5	4	4	–	4
	quadratisch (mm)	–	–	–	4	–
	Anzahl der federnden Windungen	8,5	4,8	13	5,5	5
	Nennfederkraft (N)	162	1470	1520	2000	1260
	Nennfederweg (mm)	16,1	13	20,4	7,2	8
Einstellung im Werkzeug	Federkraft gespannt (N)	150	950	1200	2000	1150
	Federweg gespannt (mm)	14,9	8,4	16	7,2	7,3
	Federhub (mm)	7,5	7,0	8,0	3,8	2,0
	Federweg vorgespannt (mm)	6,9	1,4	8,0	3,4	5,3
	Federkraft vorgespannt (N)	76	160	600	950	830

e) Wahl der Tellerfedern

		$F_4 = 2800$	$F_6 = 7000$
Berechnete Kraft (N)			
Anzahl der Federsäulen		1	4
ergibt Federkraft (N) je Federsäule		2800	1750
Federkraft entspricht F		gespannt	vorgespannt
Kenngrößen der Teller	gewählte Teller (DIN 2093)	B 45	A 31,5
	Federkraft gespannt (N)	2900	3100
	Federweg gespannt, je Teller (mm)	0,70	0,40
	Federspannung gespannt $(\frac{N}{mm^2})$	900	970
Einstellung im Werkzeug	gesamter Federhub (mm)	1,8	2,5
	Telleranzahl	6	14
	Federkraft vorgespannt (N)	1400	1750
	Federweg vorgespannt, je Teller (mm)	0,30	0,22
	Federspannung vorgespannt $(\frac{N}{mm^2})$	400	500

Festlegung der Innensechskantschrauben (Festigkeitsklasse 10.9 DIN 267 Blatt 3), die als Hubbegrenzungsschrauben für Tellerfedersäulen A 31,5 dienen. Jede Schraube (mit Streckgrenze
$\sigma_s = 900 \ \frac{N}{mm^2}$) muß die Federvorspannkraft $F = 1750$ N aufnehmen. Bei Sicherheitsfaktor
$v = 11,5$ (vgl. B.1.d) wird der Spannungsquerschnitt des Gewindes

$$A_s = \frac{F \cdot v}{\sigma_s} = \frac{1750\ N \cdot 11,5}{900\ \frac{N}{mm^2}} = 22,4\ mm^2, \text{gewählt M 8}.$$

Die Lage des Einspannzapfens wurde im Bild G/12 zeichnerisch ermittelt.

f) FVW säulengeführt mit Wippe

Bei der Konstruktion des Werkzeuges (Bild G/14) wurde davon ausgegangen, daß die Aluminiumlegierung Al Mg Mn F 18 nur als 3 m lange Streifen, Walzfaser in Längsrichtung,
lieferbar ist. Diese werden mittels Walzenvorschubeinrichtung durch das Werkzeug geführt.
Um durch Seitenschneider an Streifenbreite nichts zu verlieren, schneiden zwei Stempel
(1) seitliche Aussparungen; in diese hängen zwecks Vorschubverfeinerung mehrere Sucher-

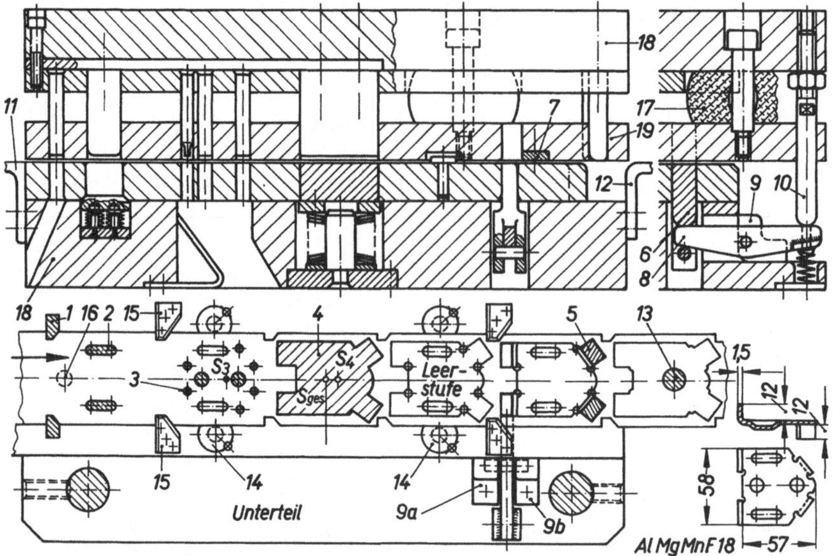

Bild G/14. Verbundwerkzeug mit Umformung gegen die Stößelbewegung
Werkzeugdarstellung kurz vor Arbeitsbeginn, federnde Führungsplatte hat aufgesetzt.
1 Einschneidstempel für Sucherplatten (Teile 15), *2* Formbiegestempel für sickenförmige Vertiefung
und federnder Ausstoßer (zwei Tellerfedersäulen), *3* mehrere Lochstempel, *4* Ausschneidstempel und
federnder zweiteiliger Ausstoßer, der Ausschnitt in Streifen zurückdrückt, *5* Abbiegestempel nach
untengehend, *6* gabelförmiger Hochbiegestempel mit Zylinderstift zur Rückwärtsbewegung, *7* Einsatz
als zweifachwirkende Biegekante, *8* Wippe, *9* linker *(9 a)* und rechter *(9 b)* Lagerblock zur Aufnahme
des Lagerbolzens, *10* Druckbolzen, Höhe einstellbar, *11* Streifenauflagewinkel mit federnder Streifenführung, *12* zwei Auflagewinkel für Abfallstreifen, *13* Druckstift, Höhe einstellbar, drückt Fertigteile
aus Streifen, *14* seitliche Streifenführungsbolzen, *15* Sucherplatten, *16* Anschneidanschlag, als federnder Stift in Schneidplatte eingebaut (vgl. Bild D/19 f), *17* Kunststoff-Druckfedern, *18* Viersäulengestell mit federnder Stempelführungsplatte *(19).*

platten (15) ein. Während der Vorschubbewegung heben mehrere schwach gefederte Stifte (ähnlich Bild G/12, Teile 7) den Werkstoff an. Auf Winkel (11) sitzt federnde Streifenführung (wie im Bild G/12, Teile 21). Als Anschneidanschlag (16) dient der federnde Stift nach Bild D/19 f.

Die im Bild G/14 dargestellte Streifenanordnung berücksichtigt, daß Aluminiumlegierungen annähernd senkrecht zur Walzrichtung abgebogen werden sollen. Nach dem Lochen wird die Zuschnittform ausgeschnitten und durch Tellerfedern wieder in den Streifen gedrückt; deren Federkraft greift im Linienschwerpunkt S_4 der Zuschnittform an. In der nächsten Arbeitsstufe werden die Schenkel des Stanzteils, im Streifen noch gehalten, abgebogen. Das Hochbiegen erfolgt einzeln mittels eines gabelförmigen Biegestempels (6), der über Wippe (8) und Druckbolzen (10) betätigt wird. Die beiden anderen Schenkel biegen zwei Biegestempel (5) in Richtung der Stößelbewegung ab. Der Streifen bleibt an der säulengeführten federnden Platte nicht hängen, da die winklig gestellten Schenkel etwas auffedern; es konnte daher auf federnde Abstoßstifte verzichtet werden. Ein Druckbolzen (13) drückt die Fertigteile aus dem Streifen.

Für das Hochbiegen könnte man auch einen einzelnen gabelförmigen Biegestempel mit zwei Biegekanten vorsehen und beide Schenkel gleichzeitig winklig stellen; eine Wippe mit Lagerung und Druckbolzen wird erspart, jedoch ist die Herstellung der Durchbrüche in der Stempelführungsplatte schwieriger.

Angaben zur Federberechnung:

In der Stufe „Ausschneiden" (Stempel, Teil 4) sind zum Ausstoßen wegen der verwickelten Zuschnittform als Federkraft gespannt $\approx 30\,\%$ einzusetzen. Der Federhub ist gering (Δf = Blechdicke + Eintauchtiefe der Stempelschneidkante); es sind Tellerfederpakete, wechselsinnig aneinandergereiht, geeignet.

Die *Federkraft gespannt der säulengeführten Platte* (19) muß größer sein als die Summe aus:

a) Abstreifkraft der Schneidstempel, (1) und (3) $\approx 25\,\%$ der Schnittkräfte,

b) Abstreifkraft der Formbiegestempel (2) $\approx 15\,\%$ der Formbiegekraft,

c) Druckkraft der Federsäule unter Ausschneidstempel (4),

d) Umformkraft der beiden gabelförmigen Hochbiegestempel (6).

Das Werkzeug macht minutlich unter 50 Arbeitshübe. Es werden daher Kunststoffdruckfedern eingesetzt; diese geben hohe Kräfte und große Federwege ab und sind gegen Überbeanspruchung unempfindlich. Der Gesamtabschliff zum Schärfen der Schneiden ist bei den Federn im Bild G/14 als größer werdender Federhub berücksichtigt.

Stehen Tafeln 1 m x 2 m zur Verfügung, schneidet man sie in 1 m lange Stücke; die Walzfaser verläuft jetzt quer zum Streifen. Das Werkstück aus Aluminiumlegierung ist mit der Längsachse quer zum Streifendurchgang liegend (ähnlich Bild G/4 c) anzuordnen. Die Biegeschenkel werden zuerst freigeschnitten, wozu mehrteilige Stempel günstig sind. Da Ausschneidstufe mit Gegendruckfedersäule (4) entfällt, kann das Werkzeug einfacher gestaltet werden.

Eine *Wippe* zum gleichzeitigen Abbiegen zweier Schenkel gegen die Stößelbewegung zeigt Bild G/15. Die Biegekraft und die Druckkraft des Bolzens (2) nimmt Lagerschale (7), die von der Größe der Rückfederung abhängige *höhere Rückzugskraft* ($\approx 30\ldots35\,\%$ von $F_{\text{Hochbiegen}}$) eine unmittelbar wirkende Druckfeder (9) auf. Der im Biegestempel (8) querliegende gehärtete Zylinderstift ist zweischnittig auf Abscheren ($\tau = \frac{\text{Biegekraft} + \text{Federkraft}}{2 \cdot \text{Stiftquerschnitt}}$) beansprucht. Im einsatzgehärteten Hebel (4) sind infolge der kürzeren Hebelarme nur geringe Biegemomente wirksam. Sollte durch Abnützung zwischen Hebel (4) und Lagerschale (7) ein Spielraum entstehen, wird dieser durch unterlegte Folien (Maß x) ausgeglichen.

Die Konstruktion nach Bild G/15 ergibt im Vergleich zur Ausführung nach Bild G/14 zwei wesentliche Vorteile: Für die Rückzugfeder (9) besteht nicht mehr die Gefahr des seitlichen Ausknickens, auch steht für sie mehr Bauraum zur Verfügung, da FVW in der Regel auf Leisten stehen, um Lochabfälle und Werkstücke besser ableiten zu können.

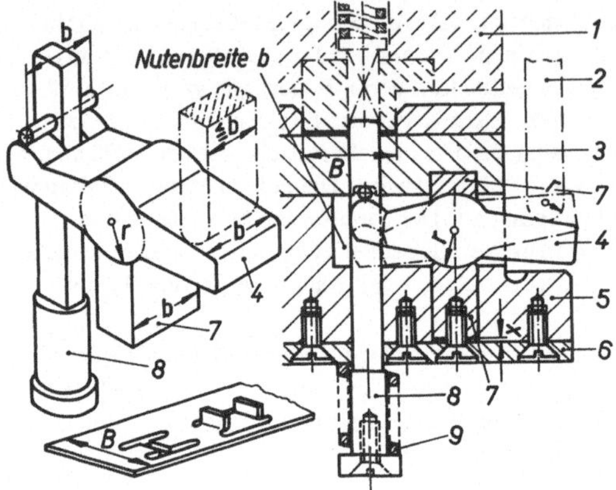

Bild G/15. Wippe für hohe Rückzugskräfte
1 bewegliche federnde Führungsplatte, *2* Druckbolzen, Höhe einstellbar, *3* Führungsplatte für Biegestempel (8), *4* Wippe, *5* Gestellunterteil, *6* Druckplatte, *7* Lagerschalen für Wippe (4), *8* Biegestempel mit querliegendem Stift, *9* Druckfeder;

Maß *x*: bei Abnützung der Lagerschale (7) Folien unterlegen.

g) FVW für Rollbiegen mit Umformungen in Stößelbewegung

Für das Werkzeug (Bild G/16) wurde ein Säulengestell mit Führungsplatte (2) gewählt, deren Tellerfedern mit $F_{2\,\text{gespannt}}$ die Abstreifkräfte der Schneidstufen übernehmen (Δf = Umformweg der Stempel (13) + Eintauchtiefe der Schneidstempel). Die beiden Seitenschneider (9) biegen die zu rollenden Zuschnittkanten, während sie den Schneidvorgang ausführen, bereits mit an; die Schneidplattenoberfläche ist deshalb an den betreffenden Schneidkanten (Punkt A) etwas abgeflacht (vgl. F.5).

In der *Rollbiegestufe* (Schnitt *B–B*) müssen die Federn des Blechniederhalters nur kleine Haltekräfte aufbringen, da sich bei symmetrischer Werkstückform die Seitenkräfte gegenseitig aufheben und zwei Lagesicherungsstifte (4) die Streifenlage bereits vor der Umformung sichern. Die unter 45° geneigten Keilflächen verschieben zum Rollbiegen beide Schieber um Maß *hw* und gleiten danach ohne Schieberbewegung noch um den Überlaufweg $h_{\text{ü}}$ = 0,5...2,5 mm tiefer. Der Mindesthub der Druckfedern, die auf den Blechhalter (3) wirken, ist damit Δf_B = Anlaufweg h_{an} der Lagesicherungsstifte (4) und der Keiltriebstempel (1) + Umformweg *w* + Überlaufweg $h_{\text{ü}}$ der Keiltriebstempel. Mit Hilfe des Überlaufweges $h_{\text{ü}}$ will man das Einrichten des Werkzeuges unter der Presse erleichtern; auch können die Höhenunterschiede zwischen den Umformflächen zu den mehrmals zu schärfenden Schneiden geringe Abweichungen aufweisen. Bei der Anfertigung und nachher beim Ausprobieren des Werkzeuges ist jedoch auf richtige Abstimmung des waagerechten Schieberweges *hw* mit der Keilflächenkröpfung (Maß *v*) zu achten. Verursacht dieses gegenseitige Einstimmen im Werkzeugbau erhebliche Schwierigkeiten, dann baut man *einstellbare Keiltriebstempel* (Bild G/17) ein, die ohne Überlaufweg $h_{\text{ü}}$ arbeiten.

Im FVW, Bild G/16, wurde für die Stempel und Gegenstempel der Arbeitsfolgen *Biegen mit Kragendurchziehen* und *Rollbiegen* im Ober- und Unterteil je eine gehärtete Zwischenplatte mit der Dicke *hz* vorgesehen; diese ist beim Schärfen der Schneiden mit abzuschleifen. Im Werkzeugunterteil sind die

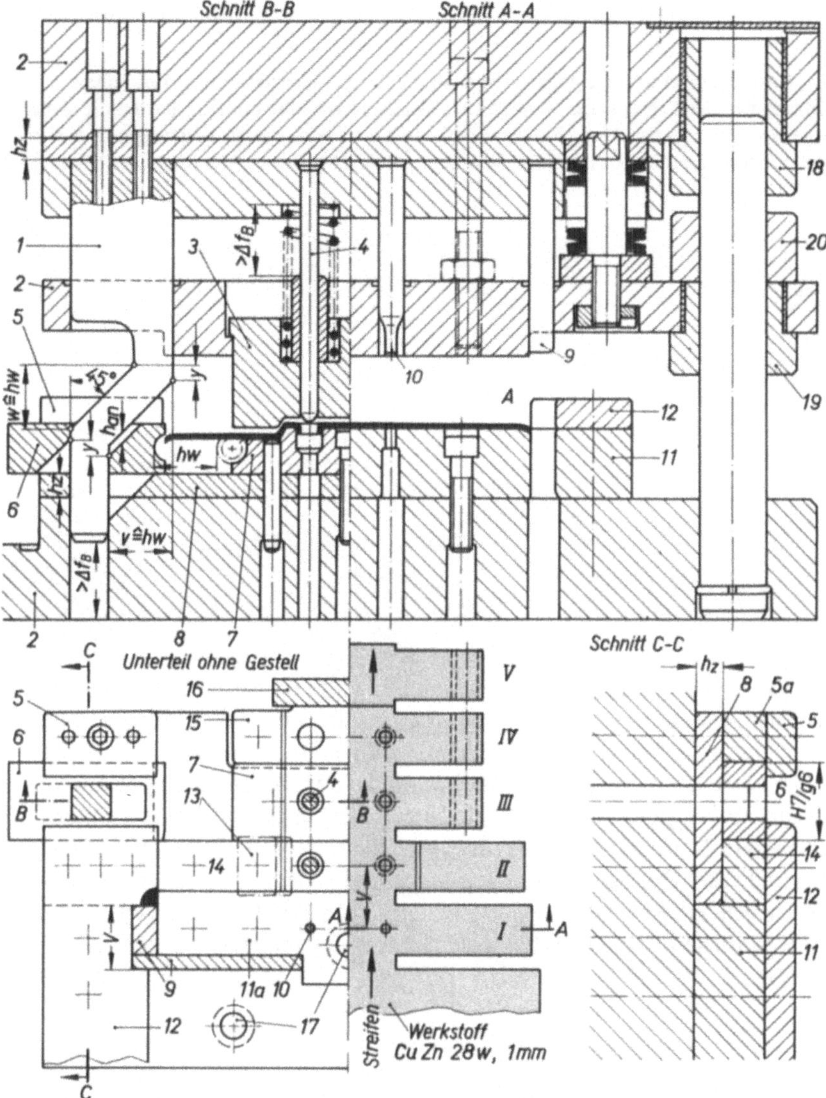

Bild G/16. Verbundwerkzeug für Scharnier

Arbeitsfolgen: *I* Seitenschneiden mit Anrunden (Punkt *A*), Freischneiden und Lochen (Schnitt *A–A*), *II* Biegen und Kragendurchziehen in Richtung der Stößelbewegung, *III* Rollbiegen (Schnitt *B–B*), *IV* Leerstufe, *V* abfalloses Trennen.

Bauteile: *1* Keiltriebstempel, *2* Säulengestell mit federnder beweglicher Führungsplatte (die strichpunktiert dargestellte Hubbegrenzungsschraube sitzt am äußeren Rand der Platte), *3* federnder Blechniederhalter für die Rollbiegestufe, in Führungsplatte geführt, *4* Lagesicherungsstift mit aufgeschobener Hülse zur Federführung, *5* Deckplatte auf Zwischenlage *5a* liegend, *6* Schieber, *7* Gegenstempel zum Rollbiegen, *8* Zwischenplatte mit Höhe *hz*, welche beim Schärfen der Schneiden ebenfalls abgeschliffen wird, *9* Seitenschneider, *10* Lochstempel, *11* Schneidplatte mit Einsatz (*11 a*), dessen Oberfläche bei *A* angerundet ist, *12* Streifenführung, *13* Biegestempel hartaufsitzend, *14* Gegengesenk, *15* Schneidplatte der Trennstufe mit Freibohrungen für die gezogenen Kragen, *16* Trennstempel, *17* federnde Streifenabhebestifte (Federhub = Kragenhöhe + 1 mm), *18* Führungsbuchsen im Oberteil, *19* Führungsbuchse in Führungsplatte, Teile (18) und (19) mittels Kunstharz eingegossen, *20* Aufschlagring.

Schneidplattenteile, Gegenstempel und die gehärteten Bauteile der Schieberführungen zusammen-
gepaßt, verschraubt und verstiftet. Nur wenn harte, dicke Bleche verarbeitet werden, müssen die Teile
des Werkzeugunterteils in einer rechteckigen Paßform aufgenommen sein. Da Messing umgeformt wird,
kann das Kragenziehen, ohne die Lage des Schnittgrates zu berücksichtigen, in Richtung der Stößelbewegung erfolgen.

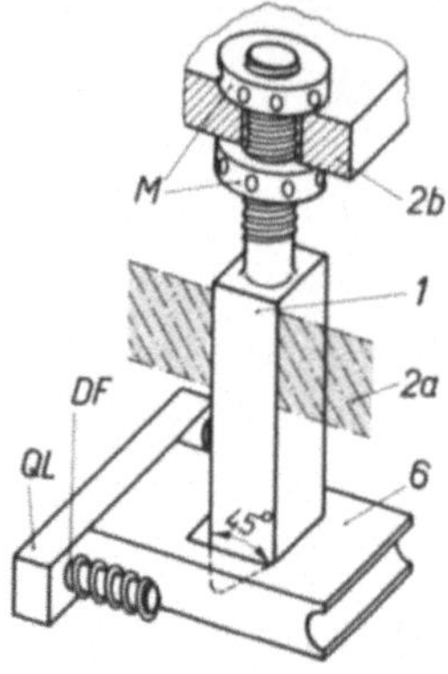

Bild G/17. Einstellbarer, einseitig wirkender Keiltriebstempel
1 Keiltriebstempel mit zwei Rundmuttern *M* zur Höheneinstellung,
2a säulengeführte bewegliche Platte, *2b* Stempelhalteplatte, im
Werkzeugoberteil sitzend, *6* Schieber mit angeschraubter Querleiste *QL*, die zur Aufnahme der beiden Druckfedern (*DF*) dient.

Im Bild G/17 sind nur die zu ändernden Bauteile aus Bild G/16 dargestellt. Der Keiltriebstempel (1) ist auf den Schieber (6) einseitig wirkend. Er stützt sich in der federnden beweglichen Führungsplatte des Säulengestells (2a) ab, weshalb die Führungsplatte dicker
zu gestalten ist. Der Keiltriebstempel führt keinen Überlaufweg $h_{\ddot{u}}$ aus, seine genaue
Höhenlage und damit der Anpreßdruck wird beim Ausprobieren des Werkzeuges mittels
der beiden Rundmuttern *M* eingestellt. Den Schieberrücklauf bewirken zwei Druckfedern
(*DF*). Diese sitzen auf einer Querleiste (*QL*), die am Schieber angeschraubt ist. Beide
Druckfedern stützen sich auf festsitzenden Zwischenlagen (im Bild G/15 die Teile 5 a) ab.
Die Bauteile für die seitliche Führung des Schiebers können unverändert aus Bild G/16
übernommen werden.

H. Tiefziehen

1. Grundlagen

a) Begriffe

Mit *Tiefziehen* bezeichnet man das Umformen eines ebenen Zuschnittes in einen Hohlkörper (Anschlagzug) und das Weiterziehen (Weiterschlagen) des vorgezogenen Hohlkörpers in einen Hohlkörper mit kleineren Innenmaßen (Folgezug). Oft sind mehrere Folgezüge nötig. Stellt das Ziehteil einen unregelmäßigen Hohlkörper dar, z.B. einen Kotflügel, dann spricht man von *Formziehen.*

Tiefziehen kann mittels Stempel und Ziehring (herkömmliche Art), mittels elastischen, flüssigen, gasförmigen Druckmitteln oder mittels elektromagnetischer Kräfte erfolgen. Im Rahmen dieses Buches werden nur Werkzeuge zum herkömmlichen Tiefziehen behandelt, obwohl z.B. das hydromechanische Tiefziehen [1]) heute immer mehr an Bedeutung, besonders bei der Fertigung von Hohlwaren mit geneigten Seitenwänden, gewinnt.

Die Konstruktion der Ziehwerkzeuge richtet sich nach

1. der Umformungsart, ob Anschlag- oder Folgezug ausgeführt wird;
2. den Eigenschaften des umzuformenden Werkstoffes; dieser kann je nach der zu fertigenden Werkstückanzahl Umformelemente aus Werkzeugstahl weich, gehärtet, aus Hartmetall oder aus Sonderaluminiumbronze (siehe I.1) erfordern;
3. der Art der eingesetzten Presse, ob sie einfach- oder doppeltwirkend ist.

b) Abhängigkeit des Werkzeugaufbaues von der Pressenart

Einfachwirkende Pressen, z.B. Kurbel-, Exzenter- oder hydraulische Pressen, sind zum *Tiefziehen ohne Blechhaltung* [2]) (Abschnitt I.4) geeignet, wenn runde Näpfe zu fertigen sind und wenn mit den Pressen die zum Ziehen erforderlichen großen Stößelhübe erreicht werden können. Die Umformelemente sind ein Ziehstempel (im Pressenstößel eingespannt) und ein Ziehring. Erhält eine einfachwirkende Presse in ihren Tisch noch ein mit Druckluft (selten mit Druckflüssigkeit) gesteuertes Ziehgerät, Ziehkissen genannt, dann ist sie zum *Ziehen mit Blechhaltung* geeignet (Bild H/2). Der Werkzeugaufbau ist im Vergleich zur doppeltwirkenden Presse (mechanische oder hydraulische Ziehpresse) verschiedenartig. Das Tiefziehen auf Exzenter- oder Kurbelpressen mit Ziehkissen im Tisch ist jedoch nur bis Verhältnis $\dfrac{\text{Ziehstempeldurchmesser}}{\text{Blechdicke}} < 150$ mit Erfolg einsetzbar. Die Ursache ist im

---

[1]) Für das Hydro-Mec-Verfahren bestehen Schutzrechte. Lizenzen zur Auswertung dieser Patente erteilt z.B. Firma *SMG Süddeutsche Maschinenbaugesellschaft mbH,* Wiesental, Kreis Bruchsal, die auch erforderliche Zusatzeinrichtungen zum Anbau an handelsübliche hydraulische Ziehpressen liefert und die neuesten praktischen Erfahrungen vermittelt.

[2]) Der Blechhalter wird auch mit Niederhalter (oder Faltenhalter) bezeichnet; allgemein ist die Bezeichnung „Blechhalter" üblich.

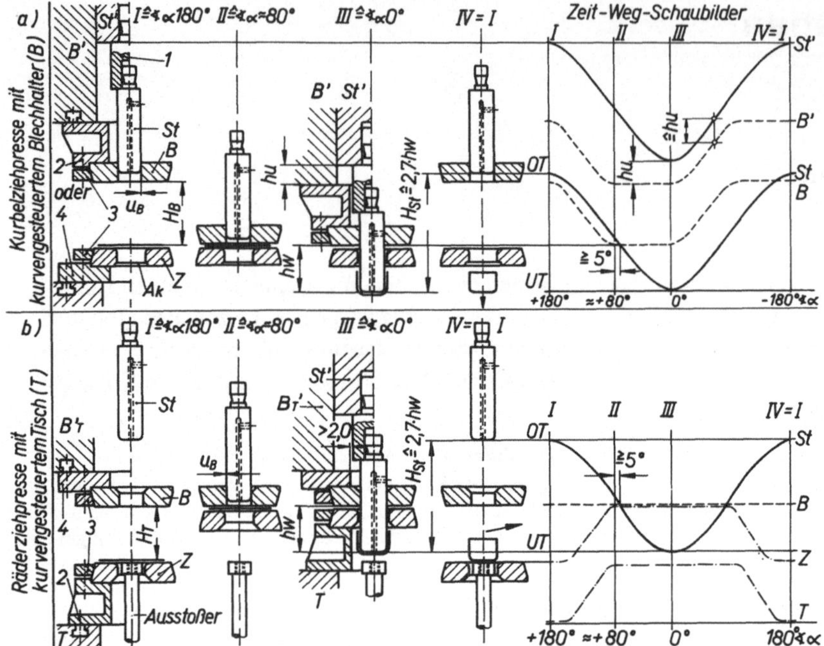

Bild H/1. Werkzeugaufbau, Arbeitsweise beim Anschlagzug auf mechanischen Ziehpressen

OT oberer Totpunkt, höchste Werkzeuglage

UT unterer Totpunkt, niederste Werkzeuglage

St Stempel (Ziehstempel). St' Stößel für Ziehstempel

H_{St} Stößelhub

$\measuredangle\,\alpha$ 180...0° jeweiliger Kurbelwinkel des Ziehstößels

B Blechhalter, B' Blechhalterstößel, H_B Blechhalterhub, B'_T Blechhaltertraverse

T Tisch, H_T Tischhub

Z Ziehring mit oder ohne Abstreifkante A_k

u_B Spalt zwischen B und Z, bei vollsymmetrischer Ziehteilform $u_B = 0{,}05 \ldots 1$ mm (immer $<$ Blechdicke)

hw Umformweg (wirksamer Hub),

hu Höhenunterschiede zwischen St' und B'

1 Stempelaufsatz, *2* Blechhalteraufsatz oder Ziehstuhl, *3* Spannring, *4* Aufspannplatte für Ziehring oder Blechhalter.

stetig ansteigenden Blechhalterdruck $(p_N = \dfrac{F_N}{A\ \mathrm{cm}^2})$ zu suchen, denn mit zunehmender Ziehtiefe verkleinert sich die Blechflanschgröße (A cm^2), zugleich kann noch die Ziehkissendruckkraft (F in N) gering ansteigen [1]).

Weg-Zeit-Schaubilder einiger mechanischer Ziehpressen mit dazugehörendem Werkzeugaufbau zeigt Bild H/1. Um Werkzeugkosten zu mindern, werden für runde Näpfe die Aufbauteile, z.B. Grundplatten (4) oder Ziehstühle (2) mit Spannringen (3) sowie Blechhalter- und Stempelaufsätze, passend für möglichst alle Ziehpressen, durch Werknormen

---

[1]) In größeren Pressen sind deshalb oft pneumatische Ziehkissen mit „Gegendruckschaltung" eingebaut. Hat der Stößel einen bestimmten, einstellbaren Hubweg zurückgelegt, betätigt ein Schaltkontakt ein Durchflußventil, wodurch Preßluft als Gegendruck auf die Zylinderkolben wirkt; die Ziehkissendruckkraft (F in N) wird verringert, günstigere Ziehverhältnisse werden erzielt.

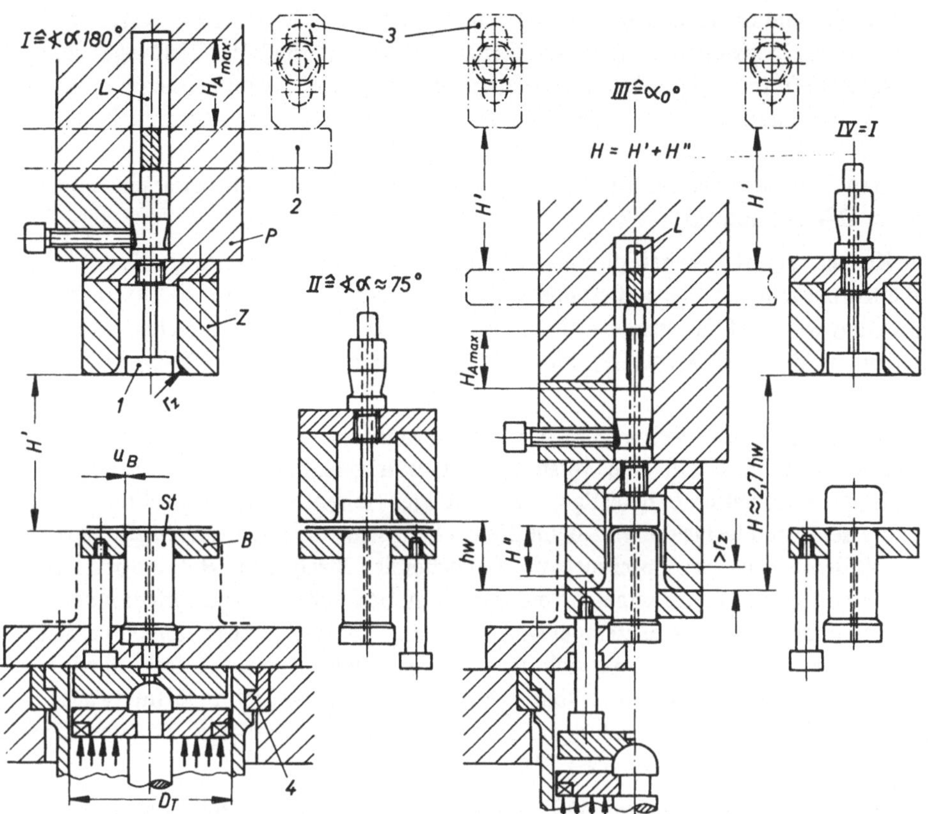

Bild H/2. Schematischer Werkzeugaufbau zum Tiefziehen auf Exzenter- oder Kurbelpressen mit Ziehkissen im Pressentisch

Z Ziehring (mit Ziehkantenrundung r_z) am Pressenstößel P befestigt, St Ziehstempel, B Blechhalter, H Stößelhub, $H_{A\,max}$ Größthub des Zwangsausstoßers, hw Umformweg (wirksamer Stößelweg), u_B Spalt zwischen B und St, bei vollsymmetrischer Ziehteilform u_B = 0,05...1 mm (immer < Blechdicke).

1 zwangsbetätigter Ausstoßer, *2* Querstab, der sich im Schlitz L des Pressenstößels mit Hub H'' bewegt, *3* zwei feste Anschläge für Teil 2, in der Höhe einstellbar, *4* geteilter Ring im Pressentisch oder in dessen Aufspannplatte DIN 55 178, passend zum Druckluft-Ziehgerät (Durchmesser der Druckfläche D_T).

auf einige Größen beschränkt. Auch Umformteile, wie Stempel St, Ziehringe Z und Blechhalterringe B, deren Maße von der Ziehteilform abhängen, werden tabellarisch erfaßt. Beim Anschlagzug oder bei mehreren Folgezügen kann man oft den errechneten Ziehdurchmesser mit einem vorhandenen Stempel oder Ziehring abstimmen; es sind dann Ziehwerkzeuge, nur mit *Auswechselteilen* zusammengestellt (Bild I/1), einsatzbereit.

Bei *Kurbel-, Kniehebel- und hydraulischen Ziehpressen* (Bild H/1 a) eilt während des Vorlaufhubes der Blechhalterstößel B' dem Ziehstößel St' voraus. Wenn im unteren Totpunkt UT der Höhenunterschied Unterkante des Blechhalterstößels zum Ziehstößel

hu $\gtrsim$ 80 mm ist, sind die Höhenlagen der beiden Stößel zueinander richtig abgestimmt.
Wird während des Ziehstößelrücklaufes das fertige Ziehteil unterhalb des Ziehringes vom
Stempel abgestreift und es fällt durch das Werkzeug (bzw. Tisch), dann bezeichnet man
dieses Ziehverfahren mit *Durchzug*. Als Abstreifelement sind federnde Abstreifschieber,
vereinzelt auch eine Abstreifkante *Ak*, im Ziehring geeignet. Für Grundgestelle mit auswechselbaren Ziehringen müssen Abstreifschieber je nach Ziehteildurchmesser einstellbar
sein (Bilder H/4, I/2 und I/3).

Hat eine Kurbel- oder Kniehebelziehpresse im Tisch eine Ausstoßeinrichtung, die z.B.
durch die Kurbelwelle des Ziehstößels über ein im Pressengestell eingebautes Gestänge
zwangsbetätigt wird und das fertige Ziehteil durch die Ziehringöffnung zurückstößt, dann
spricht man von einem *Rückstoßzug*; im Ziehring ist deshalb eine Innenschräge γ (Bild
H/10 a_3) erforderlich.

Der Aufbau einer *Räderziehpresse* (Bild H/1 b) ist abweichend von anderen mechanischen
Ziehpressen. An der Unterseite eines verstellbaren Querträgers, Blechhaltertraverse B_T'
genannt, ist der Blechhalter B befestigt; nach erfolgter Höheneinstellung wird die Tra-
verse im Pressengestell festgeklemmt. Beim Ziehen hebt sich zuerst der kurvengesteuerte
Tisch T mit dem eingelegten Zuschnitt zum feststehenden Blechhalter B. Dann setzt der
sich abwärts bewegende Ziehstempel St auf der Blechoberfläche auf und verformt den
Zuschnitt. Befindet sich der Ziehstempel während seines Rücklaufhubes bereits innerhalb
des feststehenden Blechhalters, senkt sich der kurvengesteuerte Tisch. Das Ziehteil wird
dadurch von einem in der Höhe einstellbaren Ausstoßer durch die Ziehringöffnung ausgeworfen. Da Räderziehpressen nach dem *Rückstoßzug-Verfahren* arbeiten, erhalten Ziehringe eine Innenschräge ($\gamma \approx 30\ldots45°$).

Bei *langsamlaufenden Exzenter- und Kurbelpressen mit Ziehkissen* im Pressentisch ist,
im Gegensatz zu doppeltwirkenden Pressen, der Ziehstempel St im Werkzeugunterteil
angeordnet (Bild H/2). Das Ziehkissen hebt über Druckbolzen oder Ansatzschrauben eine
Blechhalterplatte B, die den Ziehstempel St ringförmig umschließt. Zum Tiefziehen bewegt sich der am Pressenstößel P' befestigte Ziehring Z abwärts und drückt die umzuformende Zuschnittfläche mit dem Blechhalter gegen die Kraft des Ziehkissens abwärts. Mit
richtig eingestelltem Ziehkissendruck bilden sich beim Anschlagzug im kleiner werdenden
Flansch der Ziehteile anfangs Falten geringer Welligkeit, die über der Ziehkante des Ziehringes (Halbmesser r_Z) geglättet werden. Während des Rücklaufhubes folgt dem Ziehring Z
gleichzeitig der Blechhalter B nach. Der gezogene Napf verbleibt im Ring; deshalb muß
ein Zwangsausstoßer (Bild H/2, Teile 1...3) das fertige Ziehteil aus dem Ziehring abwerfen.

In der Regel kann man unter einfachwirkenden Pressen mit Ziehkissen im Tisch nicht die Ziehtiefe der
doppeltwirkenden Ziehpressen erreichen. Vielfach ist der *Hub des Zwangsausstoßers* $H_{A\,max}$ oder
auch der Stößelhub H zu klein. Der *Stößelhub H* sollte $2{,}7 \cdot$ Umformhöhe *hw* [1]) sein; häufig muß
man bei hohen Ziehteilen mit einem Mindeststößelhub H = Umformhöhe *hw* + Ziehteilhöhe +
+ 20...40 mm Spielraum zum Herausnehmen des Ziehteiles auskommen. Bei der kräftemäßigen Überprüfung der Exzenter-(Kurbel-)Presse darf als *Stößelkraft* in Ziehwerkzeugen bei Umformbeginn (bzw.

---

[1]) Die Umformhöhe (wirksamer Stößelweg) *hw* entspricht dem restlichen Stößelhub bis zum unteren
Totpunkt *UT*, nachdem die Ziehring-Druckfläche (oder Schneide) die Blechoberfläche berührt hat.

in Verbundwerkzeugen „Ausschneiden – Ziehen" bei Schneidbeginn) nur etwa die Hälfte der Pressennennkraft [1] vorgesehen werden; die Presse wäre sonst überlastet. Zusätzlich ist zu überprüfen, ob die erforderliche Umformenergie von der Presse aufgebracht wird (vgl. Beispiel I/1).

c) Der Blechhalter beim Werkzeugentwurf

Beim *Anschlagzug* [2] wird durch den auf den Zuschnitt einwirkenden Stempel der Flanschwerkstoff plastisch; er fließt in Richtung zur Ziehkante, wobei der kleiner werdende Flansch radial auf Dehnung, tangential auf Stauchung [3] beansprucht wird (Bild H/3 a). Ohne Blechhalter würden sich im Flansch Falten bilden (Ziehfehler-Tabelle I/1, Bild III B). Im zylindrischen Mantel des entstehenden Napfes (Zarge genannt), sind reine Zugbeanspruchungen vorherrschend; die Blechdicke im Übergang „Bodenrundung auf Zarge" schnürt sich gering ein. Bei zu großer Beanspruchung kann an dieser Stelle der Boden abreißen (Ziehfehler-Tabelle I/1, Bilder I A1 und I A2).

Am oberen Rand des gezogenen Napfes sind vier *Zipfel* entstanden, die annähernd gleichmäßig auf dem Umfang verteilt sind und bei den meisten Werkstoffen unter 45° zur Walzrichtung *WR* liegen (Ziehfehler-Tabelle I/1, II C). Die Größe dieser Zipfel hängt von der Werkstoffart und seiner Ziehfähigkeit ab; ihre Ursache ist im kristallinen Aufbau des Ziehwerkstoffes begründet. Beim Kaltwalzen eines Bleches werden seine Kristalle in Walzrichtung gestreckt, quer dazu gequetscht (eingeschnürt). Je nach Lage der verzerrten Kristalle zur Beanspruchungsrichtung ist ihre Dehnung verschieden groß. Ziehversuche nach DIN 50114 mit Tiefziehstahlblechen ergeben, daß Proben, die unter 45° zur Walzrichtung beansprucht sind, sich etwas mehr dehnen als Proben, die in und quer zur Walzrichtung geprüft wurden. Diese unterschiedlichen Dehnungseigenschaften wirken sich während des Tiefziehens bei Kristallkörnern, die unter 45° zur Walzrichtung beansprucht sind, durch erhöhte Dehnung, d.h. Verformung aus. Es entstehen die vier Zipfel. Diese Erscheinung wird mit *Anisotropie* [4] bezeichnet.

---

[1] Die wirksame Stößelkraft bei Hub_{max} und Kurbel $\angle\alpha = 30°$ vor dem unteren Totpunkt *UT* wird nach DIN 55171...DIN 55174, sowie DIN 55180, mit *Pressennennkraft* bezeichnet. Die Stößelkraft mindert sich, je größer der Kurbelwinkel α ist, entsprechend der Beziehung

$$F_{\text{Stößel}} \approx \frac{F_{\text{Nennkraft}}}{2 \cdot \sin\alpha}.$$ Bei Hub eingestellt $\approx 2,7 \cdot hw$ ist Kurbelwinkel α mit 75° (aus

Beziehung hw = Hub eingestellt $\cdot \dfrac{1 - \cos\alpha}{2}$) einzusetzen.

Entsprechend einer geplanten europäischen Norm für Pressen soll in Abstimmung mit der JIC-Norm (USA) die *Pressennennkraft* die Kraft sein, mit der eine Presse ab einem bestimmten Abstand vor dem unteren Totpunkt belastet werden kann. Dieser Abstand beträgt bei Pressen mit Rädervorgelege H_{max} : 30, bei Pressen mit Direktantrieb H_{max} : 40; dabei H_{max} = größter Stößelhub in mm. Nach DIN 55171 (und nachfolgende DIN-Blätter) ist dieser Abstand H_{max} : 15.

[2] Ziehvorgang, Berechnung der Zieh- und Blechhalterkraft siehe *Grüning*, Umformtechnik, Viewegs Fachbücher der Technik. Friedr. Vieweg + Sohn GmbH, Braunschweig.

[3] Tiefziehen wird daher von DIN 8584 als *Zug-Druck-Umformung* erfaßt.

[4] Einen Körper bezeichnet man als anisotrop, wenn er unter Einfluß einer Belastung die Eigenschaft hat, sich in verschiedenen Richtungen physikalisch nicht gleich zu verhalten.

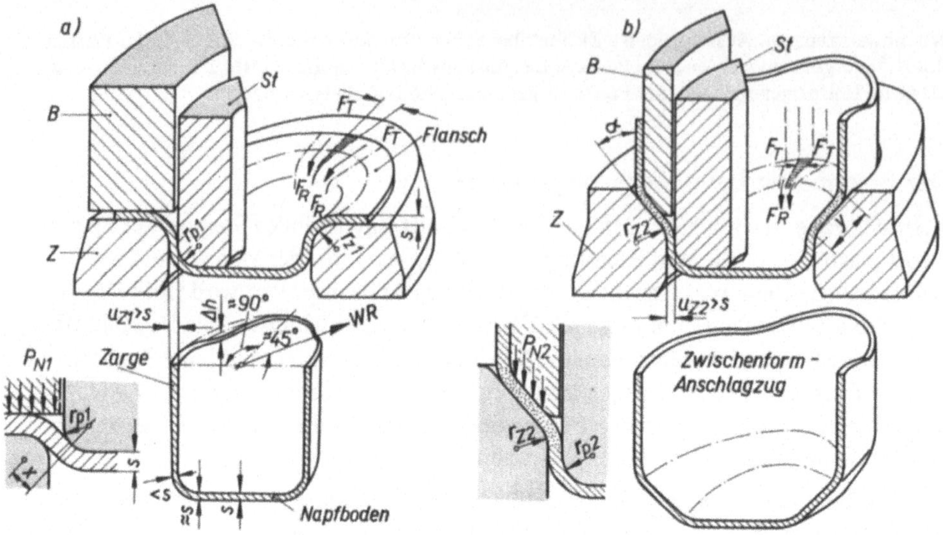

Bild H/3. Vorgang beim Tiefziehen.   a) Anschlagzug,   b) Folgezug

B Blechhalter, Z Ziehring, St Ziehstempel mit Belüftungsbohrung 3...8 mm, F_R radial wirkende
Kräfte, F_T tangential wirkende Kräfte, s Blechdicke, r_p Stempelabrundung, r_z Ziehkantenabrundung, u_z Ziehspalt, p_N Blechhalterdruck in N/cm^2;
Index 1 für Anschlagzug, Index 2 für Folgezug;
Δh Zipfelbildung durch Anisotropie, meist unter 45° zur Walzrichtung WR versetzt.

Nichtzipfelnde Ziehteile aus Stahlblechen erhält man nur, wenn im Blech eine Kornumbildung durch Normalglühen bei 900...950 °C mit bestimmter Erhitzungsgeschwindigkeit, Haltezeit und Abkühlungsgeschwindigkeit erfolgt ist [1].

Bei hydraulischen Ziehpressen und mechanischen Exzenter-(Kurbel-)Pressen mit Ziehkissen im Tisch wird der Blechhalterdruck zuerst ausprobiert, notiert und bei späteren
Arbeiten immer gleich hoch eingestellt (*elastische Blechhaltung*). Bei mechanischen Ziehpressen (Bild H/1) dagegen ist ein bestimmter Blechhalterdruck nicht einhaltbar (*starre Blechhaltung*); man läßt deshalb vielfach den Blechhalter im Abstand ungefähr 5...7 %
der Blechdicke s_{max} auf dem Blechflansch wirken. Die Blechhalterfläche hat dann nur die
Aufgabe, Falten bereits beim Entstehen glattzudrücken [2]. Dieser kleine Abstand wird
beim Anschlagzug unter mechanischen Ziehpressen (starre Blechhaltung) meist durch
Ausprobieren ermittelt.

Beim Einrichten von mechanischen Ziehpressen läßt sich ein kleiner Spielraum zwischen Blechflansch
und Blechhalter einstellen, indem man z.B. bei Räderziehpressen den Blechhalter abwärts kurbelt, bis
er auf dem Zuschnitt aufsitzt (Bild H/1 b, Maschinenstellung II). Nun wird seine Verstellspindel innerhalb des in den Spindelmuttern enthaltenen Spiels zurückgedreht und zuletzt der Blechhalter festgeklemmt.

---

[1] Nichtzipfelndes Stahlband liefert z.B. Firma *Kaltwalzwerk Brockhaus GmbH*, Plettenberg.

[2] Während des Ziehens wird bei *elastischer Blechhaltung* das Einfließen des plastisch gewordenen
*Blech*werkstoffes zurück*gehalten*; daher stammt die Bezeichnung *Blechhalter*. Durch *starre Blechhaltung* will man die im Flansch entstehenden *Falten nieder halten,* damit diese über der Ziehkantenabrundung noch geglättet werden können. Deshalb wählt man hierfür auch die Bezeichnung
Niederhalter oder *Faltenhalter.*

Bei dicken Blechen wird der kleine Abstand zwischen Blechoberfläche und Blechhalterdruckfläche auch durch die Höhe des Einlegeringes oder der Anschlagstücke für den Zuschnitt (Bild I/1, Teil 6) begrenzt; Höhe = Maß e_{max} = Blechdicke s_{max} + (5...7)% von
s_{max}. Die gleichen Abstandstücke werden beim Tiefziehen auf Exzenter-(Kurbel-)Pressen
mit Federdruckgerät im Tisch (ähnlich Bild H/2) vorgesehen. Im Vergleich zum Ziehkissen
steigt der Federdruck mit größer werdender Ziehtiefe an und würde ohne Abstandstücke
(bzw. Distanzbolzen Db im Bild K/2 III) zu Bodenreißen führen (Ziehfehler-Tabelle I/1,
Bild I A2). Bei starren Blechhalterplatten (Bilder H/4 b und I/6, Teil 2) ist ebenso Maß e
einzuhalten.

In Betrieben, die selten Tiefzieharbeiten ausführen und daher keine Ziehpresse haben, werden *Ziehwerkzeuge mit starrer Blechhalterplatte,* die von Hand betätigt wird, eingesetzt (Bild H/4 b). Voraussetzung ist, daß die bereitgestellte einfachwirkende Presse den erforderlichen Stößelhub $\approx 2{,}7 \cdot$ Umformweg hat und das Ziehteil durch den Ziehring gezogen werden kann (weitere Angaben Beispiel I/3).

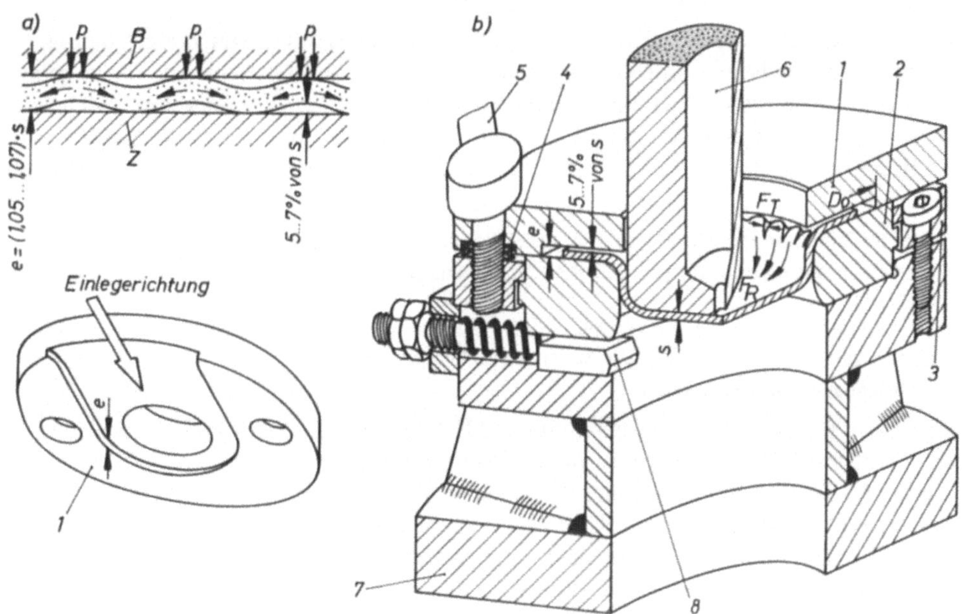

Bild H/4. Anschlagzug mit starrer Blechhaltung
a) Radialfalten mit geringer Welligkeit, die im Ziehteilflansch während des Ziehens entstehen;
   B starrer Blechhalter, Z Ziehring, p Druck von B auf den Werkstoff in N/cm^2;
b) Ziehwerkzeug mit starrer, handbetätigter Blechhalterplatte unter einfachwirkender großhübiger
   Presse eingesetzt (Prinzip Durchzug).
   1 starre Blechhalterplatte, *2* Ziehring, *3* Spannring, *4* schwache Tellerfedern zum Anheben von
   (1), *5* Spanngriff je mit Links- und Rechtsgewinde, *6* Ziehstempel, *7* Ziehstuhl (vgl. Bild I/1 c,
   Teil 4), *8* Abstreifer.
   F_R radial wirkende Zugkräfte, F_T tangential wirkende Druckkräfte.

Wie beim Anschlagzug muß beim *Folgezug* die Zarge des vorgezogenen Napfes während
der Umformung ebenfalls Dehnungen und Stauchungen übernehmen. Deshalb ist auch
beim Folgezug ein Blechhalter erforderlich; er zentriert gleichzeitig den vorgezogenen
Napf. Den Blechhalter, der die Form eines Rohres mit geneigter Stirnfläche (Bilder H/3 b,
H/10 b, I/1 b) hat und deshalb oft mit *Blechhalterröhre* bezeichnet wird, läßt man auf die
Blechoberfläche drücken (elastische Blechhaltung) oder in einem Abstand $\approx 0,1 \cdot$ Blechdicke (starre Blechhaltung) wirken.

d) Ziehen über Wulste

Um beim Tiefziehen von schwierig herzustellenden Werkstückformen die Ausschußquote
zu mindern, kann man einen *Einfließwulst* (Ziehwulst) oder *Bremswulste (Ziehstäbe)* vorsehen. Beide lockern das Werkstoffgefüge auf, je nach Wulstform kann man mit ihnen den
Werkstofffluß mehr oder weniger stark bremsen oder völlig absperren. Auch mindern beide
den Blechhalterdruck p_N (in $\frac{N}{cm^2}$ bezogen auf die Blechhalterdruckfläche); doch sie
bedingen eine geringe Erhöhung der erforderlichen Ziehkraft.

Während des Ziehens einer Halbkugelform oder eines Napfes mit großer Bodenrundung
und geringer Zargenhöhe würde der Zuschnitt, ohne hohen Blechhalterdruck p_N, zu schnell
in die Ziehform einfließen, sich nicht an die Stempeloberfläche anschmiegen und dabei
Längsfalten bilden (Ziehfehler-Tabelle I/1, Bild I C). Abhilfe bietet ein *Einfließwulst*
(Bild H/5 a), der *gleichzeitig die Ziehkante r_z bildet* [1]) und daher oft als *Ziehwulst* bezeichnet wird.

Die dabei im Zuschnitt entstehende ringförmige Sicke soll

1. das Blech im kristallinen Aufbau auflockern und dadurch das Umformvermögen des Werkstoffes
   verbessern,
2. den Blechrand versteifen, damit er während der Umformung ohne Faltenbildung höchste Beanspruchungen (radiale und tangentiale Spannungen) aufnehmen kann,
3. den Blechhalterdruck p_N mindern.

Bremswulste auch mit *Ziehstäbe* benannt (Bild H/5 b), hemmen beim Tiefziehen prismatischer Teile mit beliebiger Außenform und beim Formziehen den Werkstofffluß an bestimmten Stellen. Sie erzielen dadurch ein gleichmäßiges Einfließen des Zuschnittes in die
Ziehform, verhindern Falten oder Risse (Ziehfehler-Tabelle I/1, Bild I A 4) und mindern
den Blechhalterdruck p_N. Die Wulstleisten haben *gleichbleibenden Abstand zur Ziehkante*.
Nur bei großen Ziehtiefen ist der im Bild H/5 b angegebene Abstand zur Ziehkante auf
$\approx 2,5 \cdot b$ zu erhöhen.

Ziehstäbe, in VDI-Richtlinie 3377 maßlich festgelegt, sind aus St 70 k handelsüblich erhältlich. Meist
werden sie durch Schaftschrauben DIN 427 oder Paßkerbstifte DIN 1472 befestigt; das herausragende
Ende wird als Senkkopf vernietet, verschliffen und poliert. Ziehstäbe kann man im Ober- oder Unterwerkzeug anordnen. Befindet sich die mit dem Ziehstab abgestimmte konkave Gegenform im Unterwerkzeug, können sich in ihr Seifenwasser, Schmiermittelrückstände und Schmutz ansammeln. Werden
die Stäbe in das Unterteil gesetzt, so liegt der eingelegte Zuschnitt nicht überall gleichmäßig auf.

---

[1]) Arbeitsblatt VDI 3141 gibt $r_z = 0,05 \cdot d_z \cdot \sqrt{s}$ an; die praktische Anwendung zeigt, daß dieser
Halbmesser unterschritten werden kann.

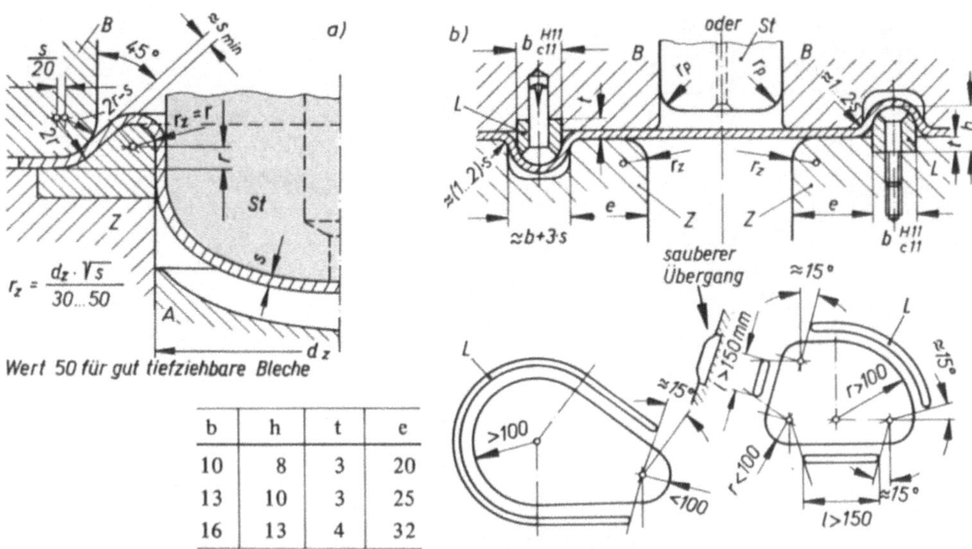

Bild H/5. Wulstarten
a) Einfließwulst (Ziehwulst)
b) Bremswulst (Ziehstab), Anordnung und Anwendung.

B Blechhalter, *St* Ziehstempel, *Z* Ziehring, *A* Auswerfer zwangsbetätigt, *L* Leistenprofile (Ziehstäbe), nach VDI-Richtlinie 3377 drei Größen.

2. Ermittlung des Zuschnittes

Bei der Annahme, der Werkstoff verforme sich während des Tiefziehens mit gleichbleibender Blechdicke, läßt sich die Zuschnittgröße eines Ziehteiles aus der Beziehung: *Ziehteiloberfläche = Zuschnittoberfläche* ermitteln. Unterschiedliche Ergebnisse entstehen, je nachdem, ob vom Fertigteil die Innen-, Außen- oder neutralen Maße übernommen wurden.

Werkstückaußenmaße ergeben zu große Zuschnitte, denn der Werkstoff dehnt sich während der Umformung. Vorteilhaft wählt man bei großen Ziehteilen deren Innenmaße und bei kleinen Hohlteilen, hergestellt aus dicken Blechen, die neutralen Maße (vgl. die folgenden Beispiele).

a) Zuschnittgröße runder Näpfe

Zur Berechnung der Ziehteiloberfläche A eines Napfes wird dieser in Teilflächen zerlegt und deren Oberflächen nach der Guldinschen Regel [1] ermittelt (Bild H/6):

Mantelteilfläche $A_1 = 2 \cdot \pi \cdot a_1 \cdot l_1$

$$\boxed{\text{Oberfläche des Ziehteiles} = \Sigma A = 2 \cdot \pi \cdot S \cdot \Sigma l} \qquad \text{(H/1)}$$

[1] *Böge,* Mechanik und Festigkeitslehre, Viewegs Fachbücher der Technik, Friedr. Vieweg + Sohn GmbH, Braunschweig.

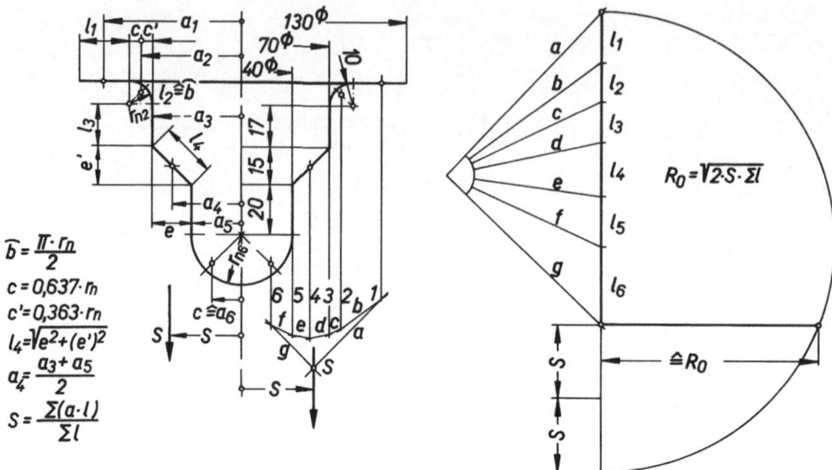

Bild H/6. Ermittlung des Zuschnitt-Rondenhalbmessers; Ziehteilmaße für Beispiel H/1

Nach Gleichung (D/2) ist der Schwerpunktabstand $S = \dfrac{\Sigma (l \cdot a)}{\Sigma l}$.

Mit der Beziehung A des Ziehteiles $= A$ des Zuschnittes ist

$$2 \cdot \pi \cdot S \cdot \Sigma l = \pi \cdot R_0^2 \; ; \text{ umgeformt:}$$

$$\boxed{R_0 = \sqrt{2 \cdot S \cdot \Sigma l}} \qquad\qquad\qquad (\text{H}/2)$$

Wird für $S = \dfrac{\Sigma (l \cdot a)}{\Sigma l}$ gesetzt, lautet die Gleichung (H/2) auch

$$\boxed{R_0 = \sqrt{2 \cdot \Sigma (l \cdot a)}}$$

l Länge eines Teilstückes der Profillinie

a Abstand des Linienschwerpunktes dieses Teilstückes von der Drehachse (D.4.c und Tabelle D/2)

Σl Länge der gesamten Profillinie

S Abstand des Linienschwerpunktes der gesamten Profillinie von der Drehachse, nach Gleichung (D/2)

R_0 Halbmesser der Zuschnittronde

Bei zeichnerischer Lösung wird der Zuschnitthalbmesser $R_0 = \sqrt{2 \cdot S \cdot \Sigma l}$ durch Anwendung des Höhensatzes $h^2 = p \cdot q$ ermittelt, wobei $R_0 \mathrel{\hat{=}} h$, $2 \cdot S \mathrel{\hat{=}} p$, $\Sigma l \mathrel{\hat{=}} q$ ist. Sinngemäß kann auch der Kathetensatz $c \cdot q = b^2$ angewandt werden; hierbei ist $c \mathrel{\hat{=}} \Sigma l$, $q \mathrel{\hat{=}} 2 \cdot S$, $b \mathrel{\hat{=}} R_0$.

Oft genügen vereinfachte zeichnerische Lösungen; einige Beispiele sind im Bild H/7 dargestellt.

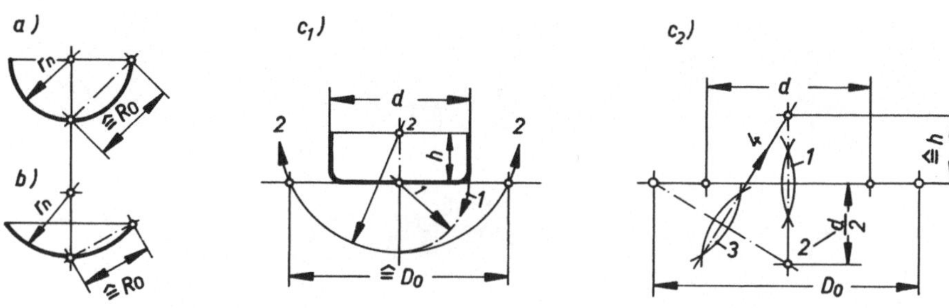

Bild H/7. Vereinfachte zeichnerische Lösung zur Zuschnittermittlung
Hohlteilformen: a) Halbkugel, b) Kugelabschnitt, c) Napf, Bodenrundung nicht berücksichtigt,
c_1) gegeben d, h, gesucht Zuschnittdurchmesser D_0, c_2) gegeben D_0, d, gesucht Ziehteilhöhe h;
die Zahlen 1...4 geben die Reihenfolge des Lösungsganges an.

- *Beispiel H/1:*
  Für den Napf (Bild H/6), dessen neutrale Maße gegeben sind, ist die Größe der Zuschnittronde
  rechnerisch und graphisch zu ermitteln.

- *Lösung:*

Nr.	Länge der Teillinie mm	Schwerpunktabstand a mm	$l_{mm} \cdot a_{mm}$
1	20,0	55,0	1100
2	15,7	38,6	605
3	17,0	35,0	595
4	21,2	27,5	583
5	20,0	20,0	400
6	31,4	12,7	399

$$\Sigma\, l = 125,3 \text{ mm} \qquad\qquad \Sigma\,(l \cdot a) = 3682 \text{ mm} \cdot \text{mm}$$

$$S = \frac{\Sigma\,(l \cdot a)}{\Sigma\, l} = \frac{3682 \text{ mm} \cdot \text{mm}}{125,3 \text{ mm}} = 29,4 \text{ mm}$$

$$R_0 = \sqrt{2 \cdot S \cdot \Sigma l} = \sqrt{2 \cdot 29,4 \text{ mm} \cdot 125,3 \text{ mm}} \approx 86 \text{ mm}$$

oder

$$R_0 = \sqrt{2 \cdot \Sigma\,(l \cdot a)} = \sqrt{2 \cdot 3682 \text{ mm} \cdot \text{mm}} \approx 86 \text{ mm}$$

- *Ergebnis:*
  Rechnung und graphische Lösung ergeben gleiches Rondenmaß.

b) Zuschnittform unrunder Ziehteile mit senkrechten Zargenwänden

Die Umrißform des Ziehteiles wird in gerade Teillinien a, b und in Kreisbögen aufgeteilt
(Bild H/8). Die Bögen erweitert man zu *Hohlteileckentöpfen* und ermittelt deren Zuschnitthalbmesser R_0 wie bei runden Näpfen (Gleichungen (H/1) und (H/2)) zeichnerisch oder

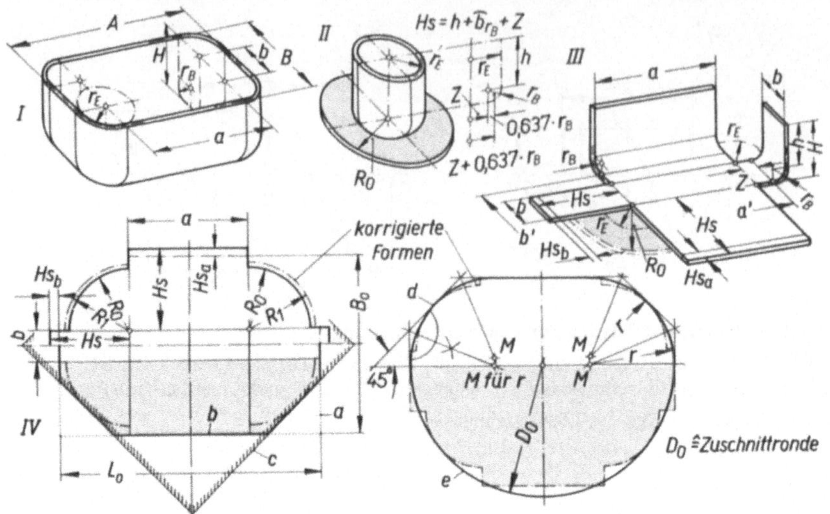

Berechnungsgrundlagen

am Ziehteil: für korrigierte Zuschnittform (nach AWF 5791):

$$a = A - 2 \cdot r_E; \quad b = B - 2 \cdot r_E \qquad\qquad x = 0{,}074 \cdot \left(\frac{R_0}{2 \cdot r_E}\right)^2 + 0{,}982; \quad R_1 = R_0 \cdot x$$

$$a' = A - 2 \cdot r_B; \quad b' = B - 2 \cdot r_B \qquad\qquad y = \frac{\pi}{4} \cdot (x^2 - 1)$$

$$h = H - r_B \qquad\qquad\qquad\qquad\qquad\qquad Hs_a = y \cdot \frac{R_0^2}{a'}$$

$$Hs = h + \hat{b}_{rB} + z, \text{ dabei } \hat{b}_{rB} = \frac{\pi \cdot r_B}{2} \qquad\qquad Hs_b = y \cdot \frac{R_0^2}{b'}$$

Bild H/8. Zuschnittermittlung für rechteckige Ziehteile, sämtliche Maße sind neutrale Maße
 I gegebene Hohlteilform
 II Hohlteileckentopf zur Ermittlung von Zuschnitthalbmesser R_0
 III Darstellung der Seitenflächen zur Ermittlung der gestreckten Länge *Hs*
 IV verschiedene Zuschnittformen *a...e*

durch Rechnung. Die *geradlinigen Teiloberflächen* mit den Längen *a, b* werden abgewickelt; ihre gestreckte Länge *Hs* wurde als $\Sigma\, l$ bereits bei der Ermittlung vom Zuschnitthalbmesser R_0 der Hohlteileckentöpfe ausgerechnet. Die entstandene Zuschnittform hätte Einschnitte, wäre unbrauchbar; sie muß noch ausgeglichen (korrigiert) werden. Entsprechend den unter Bild H/8 angegebenen Beziehungen vergrößert man zuerst den Halbmesser R_0 auf R_1 und kürzt die gestreckte Länge *Hs* um die Maße Hs_a und Hs_b (Flächenausgleich); hierzu sind (nach AWF 5791) die Werte *x* und *y* zu ermitteln[1]. Jetzt erst wird die Zuschnittform festgelegt. Die im Bild H/8 gezeigten Zuschnittformen für rechteckige Ziehteile stellen dar:

---

[1]) AWF 5791 enthält Leitertafeln zur Erleichterung der Rechenarbeit; Maß- und Formelzeichen für die Zuschnittform wurden daraus übernommen.

Form a: *rechteckiger Zuschnitt;* wird nur bei kleinem Ziehverhältnis und gut tiefziehfähigen Blechen angewandt. Die rechteckige Form kann zu Bodenreißern im Bereich der Ecken führen (Ziehfehler-Tabelle I/1, Figur I A3);

Form b: *rechteckiger Zuschnitt mit abgeschnittenen Ecken;* er ist auch auf Maschinenscheren schnell herstellbar;

Form c: *quadratischer Zuschnitt;* ziehtechnisch günstige Form bei $A : B \lesssim 2 : 1$ und kleinen Eckenabrundungen r_E. Durch überstehende Zuschnittecken wird das vorzeitige Einfließen des Bleches im Bereich der Längs- und Schmalseite gehemmt. Nachteilig ist der hohe Blechverbrauch;

Form d: *Zuschnitt mit Übergangskreisbögen;* wird bei weniger gut tiefziehfähigen Blechen angewandt, wenn durch die Zuschnittform *a...c* höhere Ausschußziffern entstehen würden, gelegentlich auch bei Verbundwerkzeugen Ausschneiden – Ziehen (Bild I/7 II). Die Herstellung der Schneidplatte und des Stempels für die aus Übergangskreisbögen bestehende Schnittlinie ist umständlich, weshalb auf den Schmalseiten oft nur ein Halbkreis $r = \dfrac{B_0}{2}$ vorgesehen wird (vgl. Bild H/9, Zuschnittform *a*);

Form e: *Zuschnittronde* wird bevorzugt bei quadratischen Ziehteilformen mit $r_E \geqslant \dfrac{B}{4}$ und bei rechteckigen Ziehteilen, wenn $A : B < 1,3 : 1$ und $r_E \geqslant \dfrac{B}{3}$ ist. Sind Zuschnittronden in Verbundwerkzeugen „Ausschneiden – Ziehen" anwendbar, können Schneidelemente als Drehteile mit Zentrierungen (ähnlich Bild I/4) gestaltet sein.

Bei unrunden Ziehteilen kann man die *Stellen großer Umformung,* d.h. *der größten Blechbeanspruchung,* feststellen, indem auf den Zuschnitt ein quadratisches Netz aufgerissen und nachher am Ziehteil die Verformung der Quadrate betrachtet wird (Abschnitt L.2.b). Man kann auch am gezogenen Teil auf der Zargenoberfläche die Zone der größten Kaltverfestigung (größten Umformung) mittels Vickershärteprüfung suchen. Sie liegt bei rechteckiger Ziehteilform im Übergang von der Eckenabrundung auf die lange Seite und ist bei Zuschnittform *c* am größten, bei Form *d* am kleinsten. In diesen kaltverfestigten Übergängen sind zusätzlich hohe Druckbeanspruchungen vorhanden, die von der Werkstoffstauchung während des Ziehens herrühren. Nach dem Beschneiden des Zargenrandes werden diese Druckspannungen teilweise frei und wölben die nicht kaltverfestigten Längsseiten schwach nach innen oder nach außen. Diese nachträgliche Verformung ist bei Zuschnittform *c* größer als bei Form *b* und *d*.

- *Beispiel H/2:*
  Für ein Ziehteil mit den neutralen Maßen $A \times B \times H$ = 180 mm x 100 mm x 55 mm, r_E = 30 mm, r_B = 12 mm (Bild H/8) ist die Zuschnittform zu ermitteln (angegebene Höhe enthält 5 mm Beschneidezugabe).

- *Lösung:*

1. Hohlteileckentopf

$z = r_E - r_B = 30$ mm $- 12$ mm $= 18$ mm

$h = H - r_B = 55$ mm $- 12$ mm $= 43$ mm

Bogenlänge $\hat{b}_{rB} = \dfrac{\pi \cdot r_B}{2} = \dfrac{\pi \cdot 12 \text{ mm}}{2} = 18,8$ mm

Abstand des Linienschwerpunktes der Bodenabrundung:

$e_0 = z + 0,637 \cdot r_B = 18$ mm $+ 0,637 \cdot 12$ mm $= 25,6$ mm

$$S = \frac{43 \text{ mm} \cdot 30 \text{ mm} + 18,8 \text{ mm} \cdot 25,6 \text{ mm} + 18 \text{ mm} \cdot 9 \text{ mm}}{43 \text{ mm} + 18,8 \text{ mm} + 18 \text{ mm}} \approx 24,3 \text{ mm}$$

$\Sigma l = 43$ mm $+ 18,8$ mm $+ 18$ mm $= 79,8$ mm $\triangleq Hs$

$R_0 = \sqrt{2 \cdot S \cdot \Sigma l} = \sqrt{2 \cdot 24,3 \text{ mm} \cdot 79,8 \text{ mm}} \approx 62$ mm

2. abgestreckte Längen

$Hs \triangleq \Sigma\, l = 79{,}8$ mm

$a = A - 2 \cdot r_E = 180$ mm $- \ 2 \cdot 30$ mm $= 120$ mm

$a' = A - 2 \cdot r_B = 180$ mm $- \ 2 \cdot 12$ mm $= 156$ mm

$b = B - 2 \cdot r_E = 100$ mm $- \ 2 \cdot 30$ mm $= 40$ mm

$b' = B - 2 \cdot r_B = 100$ mm $- \ 2 \cdot 12$ mm $= 76$ mm

3. korrigierte Maße

$$x = 0{,}074 \left(\frac{R_0}{2 \cdot r_E} \right)^2 + 0{,}982 = 0{,}074 \left(\frac{62 \text{ mm}}{2 \cdot 30 \text{ mm}} \right)^2 + 0{,}982 = 1{,}06$$

$$R_1 = x \cdot R_0 = 1{,}06 \cdot 62 \text{ mm} \approx 66 \text{ mm}$$

$$y = \frac{\pi}{4} \cdot (x^2 - 1) = \frac{\pi}{4} \cdot (1{,}06^2 - 1) = 0{,}097$$

$$Hs_a = y \cdot \frac{R_0^2}{a'} = 0{,}097 \cdot \frac{62^2 \text{ mm} \cdot \text{mm}}{156 \text{ mm}} \approx 2{,}5 \text{ mm}$$

$$Hs_b = y \cdot \frac{R_0^2}{b'} = 0{,}097 \cdot \frac{62^2 \text{ mm} \cdot \text{mm}}{76 \text{ mm}} \approx 5{,}0 \text{ mm}$$

4. Zuschnittgröße

Bei rechteckiger Zuschnittform ist $L_0 \times B_0 \approx 270$ mm x 195 mm.

- *Ergebnis:*
Geeignete Zuschnittformen zeigt Bild H/8.

- *Beispiel H/3:*
Für das Ziehteil, Bild H/9, ist die Zuschnittform festzulegen. Bekannt sind die neutralen Maße: $a = 60$ mm, $r_B = 10$ mm, $H = 35$ mm (mit Beschneidezugabe), die Übergangskreisbögen haben $r_E = 24$ mm, $R_E \approx 65$ mm.

- *Lösung:*
Die Umrißform des Ziehteils wird zuerst in gerade Teillinien und in Kreisbögen, die als Hohlteileckentöpfe zu betrachten sind, aufgeteilt.

1. kleiner Hohlteileckentopf	*2. großer Hohlteileckentopf*
$h = H - r_B = 35\,\text{mm} - 10\,\text{mm} = 25\,\text{mm}$	$h = 25$ mm
$z = r_E - r_B = 24\,\text{mm} - 10\,\text{mm} = 14\,\text{mm}$	$Z = R_E - r_B = 65\,\text{mm} - 10\,\text{mm} = 55\,\text{mm}$
$\widehat{b}_{rB} = \dfrac{\pi \cdot r_B}{2} = \dfrac{\pi \cdot 10\,\text{mm}}{2} = 15{,}7 \text{ mm}$	$\widehat{b}_{rB} = 15{,}7$ mm
Abstand des Linienschwerpunktes $e_0 = z + 0{,}637 \cdot r_B = 14\,\text{mm} + 0{,}637 \cdot 10\,\text{mm} \approx$ $\approx 20{,}4 \text{ mm}$ ergibt	$e_0 = 55\,\text{mm} + 0{,}637 \cdot 10\,\text{mm} \approx 61{,}4\,\text{mm}$
$R_0 \approx 45$ mm	$R_0 \approx 91$ mm
$Hs = h + \widehat{b}_{rB} + z = 25\,\text{mm} + 15{,}7\,\text{mm} +$ $+ 14\,\text{mm} = 54{,}7\,\text{mm}$	

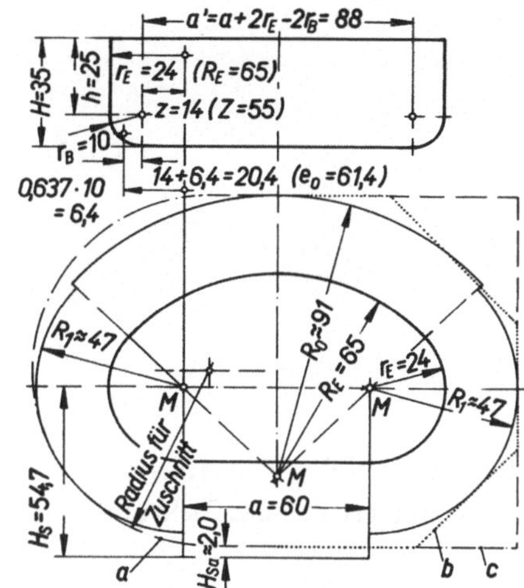

Bild H/9

Zuschnittermittlung für Beispiel H/3
a, b, c sind geeignete Zuschnittformen
(vgl. Beispiel H/2)

3. korrigierte Maße für kleinen Hohlteileckentopf

$$x = 0{,}074 \cdot \left(\frac{R_0}{2 \cdot r_E}\right)^2 + 0{,}982 = 0{,}074 \cdot \left(\frac{45 \text{ mm}}{2 \cdot 24 \text{ mm}}\right)^2 + 0{,}982 \approx 1{,}05$$

$$R_1 = x \cdot R_0 = 1{,}05 \cdot 45 \text{ mm} \approx 47 \text{ mm}$$

$$y = \frac{\pi}{4} \cdot (x^2 - 1) = \frac{\pi}{4} \cdot (1{,}05^2 - 1) \approx 0{,}08$$

$$a' = A - 2 \cdot r_B = (60 \text{ mm} + 2 \cdot 24 \text{ mm}) - 2 \cdot 10 \text{ mm} = 88 \text{ mm}$$

$$Hs_a = y \cdot \frac{R_0^2}{a'} = 0{,}08 \cdot \frac{45^2 \text{ mm} \cdot \text{mm}}{88 \text{ mm}} \approx 2{,}0 \text{ mm}$$

Der Zuschnitthalbmesser R_0 des großen Hohlteileckentopfes wird nicht vermindert, damit an dieser Seite das Blech während des Ziehens nicht zu schnell einfließt.

- *Ergebnis:*
  Geeignete Zuschnittformen zeigt Bild H/9. Form *a* besteht aus zwei Halbkreisen $r = \dfrac{B_0}{2}$ und einem Rechteck.

3. Festlegung der Abmessungen für Umformflächen

a) Ziehverhältnis

Der Umformgrad eines Bleches wird üblich durch das *Ziehverhältnis* β [1]) festgelegt. Über die Tiefziehfähigkeit der Werkstoffe geben u.a. die Erichsen Tiefungsprobe, Näpfchen Tiefziehprobe oder Aufweitprobe Auskunft.

---

[1]) Grenzziehverhältnisse einiger Werkstoffe sind im Anhang des Buches aufgeführt.

$$
\begin{array}{ll}
\text{Für Anschlagzug ist} \quad \beta_1 = \dfrac{D_0}{d_{p\,1}} \\[3ex]
\text{für Folgezug ist} \quad \beta_2 = \dfrac{d_{p\,1}}{d_{p\,2}} \\[3ex]
\phantom{\text{für Folgezug ist} \quad} \beta_3 = \dfrac{d_{p\,2}}{d_{p\,3}}
\end{array}
\qquad\qquad \text{(H/3)}
$$

β Ziehverhältnis, Zahl > 1
D_0 Zuschnittdurchmesser in mm
d_p Ziehstempeldurchmesser in mm

Meist sind die angegebenen β-Werte für Anschlag- und Folgezug auf das Verhältnis $\dfrac{\text{Ziehstempeldurchmesser}}{\text{Blechdicke}} = \dfrac{d_p}{s} = 100$ bezogen. Bei $\dfrac{d_p}{s} > 100$ mindert sich das Ziehverhältnis (Kurvenzüge im Anhang des Buches).

Das *Ziehverhältnis* β_1 beim Anschlagzug und β_2 beim Folgezug unterliegt vielen Einflüssen: z.B

1. Verhältnis $\dfrac{\text{Ziehstempeldurchmesser}}{\text{Blechdicke}} = \dfrac{d_p}{s}$.

2. *Zieheigenschaften des Bleches.* Bleche mit hoher Bruchdehnung, zugleich mit niederer Streckgrenze und hoher Zugfestigkeit, erreichen die besten Ziehergebnisse. Durch niedere Streckgrenze und hohe Bruchdehnung treten im Blech geringe Formänderungswiderstände auf; höchst beanspruchte Stellen können infolge ihrer hohen Zugfestigkeit große Stempelkräfte übertragen.

3. *Güte (Rauheit)* der Blechoberfläche und der Werkstoffgleitflächen im Werkzeug.

4. *Vorbehandlung der Blechoberfläche,* z.B. erreichen phosphatierte Stahlbleche höhere Ziehverhältnisse. Bei rostbeständigen Stahlblechen können unterschiedliche Ziehverhältnisse entstehen, je nachdem ob sie galvanisch verkupfert sind oder ohne Vorbehandlung in Ziehringen aus Sonderaluminiumbronzen (Abschnitt I.1.b), oder mittels zwischengelegter Kunststoffgleitfolie gezogen werden.

5. *Schmierungsart.* Diese ist abhängig von der Art des Blechwerkstoffes, seiner Vorbehandlung und der Werkstoffpaarung zwischen Werkzeug und Tiefziehblech (Abschnitt L.1).

6. *Art des Blechhalterdruckes,* ob elastische oder starre Blechhaltung.

7. *Größe der Kantenabrundungen* am Ziehring r_z, am Ziehstempel r_p und ihrem gegenseitigen Größenverhältnis (Gleichungen H/5, H/6 und Bild H/11).

8. *Größe des Ziehspaltes* u_z (Gleichungen H/4).

9. *Beim Folgezug* (zusätzlich zu 1. bis 8.), ob das vorgezogene Teil zwischengeglüht wurde (L.2) oder kaltverfestigt ist.

Die *Ziehstößelgeschwindigkeit* beeinflußt kaum das Ziehverhältnis, solange ihr Mittelwert, z.B. für rostbeständige Stahlbleche bei $\approx 200\,\frac{\text{mm}}{\text{s}}$, für Tiefziehstahlbleche bei $\approx 300\,\frac{\text{mm}}{\text{s}}$, für Reinaluminiumbleche bei $\approx 450\,\frac{\text{mm}}{\text{s}}$, für weiche Messingbleche bei $\approx 700\,\frac{\text{mm}}{\text{s}}$ liegt. Doch je schwieriger die Ziehteilform (z.B. Formziehen), desto günstiger sind kleinere Ziehstößelgeschwindigkeiten.

b) Ziehspalt

Die senkrechten Wände (Zargen) eines Ziehteiles werden dem Rand zu dicker, wenn im Werkzeug ihr größtes Dickenmaß nicht durch den Ziehspalt u_z begrenzt würde (Bild H/3).

Ziehspalt ist der Abstand, der sich während der Umformung zwischen Ziehring und Stempel ergibt. Beim Ziehen runder Teile mit Blechhalter sind für „*Mindestziehspalt* $u_{z\,min}$ = Blechdicke + Zuschlag" allgemeine Gebrauchswerte:

Werkstoff	Mindest-Ziehspalt $u_{z\,min}$ für	
	Anschlagzug	Folgezug
Stahl unlegiert und legiert	$u_{z\,1} \approx s + 0,20\sqrt{s}$	$u_{z\,2} \approx 1,08 \cdot s$
Buntmetalle und deren Legierungen	$u_{z\,1} \approx s + 0,10\sqrt{s}$	$u_{z\,2} \approx s$
Aluminium und dessen Legierungen	$u_{z\,1} \approx s + 0,05\sqrt{s}$	$u_{z\,2} \approx s$

$$(H/4)$$

Es wird empfohlen, für rostbeständige Stahlbleche $u_{z\,1} \gtrapprox 1,2 \cdot s$, $u_{z\,2} \gtrapprox 1,25 \cdot s$, für Neusilberlegierungen $u_{z\,2} \gtrapprox 1,04 \cdot s$ zu wählen.

Man kann auch den größtzulässigen Ziehspalt $u_{z\,max}$ in Abhängigkeit des Ziehverhältnisses β nach der Beziehung $u_{z\,max} = s \cdot \sqrt{\beta}$ ermitteln [1]); die Ziehkraft erreicht beim größtzulässigen Ziehspalt $u_{z\,max}$ ihren Kleinstwert.

Sind vom Werkstück die Innenmaße gegeben, dann ist der Ziehstempeldurchmesser festgelegt, der Ziehringdurchmesser wird um $2 \cdot$ Ziehspalt größer; bei bemaßtem Ziehteil-Außendurchmesser ist der Stempeldurchmesser = Ziehringdurchmesser $- 2 \cdot$ Ziehspalt.

Bei kleinem Ziehverhältnis (Ziehteile mit geringer Zargenhöhe) kann die Ziehkantenabrundung r_z im Ziehring verkleinert und die Spaltweite $u_z < s$ gewählt werden. Die Zargendicke wird dann während des Ziehens im Übergang Bodenabrundung auf Zarge mit abgestreckt, jedoch kann der Boden in diesem Übergang infolge der größer werdenden Ziehkraft abreißen (Ziehfehler-Tabelle I/1, Bilder I A2, I B).

c) Ziehkantenhalbmesser beim Ziehen mit Blechhalter

Die *Innenform* eines Ziehringes (Bild H/10) *für doppeltwirkende Ziehpressen* gliedert sich in *Einlaufseite, zylindrischer Teil und Auslaufseite*. Die Länge des zylindrischen Teiles soll $\gtrapprox 8$ mm sein; Ein- und Auslaufseite sind entsprechend der *Umformart* (Anschlagzug oder Folgezug) und dem *Ziehverfahren* (Durchzug oder Rückstoßzug) zu gestalten. Zum Anschlagzug ist im Ziehring eine Ziehkantenabrundung mit Halbmesser r_{z1}, zum Folgezug eine Innenschräge mit Übergangsrundung zur Ziehringöffnung (Ziehkantenhalbmesser r_{z2}) erforderlich. Die Innenschräge (Bild H/10) mit Winkel $\alpha \approx 45...60°$ dient zur Aufnahme der Ziehteile vom Anschlagzug. In der Auslaufseite erhält der Ziehring beim Verfahren Durchzug eine Abstreifkante Ak; sind im Ziehstuhl Abstreifschieber eingebaut, dann nur kurze Innenschräge mit $\approx 15°$ Neigung vorsehen. Das Verfahren Rückstoßzug erfordert in der Auslaufseite des Ziehringes eine mit $\gamma \approx 30...45°$ geneigte Schräge, damit die Ziehteile durch die Ziehringöffnung zurückgestoßen werden können.

Der Abrundungshalbmesser r_z im Ziehring soll möglichst groß, jedoch kleiner als der Stempelkantenhalbmesser r_p gewählt werden. Durch große Abrundungen der Zieh- und Stempelkanten werden umzuformende Werkstoffe weniger beansprucht, die Ziehkraft gemindert und Ausschußteile durch „Bodenreißer" (Ziehfehler-Tabelle I/1, Bild I A 1) vermieden. Bild H/11 zeigt, wie die Halbmesser des Ziehstempels r_p und des Ziehringes r_z die Ziehverhältnisse β beeinflussen. Die günstigsten Ziehverhältnisse erreicht man bei

---

[1]) Nach VDI-Richtlinie 3175 für Ziehteile mit senkrechten Zargenwänden empfohlen.

$r_{z\,max}$ $(6...10)\,s$, und $r_{p\,max} = (6...10) \cdot s$. Rundungen $> 10 \cdot s$ mindern noch etwas
mehr die Ziehkraft, doch sie begünstigen nach Ziehbeginn (Umformweg bis $r_z + r_p + s$)
die Entstehung radial verlaufender Falten (Längsfalten, siehe Ziehfehler-Tabelle I/1,
Bilder III B, I C).

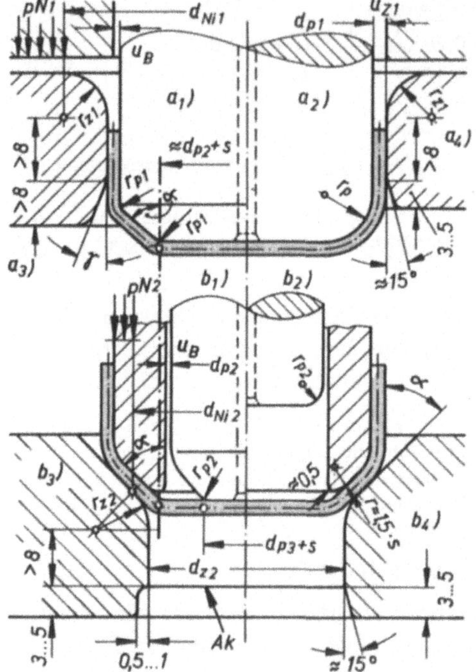

Indizes *1* für Anschlagzug, *2* für Folgezug.

d_p Stempeldurchmesser, d_z Ziehringdurchmesser, r_z Halbmesser der Ziehkantenabrundung
des Ziehringes, u_z Ziehspalt,
u_B Spalt zwischen Blechhalter und Ziehstempel,
bei Rückstoßzug und vollsymmetrischen Ziehteilformen $u_B = 0,05...1$ mm, bei Durchzug u_B
beliebig groß;

α Neigung der Stempelkante für Folgezüge
$\alpha = 60...45°$, üblich $\alpha = 45°$;

p_N Blechhalterdruck in N/cm^2, d_{Ni} Innendurchmesser der Blechhalterdruckfläche, dabei

$$d_{Ni1} = d_{z1} + 2 \cdot r_{z1};$$

$$d_{Ni2} \approx d_{z2} + \frac{r_{z2}}{2} \quad (\text{bei } \alpha = 45°)$$

Bild H/10. Ziehkanten-Abrundungshalbmesser und Blechhalterdruckflächen

a) Anschlagzug und Stempelformen: a_1) bei nachfolgenden Folgezügen; a_2) ohne Folgezug;
   Innenform des Ziehringes für: a_3) Rückstoßzug, $\gamma = 30...45°$; a_4) Durchzug mit Abstreifschiebern.

b) Folgezug und Stempelformen: b_1) bei nachfolgenden Folgezügen; b_2) ohne Folgezug;
   Innenform des Ziehringes für Durchzug mit: b_3) Abstreifkante Ak; b_4) Abstreifschiebern.

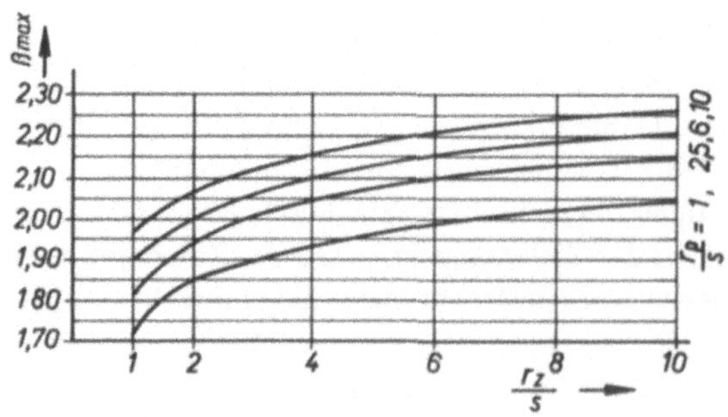

Bild H/11. Grenzziehverhältnis β_{max} bei

$$\frac{\text{Stempeldurchmesser } d_p}{\text{Blechdicke } s} = 100$$

in Abhängigkeit von

$$\frac{\text{Stempelkantenrundung } r_p}{\text{Blechdicke } s} \quad \text{und}$$

$$\frac{\text{Ziehringkantenrundung } r_z}{\text{Blechdicke } s}$$

für die Ziehwerkstoffe St 1303, St 1403
(aus Arbeiten von *Siebel* und *Panknin*)

Zur Festlegung der Abrundungshalbmesser sind folgende Beziehungen üblich:
Ziehkantenhalbmesser r_{z1} für Anschlagzug (Index 1)

$$r_{z1} = 0{,}5 \ldots 0{,}7 \cdot \sqrt{(D_0 - d_{z1}) \cdot s} \quad {}^{1})$$

(H/5)

Der Wert 0,7 gilt für weniger gut tiefziehfähige Bleche.

Ergebnis um $\approx \frac{1}{5}$ mindern, wenn
a) Ziehteil einen Flansch behält,
b) Ziehverhältnis $\beta_1 < 1{,}4$.

Grenzwerte für Anschlagzug ($s < 3$ mm):

$$r_{z1\,min} = (4 \ldots 5) \cdot s$$
$$r_{p1\,min} = (5 \ldots 6) \cdot s; \text{ jedoch} > r_{z1}$$

oder

$$r_{p1\,max} = \frac{d_{p1}}{5 \ldots 10}$$

Die Faktoren $4 \cdot s$ bzw. $5 \cdot s$ wählt man für gut tiefziehfähige Bleche (z.B. Messing weich), und für kleine Ziehverhältnisse.

Ziehkantenhalbmesser für Folgezüge (Index 2, 3)

$$r_{z2} = 0{,}8 \cdot \sqrt{(d_{z1} - d_{z2}) \cdot s} \quad {}^{2})$$
$$r_{z3} = 0{,}8 \cdot \sqrt{(d_{z2} - d_{z3}) \cdot s}$$

(H/6)

$$r_{z2\,min} = (3 \ldots 4) \cdot s$$
$$r_{p2} \approx r_{p1}, \text{ jedoch} > r_{z2}$$

s Ausgangsdicke des Feinbleches in mm
D_0 Zuschnittdurchmesser in mm
d_z Ziehringdurchmesser in mm
d_p Ziehstempeldurchmesser in mm
r_z Halbmesser der Ziehkantenrundung in mm
r_p Halbmesser der Stempelkantenrundung in mm

---

[1]) Das Ziehkantendiagramm im AWF-Blatt 5790 und VDI-Richtlinie 3175 ergeben Ziehkanten-halbmesser, die um $\approx 30\%$ gemindert werden können. Gleichung nach Prof. *Oehler* $r_{z1} = 0{,}035 \cdot [50 + (D_0 - d_{z1}) \cdot \sqrt{s}]$ ergibt ähnliche Ergebnisse wie Beziehung (H/5) mit Faktor 0,55.

[2]) Nach AWF-Blatt 5790.

I. Aufbau der Ziehwerkzeuge

1. Napfzug auf doppeltwirkender Ziehpresse

a) Auswechselbare Bauteile [1])

Der Aufbau eines Ziehwerkzeuges ist von der gewählten Pressenart abhängig (siehe H.1).
Auswechselbare Werkzeugaufbau- und Umformteile zum Tiefziehen zylindrischer Näpfe
auf doppeltwirkenden Ziehpressen zeigt Bild I/1. *Ziehstempel* müssen wegen der Zipfelbildung am Zargenrand der gezogenen Näpfe um mindestens 20...40 mm länger als die
Ziehteilhöhe sein; Auswechselstempel sind meist 100 mm lang. Im Ziehstempel verhindern
Luftkanäle (d.h. eine oder mehrere Bohrungen, 3...8 mm ϕ) die Entstehung eines Vaku-
ums im Ziehteil beim Abstreifen (Bild I/2). Ohne Belüftung ist das Abstreifen der Näpfe
vom Stempel erschwert; dünnwandige Teile könnten infolge des äußeren Luftdruckes
zusammengedrückt werden.

Runde Stempel > 120 mm Durchmesser fertigt man vielfach aus Stahlrohr mit angeschweißtem Boden.
Der Boden hat ein zum Stempelaufsatz passendes Innengewinde; zum Fertigzug erhält er eine Stempel-
kantenabrundung (r_p), für Anschlagzug mit nachfolgendem Weiterzug eine Stempelschräge. Stehen zur
Stempelherstellung nur dünnwandige Stahlrohre zur Verfügung, so schweißt man je eine Platte als
Boden und Deckel an das Rohrstück und versieht den Deckel mit Innengewinde für den Stempelaufsatz.

Grauguß [2]) eignet sich besonders für Formzieharbeiten und Rechteckzüge; durch den im
Guß enthaltenen Graphit wird gute Gleitfähigkeit des Bleches erzielt. Nachteilig ist, daß
Ziehfette am Grauguß innig haften, so daß Gleitflächen regelmäßig zu überwachen, d.h.
nachzupolieren sind.

Der *Zuschnitt* wird *mittig eingelegt:*
1. meist mittels verstellbarer Anschläge (Bild I/1, Teil 6);
2. selten mittels federnder Stifte (Bild I/1, Teil 8) oder gedrehtem Einlegering, teuere
   Konstruktion, außerdem können Ziehringe durch Stiftlöcher aufreißen;
3. vielfach mittels einstellbarer Zentriereinrichtung (Bild I/3).

Durch den sich abwärts bewegenden Blechhalterstößel B' werden die beiden Zentrierbacken über das
Kurvenstück K auseinandergeschwenkt und während des Rücklaufhubes durch Federkraft wieder in
die Anschlagstellung zurückgedreht.

---

[1]) Maßtabellen enthalten z.T. die Richtwertblätter AWF 5910. 5920...5925, 5951...5953 sowie
VDI-Richtlinie 3175.

[2]) Geeignet sind GG–18, GG–26, legierter Grauguß, Meehaniteguß (alle mit lamellar ausgeschiedenem
Graphit).

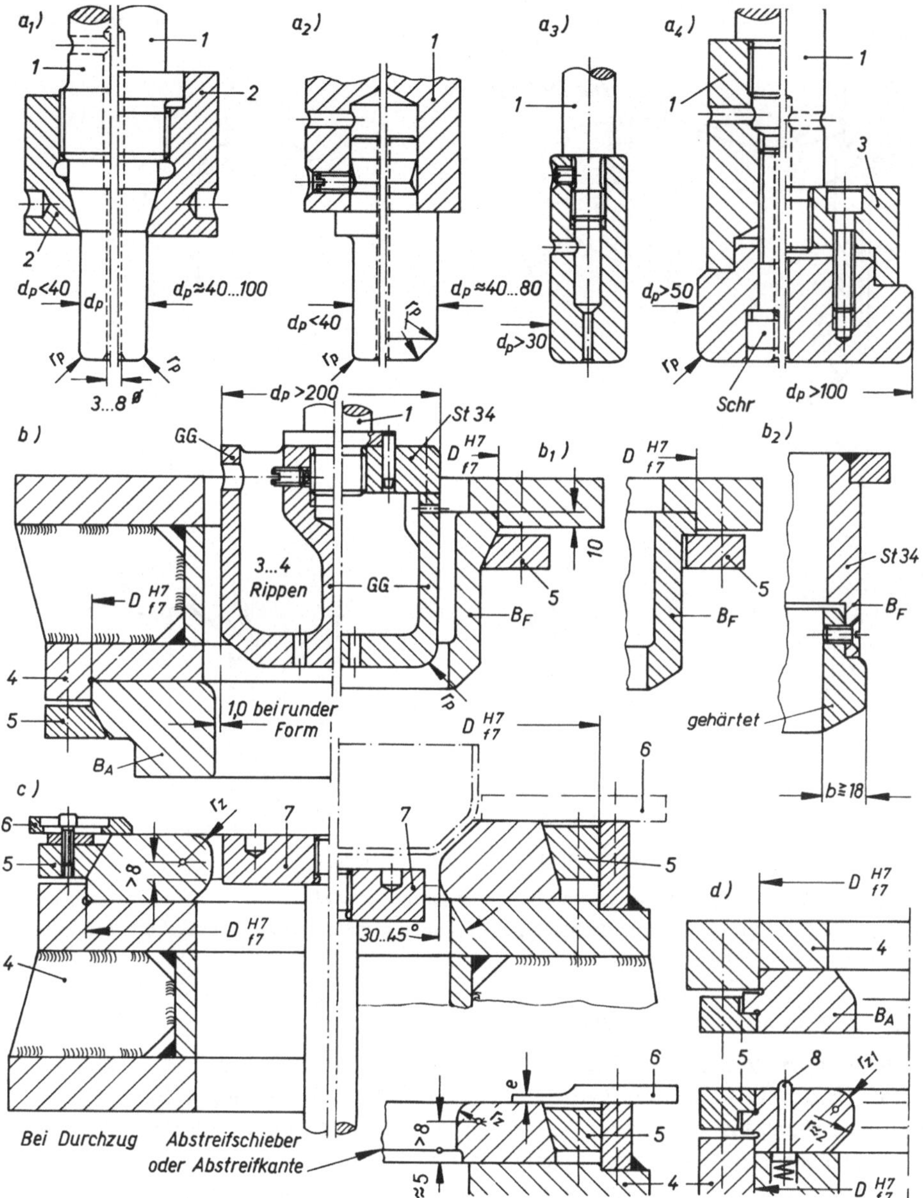

Bild I/1. Auswechselteile für Ziehwerkzeuge

$a_1...a_4)$ Ziehstempelformen, bei $a_4)$ hat Innensechskantschraube *Schr* eine Lüftungsbohrung;

b) Blechhalterformen für Anschlagzug B_A und für Folgezug B_F; $b_1)$ Blechhalterröhre, $b_2)$ zusammengesetzte Blechhalterröhre, wenn $b \geqslant 18$ mm ist;

c) Ziehringaußenform kegelig, $K \approx 1:3$ bis $1:2$, Außendurchmesser auf $4...6$ Größen begrenzt;

d) Blechhalterring und Ziehring mit zylindrischer Außenform, austauschbar;

1 Stempelaufsatz, *2* Überwurfmutter mit Innenkegel, *3* Stempeloberteil für große Stempelformen, *4* Blechhalteraufsatz und Ziehstuhl geschweißt (oder Grauguß GG), *5* Spannringe auswechselbar für Blechhalter und Ziehstuhl verwendbar, *6* verstellbare Anschläge zur Zentrierung des Zuschnittes, bei starrer Blechhaltung ist Maß e_{max} = Blechdicke s_{max} + $(5...7)\%$ von s; Zentrierstücke für Folgezug nur bei hohen Näpfen, *7* Ausstoßplatte, nur bei Rückstoßzug, *8* federnde Zentrierstifte für Zuschnitt.

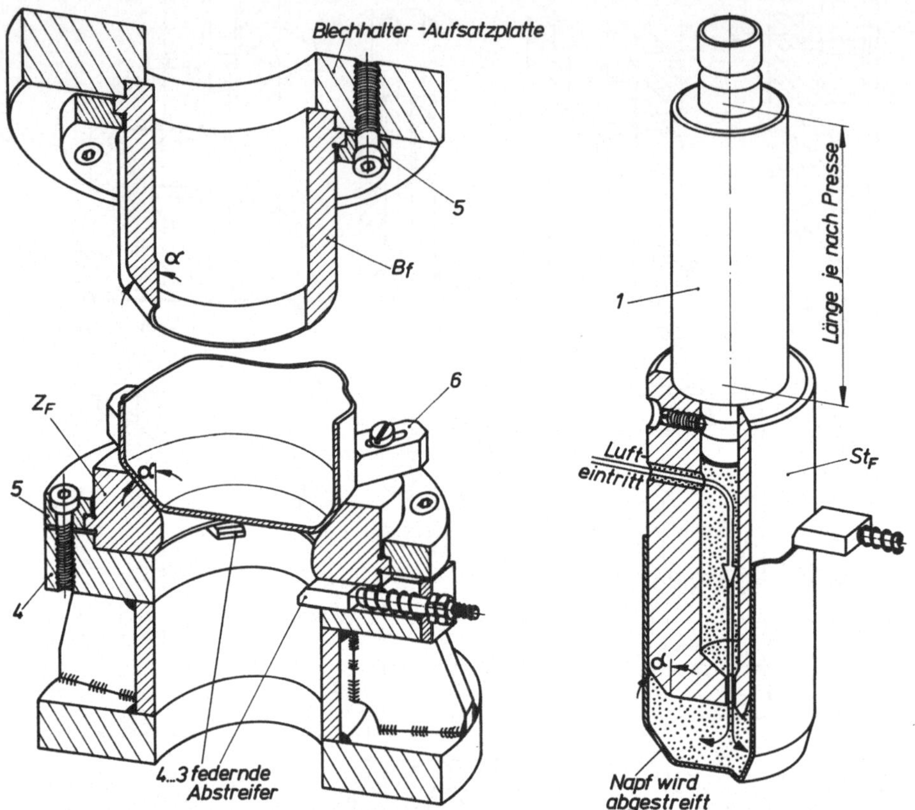

Bild I/2. Folgeziehwerkzeuge, mit Auswechselteilen zusammengesetzt

Ziehring Z_F, Blechhalterröhre B_F und Ziehstempel Z_F haben gleichen Neigungswinkel $\alpha = 45...60°$
(Teile-Nummern siehe Bilder I/1 a...d)

b) Gleitflächen aus Sonderwerkstoffen

Die Umformung *rostbeständiger Stahlbleche ohne Vorbehandlung*, z.B. von X 12 Cr Ni 18 8
(Werkstoff Nr. 1.4300) oder von X 8 Cr 17 (Werkstoff Nr. 1.4016), deren Zugfestigkeit im
Anlieferungszustand bis $\sigma_B \approx 700\ \frac{N}{mm^2}$ beträgt, erfordert besondere Vorkehrungen. Würden diese hochlegierten Stahlbleche in üblichen Ziehwerkzeugen mit Umformflächen aus
gehärtetem Werkzeugstahl verarbeitet, treten bei Einsatz üblicher Schmier- und Kühlmittel
oft schon nach wenigen Zügen Kaltverschweißungen zwischen Blech- und Werkzeugoberflächen auf. Diese Mängel lassen sich auch durch titanbedampfte Blechhalter- und Ziehring-
flächen kaum beseitigen. Einen ausreichenden Schmierfilm bilden nur speziell für Kalt-
formung entwickelte Schmierstoffe [1].

---

[1] Vorwiegend werden eingesetzt: weißer Festschmierstoff (fettfrei) z.B. Molykote KF 35 oder
KF 50, Hersteller Firma *Dow Corning GmbH,* München 50. Da dieser Schmierstoff weder Molyb-
dändisulfid noch Silikone enthält, ist er nachher leicht entfernbar. Es reicht aus, wenn auf jeden
5. oder 6. Zuschnitt dieser weiße Festschmierstoff aufgetragen wird. Auch das Schmiermittel
DC 164/38 mit EP-Zusatz der Firma *Castrol-Mineralöl* hat sich bei Gleitflächen aus X 210 CrW 12
bewährt, doch jeder Zuschnitt muß mit diesem Schmiermittel überzogen sein.

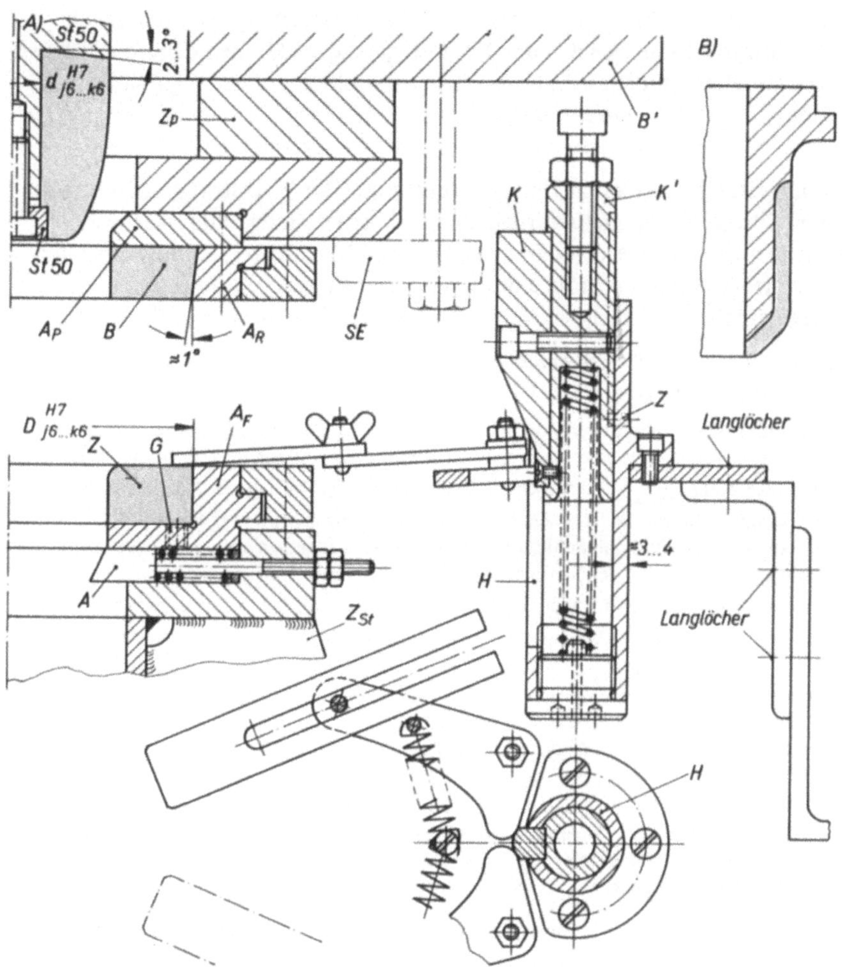

Bild I/3. Ziehwerkzeuge für rostbeständige Stahlbleche

A) Anschlagzug-Werkzeug mit Sonderbronze-Einsätzen und Zentriereinrichtung für Zuschnitte

Z Ziehring, B Blechhalter; beide Bauteile sind aus Sonderbronze, sie müssen eingefaßt sein entweder in Aufnahmeform A_F aus St 60 bzw. C 100 W 1 (G Gewindelöcher zum Ausdrücken des Ziehringes Z) oder in kegeligen Aufnahmering A_R, der mit Auflageplatte A_P mittels Schrauben und Zylinderstiften verbunden ist.

Z_{St} Ziehstuhl mit Abstreifschiebern (A), B' Spannfläche des Blechhalterstößels, Z_p Zwischenplatte (falls erforderlich), SE Spanneisen DIN 6314.

Zentriereinrichtung: Keilfläche K gleitet im Langloch der Hülse H, Zylinderstift Z dient zur Hubbegrenzung des Keilträgers K'.

B) Blechhalterröhre für Folgezug mit auftraggeschweißtem Überzug aus Sonderbronze.

Galvanisch verkupferte Zuschnitte verhindern unmittelbare Berührung zwischen Blechoberfläche und Umformfläche aus gehärtetem Werkzeugstahl, sie können daher in üblichen Ziehwerkzeugen verarbeitet werden. Verkupfern ist umständlich und teuer (hohe Anlage- und Betriebskosten); außerdem müssen die Teile vor jedem Glühen und nach ihrer Fertigstellung entkupfert (abgebeizt) werden, wodurch erhöhte Polierarbeiten entstehen.

Sonderaluminiumbronzen [1]) werden in Umformwerkzeugen für Werkstoffgleitflächen bevorzugt eingesetzt (Bild I/3), sind nicht vorbehandelte, rostbeständige Stahlbleche zu verarbeiten. In Ziehwerkzeugen werden dann Ziehring und Blechhalter, zum Formziehen auch der Stempel, mit dieser Sonderbronze bestückt. Dünnwandige Blechhalterröhren für Folgeziehwerkzeuge erhalten auftraggeschweißte [2]) Werkstoffgleitflächen (Bild I/3 B).

Die in Ziehwerkzeugen eingesetzten *Sonderaluminiumbronzen* (12...14 % Al, 4...5 % Fe, teilweise Zusätze wie Ni bis 7 %, Mn bis 2 %, Si bis 1,2 %, Rest Cu, Dichte etwa 7,5 $\frac{kg}{dm^3}$), enthalten äußerst harte Eisen-Nickel-Aluminium-Verbindungen, die bei entsprechender *Warmbehandlung durch den Hersteller* sich im weichen Grundgefüge sehr fein verteilen. Diese Einlagerungen ergeben hohe Brinellhärten (HB 30/10 bis über 4000 $\frac{N}{mm^2}$) und verschleißfeste Ziehkanten. Infolge des hohen spezifischen Druckes, den der Werkstoff während des Tiefziehens auf die Ziehkantenabrundung ausübt, drückt sich beigegebener Schmierstoff als hauchdünne Schicht in das weiche Grundgefüge ein; gute Gleiteigenschaften sind gewährleistet, auch wenn der Schmierfilm vereinzelt abreißen sollte.

Von Nachteil ist, daß Sonderbronzen mit hoher Brinellhärte praktisch keine Elastizität haben (bei HB $\approx 4000 \frac{N}{mm^2}$ ist Bruchdehnung $\lesssim 0,1$ %). *Ziehringe und Blechhalter sind* deshalb *in Stahlringe* (Bild I/3 A, die Teile A_F oder A_R mit A_P) zu fassen. Bohrungen, besonders Gewindelöcher [3]), sind nach Möglichkeit zu umgehen. Außerdem müssen an den *Zuschnitten die Schnittgrate einwandfrei entfernt* sein. Kleinste Schnittgratreste rauhen die Bronzegleitflächen auf, wodurch sich die Gleitverhältnisse verschlechtern und der gleichmäßige Werkstoffeinlauf gehemmt wird; Bodenreißer (Ziehfehler-Tabelle I/1) sind die Folgen.

Einsätze aus Sonderaluminiumbronze baut man vielfach auch in Zieh- und Formbiegewerkzeuge ein, die unter *Stufenpressen* unlegierte Tiefziehstahlbleche, Aluminiumbleche und deren Legierungen umformen, um Riefen auf den Werkstückoberflächen auszuschließen. Für Kupfer und deren Legierungen sind diese Sonderbronzen nicht geeignet.

Der *geringe Reibungskoeffizient* der Sonderaluminiumbronzen ($\approx$ die Hälfte von Stahlgleitflächen) erfordert hohe Blechhalterdrücke. Um bei Sonderbronzen Mischreibung zu vermeiden, müssen Ziehring und Blechhalter größer als der Zuschnitt sein. Vor Inbetriebnahme des Ziehwerkzeuges sollen seine Bronzegleitflächen durch Umformen von etwa 30...50 Zuschnitten mit reichlicher Zugabe von Bleiweiß-Öl-Mischung eingefahren und danach in Einfließrichtung des Bleches (radiale Richtung) nachpoliert werden. Damit sind beim Ziehen runder Näpfe, mit Seifenwasser oder Rübölzusatz geschmiert, folgende Grenzziehverhältnisse β_{max} erreichbar:

---

[1]) Als Sonderaluminiumbronzen speziell zum Tiefziehen rostbeständiger Stahlbleche sind geeignet: Al Cu Fe Bronzen (z.B. Ampco-Metall der Firma *Eckhardt & Co.* Nürnberg oder Zoller-Sonderlegierung 403 der Firma *Fürstlich Hohenzollernsche Hüttenverwaltung*, Lauchertal), Al Cu Ni Bronzen (z.B. Inoxyda 72 = Cu Al 12 Fe Ni 6 der Firma *Saar-Metallwerke*, Saarbrücken).

[2]) Elektroden, z.B. der Firma *Eckhardt & Co.*, Nürnberg.

[3]) Sondergewindebohrer mit fünf abgestuften Sätzen, z.B. der Firma *Süddeutsches Präzisionswerk*, Geislingen/Steige.

Werkstoff	Anschlagzug	Folgezug ohne Glühung	Folgezug nach Glühung
austenisch rostbeständige Stahlbleche, z.B. X 12 Cr Ni 18 8	$\beta_{1\,max} = 2{,}2\ldots1{,}9$	$\beta_{2\,max} = 1{,}3\ldots1{,}2$	$\beta_{max} \approx 1{,}4$
ferritisch rostbeständige Stahlbleche, z.B. X 8 Cr 17	$\beta_{1\,max} \approx 1{,}8$	$\beta_{2\,max} \approx 1{,}25$	besser ohne Glühung $\beta_{max} \approx 1{,}20$

Die höheren β-Werte gelten für $\dfrac{\text{Ziehstempeldurchmesser}}{\text{Blechdicke}} = \dfrac{d_p}{s} \approx 100$, die niederen Werte für $\dfrac{d_p}{s} \approx 500$.

Für schwierig herzustellende Ziehteilformen aus rostbeständigem Stahlblech sind auch bei Sonderbronzegleitflächen zusätzlich zähe Ziehöle oder Ziehfette mit gleitfördernden Feststoffen, z.B. Kalk, Schlämmkreide oder Talkum, aber keine schwefelhaltigen Öle oder Fette, geeignet (Angaben über Warmbehandlung rostbeständiger Stahlbleche siehe Abschnitt L).

Im Werkzeug mit Sonderbronzegleitflächen wählt man beim Anschlagzug am Ziehring als Einlaufrundung $r_{z1} \approx (5\ldots10) \cdot$ Blechdicke s, als Stempelkantenabrundung $r_{p1} \approx (6\ldots10) \cdot s$. Der Ziehspalt sollte $u_{z1} \geqslant 1{,}2 \cdot s$ betragen. Für Folgezüge erhalten Ziehringe mit 45° Einlaufschräge eine Ziehkantenabrundung $r_{z2} \approx 10 \cdot s$, dabei Ziehspalt $u_{z2} \approx 1{,}25 \cdot s$.

Bei der *spanabhebenden Bearbeitung von Sonderaluminiumbronzen* sind die *Richtlinien der Hersteller* zu beachten. Zum Drehen (Drehmaschinen müssen spielfreie Lager und Führungen haben) werden Hartmetallschneiden in kräftige Stahlhalter eingefaßt. Als Richtwerte zum Schruppen warmbehandelter Sonderaluminiumbronzen gelten: negativer Spanwinkel $-2\ldots-4°$ (durch Anschleifen einer Fase ≈ 3 mm Breite), Freiwinkel 6°, Rundung der Schneidenecke [1] $r \approx 1$ mm, Schnittgeschwindigkeit $50\ldots80\ \dfrac{m}{min}$, Vorschub $s_s \approx 0{,}2\ \dfrac{mm}{Umdrehung}$, meist ohne Seifenwasser. Zum Schlichten mit $s_s \approx 0{,}08\ \dfrac{mm}{Umdrehung}$, ist die Schnittgeschwindigkeit $3\ldots4$mal höher. Zum *Schleifen* eignen sich keramisch gebundene Siliciumkarbidscheiben.

Es sind auch $0{,}1\ldots0{,}15$ mm dicke *selbstschmierende Kunststoffgleitfolien* [2] im Handel, die sich zur Umformung aller tiefziehfähigen Werkstoffe eignen. Die Folien werden, lose zwischen Ziehring und Zuschnitt liegend, zusammen mit dem Blech umgeformt und zuletzt vom fertigen Ziehteil abgezogen. Das Ziehverhältnis wird verbessert, es entstehen keine Ziehriefen, der Werkzeugverschleiß wird gemindert. Als Kühlmittel werden Emulsionen (im Wasser lösliche Seifen) empfohlen. Die Ziehteile haben jedoch eine matte Oberfläche; es können gegebenenfalls hohe Polierkosten erforderlich werden. Man kann auch einen $0{,}05\ldots0{,}08$ mm dicken *Kunststoffüberzug* [3] wählen und auf die umzuformenden Blechtafeln oder Zuschnitte *aufspritzen*. Nach dem Trocknen erzielt man ähnliche Ziehverhältnisse wie mit Gleitfolien, wenn zur Umformung zusätzlich ein Schmiermittel bei-

---

[1] Die Schneidenecke, gebildet durch Haupt- und Nebenschneide, ist mit einer Eckenrundung versehen. Vgl. *Preger*, Zerspantechnik, Viewegs Fachbücher der Technik, Friedr. Vieweg + Sohn GmbH, Braunschweig.

[2] z.B. Firma *Kalle*, Wiesbaden-Bieberich.

[3] Ziehlacke z.B. der Firmen *Dr. Schall Nachf. GmbH*, Stuttgart-Feuerbach; *Wörwag*, Stuttgart-Zuffenhausen; *Ilag.* Düsseldorf.

gegeben wird. Außerdem schützt der Überzug die Ziehteile bei nachfolgenden Arbeitsgängen vor Kratzern. Das Abziehen der anhaftenden Haut ist oft umständlich; die Ziehteiloberfläche bleibt wie beim Ziehen mit Gleitfolien etwas matt.

c) Ausführung einiger Napf-Ziehwerkzeuge

Außer Ziehwerkzeugen für Anschlag- und Folgezug kann man Doppelziehwerkzeuge, vereinzelt Umstülpziehwerkzeuge, einsetzen. Bei allen Werkzeugen sollen Auswechselteile mit verwendet werden.

- *Beispiel I/1:*
  Auf einer mechanischen doppeltwirkenden Ziehpresse sind Näpfe aus RRSt 1404 (Bild I/4) herzustellen. Für den Anschlagzug ist ein Verbundwerkzeug „Ausschneiden–Ziehen" zu entwerfen. Umformteile sind als Auswechselteile, passend für vorhandene Ziehstühle, Blechhalterplatten und Stempelaufsätze (Bild I/1) zu gestalten.

- *Lösung:*
  Verbundwerkzeuge „Ausschneiden–Ziehen" können bei weichen Werkstoffen, großen Blechdicken und geringen Standmengen [1]) ohne Säulenführung, ähnlich Schneidwerkzeugen ohne Führung, arbeiten (Bild I/4 I). Die Schneide am Blechhalter wird arcatom auftraggeschweißt (siehe D.1.a), der Schneidring (4) ist aus niedriglegiertem oder unlegiertem Werkzeugstahl hergestellt. Damit der Blechhalterstößel durch die Schnittkraft, die etwa doppelt so groß wie die Ziehkraft ist, nicht überlastet wird, kann man zur *Schnittkraftminderung* (siehe C.1.c) die Druckfläche der Schneidplatte quer zum Streifendurchgang dachförmig ausschleifen (im Bild I/4 die Schneidkante *Sk*).

1. Zuschnittermittlung (siehe H.2.a) mit neutralen Maßen des Fertigteils, mit Beschneidezugabe:

$$S = \frac{\Sigma (l \cdot a)}{\Sigma l} = \frac{98\ \text{mm} \cdot 45\ \text{mm} + (\frac{\pi \cdot 9\ \text{mm}}{2}) \cdot 41{,}7\ \text{mm} + 36\ \text{mm} \cdot 18\ \text{mm}}{98\ \text{mm} + 14{,}2\ \text{mm} + 36\ \text{mm}} \approx 38\ \text{mm}$$

$$R_0 = \sqrt{2 \cdot S \cdot \Sigma l} = \sqrt{2 \cdot 38\ \text{mm} \cdot 148{,}2\ \text{mm}} \approx 106\ \text{mm}$$

$$D_0 = 212\ \text{mm}$$

2. Wahl der Ziehverhältnisse, Stempel- und Ziehringdurchmesser, sowie der Ziehspaltweiten

$$\beta_{\text{gesamt}} = \frac{D_0}{d_{\text{p fertig}}} = \frac{212\ \text{mm}}{88\ \text{mm}} = 2{,}41 = \beta_1 \cdot \beta_2$$

mit β_2 gewählt = 1,33 wird

$$\beta_1 = \frac{\beta_{\text{gesamt}}}{\beta_2} = \frac{2{,}41}{1{,}33} = 1{,}81\ .$$

Beide β-Werte sind höchstmögliche Ziehverhältnisse, die mit RRSt 1404 erreichbar sind.

Stempeldurchmesser $d_{\text{p}1} = \dfrac{D_0}{\beta_1} = \dfrac{212\ \text{mm}}{1{,}81} \approx 117\ \text{mm}$

---

[1]) In Verbundwerkzeugen „Ausschneiden–Ziehen" ist bei Schneidkanten infolge großer Eintauchtiefe mit erhöhtem Verschleiß zu rechnen. Reichliche Schmierung (Emulsionsmittelstrahl) sollen Schäden durch Schnittgrat-Teilchen an Blechgleitflächen verhindern.

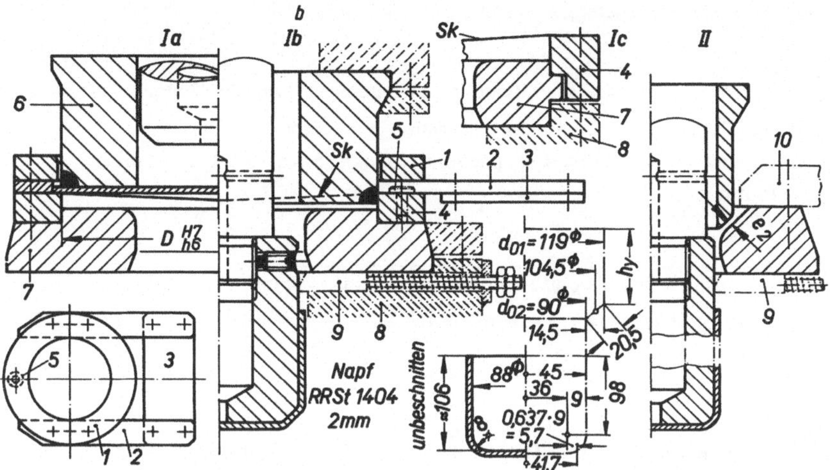

Bild I/4. Verbundwerkzeug Ausschneiden–Ziehen und Folgezugwerkzeug für doppeltwirkende mechanische Ziehpresse

Darstellung Ia) Schneidbeginn, Ib) Ziehvorgang beendet, Ic) Ausführung bei zylindrischer Außenform des Ziehringes.

Darstellung II. Umformteile für Folgezug, Ziehvorgang beendet; Maß $e_2 \approx 1{,}1 \cdot$ Blechdicke bei starrer Blechhaltung.

1 Abstreifring für Blechstreifen, *2* Zwischenlagen zur Streifenführung, *3* Streifenauflageblech, *4* Schneidring aus C 100 W 1 mit dachförmig ausgeschliffener Druckfläche (*Sk*) zur Minderung der Schnittkraft, zur Streifenvorschubbegrenzung kann Schneidring einen Einhängestift (*5*) erhalten, *6* Blechhalter zugleich Schneidstempel aus St 50 mit auftraggeschweißter Schneide, *7* Ziehring für Anschlagzug mit Zentrierung für Schneidring, *8* Ziehstuhl, *9* vier, selten drei, Abstreifschieber, *10* drei Zentrierstücke, nur bei hohen Ziehteilen erforderlich.

Kontrollrechnung:

$$d_{p\,2} = \frac{d_{p\,1}}{\beta_2} = \frac{117\ \text{mm}}{1{,}33} \approx 88\ \text{mm}.$$

Entsprechend den im Betrieb vorhandenen Umformteilen wird Ziehstempeldurchmesser d_{p1} oder Ziehringdurchmesser d_{z1} gewählt ($d_{p1} = 117$ mm ist vorrätig).

a) Anschlagzug

Ziehspalt, Gleichungen (H/4), für Stahlblech ist

$$u_{z1} = s + 0{,}20 \cdot \sqrt{s} = 2{,}0\ \text{mm} + 0{,}20 \cdot \sqrt{2{,}0\,\text{mm}} = 2{,}28\ \text{mm};$$

somit Ziehringdurchmesser

$$d_{z1} = d_{p1} + 2 \cdot u_{z1} = 117{,}00\ \text{mm} + 2 \cdot 2{,}28\ \text{mm} \approx 121{,}5\ \text{mm}.$$

b) Folgezug = Fertigzug (Bild I/4 II)

Ziehspalt $u_{z2} = 1{,}08 \cdot s = 1{,}08 \cdot 2$ mm $\approx 2{,}2$ mm.

Durch gegebene Innenmaße ist der Stempeldurchmesser festgelegt: $d_{p2} = 88$ mm.
Ziehringdurchmesser $d_{z2} = d_{p2} + 2 \cdot u_{z2} = 88$ mm $+ 2 \cdot 2{,}2$ mm $= 92{,}4$ mm.

3. *Festlegung der Ziehkantenrundungen*, Gleichungen (H/5) und (H/6)

a) Anschlagzug

$$r_{z1} = 0,5 \cdot \sqrt{(D_0 - d_{z1}) \cdot s} = 0,5 \sqrt{(212,0 \text{ mm} - 121,5 \text{ mm}) \cdot 2,0 \text{ mm}} \approx 7 \text{ mm}$$

überschlägig ist $r_{z1} \approx (4...5) \cdot s = 8...10$ mm; gewählt $r_{z1} = 8$ mm.

Ziehstempelabrundung r_{p1} soll größer als r_{z1} sein; $r_{p1 \text{ min}} = (5...6) \cdot s = 10...12$ mm; gewählt $r_{p1} = 10$ mm.

b) Folgezug

$$r_{z2} = 0,8 \cdot \sqrt{(d_{z1} - d_{z2}) \cdot s} = 0,8 \cdot \sqrt{(121,5 \text{ mm} - 92,4 \text{ mm}) \cdot 2,0 \text{ mm}} \approx 6 \text{ mm}$$

$r_{z2 \text{ min}} = (3...4) \cdot s = 6...8$ mm, da $r_{p2} = 8$ mm durch Ziehteilform gegeben ist und $r_z < r_p$ sein soll, wird

$$r_{z2} \approx 7 \text{ mm} \text{ gewählt.}$$

4. *Ziehteilhöhe nach dem 1. Zug* (ohne Zipfelbildung zu berücksichtigen), *Überschlagsrechnung mit neutralen Maßen*

$$A_{\text{Zarge}} = A_{\text{Zuschnitt}} - (A_{\text{Boden}} + A_{\text{Schräge}})$$

$$A_{\text{Zuschnitt}} = \frac{\pi}{4} \cdot 212^2 \text{ mm} \cdot \text{mm} \qquad\qquad\qquad \approx 35\ 300 \text{ mm}^2$$

$$A_{\text{Boden}} = \frac{\pi}{4} \cdot 90^2 \text{ mm} \cdot \text{mm} \qquad\qquad\qquad \approx 6350 \text{ mm}^2$$

$$A_{\text{Schräge}} = \pi \cdot 104,5 \text{ mm} \cdot \left(\frac{119 \text{ mm} - 90 \text{ mm}}{2} \cdot \sqrt{2} \right) \qquad \approx 6750 \text{ mm}^2$$

$$\underline{A_{\text{Boden}} + A_{\text{Schräge}} \qquad\qquad\qquad\qquad\qquad = 13\,100 \text{ mm}^2 = 13\ 100 \text{ mm}^2}$$

$$A_{\text{Zarge}} = \pi \cdot 119 \text{ mm} \cdot h_y \qquad\qquad\qquad\qquad = 22\ 200 \text{ mm}^2$$

$$\text{Zargenhöhe } h_y = \frac{22\ 200 \text{ mm}^2}{\pi \cdot 119 \text{ mm}} \approx 60 \text{ mm}$$

$$h_{1 \text{ innen}} = h_y + h_{\text{Schräge}} - \frac{\text{Blechdicke}}{2} = 60 \text{ mm} + 14,5 \text{ mm} - \frac{2,0 \text{ mm}}{2} \approx 74 \text{ mm}$$

Zargenhöhe h_y könnte überschlägig mit neutralen Maßen auch *unmittelbar ermittelt* werden

$$(\sqrt{2} \approx 1,4) \text{ aus } h_y \approx \frac{D_0^2 - 1,4 \cdot d_{n1}^2 + 0,4 \cdot d_{n2}^2}{4 \cdot d_{n1}}$$

h_y Zargenhöhe in cm
D_0 Zuschnittdurchmesser in cm
d_n neutrale Durchmesser: $\quad d_{n1} = (d_{p1} + s)$ in cm
$\qquad\qquad\qquad\qquad\qquad\quad d_{n2} = (d_{p2} + s)$ in cm
s Blechdicke in cm

5. *Ermittlung der Schnittkraft und der Schnittarbeit*

Für RRSt 1404 wird als Scherfestigkeit $\tau_s \approx 300$ N/mm² gewählt (vgl. Tabelle C/1). Die Druckfläche der Schneidplatte ist zur Kraftminderung dachförmig ausgeschliffen, somit Schnittkraft nach Gleichung (C/3)

$$F_s = 0,8 \cdot (l \cdot s \cdot \tau_s) = 0,8 \cdot \left(\pi \cdot 212 \text{ mm} \cdot 2,0 \text{ mm} \cdot 300 \frac{\text{N}}{\text{mm}^2} \right) \approx 320\ 000 \text{ N} = 320 \text{ kN}$$

Schnittarbeit (geneigte Schneidkanten) nach Gleichung (C/4)

$$W_{\mathrm{s}} = \frac{F_{\mathrm{s}} \cdot h_{\mathrm{s}} \cdot K_{\mathrm{s}}}{1000}$$

Schneidweg $h_{\mathrm{s}} = 2{,}2 \cdot s = 2{,}2 \cdot 2\ \mathrm{mm} = 4{,}4\ \mathrm{mm}$, Korrekturwert $K_{\mathrm{s}} = 0{,}3$

$$W_{\mathrm{s}} = \frac{320\,000\ \mathrm{N} \cdot 4{,}4\ \mathrm{mm} \cdot 0{,}3}{1000} \approx 420\ \mathrm{Nm}\,.$$

6. Festlegung der erforderlichen Umformkräfte und Umformarbeit

Bei der Pressenauswahl sind noch 20…30 % Sicherheitszuschlag auf Ziehkraft, Blechhalterkraft und Umformarbeit zu berücksichtigen (Gleichungen und Kurvenzüge im Anhang des Buches).

a) Anschlagzug

Ermittlung der Ziehkraft (nach *Siebel*)

$$F_{\mathrm{z}1} = \frac{\pi \cdot d_{\mathrm{p}1} \cdot s \cdot k_{\mathrm{fm}1} \cdot \ln\beta_1}{0{,}65}\,.$$

Aus Bild I/8 oder aus Kurvenzügen im Anhang des Buches wird für den Numerus 1,81 der natürliche Logarithmus $\ln 1{,}81 \approx 0{,}58$ abgelesen; somit $\ln\beta_1 \approx 0{,}58$.

Für RRSt 1404 ist bei $\beta_1 = 1{,}81 = 0{,}58$ die mittlere Formänderungsfestigkeit

$$k_{\mathrm{fm}} \approx 340\ \frac{\mathrm{N}}{\mathrm{mm}^2}\quad (\text{Wert aus } k_{\mathrm{fm}}\text{-Kurve im Anhang des Buches})$$

$$F_{\mathrm{z}1} = \frac{\pi \cdot 117\ \mathrm{mm} \cdot 2{,}0\ \mathrm{mm} \cdot 340\ \dfrac{\mathrm{N}}{\mathrm{mm}^2} \cdot 0{,}58}{0{,}65} \approx 222\,000\ \mathrm{N} = 222\ \mathrm{kN}\,.$$

Blechhalterdruck (nach *Siebel*)

Für RRSt 1404 ist $\sigma_{\mathrm{B}} = 280…380\ \dfrac{\mathrm{N}}{\mathrm{mm}^2}$, gewählt $\sigma_{\mathrm{B}} = 350\ \dfrac{\mathrm{N}}{\mathrm{mm}^2} = 35\,000\ \dfrac{\mathrm{N}}{\mathrm{cm}^2}$

$$p_{\mathrm{N}1} = \frac{\sigma_{\mathrm{B}}}{400}\left[(\beta_1 - 1)^2 + \frac{d_{\mathrm{p}1}}{200 \cdot s}\right] = \frac{35\,000\ \dfrac{\mathrm{N}}{\mathrm{cm}^2}}{400}\left[(1{,}81 - 1)^2 + \frac{117\ \mathrm{mm}}{200 \cdot 2{,}0\ \mathrm{mm}}\right] \approx 83\ \frac{\mathrm{N}}{\mathrm{cm}^2}$$

Blechhalterdruckfläche $= \dfrac{\pi}{4} \cdot D_0^2 - \dfrac{\pi}{4} \cdot D_{\mathrm{Ni}1}^2$ (Bezeichnungen im Bild H/10)

dabei ist $D_{\mathrm{Ni}1} = d_{\mathrm{z}1} + 2 \cdot r_{\mathrm{z}1} = 121{,}5\ \mathrm{mm} + 2 \cdot 8{,}0\ \mathrm{mm} \approx 138\ \mathrm{mm}$

$$A_{\mathrm{N}1}\ (\text{in cm}^2) = \frac{\pi}{4} \cdot 21{,}2^2\ \mathrm{cm} \cdot \mathrm{cm} - \frac{\pi}{4} \cdot 13{,}8^2\ \mathrm{cm} \cdot \mathrm{cm} \approx 203\ \mathrm{cm}^2$$

$$F_{\mathrm{N}1} = A_{\mathrm{N}1} \cdot p_{\mathrm{N}1} = 203\ \mathrm{cm}^2 \cdot 83\ \frac{\mathrm{N}}{\mathrm{cm}^2} \approx 16\,800\ \mathrm{N} = 16{,}8\ \mathrm{kN}$$

Zieharbeit für mechanische Ziehpressen (Anhang des Buches):

$$W_{\mathrm{z}1} = \frac{(F_{\mathrm{z}1} + F_{\mathrm{N}1}) \cdot h_{1\,\mathrm{innen}} \cdot K_{\mathrm{w}1}}{1000}$$

Für $\beta_1 = 1{,}81$ ist der Korrekturwert $K_{\mathrm{w}1} \approx 0{,}80$ (siehe Anhang des Buches).

$$W_{\mathrm{z}1} = \frac{(222\,000\ \mathrm{N} + 16\,800\ \mathrm{N}) \cdot 74\ \mathrm{mm} \cdot 0{,}80}{1000} \approx 14\,000\ \mathrm{Nm}$$

Da auf der mechanischen Ziehpresse ein *Verbundwerkzeug „Ausschneiden – Ziehen"* arbeitet, muß die Presse eine Nennarbeit

$$W = 1{,}2 \cdot (W_{\mathrm{s}} + W_{\mathrm{z}1}) = 1{,}2 \cdot (420\ \mathrm{Nm} + 14\,000\ \mathrm{Nm}) \approx 17\,300\ \mathrm{Nm}$$

aufbringen; der Blechhalterstößel muß die Schnittkraft mit 20 % Sicherheitszuschlag =
$= (1{,}2 \cdot 320\ \mathrm{kN}) \approx 400\ \mathrm{kN}$, der Ziehstößel die Ziehkraft $= (1{,}2 \cdot 222\ \mathrm{kN}) \approx 270\ \mathrm{kN}$ übernehmen.

Man erkennt, daß der Blechhalterstößel für höhere Kräfte als der Ziehstößel ausgelegt sein muß, um Verbundwerkzeuge „Ausschneiden – Ziehen" auf mechanischen Ziehpressen einsetzen zu können.

b) Folgezug

Ziehkraft (nach *Siebel*)

$$F_{z2} = \frac{F_{z1}}{2} + \frac{\pi \cdot d_{p2} \cdot s \cdot k_{fm2} \cdot \ln \beta_2}{0{,}65}$$

Nach dem Anschlagzug verfestigt sich umgeformter Werkstoff (Kaltverfestigung).
Wurden die Ziehteile vor dem Weiterziehen durch Zwischenglühen (Tabelle L/3) entfestigt, wird zum Folgezug die mittlere Formänderungsfestigkeit k_{fm2} unmittelbar für $\ln \beta_2$ abgelesen (Kurvenzug im Anhang). Für $\varphi_2 = \ln \beta_2 = \ln 1{,}33 = 0{,}29$ wäre dann

$$k_{fm2} \approx 280 \ \frac{N}{mm^2} \ .$$

Zur Weiterformung des kaltverfestigten Werkstoffes ist bei $\beta_2 = 1{,}33$ keine Warmbehandlung erforderlich. Für den Folgezug wird daher dessen mittlere Formänderungsfestigkeit aus

$$k_{fm2} = \frac{k_{f1} + k_{f2}}{2}$$ bestimmt. Die Werte k_{f1} und k_{f2} entnimmt man aus der Fließkurve [1])

des umzuformenden Werkstoffes.

Für RRSt 1404 ist bei Ziehverhältnis $\beta_1 = 1{,}81$, das in Fließkurve $\varphi_1 = \ln \beta_1 = \ln 1{,}81 = 0{,}58$ entspricht, die Formänderungsfestigkeit $k_{f1} \approx 420 \ \frac{N}{mm^2}$. Die Formänderungsfestigkeit k_{f2} (ohne Zwischenglühung) findet man in der Fließkurve, indem zuerst das logarithmierte Formänderungsverhältnis φ_{ges} ermittelt wird. Mit $\beta_1 = 181$ und $\beta_2 = 1{,}33$ ist

$$\varphi_{ges} = \varphi_1 + \varphi_2 = \ln \beta_1 + \ln \beta_2 = \ln 1{,}81 + \ln 1{,}33 = 0{,}58 + 0{,}29 = 0{,}87 \ .$$

Über $\varphi_{ges} = 0{,}87$ wird als Formänderungsfestigkeit $k_{f2} \approx 450 \ \frac{N}{mm^2}$ abgelesen (vgl. schematische Darstellung im Anhang des Buches); somit

$$k_{fm2} = \frac{k_{f1} + k_{f2}}{2} = \frac{420 \ \frac{N}{mm^2} + 450 \ \frac{N}{mm^2}}{2} = 435 \ \frac{N}{mm^2} \ .$$

Mit $\varphi_2 = \ln \beta_2 = 0{,}29$ wird

$$F_{z2} = \frac{222\,000 \ N}{2} + \frac{\pi \cdot 88 \ mm \cdot 2{,}0 \ mm \cdot 435 \ \frac{N}{mm^2} \cdot 0{,}29}{0{,}65} \approx 218\,000 \ N = 218 \ kN$$

Blechhalterkraft $F_{N2} = A_{N2} \cdot p_{N2}$
Bei Folgezügen wird für RRSt 1404 kaltverfestigt der Blechhalterdruck p_{N2} aus der Tabelle zu (0/5) im Anhang des Buches mit $p_{N2} = 220 \ \frac{N}{cm^2}$ entnommen.

$D_{Ni2} = d_{z2} + 0{,}5 \cdot r_{z2} = 92{,}4 \ mm + 0{,}5 \cdot 7{,}0 \ mm = 95{,}9 \ mm \approx 96 \ mm$
(Bezeichnungen im Bild H/10).
Blechhalteraußendurchmesser $\hat{=} d_{p1} = 117 \ mm$

$$A_{N2} \ (\text{in } cm^2) = \frac{\pi}{4} \cdot d_{p1}^2 - \frac{\pi}{4} \ (D_{Ni2})^2 = \frac{\pi}{4} \cdot 11{,}7^2 \ cm \cdot cm - \frac{\pi}{4} \cdot 9{,}6^2 \ cm \cdot cm \approx 35 \ cm^2$$

$$F_{N2} = A_{N2} \cdot p_{N2} = 35 \ cm^2 \cdot 220 \ \frac{N}{cm^2} \approx 7700 \ N = 7{,}7 \ kN$$

---

[1]) Fließkurven metallischer Werkstoffe enthalten VDI-Richtlinien 3200, 3201, 3202 (für einige Werkstoffe im Anhang des Buches).

Für die erforderliche Umformarbeit wird aus Kurve über $\beta_2 = 1,33$ der Korrekturwert $K_{w2} \approx 0,67$ abgelesen.

Zieharbeit bei mechanischer Ziehpresse

$$W_{z2} = \frac{(F_{z2} + F_{N2}) \cdot h_{innen} \cdot K_w}{1000} = \frac{(218\,000\,\text{N} + 7700\,\text{N}) \cdot 106\,\text{mm} \cdot 0,67}{1000} \approx 16\,000\,\text{Nm}$$

Die mechanische Ziehpresse muß für den Folgezug mindestens $1,2 \cdot 16\,000\,\text{Nm} \approx 19\,000\,\text{Nm}$, der Ziehstößel mindestens $1,2 \cdot 218\,\text{kN} \approx 260\,\text{kN}$ aufbringen.

- *Ergebnis:*
  Die zur Pressenauswahl erforderlichen Werte sind bestimmt.

- *Beispiel I/2:*
  Für schalenförmige Becher (Bild I/5) ist die *Abstufung der Züge* festzulegen und das *Gesenkformwerkzeug zum Fertigschlagen auf Spindelpresse* zu entwerfen.

- *Lösung:*
  Entsprechend Fertigteilform (mit 4 mm Beschneidezugabe) wird mittels Seileckverfahren (vgl. Bild H/6) als Zuschnittdurchmesser $D_0 \approx 190\,\text{mm}$ ermittelt.

  Mit gegebenem Maß $d_{innen} = 100\,\text{mm}$ ist

$$\beta_1 = \frac{D_0}{d_{p1}} = \frac{190\,\text{mm}}{100\,\text{mm}} = 1,9 \quad \text{(zulässiger Wert)}$$

Gesamtziehverhältnis für Folgezüge $\quad \beta_{gesamt} = \frac{d_{p1}}{d_{p3}} = \frac{100\,\text{mm}}{56\,\text{mm}} \approx 1,78 = \beta_2 \cdot \beta_3$; ergibt mit

$\beta_2 = 1,35$ noch $\beta_3 = \dfrac{1,78}{1,35} \approx 1,32$.

Die Ziehverhältnisse für Zwischenzüge, bei welchen der Außendurchmesser erhalten bleibt, können etwas höher gewählt werden.

$$d_{p2} = \frac{d_{p1}}{\beta_2} = \frac{100\,\text{mm}}{1,35} = 74\,\text{mm}; \qquad d_{p3} = \frac{d_{p2}}{\beta_3} = \frac{74\,\text{mm}}{1,32} \approx 56\,\text{mm}$$

Der vorgezogene Becher (Bild I/5) wird unter einer Spindelpresse in einem Gesenk fertiggeformt, d.h. fertiggeschlagen. Schwache Unebenheiten bleiben am Fertigteil fühlbar, auch wenn zum Ziehen große Abrundungshalbmesser $r_{p1}, r_{p2}, r_{z2}, r_{z3}$ gewählt wurden. Wird dieses Teil vernickelt oder versilbert, muß die Oberfläche auf einer Drückbank noch nachgeglättet werden.
Das gehärtete Gesenk wird zum *Einschrumpfen* in den auf 350 °C erwärmten Schrumpfring eingeführt und sofort im Ölbad abgeschreckt. Nach Überschlagregel, Aufmaß zum Schrumpfen $\approx 2\,\%o$ vom Durchmesser, wird mit Gesenkdurchmesser $195 \pm 0,02\,\text{mm}$ der Schrumpfringinnendurchmesser $= 195\,\text{mm} - 2\,\%o$ von $195\,\text{mm} = 195\,\text{mm} - 0,39\,\text{mm} = 194,60 \pm 0,03\,\text{mm}$. Beim Erwärmen des Schrumpfringes vergrößert sich dessen Innendurchmesser um $\approx 0,7\,\text{mm}$ [1]); zum Zusammenfügen ist genügend Spielraum $\approx 0,70\,\text{mm} - 0,39\,\text{mm} \approx 0,30\,\text{mm}$ vorhanden.

- *Ergebnis:*
  Berechnete Zugabstufung und Gesenkformwerkzeug zeigt Bild I/5.

---

[1]) Durchmesservergrößerung $\Delta d = d_s \cdot (t_2 - t_1) \cdot \alpha$; dabei sind: d_s der Schrumpfringinnendurchmesser, t_2 und t_1 die Temperaturen in °C, α der Längenausdehnungskoeffizient des Stahles (linear) $\alpha = 11 \cdot 10^{-6}$.

„Berechnungsgrundlagen für Schrumpfringe" vgl. *Grüning,* Umformtechnik, Viewegs Fachbücher der Technik, Friedr. Vieweg + Sohn GmbH, Braunschweig.

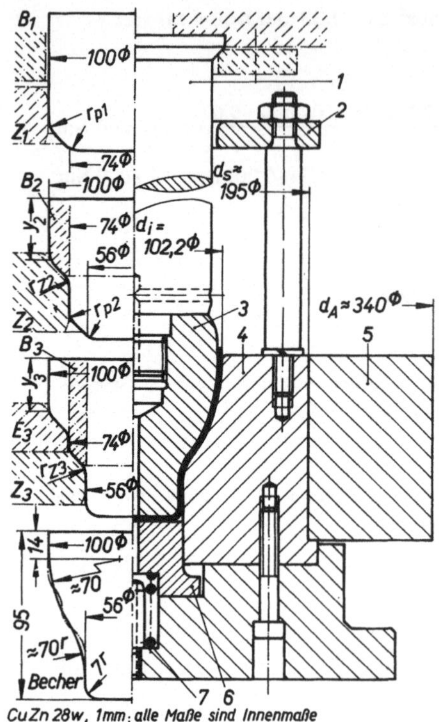

CuZn 28w, 1mm; alle Maße sind Innenmaße

Bild I/5

Zugabstufung beim Ziehen von Formteilen,
Gesenkformwerkzeug für Spindelpresse

$B_{1...3}$ Blechhalter und $Z_{1...3}$ Ziehringe,
E_3 Einlegring oder drei verstellbare Anschläge.

Bauteile für Gesenkformwerkzeug:
1 Stempelaufsatz, *2* Abstreifer, *3* Stempel,
4 Gesenk, *5* Schrumpfring vergütet, St 60 oder
50 CrV4 Werkstoff Nr. 1.8150, *6* Auswerfer,
7 Druckfeder; die Teile 3, 4, 6 aus X45 NiCrMo 4
Werkstoff Nr. 1.2767, herstellen.

d_i größter Innendurchmesser des Gesenkes
d_s Schrumpfringdurchmesser
d_A Außendurchmesser des Schrumpfringes

Allgemeine Regel für Werkzeuge auf Spindelpressen:

$$d_A \approx (3,5...4) \cdot d_i$$
$$d_s \approx 1,05 \sqrt{d_i \cdot d_A}$$

Schrumpf-Aufmaß $\approx 2\%o$ von d_s

- *Beispiel I/3:*

Näpfe aus Tiefziehblech RRSt 1404, 1,5 mm dick, mit 70 mm Innendurchmesser, 98 mm innere
Höhe (unbeschnitten), 9 mm Bodenabrundung sind auf einer doppeltwirkenden mechanischen
Ziehpresse mittels eines *Doppelziehwerkzeuges* herzustellen. Die Ziehverhältnisse sind zu über-
prüfen.

- *Lösung:*

Mit Zuschnittdurchmesser $D_0 \approx 180$ mm wird

$$\beta_{gesamt} = \frac{D_0}{d_{p\ fertig}} = \frac{180\ mm}{70\ mm} \approx 2,6\ .$$

Es sind Anschlagzug und zwei Folgezüge oder Anschlagzug, Zwischenglühen und ein Folgezug
nötig. Um Arbeitsfolgen einzusparen und damit die Durchlaufzeit im Betrieb zu kürzen, kann
ein Doppelziehwerkzeug (Bild I/6) gewählt werden. Hierfür sind zur Senkung der Herstellungskosten Auswechselteile (Werknormteile) mitzuverwenden. Das Werkzeug eignet sich jedoch nur
für gut tiefziehfähige Bleche; es bedingt eine mechanische Ziehpresse, deren Zieh- und Blechhalterstößel von oben her wirken (Blechhalterstößel muß bei Kurbelwinkel 75° vor unterem
Totpunkt die Ziehkraft $F_{z1.\,Ziehfolge}$ aufbringen) und erfordert zuverlässige Einrichter.

Für die 1. Ziehfolge, Napfvorzug mit Ziehring (8) ist eine von Hand betätigte Blechhalterplatte (2)
eingebaut (starre Blechhaltung, siehe H.1.c). Das Einschieben der Zuschnitte bei geöffneter
Platte erleichtern die beiden Einführschrägen und je zwei Tellerfedern, die die Platte anheben.
Spannschrauben übernehmen die Innenführung der Tellerfedern. Das für jeden Zug erforderliche
Spannen der Blechhalterplatte ist weniger ermüdend, wenn beide Handgriffe (1) genügend dick

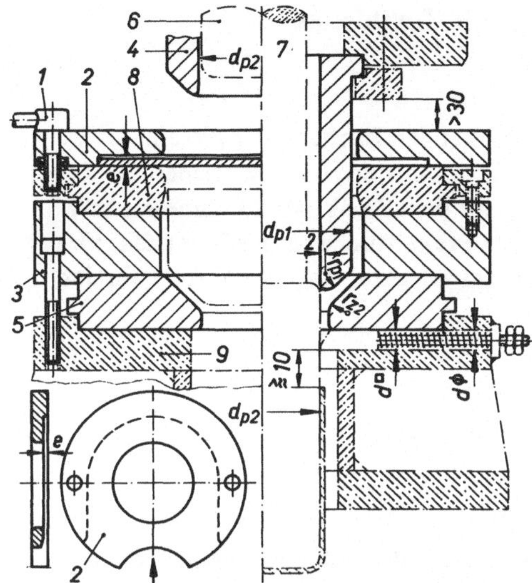

Bild I/6. Doppelziehwerkzeug

Darstellung: vor Ziehbeginn und Ziehvorgang beendet; anzufertigen sind: *1* Spanngriffe je mit Rechts- und Linksgewinde, *2* Blechhalterplatte;

Maß: e = Blechdicke s_{max} + (5...7) % von s, *3* Zwischenring, *4* Ring als Ziehstempel bei 1. Ziehfolge mit $r_{p1} \gtrless 5 \cdot$ Blechdicke, als Blechhalter bei 2. Ziehfolge, *5* Ziehring für 2. Ziehfolge (evtl. auch Werknormteil).

Vorhanden sind als Werknormteil: *6* Ziehstempel mit Luftloch, *7* Ziehstempelaufsatz, *8* Ziehring für erste Ziehfolge mit Spannring, *9* Ziehstuhl mit Abstreifschiebern.

und 250...300 mm lang sind. Nach dem Einrücken der mechanischen Ziehpresse (Weg-Zeit-Schaubild, Bild H/1a) bewegt sich zuerst der am Blechhalterstößel befestigte Ring (4) abwärts. Er ist während der 1. Ziehfolge Ziehstempel und in seiner tiefsten Stellung Blechhalterröhre der 2. Ziehfolge. Durch den sich inzwischen abwärts bewegenden Ziehstempel (6) wird die 2. Ziehfolge ausgeführt; der vorgezogene Napf wird im Ziehring (5) fertiggeformt. Das Blech ist noch nicht kaltverfestigt, weshalb Ziehverhältnis $\beta_{2. \text{Stufe}}$ größer gewählt werden kann. Erhält Ring (4) eine große Kantenabrundung ($r_{p1} \gtrless 5 \cdot$ Blechdicke), werden Ausschußteile durch Bodenreißer (Ziehfehler-Tabelle I/1, Bild I A 1) vermieden. Ebenso hat der Ziehring für 2. Ziehfolge (5) einen größeren Ziehkantenhalbmesser r_{z2}; er liegt zwischen

$$r_{z2} = \frac{d_{p1} - d_{p2}}{2} - s \quad \text{sowie} \quad r_{z2} = (6...9) \cdot \text{Blechdicke } s.$$

Überschlägig gilt als *Grenzziehverhältnis in Doppelziehwerkzeugen* bei 1. Ziehfolge mit starrer Blechhalterplatte $\beta_1' = \beta_1 - (15...20 \text{ % von } \beta_1)$, bei 2. Ziehfolge $\beta_2' = (\beta_2 - 5 \text{ % von } \beta_2)^2$; β_1 und β_2 sind übliche Grenzziehverhältnisse, siehe Anhang des Buches.

Für Tiefziehstahlblech RRSt 1404 mit Ziehverhältnis $\beta_{1max} \approx 1{,}95$, $\beta_{2max} \approx 1{,}35$ wird im Doppelziehwerkzeug (Bild I/6)

$$\beta_{1. \text{Stufe max}} = \beta_1' = 1{,}95 - (15...20 \text{ % von } 1{,}95) \approx 1{,}65...1{,}55 \qquad \text{und}$$

$$\beta_{2. \text{Stufe max}} = \beta_2' = (1{,}35 - 5 \text{ % von } 1{,}35)^2 = 1{,}28^2 \approx 1{,}64.$$

Damit $\beta_{\text{gesamt max}} = \beta_1' \cdot \beta_2' = (1{,}65...1{,}55) \cdot 1{,}64 \approx 2{,}7...2{,}55.$

- *Ergebnis:*
Gegebener Napf ist mittels Doppelziehwerkzeug herstellbar.

2. Tiefziehen auf einfachwirkender Presse mit Ziehkissen

a) Ziehen zylindrischer, runder Näpfe

Der Werkzeugaufbau zum Tiefziehen auf einfachwirkenden Kurbel- oder Exzenterpressen
(Langsamläufer) mit Ziehkissen ist im Abschnitt H.1.b mit Bild H/2 beschrieben. Die Lage
der Druckbolzen unter der Blechhalterplatte muß mit dem Ziehkissendurchmesser bzw.
mit der Durchgangsbohrung der Aufspannplatte des Pressentisches abgestimmt sein [1];
zur Unfallverhütung ist um das Unterteil ein Schutzgitter anzubringen. Bei Auswahl der
Presse ist zu achten auf (Bild H/2):

1. Hubgröße des Zwangsauswerfers $H_{A\,max}$,
2. Größe des Stößelhubes H,
3. Größe der Druckfläche des Ziehkissens (Durchmesser D_T),
4. Bauhöhe des Werkzeuges,
5. Größe der erforderlichen Umformkraft, Umformenergie.

Die Werte 1...3 erfordern meist eine größere Presse als kräfte- oder energiemäßig notwendig ist.

b) Ziehen unrunder Hohlteile mit senkrechten Zargenwänden

Der Werkzeugaufbau (Bild I/7 I) bleibt der gleiche wie beim Ziehen runder Näpfe. Für die
Lage des Einspannzapfens ist bei Ziehwerkzeugen der Linienschwerpunkt des Ziehteil-
umrisses, bei Verbundwerkzeugen „Ausschneiden–Ziehen", der Linienschwerpunkt des
Zuschnittumrisses maßgebend (siehe D.4.c und G.1.c). Vorteilhaft werden Stempel nicht
in die Grundplatte eingelassen, sondern mittels zweier Zylinderstifte DIN 7979 Form B
(mit Durchgangsbohrung und Innengewinde) lagemäßig gesichert. Die beiden Sacklöcher
der Zylinderstifte erhalten je noch eine kleine Durchgangsbohrung (3...4 mm ϕ), die zur
zusätzlichen Stempelbelüftung dient. Ziehringe für Rechteckzug können in der Kopfplatte
(bzw. im säulengeführten Oberteil) zentriert sein. Zur Bestimmung der tiefsten Werkzeuglage (*UT*) ist die größte Ziehkantenabrundung (in den Ecken des Ziehringes) maßgebend.

Verbundwerkzeuge Ausschneiden–Ziehen (GVW, Bild I/7 II) schneiden aus Bändern oder
Streifen mit der Ziehring-Außenkante den Zuschnitt aus und formen ihn um. Die große
Eintauchtiefe der Schneiden bedingt erhöhten Schneidenverschleiß. Würden in diesen
Werkzeugen nickelhaltige Bleche, z.B. X 12 Cr Ni 18 8, verarbeitet, dann brechen im
Augenblick des Trennens (im Bild C/1 die Stempellage c) Kristalle aus dem Schnittquer-
schnitt [2] aus und springen ab; diese können Riefen im Ziehteil hinterlassen, auch wenn
Emulsionsmittelstrahlen das Werkzeug andauernd ausspülen. Man soll daher nickelhaltige
Stahlbleche möglichst nicht in GVW „Ausschneiden–Ziehen" verarbeiten.

Im GVW (Bild I/7 II) sind die *Druckflächen des Ziehstempels* (7) und *des Schneidringes*
(14) gleich hoch. Dringt die Schneide *Sk* des Ziehringes (3) in das Blech ein, beginnt

---

[1] Bei größeren Pressen befinden sich im Pressentisch mehrere Bohrungen zur Aufnahme von Druckbolzen, die auf die Blechhalterplatte unmittelbar wirken (Bild K/5).

[2] Schnittquerschnitt ist der zu trennende, zwischen den Schneiden des Werkzeuges sich befindliche
Werkstoffquerschnitt (DIN 8588).

bereits der Ziehvorgang; im Flansch entstehen sofort, gleichmäßig verteilt, hohe radial-wirkende Spannungen (im Bereich der Streckgrenze), weshalb mit kleinem Blechhalter-druck ($\frac{N}{cm^2}$) gezogen werden kann. Nachteilig ist, daß beim Schärfen des Schneidringes der Ziehstempel an seiner Auflagefläche ebenfalls abgeschliffen werden muß. Würde man die Druckfläche des Schneidringes höher legen, um beim Schärfen seiner Schneide das Ausbauen des Ziehstempels zu vermeiden, müßte der Blechhalterdruck erhöht werden.

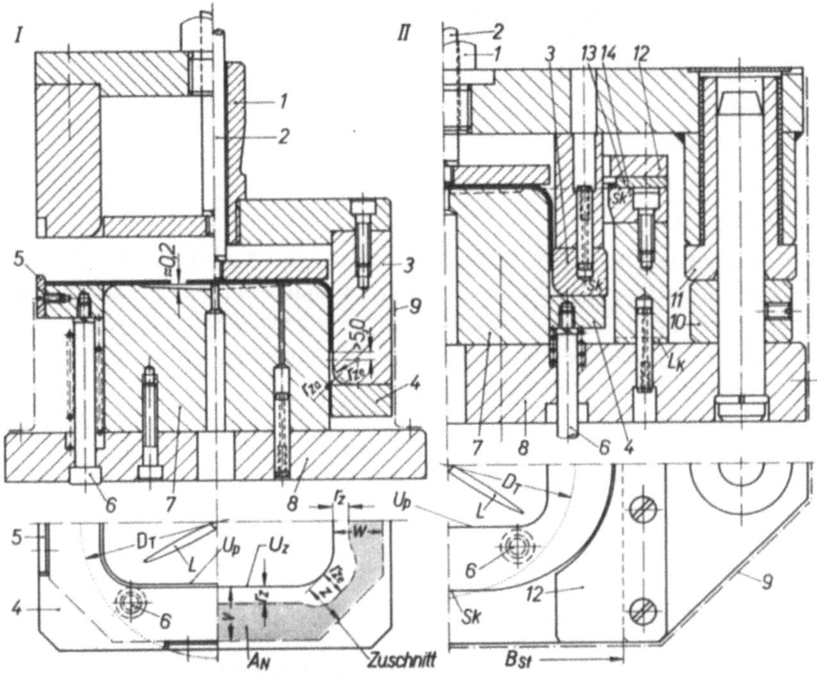

Bild I/7. Werkzeuge für einfachwirkende Pressen mit Ziehkissen

D_T Mindestdurchmesser der Druckfläche des Ziehkissens

I. Ziehwerkzeug für rechteckiges Ziehteil;

    wichtige Bauteile: *1* Einspannzapfen mit Kopfplatte, *2* Zwangsausstoßer, *3* Ziehring, Wasserhärter, U_z Ziehring-Innenform mit Ziehkantenhalbmesser entlang geraden Ziehkanten r_z, in den Ecken r_{ze}, *4* Blechhalterplatte mit Druckfläche A_N, Maße *v, w* und *z* sind Rechnungsmaße, *5* vier Zentrier-stücke für Zuschnitt, *6* vier Druckbolzen, schwache Druckfedern zum Anheben der drucklosen Blechhalterplatte, *7* Ziehstempel mit eingeschliffenen Lüftungsnuten *L*, U_p Stempelform, *8* Grund-platte, *9* Schutzgitter

II. Verbundwerkzeug Ausschneiden – Ziehen für rechteckiges Ziehteil;

    Sk sind Schneidkanten am Ziehring (3) und Schneidring (14); beide Ringe sind mit Auflageringen und diese mit Ober- und Unterteil verschraubt und verstiftet, L_K sind seitliche Lüftungskanäle und Abläufe für Zieh- und Kühlflüssigkeiten;

    wichtige Bauteile: Teile 1...9 wie bei I, zusätzlich *10* Aufschlagring, *11* Führungsbuchse mit Kunstharz eingegossen, *12* Abstreifer, *13* Zwischenlage, dient zugleich zur Befestigung des Streifenauflagebleches, *14* Schneidring;

    Maß B_{St} Streifenbreite.

Das Werkzeug (Bild I/7 II) hat ein säulengeführtes Oberteil; nur bei vollsymmetrischer Ziehteilform kann man es für geringe Stückzahlen und für dicke Bleche als Verbundwerkzeug ohne Führung (vgl. D.1) gestalten. Die Schneidplatte wird zum Ziehstempel zuerst mittels Endmaßen zentriert, dann verschraubt und verstiftet. Eignet sich eine Zuschnittronde für das Ziehteil (Bild H/8, Zuschnittform *e*), erhalten die Ringe und Platten Zentrierungen; das Werkzeug wird billiger.

Berechnungsgrundlagen zur Werkzeugkonstruktion

Zuerst wird nach H.2.b die Zuschnittform ermittelt.

1. Überprüfung der Umformverhältnisse

Beim Tiefziehen prismatischer Hohlteile (senkrechte Seitenwände mit elliptischer oder mit quadratischer, rechteckiger Form und großen Eckenabrundungen)

$$\frac{\text{langes Werkstückmaß } A}{\text{Eckenabrundung } r_{\text{E}}} < 64$$

liegen ähnliche Verhältnisse wie beim Tiefziehen zylindrischer, runder Näpfe vor [1]. Werden Zuschnittfläche A_0 und Stempelquerschnitt A_{p} der unrunden Form in flächengleiche Kreise umgerechnet, so kann man die erhaltenen *gedachten (fiktiven) Durchmesser $d_{\text{A}0}$* bzw. d_{Ap} in die bekannten Gleichungen für runden Napfzug (Ziehverhältnis, Ziehkraft, Blechhalterdruck) einsetzen. Es ergibt sich aus:

Zuschnittfläche beliebiger Form

$$A_0 \mathrel{\hat{=}} \frac{\pi}{4} \cdot (d_{\text{A}0})^2 \quad \text{der Durchmesser } d_{\text{A}0} = \sqrt{\frac{4}{\pi} \cdot A_0} = 1{,}13 \cdot \sqrt{A_0}$$

Stempelquerschnitt

$$A_{\text{p}} \mathrel{\hat{=}} \frac{\pi}{4} \cdot (d_{\text{Ap}})^2 \quad \text{der Durchmesser } d_{\text{Ap}} = \sqrt{\frac{4}{\pi} \cdot A_{\text{p}}} = 1{,}13 \cdot \sqrt{A_{\text{p}}}$$

Für Anschlagzug prismatischer Ziehteile mit Verhältnis $\dfrac{\text{langes Werkstückmaß } A}{\text{Eckenabrundung } r_{\text{E}}} < 64$, gilt:

$$\boxed{\begin{aligned} \beta_1 &= \sqrt{\frac{A_0}{A_{\text{p}}}} = \frac{d_{\text{A}0}}{d_{\text{Ap}}} \\[4pt] d_{\text{A}0} &= 1{,}13 \cdot \sqrt{A_0} \\[4pt] d_{\text{Ap}} &= 1{,}13 \cdot \sqrt{A_{\text{p}}} \end{aligned}} \qquad (\text{I}/1)$$

β_1 Ziehverhältnis für Anschlagzug
A_0 Zuschnittfläche
A_{p} Stempelquerschnitt
$d_{\text{A}0}$ gedachter Durchmesser des flächengleichen Kreises aus Zuschnittfläche A_0
d_{Ap} gedachter Durchmesser des flächengleichen Kreises aus Stempelquerschnitt A_{p}

---

[1] Untersuchungen von Prof. *Panknin*, veröffentlicht in den Mitteilungen der Forschungsgesellschaft Blechverarbeitung e.V. Nr. 2/3 v. 25. 1. 59.

2. *Festlegung des Ziehspaltes und der Ziehkantenhalbmesser*

Während des Ziehens sind die Blechquerschnitte im Bereich der geradlinigen Ziehkanten weniger beansprucht als in den Ecken, weshalb der *Ziehspalt* u_z verschieden groß auszuführen ist:

$$
\begin{array}{l}
\text{Mindestziehspalt im Bereich der Längsseiten} \\
\qquad u_{za} \approx \text{Blechdicke } s_{max} \\
\text{Mindestziehspalt im Bereich der Schmalseiten} \\
\qquad u_{zb} \approx u_z \text{ Napfzug, Gleichungen (H/4)} \\
\text{Mindestziehspalt im Bereich der Ecken} \\
\qquad u_{ze} \approx \tfrac{7}{6} \cdot \text{Ziehspalt } u_{zb}
\end{array}
\qquad (\text{I}/2)
$$

Für die *Ziehkantenabrundungen* gelten sinngemäß die gleichen Angaben wie beim Napfzug.

$$
\begin{array}{l}
\text{Ziehkantenhalbmesser entlang Längsseite} \\
\qquad r_{za} = 0{,}5\ldots0{,}7 \cdot \sqrt{2 \cdot v \cdot s} \\
\text{Ziehkantenhalbmesser entlang Schmalseite} \\
\qquad r_{zb} = 0{,}5\ldots0{,}7 \cdot \sqrt{2 \cdot w \cdot s} \\
\text{Ziehkantenhalbmesser in den Ecken} \\
\qquad r_{ze} = 0{,}7\ldots0{,}8 \cdot \sqrt{(2 \cdot R_1 - 2 \cdot r_e) \cdot s} \\
\qquad \text{oder} \\
\qquad r_{ze} = 0{,}7\ldots0{,}8 \cdot \sqrt{2 \cdot z \cdot s}
\end{array}
\qquad (\text{I}/3)
$$

Die Maße v, w und z sind Entfernungen zwischen Ziehkante und Zuschnittrand (Bild I/7 I).
s Blechdicke, R_1 korrigierter Zuschnitthalbmesser des Hohlteileckentopfes (Bild H/8).

Die Ziehkantenhalbmesser r_{za} und r_{zb} sollen mindestens $(4\ldots5) \cdot s$, jedoch $<$ Stempelkantenabrundung r_p sein. Bei Ziehteilmaßen $A : B < 3 : 1$ werden r_{za} und r_{zb} meist gleichgroß gewählt.

Haben Ziehteile kleine Eckenabrundungshalbmesser r_E, wird die Ziehkantenrundung im Bereich der Ecken bis $r_{ze} = (1{,}5 \ldots 2{,}0) \cdot r_{za}$ vergrößert; der Zuschnitt fließt besser ein, die Bodenabreißgefahr in den Ecken wird gemindert.

Formelzeichen für das Tiefziehen zeigt folgende Übersicht:

	Bezeichnung	Ziehteil	Formelzeichen für Ziehstempel	Ziehring
zylindrische runde Näpfe	Napfinnendurchmesser	d_p	d_p	
	Napfaußendurchmesser	d_z		d_z
	Bodenabrundungshalbmesser (Napfinnenseite)	r_p	r_p	
	Ziehkantenhalbmesser am Ziehring			r_z
	Ziehspalt		u_z	
prismatische Hohlteile	am Ziehteil folgende neutrale Maße: Werkstücklänge	A		
	Werkstückbreite	B		
	Eckenabrundungshalbmesser	r_E	r_{pe}	r_e
	Bodenabrundungshalbmesser	r_B	r_p	
	geradlinige Teilfläche entlang: langer Werkstückseite / kurzer Werkstückseite	a / b		
	Ziehkantenhalbmesser am Ziehring für: lange Werkstückseite a / kurze Werkstückseite b / Eckenabrundungen r_E			r_{za} / r_{zb} / r_{ze}
	Ziehspalt entlang Seite a		u_{za}	
	Ziehspalt entlang Seite b		u_{zb}	
	Ziehspalt in den Eckenabrundungen r_E		u_{ze}	

- *Beispiel I/4:*
  Zur Fertigung rechteckiger Ziehteile (Berechnungsbeispiel H/2) aus Werkstoff Cu Zn 28 F 28, 2 mm dick, ist ein Verbundwerkzeug Ausschneiden – Ziehen zu entwerfen.

- *Lösung:*
  Zuschnittform Beispiel H/2, Werkzeugdarstellung Bild I/7 II

  1. Ziehverhältnis nach Gleichung (I/1)

  Aus Zuschnittgröße $L_0 \times B_0 = 270$ mm $\times$ 195 mm, abzüglich den vier abgeschnittenen Ecken mit 58 mm Seitenlänge wird Zuschnittfläche

  $$A_0 = (27 \text{ cm} \cdot 19,5 \text{ cm}) - 4 \cdot \frac{5,8 \text{ cm} \cdot 5,8 \text{ cm}}{2} = 458 \text{ cm}^2;$$

  entspricht inhaltsgleichem Kreis mit

  $$d_{A0} = 1,13 \cdot \sqrt{458 \text{ cm}^2} = 24,2 \text{ cm}$$

  Stempelquerschnitt

  $$A_p = a \cdot b + (2 \cdot a + 2 \cdot b) \cdot r_{pe} + \pi (r_{pe})^2 = 12 \text{ cm} \cdot 4 \text{ cm} + (2 \cdot 12 \text{ cm} + 2 \cdot 4 \text{ cm}) \cdot 2,9 \text{ cm} +$$
  $$+ \pi \cdot 2,9^2 \text{ cm} \cdot \text{cm} = 167 \text{ cm}^2 ;$$

entspricht inhaltsgleichem Kreis mit

$$d_{Ap} = 1,13 \cdot \sqrt{167 \, cm^2} = 14,6 \, cm$$

Somit Ziehverhältnis

$$\beta_1 = \sqrt{\frac{A_0}{A_p}} = \sqrt{\frac{458 \, cm^2}{167 \, cm^2}} = 1,66$$

oder

$$\beta_1 = \frac{d_{A0}}{d_{Ap}} = \frac{24,2 \, cm}{14,6 \, cm} = 1,66$$

Ziehverhältnis $\beta_1 = 1,66$ liegt bei $\dfrac{d_p}{s} \triangleq \dfrac{d_{Ap}}{s} = \dfrac{146 \, mm}{2,0 \, mm} = 73$ unterhalb des Grenzzieh-
verhältnisses für Cu Z 28 W (Kurvenzug im Anhang des Buches), also zulässig.

2. Berechnung der Ziehspalte und Ziehkantenhalbmesser

Nach Gleichungen (I/2) ist Mindestziehspalt der Längsseite a

$$u_{za} = s_{max} \approx 2,03 \, mm$$

Mindestziehspalt der Schmalseite b, nach Gleichung (H/4)

$$u_{zb} = s + 0,10 \cdot \sqrt{s} = 2,0 \, mm + 0,10 \cdot \sqrt{2,0 \, mm} \approx 2,15 \, mm$$

Mindestziehspalt in den Ecken

$$u_{ze} \approx \frac{7}{6} \cdot u_{zb} = \frac{7}{6} \cdot 2,15 \, mm \approx 2,5 \, mm$$

Zur Ermittlung der Ziehkantenhalbmesser nach Gleichung (I/3) werden gemessen $v \approx 46 \, mm$,
$w \approx 44 \, mm$

Ziehkantenrundung entlang Längsseite

$$r_{za} = 0,5 \cdot \sqrt{2 \cdot v \cdot s} = 0,5 \cdot \sqrt{2 \cdot 46 \, mm \cdot 2 \, mm} \approx 6,8 \, mm$$

Ziehkantenrundung entlang Schmalseite

$$r_{zb} = 0,5 \cdot \sqrt{2 \cdot w \cdot s} = 0,5 \cdot \sqrt{2 \cdot 44 \, mm \cdot 2 \, mm} \approx 6,6 \, mm$$

da r_z mindestens $(4...5) \cdot s$ sein soll, gewählt $r_{za} = r_{zb} = 8 \, mm$; Bedingung $r_z < r_p$ ist erfüllt.

Ziehkantenrundung in den Ecken

$$r_{ze} = 0,7 \cdot \sqrt{(2 \cdot R_1 - 2 \cdot r_e)} = 0,7 \cdot \sqrt{(2 \cdot 66 \, mm - 2 \cdot 31 \, mm) \cdot 2 \, mm} \approx 8,3 \, mm$$

oder $r_{ze \, max} = 1,5 \cdot r_{za} = 1,5 \cdot 8 \, mm = 12 \, mm$; gewählt $r_{ze} = 10 \, mm$.

3. Berechnung der erforderlichen Umformkräfte und der Umformarbeit

Gleichungen für Ziehkraft und Zieharbeit im Anhang des Buches.
Schnittkraft $F_s = l \cdot s \cdot \tau_s$ nach Gleichung (C/1)
Zuschnittumfang l gemessen = 794 mm

Scherfestigkeit nach Gleichung (C/2):
Für Cu Zn 28 F 28 wird als Korrekturfaktor für $\tau_s = 0,7$ gewählt, somit

$$\tau_s = 0,7 \cdot \sigma_B = 0,7 \cdot 280 \, \frac{N}{mm^2} \approx 190 \, \frac{N}{mm^2} \, ;$$

$$F_s = 794 \, mm \cdot 2 \, mm \cdot 190 \, \frac{N}{mm^2} \approx 301\,000 \, N = 301 \, kN$$

Schnittarbeit nach Gleichung (C/4)

$$W_s = \frac{F_s \cdot h_s \cdot K_s}{1000} = \frac{301\,000\ \text{N} \cdot 2\ \text{mm} \cdot 0,3}{1000} \approx 180\ \text{Nm}$$

Ziehkraft $F_{z1} = \dfrac{\pi \cdot d_{p1} \cdot s \cdot k_{fm1} \cdot \ln\beta_1}{0,65}$

Stempeldurchmesser $d_{p1} \hat{=} d_{Ap} = 146\ \text{mm}$

Für $\beta_1 = 1,66$ ist $\ln\beta_1 = 0,51$; für Werkstoff Cu Zn 28 w die mittlere Formänderungs-festigkeit $k_{fm1} = 230\ \dfrac{\text{N}}{\text{mm}^2}$ (Anhang des Buches)

$$F_{z1} = \frac{\pi \cdot 146\ \text{mm} \cdot 2\ \text{mm} \cdot 230\ \dfrac{\text{N}}{\text{mm}^2} \cdot 0,51}{0,65} \approx 165\,000\ \text{N} \approx 170\ \text{kN}$$

Blechhalterdruck

$$p_{N1} = \frac{\sigma_B}{400} \cdot \left[(\beta - 1)^2 + \frac{d_{p1}}{200 \cdot s}\right] = \frac{28\,000\ \dfrac{\text{N}}{\text{cm}^2}}{400} \cdot \left[(1,66 - 1)^2 + \frac{146\ \text{mm}}{200 \cdot 2\ \text{mm}}\right] \approx 56\ \frac{\text{N}}{\text{cm}^2}$$

Blechhalterdruckfläche wird mit $A_{N1} \approx 232\ \text{cm}^2$ ausgemessen

Blechhalterdruckkraft $F_{N1} = A_{N1} \cdot p_{N1} = 232\ \text{cm}^2 \cdot 56\ \dfrac{\text{N}}{\text{cm}^2} \approx 13\,000\ \text{N} = 13\ \text{kN}$

Bei elastischer Blechhaltung ist die Zieharbeit, Gleichung (0/5) im Anhang des Buches,

$$W_{z1} = \frac{F_{z1} \cdot h_{innen\,1} \cdot K_{w1}}{1000} + \frac{F_{N1} \cdot h_{w1}}{1000}$$

Ziehteilinnenhöhe $h_{innen} = 54\ \text{mm}$

für $\beta_1 = 1,66$ ist der Korrekturwert (Kurvenzug im Anhang des Buches) $K_{w1} \approx 0,77$

Umformweg (aus Zeichnung gemessen) h_w = Ziehteilinnenhöhe + Ziehkantenabrundung im Eck $r_{ze} + 2 \dots 4\ \text{mm}$ Überlauf = 54 mm + 10 mm + 2 mm $\approx 66\ \text{mm}$

$$W_{z1} = \frac{170\,000\ \text{N} \cdot 54\ \text{mm} \cdot 0,77}{1000} + \frac{13\,000\ \text{N} \cdot 66\ \text{mm}}{1000} \approx 7850\ \text{Nm}$$

gesamte Arbeit $= W_s + W_z = 180\ \text{Nm} + 7850\ \text{Nm} = 8030\ \text{Nm} \approx 8000\ \text{Nm}.$

● *Ergebnis:*
Zur Pressenauswahl ist die Schnittkraft 301 kN $\cdot$ 1,2 $\approx$ 370 kN maßgebend, damit Pressen-nennkraft mindestens 2 $\cdot$ 370 kN $\approx$ 800 kN [1]). Der Mindeststößelhub soll etwa 150 mm sein. Als Mindesthub des Zwangsauswerfers werden $\approx$ 50 mm in der Werkzeugzeichnung gemessen. Für die vier Druckbolzen ist ein Durchgang in der Aufspannplatte des Pressentisches $d_{T\,min} \approx 120\ \text{mm}\ \phi$ erforderlich.
Die Presse muß eine Umformenergie $W_{min} = 8000\ \text{Nm} \cdot 1,2 \approx 10\,000\ \text{Nm}$ aufbringen.

---

[1]) Die wirksame Stößelkraft bei H_{max} und Kurbelwinkel $\alpha = 30°$ vor dem unteren Totpunkt UT wird nach DIN 55171 mit Pressennennkraft bezeichnet. Die Stößelkraft mindert sich, je größer der Kurbel-winkel α ist, entsprechend der Beziehung

$$F_{St\ddot{o}\text{ßel}} \approx \frac{F_{Nennkraft}}{2 \cdot \sin\alpha}.$$

Im obigen Verbundwerkzeug Ausschneiden – Ziehen ist bei Schneidbeginn der Kurbelwinkel $\alpha \approx 75°$. Für $\sin 75° \approx 1,0$ gesetzt, wird

$F_{Nennkraft} = F_{St\ddot{o}\text{ßel}} \cdot 2 \cdot \sin\alpha = F_{St\ddot{o}\text{ßel}} \cdot 2 \cdot 1,0 = 2 \cdot F_{St\ddot{o}\text{ßel}}$ (vgl. H.1.b).

3. Ziehfehler beim Ziehen mit Blechhalter

Fehlerursachen sind schwierig festzustellen, da sichtbare Mängel gleichzeitig mehrere Ursachen haben können (Tabelle I/1); oft zeigt bei gleichbleibender Ziehteilform der gleiche Fehler waagerecht verlaufende Risse in unterschiedlicher Höhe.

Die Ursachen aufgetretener Mängel kann man einteilen:

a) *Werkzeuggestaltungsfehler*, z.B. falsche Bemaßung des Ziehspaltes, der Einlaufrundungen am Ziehring, schlechte Stempelbelüftung, falsch angeordnete oder fehlende Einfließ- und Bremswulste.

b) *Werkstoffehler*, z.B. schlechte Ziehgüte oder überlagerte Bleche; Ziehteil wurde nicht werkstoffgerecht gestaltet.

c) *Verarbeitungsfehler;* diese entstehen im Betrieb, z.B. beim Herstellen bzw. Einrichten des Werkzeuges, beim Tiefziehen oder Glühen.

Mißerfolge beim *Tiefziehen von Stahlblechen* können ihre Ursache auch in der Vergießungsart des Stahles haben. Feinbleche aus *„unberuhigt vergossenem Stahl"* (z.B. die Stahlsorten WUSt 12, USt 13, USt 14, DIN 1623 Blatt 1) neigen zur *Alterungsversprödung.* Diese wird durch Ausscheidung von Eisenbegleitern (Nitride und Karbide) verursacht. Dadurch erhöhen sich innerhalb engster Werkstoffzonen Härte und Streckgrenze, während sich Bruchdehnung, damit Ziehfähigkeit, stark mindern. Alterungsversprödungen wirken sich als *Fließfiguren oder als Riß* aus.

Sobald gealterte Bleche während des Tiefziehens im Streckgrenzen- (Fließgrenzen-) Bereich beansprucht sind, werden infolge ungleicher Stoffeigenschaften schmale Werkstoffzonen noch elastisch, angrenzende Zonen bereits plastisch umgeformt. Diese unterschiedlichen Stoffverschiebungen zeichnen sich auf der Werkstückoberfläche als feine Linien ab, die mit *Fließfiguren* bezeichnet werden. Deren Maserung bleibt jedoch nur auf den Werkstoffzonen erhalten, die im Fließgrenzenbereich beansprucht waren (z.B. bei Ziehteilen am Übergang Napfboden auf Bodenrundung); die Fließfiguren verschwinden jedoch, sobald durch fortschreitende Weiterumformung der Werkstoff plastisch wird (z.B. bei Ziehteilen auf Zargen). Grundsätzlich soll man unberuhigt vergossene Stahlbleche *ohne vorherige Lagerung* verarbeiten. Der Neigung zur Fließfigurenbildung kann der Blechhersteller nur auf die Dauer von etwa zwei Monaten entgegenwirken, indem er Bleche „dressiert", d.h. leicht nachwalzt (DIN 1623, Blatt 1).
Risse durch Alterungsversprödung (Ziehfehler-Tabelle I/1, Spalte II.B) können entstehen z.B. während des Tiefziehens oder wenn Werkstücke zum Verzinnen bzw. zum Trocknen nach dem Lackieren erwärmt werden oder wenn Fertigteile bei Gebrauch Temperaturschwankungen zwischen 20 °C und 200 °C ausgesetzt sind. Unberuhigt vergossene Stahlbleche soll man deshalb nie für Erzeugnisse verwenden, die nachträglich erhitzt werden. Sicherheitshalber kann man auch vor Beginn der Serienfertigung die ersten Probeziehteile aus der vorgesehenen Werkstoffart künstlich altern, indem man sie auf etwa 250 °C zwei Stunden lang erhitzt; hierbei dürfen keine Längsrisse entstehen.

Tiefziehbleche aus *beruhigt vergossenem Stahl* (z.B. RSt 13, RRSt 14) stellen einen besonders *reinen Feinkornstahl* dar, der *höchste Umformfähigkeit* erzielt und gegenüber *Alterung* (Fließfigurenbildung) *beständiger* ist.

Beim Vergießen des fertigen Stahles in Kokillen werden Desoxidationsmittel (Aluminium, Silicium, Mangan, Vanadium, Titan, Zirkon und Legierungen aus genannten Stoffen) zugegeben, die Stickstoff und andere Stoffe in feinster Form abbinden bzw. als Gase aus der erstarrenden Schmelze treiben oder dünnflüssige Schlacke bilden, die noch im Schmelzbad hochsteigen kann. Es wird daher für *Feinbleche*

in Sondertiefziehgüte (RRSt 1405) *Fließfigurenfreiheit bei Kaltumformung sechs Monate* lang ab
Lieferung gewährleistet. Damit deren hohe Tiefziehfähigkeit erhalten bleibt, sollen auch diese Bleche
nicht zu lange gelagert werden.

Bei *Ziehteilen aus Chrom-Nickel-Stahlblech* (Cr $\approx$ 17...18 %, $Ni \lesssim 8\%$), die zu ihrer Formgebung ein hohes Ziehverhältnis erforderten, entstehen oft Zargenlängsrisse (Fehlertabelle
I/1, Spalte II B), z.T. schon wenige Stunden nach dem Tiefziehen, obwohl sie unbeschä-
digt aus der Presse kamen und einwandfreies Aussehen hatten. Die Rißursache ist bei dieser Werkstoffgruppe in der hohen Kaltverfestigung [1]) zu suchen, weshalb die Ziehteile im
Anschluß an den Ziehvorgang *umgehend entfettet und geglüht* (vgl. Tabellen L/2 und L/3)
werden müssen. Bei Nickelgehalten über 8 % treten diese Spannungsrisse kaum mehr auf;
eine Warmbehandlung ist nur noch angebracht, wenn tiefgezogene, kaltverfestigte Hohlteile später chemischen Beanspruchungen ausgesetzt sind und dadurch die Gefahr einer
Korrosionszerstörung (Zargenlängsrisse) innerhalb der gereckten Kristalle bestände.

Spannungsrisse durch interkristalline Korrosion können auch bei dünnwandigen Hohlwaren aus
Messingblech (nur bei Zinkgehalt über 35 %) entstehen. Hier reichen die in der Luft enthaltenen Spu-
ren ammoniakhaltiger Verbindungen schon aus, im kaltverfestigten Werkstoff Korrosionszerstörungen
und damit die Längsrisse zu verursachen. Man muß entweder einen Werkstoff mit geringerem Zinkgehalt einsetzen oder die Ziehteile gleich nach der Formgebung durch „Kochen" bei 120...150 °C,
etwa 10...20 Stunden lang, entspannen. Auch durch Erwärmung auf 250...300 °C, etwa eine halbe
Stunde lang, lassen sich im Werkstoff die Eigenspannungen ohne merkliche Festigkeitsabnahme soweit
abbauen, daß spätere Längsrißgefahr ausgeschlossen wird.

---

[1]) Unmagnetischer (austenitischer) Chrom-Nickel-Stahl hat die Eigenschaft, an Stellen übermäßiger
Umformbeanspruchung im kristallinen Werkstoffaufbau „umzukippen"; in diesem engbegrenzten
Gebiet wird dann der Stahl *magnetisch.* Mit einem kleinen Dauermagnet, der an einer dünnen
Messingkette hängt, kann man nun auf der Ziehteiloberfläche magnetische Werkstoffzonen suchen.
Findet man derartige Punkte, dann sind es die Stellen mit übermäßiger Umformbeanspruchung,
somit hoher Kaltverfestigung, die später interkristalline Spannungsrisse (Zargenlängsrisse) verur-
sachen können. Es ist zu überprüfen, ob durch Änderungen am Werkzeug (evtl. der Werkstückform)
diese kritischen Zonen entlastet werden können.

Tabelle I/1: Ziehfehler und ihre Ursachen

I	Werkzeuggestaltungsfehler	Ursachen
A 1 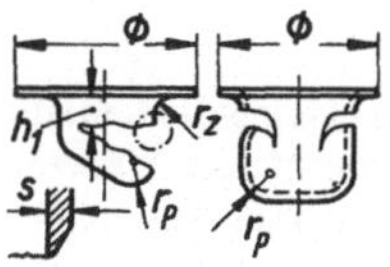	*Bodenreißer:* nach kurzer Zargenbildung (Maß h_1): Bodenabriß einseitig, selten zweiseitig; Rißbeginn meist am Übergang Bodenrundung auf Zarge; Rißkante eingeschnürt	a) Ziehverhältnis β zu groß; b) Blech hat ungenügende Ziehgüte; c) $h_1 \lessgtr r_p + r_z$, dann sind Kantenabrundungen am Zeihring (r_z), am Stempel (r_p) zu klein oder Blechhalterdruck p_N zu groß
2 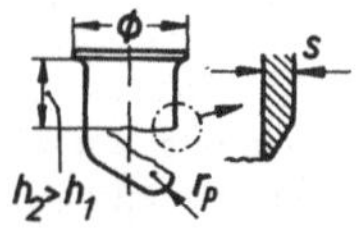	kurz bevor Zarge fertiggezogen ist (Maß h_2): einseitiger Bodenabriß; Rißkante eingeschnürt	a) Ziehspalt u_z zu eng; b) es wurde mit Federdruckgerät ohne Abstandsstücke für Maß $e = s + 5 \ldots 7\,\%$ von s (vgl. H.1.c, starre Blechhaltung) gezogen
	Einschnürung der Rißkante ist Hinweis auf gute Blechgüte	
3 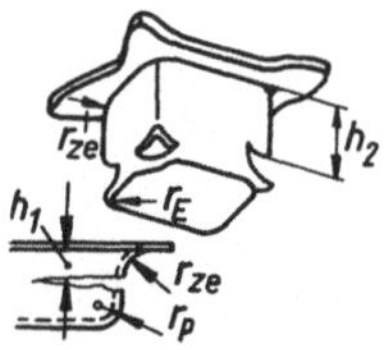	nach kurzer Zargenbildung ($h = h_1 \lessgtr r_p + r_{ze}$): Bodenabriß an einer oder an mehreren Ecken	a) Blech hat ungenügende Ziehgüte; b) Stempelabrundung r_p, Ziehkantenrundung r_{ze} zu klein; c) falsche Zuschnittform; bei rechteckigem Zuschnitt noch die Ecken unter $45°$ abschneiden
	kurz bevor Zarge fertiggezogen ist ($h = h_2 > h_1$): Bodenabriß an einer oder an mehreren Ecken	a) Ziehspalt in den Ecken u_{ze} zu eng; b) Ziehspalt an Längs-, Schmalseiten u_{za}, u_{zb} zu groß; c) Ziehkantenabrundung im Eck zu klein

Fortsetzung Tabelle I/1

I		Werkzeuggestaltungsfehler	Ursachen
A 4	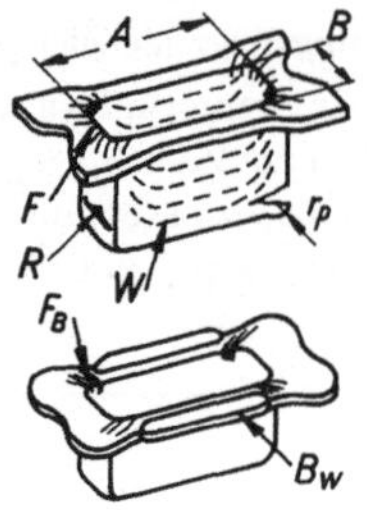	$A : B > 2,5$ schwachwellige Oberfläche (W) auf den Längsseiten; schwache Falten (F) auf dem Flansch der Schmalseiten; waagerecht verlaufender Riß (R) in den Schmalseiten (kann über Ecken wegreißen)	zu W: Blech ist ruckartig eingeflossen; die zu dünne Grundplatte des Werkzeugunterteils biegt sich im Bereich der Durchfallöffnung des Pressentisches durch zu F: a) Blechhalterdruck p_N zu klein; b) Ziehspalt an Längsseite u_{za} zu eng zu R: Längsseiten fließen schneller ein als Schmalseiten, da Längsseite mit zu großem Ziehkantenhalbmesser r_{za} und Ziehspalt u_{za} Behebung: a) Zuschnittecken unter 45° abschneiden; b) Blechhalterdruckfläche im Bereich der Schmalseiten um 3…5 % der Blechdicke abschleifen; c) Ziehkantenhalbmesser r_{ze} und r_{zb} vergrößern; d) Bremswulste (Bw) entlang Längsseite vorsehen
		F_B sind Falten trotz Bremswulst, da harter Übergang vom Wulstauslauf auf Blechhalterfläche	
5	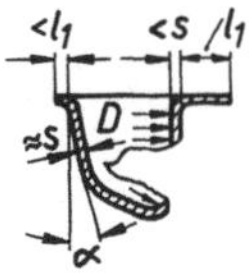	Oberhalb des Risses ist auf Innenfläche der Zarge fühlbare oder sichtbare Druckstelle D; dort ist Flanschbreite größer. Gegenüberliegende Zargenseite ist geneigt	Stempel zum Ziehring versetzt: a) Ziehring wurde nicht mittig zum Stempel aufgespannt; b) bei unrunder Ziehform liegt Einspannzapfen nicht im Linienschwerpunkt; c) beim Formziehen wirken Seitendrücke; Führungselemente für Stempel, Blechhalter, Ziehring zur Aufnahme dieser Seitendrücke fehlen

Fortsetzung Tabelle I/1

I		Werkzeuggestaltungsfehler	Ursachen
B		*Druckspuren D:* teilweise Riefen, oft zusätz- lich Bodenreißer	a) Ziehspalt u_z zu eng; b) falsche Schmierstoffe (Tabelle L/1)
C		*Längsfalten:* Faltenbildung F am oberen Rand, Falten teilweise zu- sammengequetscht Halbkugelformen oft mit höherem Rand auf einer Seite	bei zylindrischen Teilen: a) Blechhalterdruck p_N zu klein (siehe unter III B); b) Ziehkantenhalbmesser r_z zu groß; c) Ziehspalt u_z zu weit; bei halbkugelförmigen Teilen: Ziehring wurde ohne Einfließwulst (Bild H/5 a) ausgeführt
D		*falsche Zuschnittform:* Ecken sind nicht vollständig ausgebildet	Zuschnitt im Eck zu knapp, da korri- gierter Halbmesser R_1 nicht ermittelt
		Weitere Fehler durch falsche Zuschnittform: I A 3, I A 4	
II		Fehlerhafter Werkstoff	Ursachen
A 1		*waagerecht verlaufender Riß:* Doppelung; Aussehen der Rißkante, als ob zwei Bleche aufeinander liegen würden	Lunker (selten Gasblasen) in der Rand- schicht des Walzrohlings haben oxy- diert und verschweißten nicht mehr beim Auswalzen des Bleches
2		Rißkante ohne Einschnürung (zackiger Bruch)	a) Blech schlechter Tiefziehgüte; b) überlagertes (gealtertes Blech)
3		rauhe Blechoberfläche entsteht nach Rekristallisationsglühung beim Weiterziehen oder Aus- bauchen entlang Riß und Bodenabrundung	Grobkornbildung durch Glühfehler (vor Weiterverarbeitung durch Normal- glühen, Tabelle L/3, beheben)
		rauhe Blechoberfläche auf gesamter Zarge	Beizfehler (Tabelle L/4)

Fortsetzung Tabelle I/1

II		Fehlerhafter Werkstoff	Ursachen
B		*senkrecht verlaufender Riß:* langer tiefer Riß oder mehrere Risse sind entstanden: a) beim Tiefziehen b) nach dem Tiefziehen c) nach einiger Gebrauchszeit	 bei Stahlblechen: hoher Phosphorgehalt bei austenitisch rostbeständigen Blechen: zu lange Lagerung zwischen Tiefziehen und Zwischenglühen (Spannungsriß) Alterungsbruch bei: Stahlblechen durch hohen Stickstoffgehalt; Messingblechen, die nicht entspannt wurden (kochen bei etwa 120 °C, 10...20 Stunden)
C		*Zipfelbildung* (Anisotropie): vier Zipfel sind entstanden; sie sind um 90° zueinander versetzt und liegen bei den meisten Werkstoffen unter 45° zur Walzrichtung *WR* des Bleches; keine Zipfelbildung nur bei normalgeglühten Blechen	a) bei Leichtmetallblechen ist geringe Zipfelbildung kaum vermeidbar; b) je besser Tiefziehfähigkeit des Bleches, desto geringere Zipfelbildung; c) je größer Ziehkantenabrundung r_z, desto höher die Zipfel
D		*Fremdkörper im Blech:* längliches Loch (oft Riß) *R*	poröse Stellen, z.B. bei Blechen Al 99,9
		glattgedrückte Falte *F*, hervorgerufen durch eingewalzte oder eingedrückte Fremdkörper	a) Sandkörnchen, Schlackenteilchen im Blech; b) Metallstaub, Metallspäne im Schmiermittel oder auf Zuschnitt

III		Verarbeitungsfehler	Ursachen
A		*Ziehriefen:* einzelne, meist mehrere nebeneinander liegende, parallel verlaufende Riefen	Verschleiß der Ziehkante durch a) stellenweise angerostete Bleche; b) aufgeschweißte Teile der Blechoberfläche; c) schlecht polierte Gleit- und Einlaufflächen (diese öfters nachpolieren)

Fortsetzung Tabelle I/1

III		Verarbeitungsfehler	Ursachen
B		*Blechhalterdruck p_N zu niedrig:* während des Ziehens entstehen im Flansch Falten, die noch auf Zarge sichtbar oder fühlbar bleiben	a) bei starrer Blechhaltung ist Spielraum zwischen Blechhalter und Blechoberfläche zu groß ($>7\%$ der Blechdicke); b) bei elastischer Blechhaltung ist eingestellter Druck p_N zu niedrig; bei a) und b) zusätzlich: Ziehkantenhalbmesser r_z oder Ziehspalt u_z zu groß
		zusätzlich Bodenreißer R_B:	während des Glattdrückens der Falten war Blechbeanspruchung zu hoch
		zusätzlich Flanschabriß R:	zu niedriger Blechhalterdruck p_N bei zu kleinem Ziehkantenhalbmesser
		rechteckige Ziehteile: I A 4 Formziehteile: I C Blechhalterdruck p_N zu hoch: I A 1	
C		*Flansch, Zarge ungleich lang:*	a) Zuschnitt außermittig eingelegt; b) ungleiche Blechdicke s (selten); c) Ziehringfläche nicht parallel mit Blechhalter, z.B. Werkzeugauflageflächen oder Aufspannflächen der Presse sind nicht gereinigt, haben Scharten; d) weitere Fehler: I A 5
		Glüh- und Beizfehler: II A 3 ebenso Tabelle L/4	
		Fremdkörper im Blech: II D	

4. Blechhalterloses Tiefziehen

Die zum blechhalterlosem Tiefziehen vorgesehenen Exzenter-(Kurbel-)Pressen [1]) sollen Langsamläufer (minutliche Hubzahl < 50) sein und müssen große Stößelhübe ermöglichen. Folgende *Ziehringinnenformen* sind dann geeignet:

a) Einlaufkurve als Schleppkurve, oft mit *Traktrixkurve* (Form *I*) bezeichnet. Die Punkte der Traktrixkurve werden nach *May* berechnet aus (Bild I/8, Figur Ia)

$$
y = a \cdot \ln \frac{a + \sqrt{a^2 - x^2}}{x} - \sqrt{a^2 - x^2} \tag{I/4}
$$

wobei $a = \dfrac{D_0 - d_z}{2}$ ist.

D_0 Zuschnittdurchmesser in mm
d_z Ziehringdurchmesser in mm
ln natürlicher Logarithmus [2]), aus Bild I/8 entnommen.

Die höchsten Grenzziehverhältnisse β_{max} (Bild I/8) erzielt man, wenn die berechnete Traktrixkurve mit dem Zuschnittdurchmesser übereinstimmt (Volltraktrixeinlauf, Kurvenzug *I*). Werden kleinere Zuschnittronden eingelegt (Teiltraktrixeinlauf, Kurvenzug I_T), mindern sich die erreichbaren Grenzziehverhältnisse.

---

[1]) Unter einfachwirkenden Pressen können auch Zieharbeiten mittels Werkzeugen, die eine handbetätigte Blechhalterplatte haben (vgl. Bild H/4), ausgeführt werden.

[2]) Der natürliche Logarithmus ln wird mit Hilfe des Briggsschen (dekadischen) Logarithmus lg durch Multiplikation mit 2,303 berechnet. Es ist z.B. ln 2 = 2,303 · lg 2 = 2,303 · 0,3010 = 0,6932.

Bild I/8. Ziehen ohne Blechhalter, Verfahren und Grenzziehverhältnisse

Möglichkeiten:
 I. mit Traktrixkurve (Volltraktrixeinlauf oder Teiltraktrixeinlauf I_T),
 II. mit Innenkegel,
 III. mit vergrößertem Ziehkantenhalbmesser $r_z \approx \dfrac{d_z}{2,5}$.

S_G ist Schnittgrat des Zuschnittes mit Blechdicke s.

In den Kraft-Weg-Schaubildern sind: F_z Ziehkraft, hw Umformweg (wirksamer Stößelweg);

Punkt P Umformweg $f \approx$ Ziehkantenrundung r_z + Stempelkantenabrundung r_p
Punkt A höchste Ziehkraft
Punkt B Beginn des Abstreckens der Zargendicke
Punkt C höchste Abstreckkraft kurz vor Zargenende

Für obige Ziehringformen *I...III* zeigen die Schaubilder die Grenzziehverhältnisse β_{max} für Tiefziehstahlblech RRSt 1404 in Abhängigkeit vom Verhältnis $\dfrac{d_p}{s \cdot \sqrt{s}}$. Kurve *IV* zeigt Grenzziehverhältnisse, die unter mechanischen Ziehpressen erreichbar sind.

Leitertafel mit natürlichen Zahlen N (Numerus) und den dazugehörenden ln-Werten zur Berechnung der Traktrix-Kurvenpunkte.

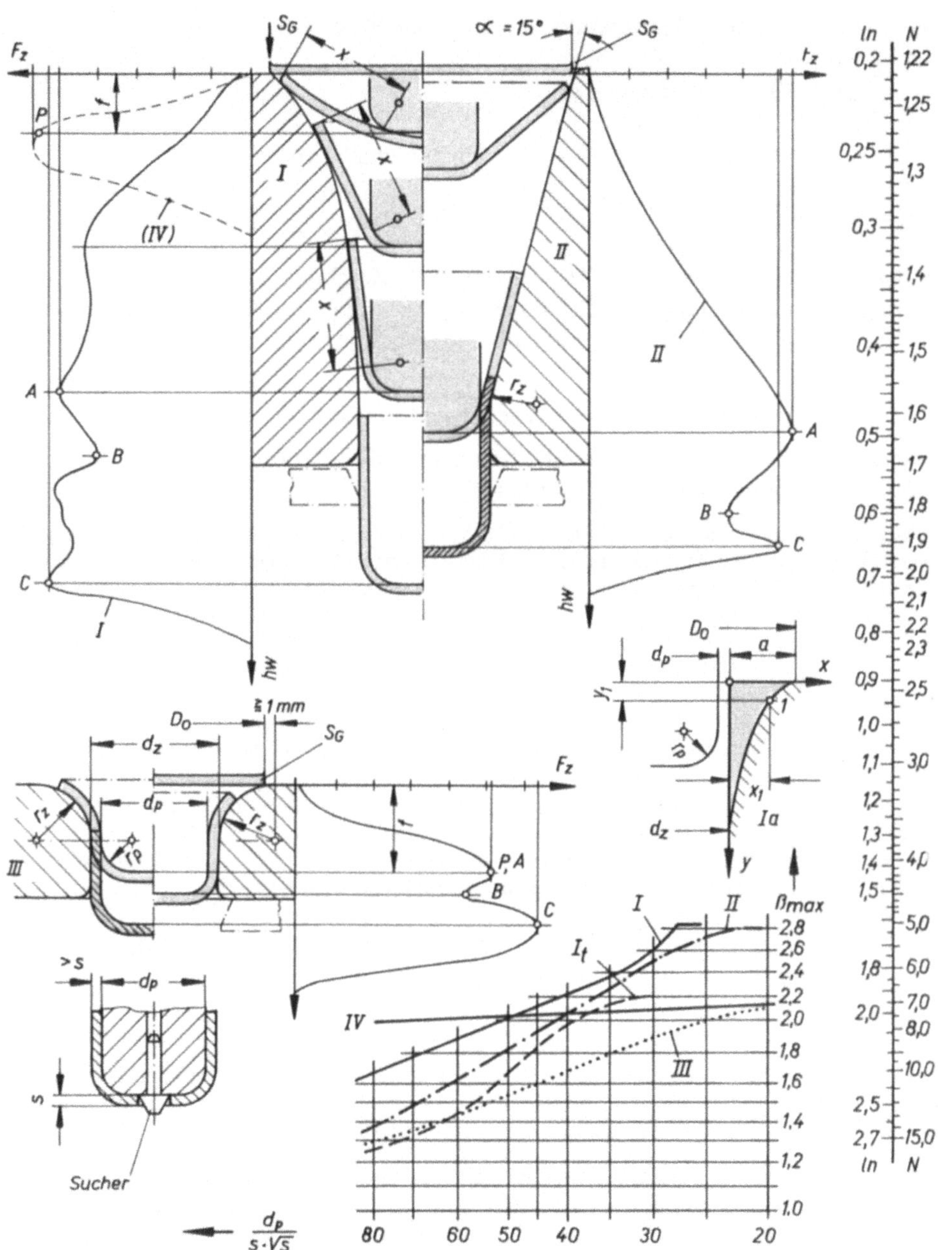

S_G
$\alpha = 15°$
S_G
F_z
t_z
ln
N
0,2
1,22
1,25
P
t
I
x
0,25
1,3
(IV)
0,3
1,4
x
II
0,4
1,5
II
r_z
A
A
0,5
1,6
B
1,7
B
0,6
1,8
C
1,9
C
I
0,7
2,0
2,1
hw
hw
D_O
a
0,8
2,2
2,3
d_p
x
y_1
0,9
2,5
1
$\langle\varphi\rangle$
1,0
x_1
1,1
3,0
d_z
Ia
1,2
y
1,3
$\leq 1\,mm$
1,4
4,0
D_O
S_G
1,5
d_z
d_p
F_z
r_z
r_z
P, A
I
II
β_{max}
III
$\langle\varphi\rangle$
B
2,8
rp
I_t
2,6
C
1,6
IV
2,4
1,8
2,2
2,0
6,0
$> s$
d_p
1,8
7,0
III
2,0
8,0
1,6
10,0
s
1,4
2,5
$Sucher$
1,2
2,7
15,0
ln
N
$\dfrac{d_p}{s \cdot \sqrt{s}}$
1,0
80 60 50 40 30 20

b) *kegelig* (Form *II*) mit Neigungswinkel $\alpha = 15°$; bei dicken Blechen [1])

$$\left(\frac{d_\mathrm{p}}{s \cdot \sqrt{s}} = 10...40 \right) \text{ auch } \alpha = 20° \, .$$

c) *zylindrisch* (Form *III*) mit vergrößertem Ziehkantenhalbmesser

$$r_\mathrm{z} = \frac{\text{Ziehstempeldurchmesser}}{6...2} \, ,$$

wobei Beziehung $D_0 < d_\mathrm{z} + 2\,r_\mathrm{z}$ erfüllt sein muß (D_0 Zuschnittdurchmesser in mm, d_z Ziehringdurchmesser in mm, r_z Ziehkantenhalbmesser in mm). Die Ziehteile werden durch Abstreifschieber, selten durch Abstreifkante *Ak,* vom Ziehstempel abgestreift (Durchzug).

Beim Ziehen mit Traktrixkurve oder kegeliger Innenform ist das Grenzziehverhältnis β_{max} für dickwandige Näpfe durch Bodenreißer, für dünnwandige Näpfe $\left(\dfrac{d_\mathrm{p}}{s \cdot \sqrt{s}} > 30 \right)$ durch Faltenbildung festgelegt (Ziehfehler-Tabelle I/2).

Beim blechhalterlosen Ziehen muß die *Außenkante* des Zuschnittes, die *keinen Schnittgrat* S_G zeigt, *auf dem Ziehring liegen;* sie beeinflußt maßgebend den Zieherfolg. Damit keine Falten entstehen, soll die angerundete Schnittkante der Zuschnittronde sich ab Ziehbeginn an der Ziehringinnenfläche mit annähernd gleichbleibendem Abstand x abstützen. Diese Bedingung erfüllt am besten die Traktrixkurve (*I*). Bei kleinen Ziehverhältnissen kann man eine angenäherte Kurve, bestehend aus Innenkegel mit Einlaufrundung (Bild I/9), wählen; die Herstellung der Innenform wird dadurch einfacher. Bei kegeliger Innenform (*II*) stützt sich ebenfalls die angerundete Schnittkante der Zuschnittronde, jedoch mit veränderlichem Abstand x ab. Zylindrische Ziehringe mit vergrößerter Einlaufrundung (*III*) sind ziehtechnisch weniger günstig, ermöglichen aber geringste Ziehringhöhe und erfordern damit kleineren Stößelhub.

Hemmen Schnittgrate das gleichmäßige Einfließen des Werkstoffes, wird sich der Zuschnitt unter dem Stempel verschieben; Falten entstehen, das Ziehteil ist unbrauchbar. Diese Fehler treten bei Zuschnitten, die eine Bohrung zur Aufnahme eines kegeligen Suchstiftes (6...8 mm) erhalten können, weniger auf. Suchstifte sind jedoch nur bei großem Stempeldurchmesser geeignet.

Zum Ziehen von Feinblechen soll der *Stempelkantenhalbmesser* $r_{\mathrm{p\,min}} \approx 4 \cdot$ Blechdicke *s* betragen; mit $r_\mathrm{p} \approx 8 \cdot s$ erzielt man die im Bild I/8 angegebenen Grenzwerte β_{max} für Ziehen bei Volltraktrixeinlauf.

Damit sich die Zuschnitte bei beginnender Umformung nicht unter dem Stempel verschieben, muß die Stempeldrückfläche aufgerauht und darf niemals mit Schmiermittelresten behaftet sein. Schmiermittel dürfen nur auf der dem Ziehring zugewandten Zuschnittoberfläche aufgetragen werden.

Der Napf bildet sich über kegelige Zwischenformen, deren Öffnungsdurchmesser immer kleiner werden. Durch dieses stetige Einziehen wird die Zarge nach dem Rand zu dicker, weshalb sie an der engsten Stelle zwischen Stempel und Ziehring abgestreckt wird (in den

---

[1]) Bei Umformbeginn wird der ebene Zuschnitt mittig durchgebogen. In der Berechnungsgleichung dieser Durchbiegung ist der Ausdruck d_p^2/s^3 enthalten. Um Grenzziehverhältnisse β_{max} auf beliebige Abmessungen des Stempels und der Blechdicke übertragen zu können, wird nach *Pankin* β_{max} auf Verhältnis $\dfrac{d_\mathrm{p}}{s \cdot \sqrt{s}}$ bezogen.

Kraft-Weg-Schaubildern Punkt *C*). Beim *Bestimmen des Mindestziehspaltes* für blechhalterloses Ziehen wählt man den *Zuschlag* auf die Blechdicke um etwa 30 % größer als üblich (Gleichung H/4); bei zu engem Spalt würde der Boden abreißen.

Im Ziehteil treten während des blechhalterlosen Ziehens im Bereich Bodenabrundung bis etwa unteres Viertel der Zarge hohe Blechdehnungen auf. Man kann deshalb auch bei vergrößertem Ziehspalt den ungefähren Zuschnittdurchmesser, bei Annahme gleichbleibender Blechdicke, nach Gleichungen (H/1) und (H/2) ermitteln. Bei Festlegung der unbeschnittenen Napfhöhe ist jedoch mit übermäßiger Zipfelbildung (Anisotropie, Abschnitt H.1.c) zu rechnen.

Die *Kraft-Weg-Schaubilder für blechhalterloses Ziehen* (Bild I/8) zeigen im Vergleich zum Ziehen mit Blechhalter folgende kennzeichnenden Merkmale:

a) Der *Kraftanstieg* erfolgt durch Ziehringe mit Innenkegel oder Schleppkurve (Traktrixkurve) langsamer; die Ziehkraft (Punkt A) kann für $\beta > 1{,}8$ (entsprechend Gleichung nach *Siebel*) ermittelt werden aus:

$$F_{\mathrm{Ziehen}} = \frac{\pi \cdot d_{\mathrm{p}} \cdot s \cdot k_{\mathrm{fm}} \cdot \ln(\beta - 0{,}25)}{\eta_{\mathrm{Form}}} \quad [\mathrm{N}] \qquad\qquad (\mathrm{I}/5)$$

d_{p} Ziehstempeldurchmesser in mm
s Blechdicke in mm
k_{fm} mittlere Formänderungsfestigkeit in $\dfrac{\mathrm{N}}{\mathrm{mm}^2}$ für Umformgrad $(\beta - 0{,}25)$
η_{Form} bei Traktrixkurve $\approx 0{,}95$, bei Innenkegel $\approx 0{,}80$, bei zylindrischer Innenform $\approx 0{,}5$.

Die *Ziehkraft* beim Ziehen in *zylindrischen Ziehringen* (ohne oder mit Blechhalterplatte) ist am höchsten, nachdem der Ziehstempel den Umformweg $f \approx r_{\mathrm{z}} + r_{\mathrm{p}} + s$ zurückgelegt hat.

b) Das *Abstrecken* der beim Einziehen dicker gewordenen Zarge beginnt gegen Ende des Ziehvorganges (Punkt *B*). Zur Bildung des Zargenrandes (Punkt *C*) steigt die Abstreckkraft am höchsten an; hierbei erfordern Innenkegel geringsten Kraftaufwand, da Abstreckziehringe ebenfalls Innenkegel mit Neigungswinkel $\alpha \approx 20\ldots15°$ haben (Bild I/10).

c) Die *Zieharbeit* wird durch den längeren Umformweg größer; sie ist

$$W_{\mathrm{z}} = \frac{F_{\mathrm{z}} \cdot hw \cdot K}{1000} \quad [\mathrm{Nm}] \qquad\qquad (\mathrm{I}/6)$$

F_{z} Ziehkraft in N
hw Umformweg (wirksamer Stößelweg) in mm
K Korrekturwert, bezogen auf wirksamen Umformweg; er ist bei Traktrixkurve $\approx 0{,}65$. bei Innenkegel $\approx 0{,}6$, bei zylindrischer Innenform $\approx 0{,}65$

Tabelle I/2: Ziehfehler beim blechhalterlosen Ziehen und ihre Ursachen

		Fehler	Ursachen
1		*einzelne Längsfalten* knicken nach innen ein	a) Schnittgratseite der Zuschnittronde lag auf der Ziehringseite; b) Ziehverhältnis β zu groß; c) Zuschnittronde außermittig eingelegt; d) Ziehstempel steht außermittig zur Ziehringachse
2		*gleichmäßig verteilte Längsfalten* verursachten Bodenreißer	a) am Ziehring ist oberer Öffnungsdurchmesser (der Traktrixkurve bzw. des Innenkegels) kleiner als der Rondendurchmesser; b) beim Ziehring mit vergrößerter Ziehkantenabrundung ist die Bedingung $D_0 < d_z + 2 \cdot r_z$ nicht erfüllt
3		*Bodenreißer*, nachdem Ziehteil vorgeformt ist	a) bei $\dfrac{d_p}{s \cdot \sqrt{s}} < 30$ ist das Ziehverhältnis β zu groß; b) bei $\dfrac{d_p}{s \cdot \sqrt{s}} > 30$ ist die Stempelkantenabrundung r_p zu klein; c) Ziehspalt u_z zu eng; d) ungenügende Schmierung der Ziehring-Innenform
4		*ungleiche Zargenlänge*	a) Zuschnitt außermittig eingelegt; b) Zuschnitt hat sich bei beginnender Umformung unter Stempel verschoben, da 1. Stempeldruckfläche nicht aufgerauht ist, 2. Schmiermittelreste auf Stempeldruckfläche gelangten, 3. Ziehstempel außermittig zur Ziehringachse steht
5	weitere Ziehfehler siehe Tabelle I/1, Spalten I B, II A 1, 2, B, D, III A		

- *Beispiel I/5:*
  Zum Ziehen eines Napfes (Rohling für Beispiel I/6) aus USt 1404 mit Innendurchmesser 90 mm, Bodenrundung innen r_p = 12 mm, innere lichte Rohteilhöhe 82 mm, Blechdicke s = 5 mm, ist die Traktrixku. e zu konstruieren.

- *Lösung:*
  Zuschnittdurchmesser $D_0 \approx 197$ mm (aus Beispiel I/6 entnommen)

$$\beta = \frac{D_0}{d_p} = \frac{197 \text{ mm}}{90 \text{ mm}} = 2,2 \; ;$$

Ziehspalt für Stahlblech

$$u_{zt} = s + 0,2 \cdot \sqrt{s} + 30\,\% \text{ von } 0,2 \cdot \sqrt{s} = s + 1,3 \cdot (0,2 \cdot \sqrt{s}) = 5\,\text{mm} + 1,3 \cdot (0,2 \cdot \sqrt{5\,\text{mm}}) \approx 5,6\,\text{mm}$$

Ziehringdurchmesser

$$d_z = d_p + 2 \cdot u_{zt} = 90\,\text{mm} + 2 \cdot 5,6\,\text{mm} = 101,2\,\text{mm} \approx 101\,\text{mm}$$

Festlegung der Traktrixkurve

$$a = \frac{D_0 - d_z}{2} = \frac{197\,\text{mm} - 101\,\text{mm}}{2} \approx 48\,\text{mm}$$

Mit gewählten x-Werten wird nach Beziehung (I/4) der dazugehörige y-Wert ermittelt.

Punkt 1

$x = 48\,\text{mm}; \; y = 0; \; P_1 = 48/0$

Punkt 2

$$x = 45\,\text{mm}; \; y = a \cdot \ln \frac{a + \sqrt{a^2 - x^2}}{x} - \sqrt{a^2 - x^2}$$

$$y = 48\,\text{mm} \cdot \ln \frac{48\,\text{mm} + \sqrt{48^2\,\text{mm} \cdot \text{mm} - 45^2\,\text{mm} \cdot \text{mm}}}{45} - \sqrt{48^2\,\text{mm} \cdot \text{mm} - 45^2\,\text{mm} \cdot \text{mm}}$$

$$y = 48\,\text{mm} \cdot \ln \frac{48\,\text{mm} + 16,7\,\text{mm}}{45\,\text{mm}} - 16,7\,\text{mm}$$

$$y = 48\,\text{mm} \cdot \ln 1,44 - 1,67\,\text{mm}$$

Mittels Leitertafel (Bild I/7) wird $\ln 1,44 = 0,365$ ermittelt, damit

$y = 48\,\text{mm} \cdot 0,365 - 16,7\,\text{mm} = 17,5\,\text{mm} - 16,7\,\text{mm} = 0,8\,\text{mm}$

$P_2 = 45/0,8$

Nach Berechnung und Auftragen mehrerer Punkte läßt man die Kurve in einen Kegel übergehen und rundet den Übergang zum Innendurchmesser etwas aus.

● *Ergebnis:*
Berechnete Kurvenpunkte für Traktrixkurve und die mit dieser Traktrixkurve abgestimmte Annäherungskurve zeigt Bild I/9.

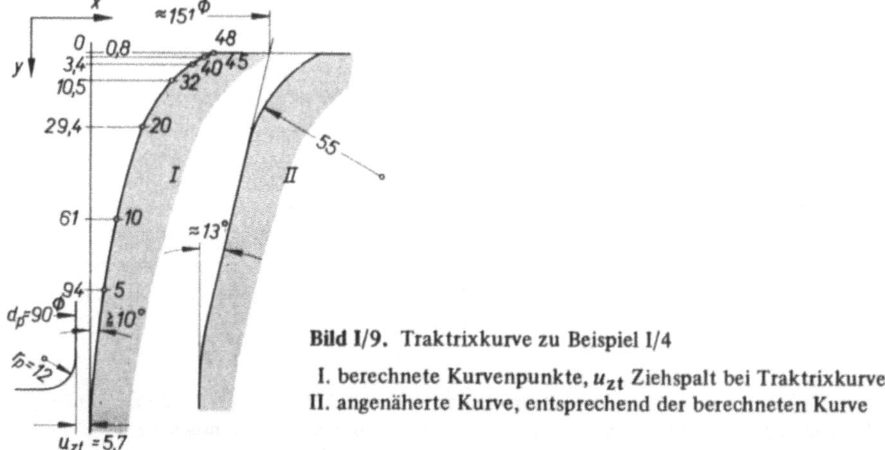

Bild I/9. Traktrixkurve zu Beispiel I/4

I. berechnete Kurvenpunkte, u_{zt} Ziehspalt bei Traktrixkurve
II. angenäherte Kurve, entsprechend der berechneten Kurve

5. Abstreckziehen

Oft werden runde Hohlteile mit dickem Boden und dünner Zarge benötigt. Je nach Abmessung, Werkstoff und vorhandener Einrichtung kann man die Teile durch Abstreckziehen [1]), Fließpressen oder durch Abstreckrollen (Sondermaschine) fertigen.

Abstreckziehen ist Weiterziehen eines Hohlkörpers zur Verringerung seiner Zargendicke mittels Abstreck-Ziehring Za und Ziehstempel. Bild I/10 zeigt Möglichkeiten der Werkzeuggestaltung und gibt die damit erreichbaren kleinsten Wanddicken $s_{1\,min}$, gültig für gut tief-

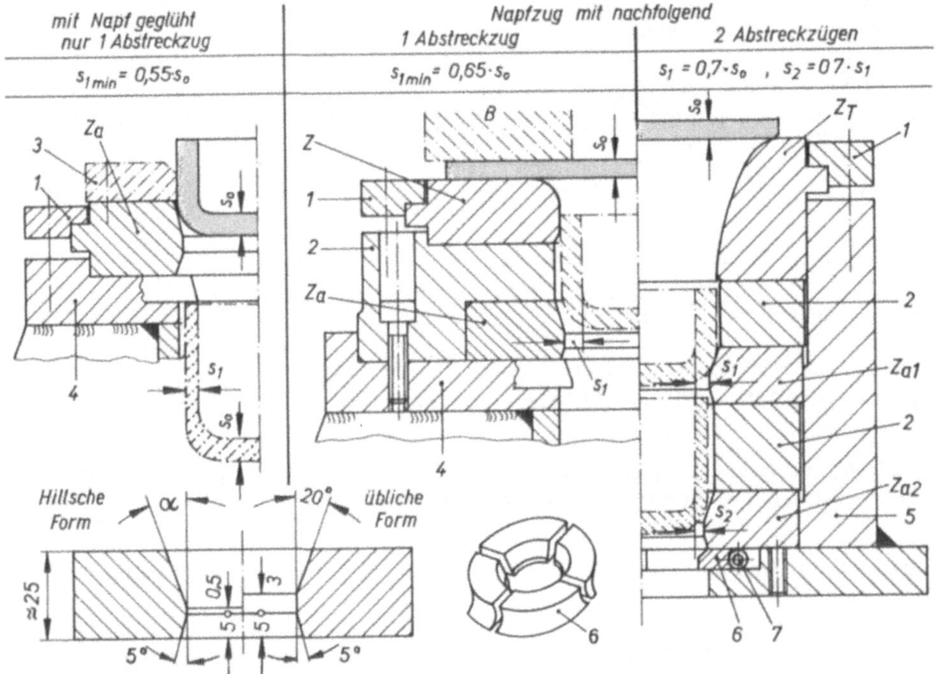

Bild I/10. Abstreckziehen

Werkzeuggestaltung, Abstreckziehringformen und erreichbare kleinste Zargendicken s_1 und s_2 (s_0 ist Ausgangsblechdicke);

Z_a Abstreckziehring
Z üblicher Ziehring zum Ziehen mit Blechhalter B
Z_T Ziehring mit Traktrix-Innenform zum Ziehen ohne Blechhalter

Wichtige Bauteile: *1* Spannring, *2* Zwischenring, *3* Zentrierstücke für geglühten Napf, *4* üblicher Ziehstuhl mit Abstreifschiebern, *5* Aufnahmering mit angeschweißter Spannplatte, die mehrere Abdrückgewinde zum Ausbauen der Ringe hat, *6* Abstreifstücke (als Ring hergestellt), *7* Spiralfederschlauch.

---

[1]) „Grundlagen zur Berechnung der Abstreckziehkraft und Umformarbeit" *Grüning*, Umformtechnik, Viewegs Fachbücher der Technik, Friedr. Vieweg + Sohn GmbH, Braunschweig.

ziehfähige Stahlbleche, an. Die Multiplikatoren berücksichtigen die vom Ziehspalt u_z abhängige größere Zargendicke. Zur Konstruktion werden Werknormteile aus Ziehwerkzeugen mit verwendet. Wählt man im Ziehring die Hillsche Form (Innenkegel mit Neigungswinkel α = 10...25), können Zargendicken s_{1min} noch um etwa 5 % unterschritten werden; die Hillsche Form nützt sich bei engen Dickentoleranzen jedoch bald ab, da der zylindrische Teil des Abstreckziehringes nur $\approx$ 0,5 mm lang ist. Sind mehrere Ringe nacheinander angeordnet, legt man durch Zwischenringe deren Abstände so fest, daß die Zarge den oberen Ziehring bereits verlassen hat, bevor der andere Ring mit Abstrecken beginnt.

Die *Zuschnittgröße* wird nach der Beziehung Fertigteilvolumen = Zuschnittvolumen ermittelt; Berechnungsunterlagen sind im Bild I/11 angegeben.

- *Beispiel I/6:*
  Näpfe aus 5 mm dickem Stahlblech USt 1304 mit Innendurchmesser d_p = 90 mm, Bodeninnenrundung r_p = 12 mm, lichte Höhe H = 116 mm, Zargendicke s_1 = 3,5 mm sind herzustellen. Zuschnittdurchmesser und Zargenhöhe des gezogenen Napfes sind festzulegen.

- *Lösung:*

  Zuschnittermittlung
  Maß $k = H - r_p$ = 116 mm − 12 mm = 104 mm

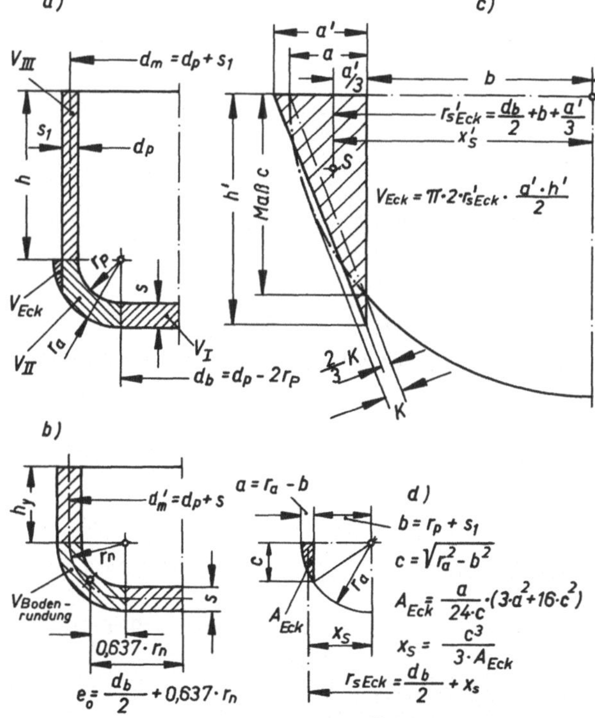

Bild I/11

Grundlagen zur Volumenermittlung
a) abgestrecktes Teil,
b) Rohteil als gezogener Napf,
c) zeichnerische Lösung von V_{Eck},
d) rechnerische Lösung von V_{Eck},
x_S Abstand des Flächenschwerpunktes bis Radienmittelpunkt,
r_{sEck} Abstand des Flächenschwerpunktes bis Napf-Mittellinie

Zur Berechnung von V_{Eck} sind zu bestimmen:

Außenrundung des Ziehteilbodens $r_a = r_p + s = 12\ mm + 5\ mm = 17\ mm$

Maß $b = r_p + s_1 = 12,0\ mm + 3,5\ mm = 15,5\ mm$

Maß $c = \sqrt{r_a^2 - b^2} = \sqrt{17^2\ mm \cdot mm - 15,5^2\ mm \cdot mm} \approx 7,0\ mm$

Maß $a = r_a - b = 17,0\ mm - 15,5\ mm = 1,5\ mm$

$$A_{Eck} = \frac{a}{24 \cdot c} \cdot (3 \cdot a^2 + 16 \cdot c^2)$$

$$= \frac{1,5\ mm}{24 \cdot 7,0\ mm} \cdot (3 \cdot 1,5^2\ mm \cdot mm + 16 \cdot 7,0^2\ mm \cdot mm) \approx 7,1\ mm^2$$

$$x_s = \frac{c^3}{3 \cdot A_{Eck}} = \frac{(7,0\ mm)^3}{3 \cdot 7,1\ mm^2} \approx 16,1\ mm$$

$$r_{sEck} = \left(\frac{d_p}{2} - r_p\right) + x_s = \left(\frac{90\ mm}{2} - 12\ mm\right) + 16,1\ mm \approx 49,1\ mm$$

$$V_{Eck} = 2 \cdot \pi \cdot r_{sEck} \cdot A_{Eck} = 2 \cdot \pi \cdot 49,1\ mm \cdot 7,1\ mm^2 \approx 2200\ mm^2$$

Für V_{Eck} kann auch die zeichnerische Lösung (Maßstab $M \geqslant 10{:}1$) angewandt werden. Abgemessen werden $a' \approx 1,7\ mm$, $h' \approx 8,3\ mm$, $x'_s \approx 16,0\ mm$; damit

$$r'_{sEck} = \left(\frac{d_p}{2} - r_b\right) + x'_s = \left(\frac{90\ mm}{2} - 12\ mm\right) + 16\ mm = 49\ mm$$

$$V'_{Eck} = 2 \cdot \pi \cdot r'_{sEck} \cdot \frac{a' \cdot h'}{2} = 2 \cdot \pi \cdot 49\ mm \cdot \frac{1,7\ mm \cdot 8,3\ mm}{2} \approx 2200\ mm^3$$

Bei zeichnerischer Lösung können größere Unterschiede entstehen, doch sind diese für die Volumenberechnung des Zuschnittes ohne Einfluß, da V'_{Eck} nur einen kleinen Anteil des Gesamtvolumens darstellt.

Berechnung von $V_{Bodenrundung} = 2 \cdot \pi \cdot e_0 \cdot l \cdot s$

Schwerpunktabstand $e_0 = \frac{d_b}{2} + (0,637 \cdot r_n) = \frac{66\ mm}{2} + (0,637 \cdot 14,5\ mm) \approx 42,2\ mm$

gestreckte Länge des Viertelkreises der Bodenrundung (neutrale Maße eingesetzt)

$$\widehat{l} = \frac{\pi \cdot r_n}{2} = \frac{\pi \cdot 14,5\ mm}{2} \approx 22,8\ mm$$

$$V_{Bodenrundung} = 2 \cdot \pi \cdot e_0 \cdot \widehat{l} = 2 \cdot \pi \cdot 42,2\ mm \cdot 22,8\ mm \cdot 5,0\ mm \approx 30\,200\ mm^3$$

$$V_{abgestrecktes\ Eck} = V_{II} = V_{Bodenrundung} - V_{Eck} = 30\,200\ mm^3 - 2200\ mm^3 = 28\,000\ mm^3$$

Berechnung des Zuschnittvolumens V_0

Boden:	$V_I = \frac{\pi}{4} \cdot 66^2\ mm \cdot mm \cdot 5,0\ mm$	$\approx 17\,000\ mm^3$
abgestrecktes Eck:	V_{II}	$= 28\,000\ mm^3$
Zarge:	$V_{III} = \pi \cdot d_m \cdot h \cdot s_1 =$	
	$= \pi \cdot 93,5\ mm \cdot 104\ mm \cdot 3,5\ mm$	$\approx 107\,000\ mm^3$
Zuschnitt:	$V_0 = \frac{\pi}{4} \cdot D_0^2 \cdot s = \frac{\pi}{4} \cdot D_0^2 \cdot 5,0\ mm$	$= 152\,000\ mm^3$

$$D_0^2 = \frac{152\,000\ mm^3}{\frac{\pi}{4} \cdot 5\ mm} \approx 38\,700\ mm^2; \quad D_0 = \sqrt{38\,700\ mm^2} \approx 197\ mm$$

Ermittlung der Zargenhöhe h_y des gezogenen Napfes:

Volumen der Zarge des gezogenen Napfes V_Z [1]$) = V_{III} = V_{Eck} + V_Z$; umgestellt nach V_Z

$V_Z = V_{III} - V_{Eck} = 107\,000\ \text{mm}^3 - 2200\ \text{mm}^3 = 104\,800\ \text{mm}^3$

$V_Z = \pi \cdot d'_m \cdot h_y \cdot s = \pi \cdot 95\ \text{mm} \cdot h_y \cdot 5{,}0\ \text{mm}$

Somit Zargenhöhe $h_y = \dfrac{104\,800\ \text{mm}^3}{\pi \cdot 95\ \text{mm} \cdot 5{,}0\ \text{mm}} \approx 70\ \text{mm}$

Überprüfung des Ziehverhältnisses β

$\beta = \dfrac{D_0}{d_p} = \dfrac{197\ \text{mm}}{90\ \text{mm}} \approx 2{,}2$

Der Napf kann ohne Blechhalter durch Ziehring mit Innenkegel oder Traktrixkurve und nachfolgendem Abstreckziehring gefertigt werden. Die hierfür geeignete Traktrixkurve wurde im Beispiel I/5 berechnet.

● *Ergebnis:*

Die erforderliche Ronde hat 197 mm Durchmesser, der vorgezogene Rohling 70 mm Zargenhöhe.

---

[1]) V_Z kann auch ermittelt werden aus $V_Z = V_{Zuschnitt} - V_{Boden} - V_{Bodenrundung} =$ 152 000 mm^3 − 17 000 mm^3 − 30 200 mm^3 = 104 800 mm^3.

K. Verbundwerkzeuge „Schneiden-Ziehen"

1. Auswahl des geeigneten Werkzeuges

Die Entscheidung, ob ein Folge- oder Gesamtverbundwerkzeug [1]) geeignet ist, richtet sich nach der Ziehteilform und der zur Verfügung stehenden Presse. Folgeverbundwerkzeuge (FVW) mit hintereinanderliegenden Arbeitsfolgen (z.B. Einschneiden—Ziehen—Lochen—Ausschneiden) dienen zur Herstellung von Teilen mit geringer Ziehtiefe aus Streifen oder Bändern (Bild G/12). Für Hohlteile mit größeren Ziehteilhöhen werden Gesamtverbundwerkzeuge (GVW) mit übereinanderliegenden Arbeitsstufen eingesetzt; sie ermöglichen zusätzlich geringeren Blechverbrauch, erfordern jedoch für die Außenform meist ein Nachschneidwerkzeug. Bilder I/4 und I/7 II zeigen GVW, die unter teilweiser Verwendung auswechselbarer Umform- und Aufbauteile gestaltet sind.

Nachfolgend werden noch einige grundlegende Werkzeugausführungen in Gesamtbauweise für verschiedene Pressenarten besprochen, die zur Umformung gut tiefziehfähiger Bleche bei größeren Stückzahlen vorgesehen sind und daher mit Säulenführungen arbeiten.

2. Verbundwerkzeug Ziehen—Beschneiden

Für das im Bild K/1 dargestellte GVW Ziehen—Beschneiden, das auf mechanischen Ziehpressen arbeitet, sind auswechselbare Aufbau- und Umformteile mitverwendbar. Die Führung des Ziehstempelaufsatzes (3) übernimmt der Blechhalter, der bei älteren Pressen zum Werkzeugunterteil säulengeführt sein kann. Zuerst wird der Napf mittels Ziehstempel (1), Blechhalter (4) und Ziehring (5) geformt. Ist die Zarge auf Fertighöhe gezogen, so trennt

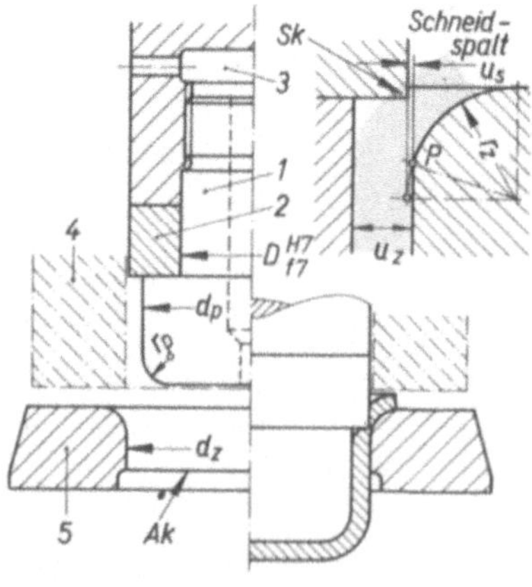

Bild K/1

Verbundwerkzeug Ziehen—Beschneiden für mechanische Ziehpressen (vgl. Bild H/1)

1 Ziehstempel, *2* Schneidring mit Schneide *Sk*,
3 Ziehstempelaufsatz, *4* Blechhalter, *5* Ziehring
mit Abstreifkante *Ak* und üblichem Ziehspalt u_z

---

[1]) Werkzeuge, die unter Stufenpressen arbeiten, werden im Rahmen dieses Buches nicht besprochen.

noch während des Weiterziehens ein Schneidring (2) den restlichen Werkstoff des Zuschnittes ab, indem dessen Schneide *Sk* in die gestreckte Blechoberfläche über der Einlaufrundung r_z des Ziehringes (5) eindringt. Durch die im Zargenquerschnitt noch wirksame Radialbeanspruchung bildet sich beim Anschneiden ein Kerbriß; dieser reißt weiter und erleichtert den restlichen Trennvorgang. Die senkrecht wirkende Schnittkraft erzielt günstigste Schneidwirkung, wenn die Ziehkantenrundung im Ziehrung nicht tangential ausläuft, sondern etwas angeflacht ist (Punkt *P*).

Bei der *Schnittkraftberechnung* ist als „Abquetsch"-Scherfestigkeit die Bruchfestigkeit σ_B des Blechwerkstoffes, als Schnittflächendicke etwa 2 · Ausgangsblechdicke, als Schnittlinienlänge der Mantelumfang des Ziehteils einzusetzen.

Der *beschnittene Zargenrand* zeigt innen eine von der Ziehkante herrührende Anrundung; außerdem ist er sehr scharfkantig, weshalb zum Abstreifen der Hohlteile vom Ziehstempel meist eine Abstreifkante *Ak* (Bild K/1) ausreicht. Wird in den Ziehstempel ein federnder Abstoßstift mit geringem Federhub eingebaut, sind Abstreifschieber vorzuziehen.

Der Werkzeugaufbau (Bild K/1) ist ebenfalls für die Arbeitsfolgen „Zuschnittausschneiden–Ziehen–Beschneiden" geeignet. Die Schneidplatte zum Ausschneiden der Zuschnittform mit den erforderlichen Streifenführungs- und Abstreifelementen sitzt, ähnlich Bild I/4 Ia, auf dem Ziehring (5); der Blechhalter (4) erhält die Gegenschneide. Der Schneidring zum Beschneiden des Ziehteilrandes sitzt unterhalb des Ziehstempels. Verbundwerkzeuge, die auf Kurbelpressen mit Ziehkissen im Tisch eingesetzt werden und den Zargenrand zuletzt noch beschneiden, zeigen Bilder K/5 und K/6.

3. Verbundwerkzeug Ausschneiden – Ziehen – Lochen

Im Werkzeug (Bild K/2 I/II), das auf einfachwirkender Presse arbeitet, werden Ziehteile mit geringer Zargenhöhe (kleinem Ziehverhältnis) durch Tiefziehen mit *„elastischer"* *Blechhaltung* gefertigt. Es steht auf einer Zwischenplatte (13), damit es mit angebauter Federdruckeinrichtung (Teile 8, 10 und 11) unter die Presse geschoben werden kann. Die Federn bewirken den Blechhalterdruck. Deren Kraft soll daher während des Ziehens kaum ansteigen (Ziehfehler-Tabelle I/1, Bild I A2); es sind lange Federn einzubauen, um weiche Schraubendruckfedern [1]) zu erhalten. Oft ergeben Tellerfedern mit annähernd waagerechtem Kennlinienteil

$$\left(\frac{\text{Tellerhöhe}}{\text{Tellerdicke}} = \frac{h}{s} > 1{,}3 \text{ DIN 2093, Reihe B} \right)$$

kleinere Bauhöhen, auch wenn wechselsinnig aneinandergereihte Tellerfedern eingesetzt sind.

Ein Verbundwerkzeug Ausschneiden–Ziehen–Lochen, das mit *„starrer" Blechhaltung* arbeitet und ebenfalls für einfachwirkende Pressen, jedoch für größere Ziehtiefen geeignet

---

[1]) Die Federkonstante

$$c = \frac{\text{Federkraft } F_2 \text{ [N]}}{\text{Federweg } f_2 \text{ [mm]}} \quad \text{oder} \quad c = \frac{\Delta F \text{ [N]}}{\Delta f \text{ [mm]}}$$

(zahlenmäßig die Zunahme der Federkraft je mm Federweg) ist bei weichen Federn ein kleiner Zahlenwert.

ist, zeigt Bild K/2 III. Das auswechselbare Federdruckgerät (*Fd*) wird vom Presseneinrichter in das Werkzeugunterteil durch die Öffnung des Pressentisches eingeschraubt. Während des Ziehvorganges drücken im Werkzeugoberteil sitzende Distanzbolzen (*Db*) auf den Blechhaltering (7), wobei diese Bolzen zwischen Ziehring- und Blechhalterdruckfläche den für starre Blechhaltung erforderlichen Abstand, Maß e = Blechdicke s + (5...7)% von s

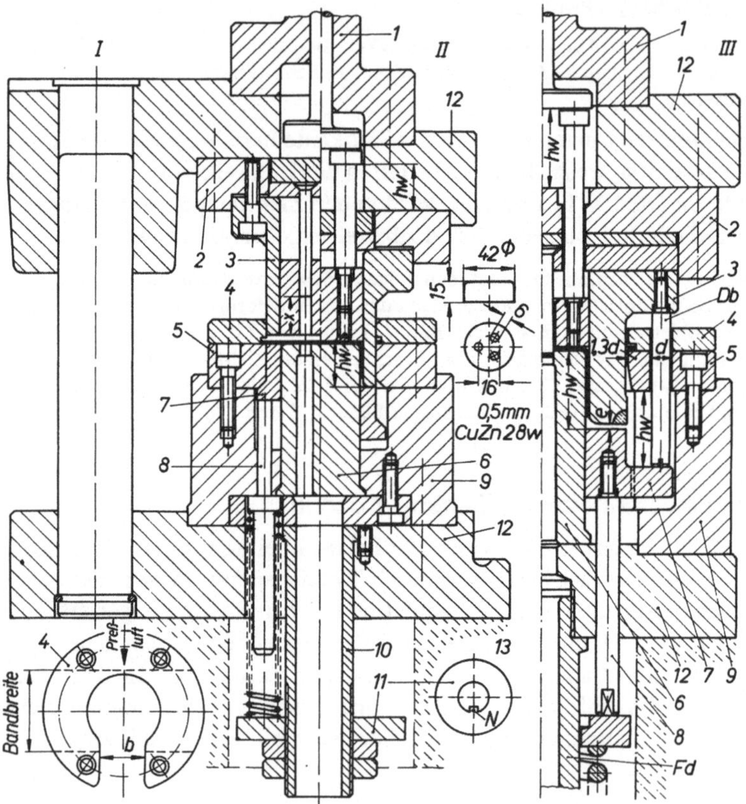

Bild K/2. Verbundwerkzeug Ausschneiden—Ziehen—Lochen mit elastischer *(I/II)* und mit starrer *(III)* Blechhaltung

Werkzeugstellung *I* kurz vor Schneidbeginn, *II* in tiefster Lage:

1 Einspannzapfen mit Zwangsausstoßer und drei Druckbolzen für Ausstoßplatte, *2* Zentrierplatte mit Druckplatte und Stempelhalteplatte für drei Lochstempel, *3* Ausschneidstempel, *4* Abstreifer, zugleich Streifenführung, quer zum Streifendurchlauf aufgesägt in der Breite $b > d_{Fertigteil}$, *5* Schneidring, *6* Ziehstempel, Druckflächen von (5) und (6) haben gleiche Höhenlage, *7* Blechhalterring, zugleich Ausstoßring, federbetätigt über Druckbolzen, Teile 8, *9* Zentrierstück, *10* Rohrstück mittels Gewindestift gegen Verdrehen gesichert, *11* Federauflagering mit Sicherungsnase *N* gegen Verdrehen, *12* Normalgestell, Säulen mittigstehend, auf Zwischenplatte, Teil 13.

$x = hw$ — Blechdicke s — Eintauchtiefe der Lochstempel in Gegenschneide.

Fd auswechselbares Federdruckgerät, von unten her in Werkzeug eingeschraubt, *Db* Distanzbolzen; zur Einhaltung des bei starrer Blechhaltung erforderlichen Maßes $e = s$ + (5...7)% von s (vgl. H.1.c).

einhalten. Mit größerwerdender Ziehtiefe steigt die Federkraft an; sie hat auf den Blechhalter keinen Einfluß mehr, da dieser mittels der Distanzbolzen (Db) wie ein „starrer Blechhalter" wirkt. Von Nachteil ist, daß der Blechhaltering sternförmig herausragende Arme als Druckflächen für die Distanzbolzen erfordert, wodurch die Auflagefläche der Schneidplatte kleiner wird. Die Schneidplatte muß daher dicker, nicht in Einzelstücke unterteilt, gestaltet sein.

Steht eine Exzenter-(Kurbel-)Presse mit Ziehkissen im Tisch zur Verfügung, sind im Werkzeugunterteil keine Druckfedern erforderlich (vgl. Bild H/2). Bei Verbundwerkzeugen mit Lochstempeln müssen dann die Lochabfälle aus dem Unterteil durch schräge, lange Kanäle abgeleitet werden (Bild K/5); sie könnten dabei den Kanaldurchgang verstopfen. Deshalb werden im Werkzeugunterteil vielfach waagerecht liegende Kanäle angeordnet und die Lochabfälle nach jedem Hub mittels pneumatisch betätigten Schiebern herausgeschoben (Bild K/6). Die erforderlichen Druckluftventile sind über den Stößelhub durch Kontakte gesteuert.

Die *Druckflächen des Ziehstempels und der Schneidplatte* zum Ausschneiden des Zuschnittes (Bilder K/2 I...III, die Teile 5 und 6) sind gleich hoch (siehe I.2.b). Zur Konstruktion des Werkzeugoberteiles kann man sinngemäß die Richtlinien für Gesamtschneidwerkzeuge (vgl. D.6.d) anwenden. Die zwangsbetätigte Ausstoßplatte (Bild K/2 I, II, Baugruppe 1) soll in Werkzeugen mit dünnen Lochstempeln gleichzeitig diese Stempel abstützen, sie ist daher dicker zu gestalten. Bei zu dünner Ausstoßplatte würden die Lochstempel ihre Führungsbohrungen ausschaben. Dicke Lochstempel knicken nicht aus, sie erfordern keine seitliche Abstützung; dünne Ausstoßplatten mit Durchgangsbohrungen, die zum Lochstempel etwa 1 mm Spiel haben, sind geeignet (Bild K/2 III).

Als Mindesthub des Pressenstößels sind Umformhöhe hw + Ziehteilhöhe + ≈ 40 mm Spielraum erforderlich, man kann dann gerade noch die Ziehteile mittels Sauger oder Greifzange herausnehmen bzw. mittels Druckluftstrahl wegblasen lassen. Werden Bänder mittels Walzenvorschubeinrichtung verarbeitet, muß meist der Stößelhub größer sein (Ausprobieren, damit der Druckluftstrahl die ausgestoßenen Ziehteile noch mit Sicherheit wegblasen kann!).

Für Ziehteile mit geringer Höhe ist es günstiger, im Oberteil einen mit Kunststoffdruckfeder betätigten Ausstoßer vorzusehen. Er arbeitet weicher; auch sind während des Stößelrücklaufes die Ziehteile aus dem Ziehring schon ausgeworfen, bevor der Walzen- oder Zangenvorschub das Band weiterbewegt. Das auslaufende Band nimmt dann das fertige Ziehteil aus dem Werkzeug mit, die Streifenführungsplatte (4) wird nun in Richtung des Streifendurchganges ausgesägt. Im oberen Totpunkt OT (geöffnetes Werkzeug) kann zusätzlich ein Druckluftstrahl in Durchgangsrichtung kurz auf das Ziehteil einwirken. Federbetätigte Ausstoßer ergeben jedoch große Werkzeugbauhöhen.

4. Verbundwerkzeug Lochen – Ausschneiden – Kragendurchziehen

In den gezogenen Kragen des Werkstückes (Bild K/3) wird ein Rohr gesteckt und hartgelötet; die Wanddickenschwächung am oberen Kragenrand ist daher ohne Einfluß. Bei diesem Werkzeug ist eine Zwischenplatte (2) auf das säulengeführte Oberteil geschraubt und verstiftet; in ihr bewegt sich die Zwangsausstoßerplatte. Diese Anordnung mindert meist die Werkzeugbauhöhe.

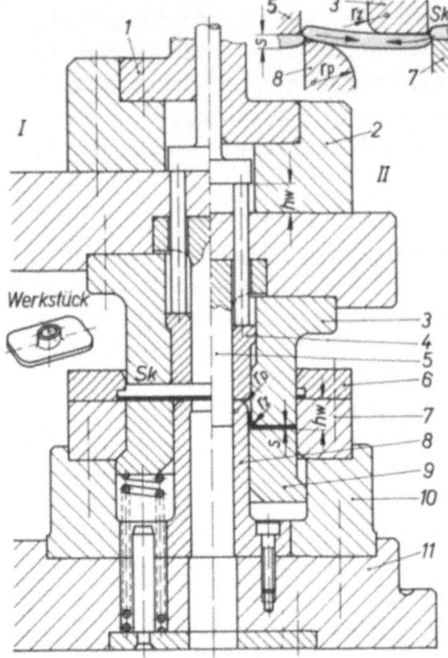

Bild K/3. Verbundwerkzeug Lochen–Ausschneiden–Kragendurchziehen

Werkzeugstellung *I* kurz vor Schneidbeginn, *II* in tiefster Lage:

1 Einspannzapfen mit Zwangsausstoßer, *2* Zwischenplatte, *3* Ausschneidstempel, zugleich Ziehring, mit Schneide *Sk* und Ziehkantenhalbmesser r_z, *4* Ausstoßplatte mit drei Druckbolzen, *5* Lochstempel, *6* Abstreifer, zugleich Streifenführung, *7* Schneidring, *8* Ziehstempel mit Gegenschneide für Lochstempel (*5*), die etwas größere Stempelkantenabrundung r_p erhöht den Umformweg *hw*, erleichtert jedoch das Kragenziehen, *9* Gegenhalter, auf den die Druckfedern zum Auswerfen des Fertigteiles wirken, *10* Zentrierstück, *11* Säulengestell.

Die Druckflächen des Ziehstempels (8) und des Schneidringes (7) sind gleich hoch; nach jedem Schärfen des Schneidringes ist die Stempelkante nachzurunden. Während des Lochens und Ausschneidens beginnt damit bereits das Durchziehen des Kragens, wodurch schon bei Schneidbeginn der umzuformende Werkstoff gleichmäßig über seine Streckgrenze beansprucht wird (siehe I.2.b, Verbundwerkzeug Ausschneiden–Ziehen). Auch bildet sich kaum noch ein Schnittgrat, der am Kragenrand rißfördernd wirken könnte.

Das erreichbare Umformverhältnis $\dfrac{\text{Kragenhöhe}}{\text{Stempeldurchmesser}}$ wird günstiger, je größer die Stempelkantenabrundung r_p ist; jedoch erhöht sich dann auch der Umformweg *hw*. Während der Abwärtsbewegung halten im Werkzeugunterteil die Druckfedern den Ausschnitt fest; ihr Federdruck kann beliebig ansteigen, es sind kürzere Federn geeignet. Während des Rücklaufhubes stoßen diese Federn das Fertigteil aus dem Werkzeugunterteil aus.

5. Verbundwerkzeug Ausschneiden–Ziehen–Flanschbeschneiden

Die Kappe (Bild K/4) aus Al Mg 3 F 18, fertig beschnitten, wird in einem Verbundwerkzeug aus Streifen hergestellt. Während sich das Werkzeug abwärts bewegt, schneidet der Schneidring (4) den Zuschnitt aus; gleichzeitig beginnt der Ziehring (7) den Napf zu formen. Die Federkraft, vorgespannt, der Tellerfedern im Oberteil muß größer sein als Ziehkraft und Druckkraft des Ziehkissens:

$$F_{1\,\text{Tellerfedern}} > (F_{\text{Ziehen}} + F_{\text{Ziehkissen}}),$$

Federhub Δf = Blechdicke + Eintauchtiefe der Schneiden von (13) und (4).

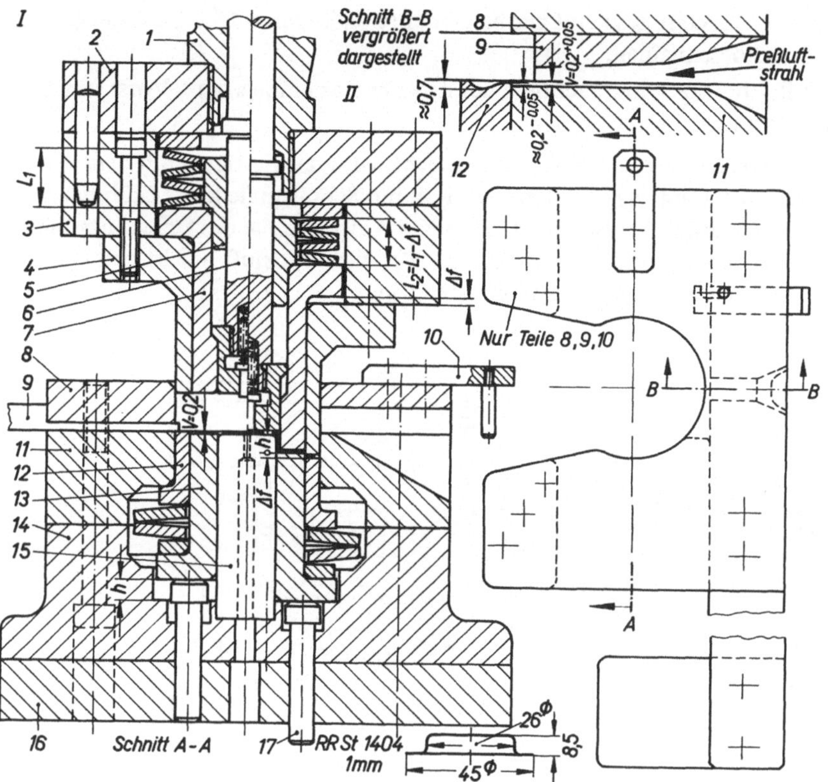

Bild K/4. Verbundwerkzeug Ausschneiden – Ziehen – Flanschbeschneiden

Werkzeugstellung *I* während des Stößelvorlaufes, *II* in tiefster Lage:

1 Einspannzapfen mit Zwangsausstoßer, *2* obere Platte, *3* Säulengestell-Oberteil, *4* Schneidring mit Außenschneide (Zuschnitt ausschneiden) und Innenschneide (Flanschdurchmesser fertig beschneiden), *5* Führungsbuchse für Tellerfedern, *6* unterer Druckbolzen für Zwangsausstoßer mit federndem Abstoßstift, *7* Ziehring, unter Federdruck stehend, *8* Abstreifplatte, *9* Zwischenlagen, die vordere Leiste mit Anschneidanschlag, Aussparung für Druckluftstrahl und mit Streifenauflageblech, *10* Leiste mit Einhängestift für Schnittstreifen, *11* Schneidplatte (Zuschnitt ausschneiden), *12* federnder Gegenhalter zugleich Auswerferring, an Aufprallstelle des Druckluftstrahls ist er mit Handschleifmaschine ausgewölbt (Schnitt *B–B*), *13* Blechhalter, zugleich Schneidstempel (für Flanschdurchmesser fertig beschneiden), *14* Unterteil des Säulengestells, *15* Ziehstempel, von unten her angeschraubt, *16* Grundplatte, *17* drei Druckbolzen, durch Ziehkissen betätigt.

Nachdem der Napf gezogen ist, sitzt der als Blechhalter tätig gewesene Ring (13) im Werkzeugunterteil auf und wird zum Schneidstempel; der Schneidring (4) beschneidet den Flansch des gezogenen Napfes, indem er die unteren Tellerfedern über den Gegenhalter (12) zusammendrückt. Während des Stößelrücklaufes wirken die beiden unteren Tellerfedern als Auswerfer (siehe C.1.e).

$F_{Auswerfen} \triangleq$ Federkraft gespannt der beiden unteren Teller $\approx 15...20\,\%$ der Schnittkraft für Flanschbeschneiden,

Federhub = Blechdicke + Eintauchtiefe des Ausschneidstempels (4) + Vorstehmaß v des Gegenhalters (12).

Bevor das Werkzeugoberteil seine höchste Lage erreicht, wird das Fertigteil mit dem Abfallring mittels Druckluftstrahl ausgeworfen. Damit durch Schnittgrate keine Störungen entstehen, wurde der federnde Gegenhalter (12) an der Aufprallstelle des Druckluftstrahles mit Handschleifmaschine ausgewölbt (Teilschnitt $B–B$); die Druckluft drückt nun von der Unterseite her auf den mit auszuwerfenden Abfallring.

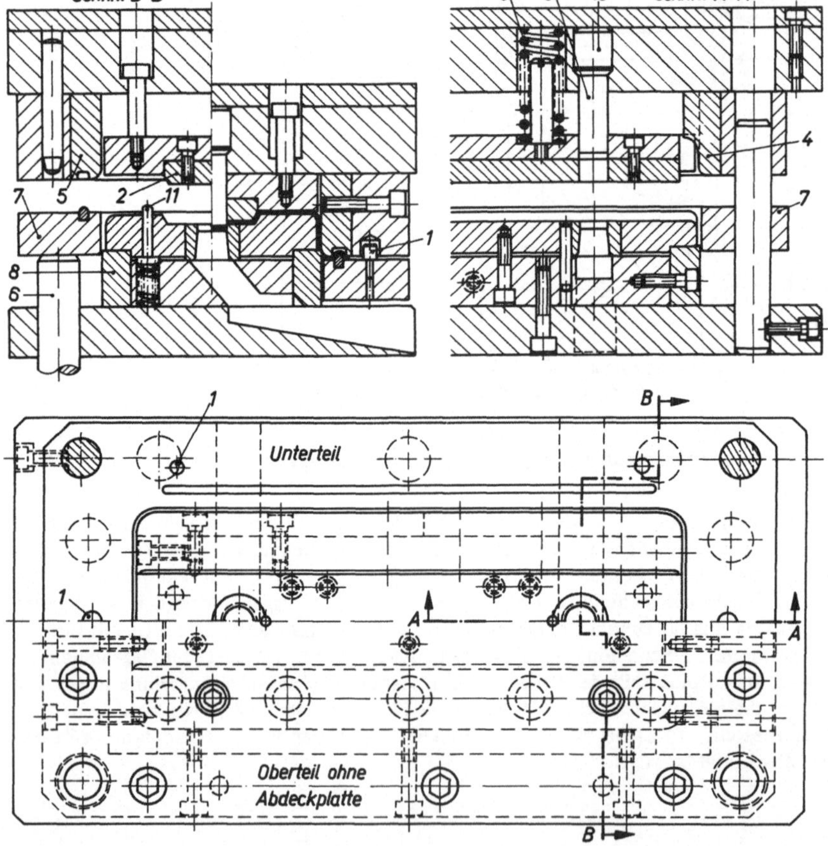

Bild K/5. Verbundwerkzeug Formbiegen – Ziehen – Lochen – Beschneiden für einfachwirkende Presse mit Ziehkissen

1 Anschlagstifte für Zuschnitt, *2* Formbiegeschiene, *3* Druckfedern, *4* hartaufsitzende Stempel, zugleich Ziehkante für kurze Werkstückseite und Eckenabrundungen, *5* Ziehkante für lange Werkstückseite, aus mehreren Leisten bestehend, *6* Druckbolzen, *7* Blechhalter, *8* Schneidleisten, *9* Lochstempel, *10* Druckstück, *11* federnde Abhebestifte.

6. Verbundwerkzeug Formbiegen–Ziehen–Lochen–Beschneiden

In Verbundwerkzeug (Bild K/5) werden rechteckige Zuschnitte (Außenmaße $L_0 \times B_0 \approx$ ≈ 510 mm $\times$ 240 mm) eingelegt, die Zentrierung übernehmen sechs Anschlagstifte (1). Während des Arbeitshubes wird zuerst die längs verlaufende Vertiefung geformt (Formbiegeschiene, Teil 2, Formbiegekraft mittels zehn Druckfedern, Teile 3); die Ecken am Übergang Boden auf Zarge werden erst in tiefster Werkzeugstellung (unterer Totpunkt UT) durch hartaufsitzende Stempel (4) fertig geformt. Ist diese Vertiefung mittels Federkraft F_1 geformt, beginnt der Rechteckzug. Die Ziehkante setzt sich aus den beiden hartaufsitzenden Stempeln (4) und mehreren Leisten (5) zusammen. Zwei Bremswulste (Querschnitt nach Bild H/5 b) entlang den beiden Längsseiten ermöglichen einen geringen Blechhalterdruck, den zehn Druckbolzen (6) vom Ziehkissen [1]) aus auf den Blechhalter (7) übertragen. Nachdem die Zargenhöhe auf Fertigmaß gezogen ist, wird der übrige Werkstoff des Zuschnittes zwischen der Schneidkante der Leisten (8) und der Ziehkantenabrundung r_z abgetrennt (ähnlich Verbundwerkzeug Ziehen–Beschneiden, Bild K/1); der dabei entstandene Schnittgrat ist scharfkantig und innen angerundet [2]). Während dieses Abtrennvorganges wird gelocht (Lochstempel, Teile 9 mit Druckstücken, Teile 10); gleichzeitig werden die Übergänge der bereits vorgeformten Vertiefung fertig gepreßt (hartaufsitzende Stempel, Teile 4). Schräge Kanäle leiten die Lochabfälle seitlich ab. Einige federnde Abhebestifte (11) heben das Fertigteil ab, damit man es ohne Schwierigkeit mittels Haftsauger oder Haftmagnet herausnehmen kann.

7. Verbundwerkzeug Ausschneiden–Ziehen–Lochen–Beschneiden

Das Verbundwerkzeug (Bild K/6) arbeitet ebenfalls auf Kurbelpressen mit Ziehkissen im Tisch. Es dient zur Fertigung des Ziehteiles vom Berechnungsbeispiel H/3. Den Bandwerkstoff führt eine pressengebundene Walzenvorschubeinrichtung durch das Werkzeug. Zuerst schneidet der Ziehring (1) mit seiner Schneidkante (Sk) den Zuschnitt aus. Danach beginnt die Umformung. Kurz vor tiefster Werkzeuglage wird das bereits fertiggezogene Teil gelocht und gleichzeitig beschnitten (vgl. Bild K/1). Die am Zargenrand entstandene Schnittfläche ist scharfkantig und innen angerundet. Bei beginnendem Stößelrücklauf heben Abhebebolzen (8) mittels mehrfachgeschichteter, wechselsinnig angeordneter Tellerfederpakete das Ziehteil vom Stempel ab. Dafür reichen bereits 1…2 mm Federhub aus, um Gleitreibung zwischen Werkstück und Stempel zu erzielen bzw. Haftreibung zwischen Werkstück und Ziehring zu erhalten; das Ziehteil bleibt mit Sicherheit in der Ziehringinnenform haften. Der gleichzeitig sich nach oben bewegende Blechhalterring (6) hebt den

---

[1]) Bei Pressen für größere Drücke besteht das Ziehkissen aus 1…4 Druckzylindern (jeweils Doppelkammergeräte, d.h. mit zwei übereinandersitzenden Kolben), die auf eine gemeinsame Druckplatte wirken. Im Pressentisch befinden sich nach einem bestimmten Lochbild mehrere Bohrungen zur Aufnahme von Druckbolzen; je nach Werkzeuggröße und Lage der Bohrungen setzt man die Druckbolzen ein.

[2]) Werden fertige Ziehteile zuletzt noch emailliert, schmelzen scharfe Schnittkanten ab, die emaillierten Teile haben abgerundete Kanten.

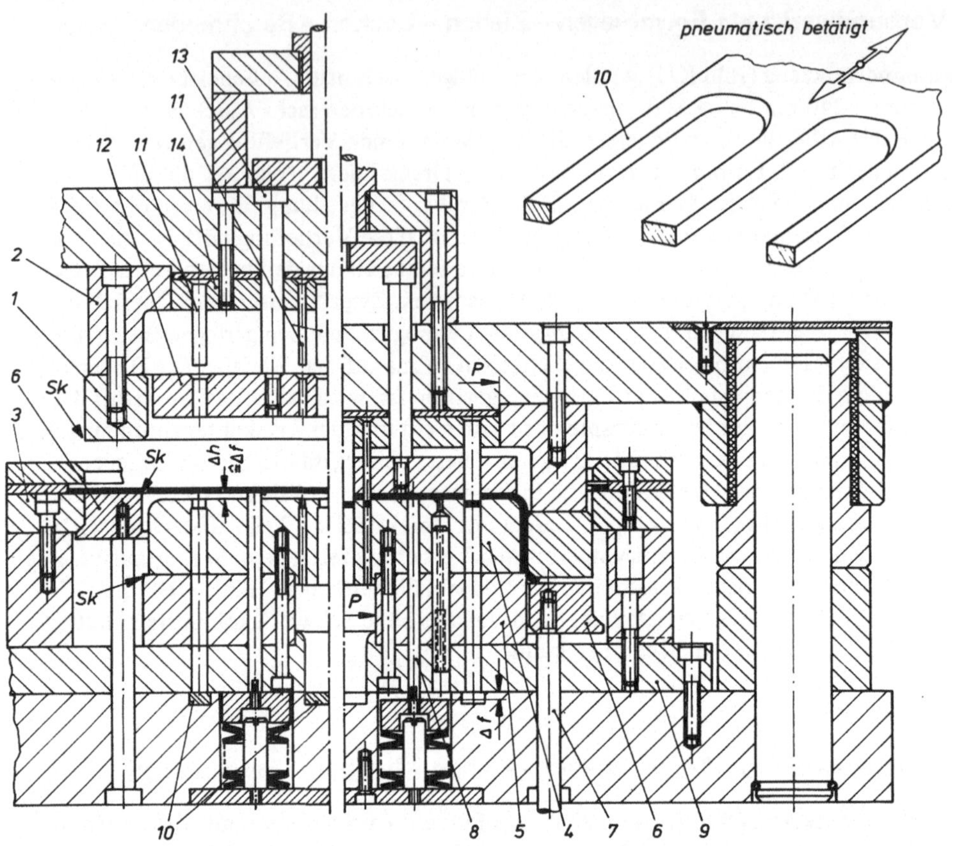

Bild K/6. Verbundwerkzeug Ausschneiden – Ziehen – Lochen – Beschneiden für Exzenter-(Kurbel-)
Presse mit Druckkissen im Tisch

1 Ziehring mit Schneidkante *Sk*, *2* Aufsatz aus St 50, zusätzlich je ein Zylinderstift zur Lagesicherung
von (1) zu (2) und von (2) zum Oberteil, *P* Paßform, *3* Schneidplatte für Zuschnittausschneiden,
4 Ziehstempel, *5* Schneidstempel für Ziehteilbeschneiden, *6* Blechhalter, *7* Druckbolzen zur Übertragung der Ziehkissen-Druckkraft, *8* Abhebebolzen mit mehrfach geschichteter Tellerfedersäule,
Federhub $\Delta f \approx 1 \ldots 2$ mm, *9* Zwischenplatte, nur vorsehen, wenn unter (5) kein Platz für Tellerfedern
von (8) vorhanden ist, *10* elektro-pneumatisch gesteuerter Schieber für Lochabfälle, *11* Lochstempel,
12 zwangsbetätigte Ausstoßplatte, *13* Druckbolzen für (12), *14* Lochstempelhalteplatte.

abgetrennten Zuschnittrest von der Schneidkante ab. Bei beendetem Rücklaufhub hat der
zwangsbetätigte Ausstoßer (Prinzip, Bild H/2) das Fertigteil bereits abgeworfen. Während
des Stößelrücklaufs stößt ein elektro-pneumatisch gesteuerter Schieber die Lochstempel-
abfälle durch Querkanäle aus dem Werkzeugunterteil heraus.

Bei Verbundwerkzeugen Ausschneiden – Ziehen(– Lochen –)Beschneiden, die unter Ex-
zenter-(Kurbel-)Pressen mit Ziehkissen im Tisch arbeiten, muß (im Gegensatz zu Verbundwerkzeugen Ausschneiden – Ziehen, vgl. Bild I/7 II) die Druckfläche der Schneidplatte für

„Zuschnittausschneiden" (6) etwas höher liegen als die Ziehstempeldruckfläche (4), sonst würden die federnden Druckbolzen (8) den Bandvorschub behindern.

Als Federkraft ($F_{2\,\text{gespannt}}$) der beiden Tellerfedersäulen (zu 8) sind etwa 5 % von F-Abquetsch-Schneiden anzusetzen, wobei

$$F\text{-Abquetsch-Schneiden} \approx \sigma_{\text{Bruch}} \cdot \text{Ziehteilumfang} \cdot (1,8 \ldots 2) \cdot \text{Blechdicke } s$$

ist.

Die Zwischenplatte (9) im Werkzeugunterteil wird nur erforderlich, wenn für die Tellerfedersäulen (zu 8) kein Platz unmittelbar unter dem Schneidstempel (5) vorhanden ist; bei Ziehteil, Berechnungsbeispiel H/3, ist dieses der Fall.

Bei geöffnetem Werkzeug befindet sich die zwangsbetätigte Ausstoßerplatte (12) außerhalb der Lochstempel; sie ist im Ziehring nicht geführt, die Lochstempel schneiden ohne seitliche Abstützung. Will man kleine Lochstempel in der Ausstoßerplatte abstützen, muß der Ausstoßer dicker und in einem hohen Ziehring geführt sein (vgl. Bilder K/2 I, II).

Hat das Ziehteil keine im Schwerpunkt liegende Bohrung, läßt man einen im Schwerpunkt angeordneten Zwangsausstoßerbolzen unmittelbar auf die Ausstoßplatte (12) wirken; die Druckbolzen (11) fallen dann weg, der Einspannzapfen wird in das Werkzeugoberteil ohne Zwischenringe eingeschraubt (vgl. Bild D/27b).

L. Arbeitsgänge zur Erleichterung des Tiefziehens

Spanloses Umformen läßt sich durch günstige Gleitverhältnisse und durch entsprechende Warmbehandlung erleichtern:

1. für die Gleitflächen des Werkzeuges bzw. Blechoberfläche durch *Aufbringen eines Schmierstoffes,*

2. für die Kristalle des umzuformenden Werkstoffes durch *Warmbehandlung* zwischen den Folgezügen.

1. Schmierung beim Tiefziehen

Während der Umformung soll zwischen Werkzeug und Werkstück eine trennende Gleitschicht bestehen. Diese kann durch Schmiermittel, chemische Schichten (Phosphatieren, MBV-Verfahren) oder durch Kunststoffschichten (siehe I.1.b) erzeugt werden.

Die *Schmiermittel* sollen

a) die Berührung zwischen Werkzeug und Blechoberfläche verhindern und dadurch die Reibung mindern. Das Ziehverhältnis wird verbessert und das Anschweißen kleinster Werkstoffteilchen auf den Einlaufflächen des Ziehrings (ergibt Ziehriefen am Hohlteil) vermieden. Nachteilig ist, daß bei verringerter Reibung der Blechhalterdruck erhöht werden muß;

b) im Bereich der Ziehkanten kühlend wirken;

c) die Standzeit der Einlaufrundungen am Ziehring und der übrigen Gleitflächen erhöhen;

d) wirtschaftlich, d.h. preisgünstig, gut auftragbar und auch nach mehrmaliger Umformung ohne Rückstände und Schwierigkeiten leicht entfernbar sein;

e) keine gesundheitsschädlichen und rostfördernden Beimengen enthalten.

In Tabelle L/1 sind verschiedene Schmierstoffe [1]) angegeben. Die Gruppen 1...5 können noch *gleitfähige Feststoffe, chemisch wirksame Zusätze* und teilweise kornfreien Graphit oder Flockengraphit enthalten. Durch beigemengte Feststoffe, z.B. gemahlene Schlämmkreide, Kalk, Bleiweiß, Talkum, wird der Schmierfilm zäher, sein Gefüge fester; er haftet besser an und wird nicht so leicht verdrängt. Als chemisch wirksamer Zusatz wird oft Fettsäure zugegeben; diese bildet bei phosphatierter Blechoberfläche unter Druck gutgleitende Metallseife. Öle mit Zusätzen an Schwefelblüte sowie geschwefelte und gechlorte Öle haften auch bei hohen Drücken gut auf gleitenden Flächen; sie erhöhen die Ziehfähigkeit, greifen aber die Werkzeugoberflächen an. Beim Tiefziehen unrunder Teile muß man oft an stark

---

[1]) Schmierstoffe der Kaltumformung VDI-Richtlinie 3165. Metallstearate sind Salze, die aus der Verbindung Stearinsäure und Metall entstehen; Stearin ist ein Hauptbestandteil der pflanzlichen und tierischen festen Fette (z.B. im Talg).

Tabelle L/1: Schmierung beim Tiefziehen (Übersicht und Gruppeneinteilung)

Arten der Schmierung	Kennzeichnende Merkmale	Anwendung
1. im Wasser lösliche Seifen	a) Seifen auf Natriumgrundlage haben höheren Fettsäuregehalt, daher bessere Gleiteigenschaften als auf Kaliumgrundlage b) sparsam, leicht entfernbar, gute Kühlwirkung, angetrocknet bessere Schmierfähigkeit	einfache Umform- und Zieharbeiten bis schwierige Umformungen, in der Reihenfolge der Gruppen 1...4 angewandt
2. im Wasser emulgierbare Mineralöle verdünnt oder unverdünnt (z.B. wasserlösliches Zieh- und Schneidöl)	wie 1 b)	
3. im Wasser emulgierbare Ziehfette, meistens verdünnt	a) wie bei 1 b) b) z.T. mit freier Fettsäure oder mit Seifenzusätzen ; je größer Umformung, desto mehr Zusätze	
4. mineralische, pflanzliche oder tierische Öle, im Wasser nicht emulgierbar, z.B. wasserunlösliches Zieh- und Schneidöl; oft mit Rübölersatz bezeichnet	a) meist mit Zusätzen an Seifen, Fettsäure und festen Schmierstoffen b) oft geschwefelt, gechlort oder mit Schwefelblütezusätzen (nicht einsetzen bei Sonderbronzegleitflächen)	
5. mineralische, pflanzliche und tierische Fette (meist in Pastenform)	a) wie bei 4 a, 4 b) b) für Magnesiumlegierungen, z.B. Palmfette c) zum Kaltfließpressen von Aluminium, z.B. Wollfett mit Zinkstearat	
6. feste Schmierstoffe	z.B. Metallstearate, Molybdändisulfid, Flocken- und kornfreier Graphit, Paraffin, Hartwachse	meist nur an höchstbeanspruchten Stellen aufgetragen
7. Metallüberzüge	z.B. galvanisches Verkupfern (Kupfersulfatschicht)	rostbeständige Stahlbleche
8. chemische Überzüge	a) phosphatieren und in Kalkmilch (oder Gruppe 1) tauchen b) MBV-Verfahren für Aluminium und Al-Legierungen	bei schwierigen Umformungen (hoher Umformgrad)
9. Kunststoff aufgespritzt oder als Folie aufgelegt	a) meist ohne Ziehfette: hohes Ziehverhältnis, vermeidet Ziehriefen, mindert Werkzeugverschleiß b) Ziehteiloberfläche ist matt c) aufgespritzter Film oft schwer entfernbar	schwierige Tiefzieharbeiten; polierte, farbig bedruckte, rostbeständige Stahlbleche

bremsenden Stellen dickflüssiges Öl mit Graphit auftragen, obwohl Graphit die Blechoberfläche verschmiert, sich in den Poren verankert und nur durch Beizen entfernt werden
kann; in üblichen Entfettungsbädern würde es ungelöst zurückbleiben. Auch Werkzeuge
werden durch Graphitzusätze stark verschmutzt; besonders Graugußgleitflächen lassen
sich schlecht reinigen. Pflanzliche und tierische Stoffe sind sehr fettreich; sie ergeben den
kleinsten Reibwert, erfordern aber höhere Blechhalterdrücke.

Für schwierige Umformungen kommen als *chemische Überzüge* [1]) in Betracht:

1. MBV- (Modifiziertes-Bauer-Vogel-Verfahren). Es ist für *Aluminium* und seine Legierungen (außer kupferhaltigen Legierungen) anwendbar. Die bereits vorhandene natürliche,
schützende, harte Oxidschicht wird durch chemische Oxydation verstärkt; sie wird zugleich elastisch, weich, springt beim Umformen nicht ab und kann Fettstoffe aufnehmen,
sofern dem Bad kein Wasserglas (Erftwerk-Verfahren) zugegeben wurde.

2. Phosphatier-Verfahren auch *Bondern* genannt. Aluminium und deren Legierungen,
Stahl mit Ausnahme rostbeständiger und polierter Stahlbleche, können phosphatiert werden; die dabei entstehende Phosphatschicht ist mit der Blechoberfläche unlöslich verbunden.

Die *Vorzüge dieser nichtmetallischen Eisenphosphatschicht* auf Tiefziehblechen sind:

a) Die Schicht macht Umformung mit.

b) Die Schmierstoffe können sich in ihr verankern; sie kann im Vergleich zur unbehan-
delten Blechoberfläche in ihren feinsten Kapillarräumen das 10...15fache an fett-
armen Schmierstoffen aufnehmen.

c) Unter Druck bildet sie bei fettsäurehaltigen Schmierstoffen gleitende Metallseife.

d) Das Formänderungsvermögen des Werkstoffes wird verbessert. Werden Stahlbleche
zum Tiefziehen phosphatiert, dann in Kalkmilch oder in 5...6 %iges Natrium-Seifenbad
getaucht, kann man oft eine Ziehfolge, damit Glüharbeitsgänge und Transportkosten
einsparen, ebenso Werkzeugverschleiß und Ziehfehler mindern. Um beim Abstreckziehen höchsten Umformgrad zu erzielen, werden die geglühten Stahlrohlinge phosphatiert (Schichtdicke bis 10 μm).

e) Die Schicht bildet auch nach größter Umformung eine Rostschutzschicht und entfettet
einen guten Haftgrund für Einbrennlacke.

Phosphatieranlagen erfordern hohe Anlage- und Betriebskosten.

Sind Hohlwaren aus *Reinst-Aluminium* ($\sigma_B < 100\ \frac{N}{mm^2}$) durch Tiefziehen mit hohem Ziehverhältnis
zu fertigen, fallen vereinzelt Teile durch *Bodenreißer* aus. Diese Schäden lassen sich durch Einsatz
halbharter Blechqualitäten, durch größere Abrundungshalbmesser der Zieh- und Stempelkanten und
durch Schaffung bester Schmierverhältnisse mindern. Halbharte Aluminiumbleche bedingen eine
geringe Erhöhung der Ziehkraft, jedoch bringen sie eine wesentliche Steigerung der übertragbaren Zug-
kraft. Die beste Schmierung wird erzielt, wenn Ziehring und Blechhalter ungleiche Oberflächengüte

---

[1]) *Müller, Walter,* Galvanische Schichten und ihre Prüfung. *Müller, Walter,* Oberflächenschutzschichten
und Oberflächenvorbehandlung. Viewegs Fachbücher der Technik, Friedr. Vieweg + Sohn GmbH,
Braunschweig.
Oberflächenbehandlung vor der Kaltumformung und Glühverfahren, VDI-Richtlinie 3160...3164.

im Vergleich zum Blech haben. Auf ungeglätteten Flächen kann sich Schmierstoff in feinsten Vertiefungen verankern, während er auf polierten Flächen weggequetscht wird. Man wird deshalb *mattgewalzten Blechqualitäten* den Vorzug geben; auf ihren Oberflächen hält sich der Schmierfilm auch während der Umformung. Aufschweißungen der Ziehkanten, damit Riefen auf gezogenen Hohlwaren, werden weitgehend vermieden.

Als *Schmierstoff für Aluminium* haben sich Mischungen aus Mineralöl und pflanzlichen, d.h. fettreichen Ölen, denen Chloride und Schwefel, sowie geringe Mengen an Glimmerpulver beigegeben wurde, bewährt. Auch Rübölersatz (Tabelle L/1, Spalte 4) mit Beimengungen an Bleiweiß und Schwefel sind gebräuchlich. Höchste Umformgrade lassen sich durch Zinkphosphatieren oder Anwendung des MBV-Verfahrens erzielen (zusätzlich Schmierstoffe).

2. Wärmebehandlung zwischen Folgezügen

a) Allgemeines

Durch Tiefziehen entsteht eine erhebliche *Kaltverfestigung* des umgeformten Bleches. Sind mehrere Ziehfolgen notwendig, wird nach dem zweiten oder dritten Zug die weitere Umformbarkeit durch *Rekristallisationsglühung* hergestellt. Rechteckige Ziehteile aus Messing oder austenitischen rostbeständigen Stahlblechen werden oft auf etwa $\frac{2}{3}$ der Zargenhöhe gezogen, geglüht und danach im gleichen Werkzeug mit überhöhtem Blechhalterdruck fertiggezogen. Dadurch läßt sich zusätzlich verhindern, daß nachträglich die beschnittenen Seitenflächen sich nach innen oder außen wölben (vgl. H.1.b).

Für geringe Weiterumformungen reicht meist *Kristallentspannungsglühen* (Spannungsfreiglühen) bei Temperaturen unterhalb des Rekristallisationsglühens aus. Dadurch wird nur eine Entfestigung erzielt, das verstreckte Korngefüge bleibt unverändert.

Glüharbeitsgänge bedingen einwandfrei entfettete Teile (Tabelle L/2), die anschließend in heißem Wasser gespült und im Warmluftstrom getrocknet wurden. Bleiben nach der Entfettung kleinste Schmierstoffreste zurück, kohlen beim Glühen die Ziehteile örtlich auf (besonders rostbeständige Stahlbleche); wurden entfettete Werkstücke ohne Gummihandschuhe berührt, brennen sogar Fingerabdrücke ein. Bei Großserien glüht man, besonders Nichteisenmetalle, in Öfen mit neutral oder reduzierend wirkenden Schutzgasen, um den Arbeitsgang Beizen (Entzundern) einzusparen; auch können durchlaufende Ziehteile während der Abkühlung im Schutzgas nicht oxydieren.

Oft läßt sich eine Warmbehandlung durch konstruktive Gestaltung der Werkstücke vermeiden, z.B. wenn rechteckige Ziehteile größere Ecken- und Bodenabrundungen ($r_{p\,max} \approx 10 \cdot$ Blechdicke) erhalten.
Stehen nur Hilfswerkzeuge zur Verfügung, werden vereinzelt Karosseriebleche an gefährdeten Stellen mittels Schweißbrenner örtlich erwärmt; doch es kann sich dadurch in der Übergangszone grobkörniges Gefüge bilden.

Austenitische rostbeständige Stahlbleche (z.B. X 12 Cr Ni 18 8) sollen nach starker Umformung sofort entfettet, geglüht und gebeizt werden, um Spannungsrisse auszuschließen (vgl. I.3). Wurden diese Bleche, galvanisch verkupfert, anschließend in Werkzeugen ohne Sonderbronzegleitflächen tiefgezogen, dann sind die Ziehteile vor jeder Warmbehandlung zu entkupfern (im Bad mit $HNO_3 : H_2O = 1 : 1$).

Tabelle L/2: Entfettung der Ziehteile

Schmierfette werden	Mittel	bevorzugt angewandt (Schmierstoffgruppen Tabelle L/1)
I emulgiert	alkalische Reiniger (abkochen 90...95 °C)	bei wechselnder Zusammensetzung der Ziehöle und Fette (Gruppen 1...6)
II aufgelöst	fettlösende Mittel: a) Kohlenwasserstoffe, z.B. Benzin b) chlorierte Kohlenwasserstoffe (sehr flüchtig, narkotische Wirkung) z.B. Tri-Chloräthylen, Per-Chloräthylen	bei kleiner Stückzahl bei geringem Verschmutzungsgrad (z.B. Gruppen 1...3) bei Aluminium und deren Legierungen
III verseift	Kochen in hochprozentiger Ätznatronlauge oder Ätzkalilauge	bei tierischen und pflanzlichen Ziehfetten (Gruppe 5)

b) Rekristallisationsglühen

Die *Glühtemperatur* ist hauptsächlich von der Werkstoffart (Tabelle L/3), seiner Blechdicke und vom Grad der erfolgten Umformung [1]) abhängig. Je höher die Blechumformung, desto niedriger kann die Temperatur gehalten werden, desto feinkörniger wird das Gefüge; das geglühte Teil hat wieder regelmäßige, gut kaltumformbare Kristalle. Wird nach erfolgter Warmbehandlung beim Weiterziehen an der Übergangsrundung zum Hohlteilboden eine starke Oberflächenvergröberung festgestellt, dann wurde in einer vom Werkstoff und Umformgrad abhängigen kritischen Temperatur, die die Grobkornbildung begünstigte, geglüht (siehe Ziehfehler-Tabelle I/1, Bild II A3). Glühfehler (zu hoch oder zu lang geglüht) kann man meist durch nachträgliches Normalisieren beseitigen (z.B. Stahlbleche bei 900...930 °C).

Aluminium und seine Legierungen erwärmt man rasch auf Rekristallisationstemperatur [2]) und schreckt sie anschließend im Wasser ab. Kupferhaltige Aluminiumlegierungen, deren Umformbarkeit mittels Lösungsglühen mit sofortigem Abschrecken im Wasser erzielt wurde, müssen dann innerhalb 2...3 h verarbeitet sein, weil danach die natürliche Aushärtung beginnt (Tabelle L/3).

---

[1]) Unter *Umformgrad* versteht man die gesamte Umformung vom Anschlagzug mit Folgezügen bis zur 1. Glühung, bzw. der Folgezüge zwischen den Glühungen. Er ist an jeder Stelle des Ziehteiles verschieden groß ($\frac{\Delta l}{l_0} \cdot 100\,\%$). Umformgrade kann man überschlägig bestimmen, wenn z.B. auf einem Zuschnitt ein quadratisches Netz (Linienabstände l_0) aufgerissen wird und die Verformungen Δl der Quadratseiten am Ziehteil ausgemessen werden. Bei genauen Untersuchungen muß die Blechdickenänderung Δs mit einbezogen werden ($\frac{\Delta l \cdot \Delta s}{l_0 \cdot s} \cdot 100\,\%$). Der kritische Umformbereich, bei dem mit Grobkornbildung zu rechnen ist, liegt zwischen $\Delta l = 5...15\,\%$ der Umformung, bezogen auf die Prüflänge l_0; er ist am Übergang Napfboden auf Bodenrundung zu finden und ist dort nicht vermeidbar.

[2]) *Weißbach,* Werkstoffkunde und Werkstoffprüfung, Viewegs Fachbücher der Technik, Friedr. Vieweg + Sohn GmbH, Braunschweig.

Tabelle L/3: Warmbehandlung und Beizen der Ziehteile (Gewichtsprozente handelsüblicher Säuren H_2SO_4 = 98 %, HCl = 30 %, HNO_3 = 65 %, H_2F_2 = 40 %)

Werkstoff I. Schwermetalle	Rekristallisationsglühen Temperatur und Durchlaufzeit für Blechdicke $s \approx 1$ mm	Kristallentspannungsglühen Temperatur und Durchlaufzeit für Blechdicke $s \approx 1$ mm	Beize Volumenprozente (Rest H_2O)
Tiefziehstahlblech	700...720 °C bis 30 min oder Normalglühen [1]) 950 °C bis 30 min	600 °C bis 50 min	HCl : H_2O = 1:1, Raumtemperatur oder $H_2SO_4 \approx 20$ % ($\gtrless$ 45 °C)
austenitisches rostbeständiges Stahlblech z.B. X 12 CrNi 18 8	980...1050 °C 6 min, $s \approx 0,6$ mm 20 min, $s \approx 3,5$ mm abkühlen in Druckluft	keine	HNO_3 16 %, H_2F_2 1...4 % (35...40 °C) H_2F_2 1 %, mild wirkend
ferritisches rostbeständiges Stahlblech z.B. X 8 Cr 17	700...800 °C bis 30 min abkühlen in Druckluft	keine	HNO_3 33 %, H_2F_2 0,6...1 % (≈ 35 °C)
Messing z.B. Cu Zn 37	500...550 °C 30...40 min	400 °C 40...60 min	H_2SO_4 10 % (30...40 °C) oder HNO_3 konzentriert
Neusilber	620...680 °C bis 40 min	450 °C 40...60 min	H_2SO_4 5 %, HNO_3 5 % ($\gtrless$ 60°C)
II. Leichtmetalle	Rekristallisationsglühen Temperatur und Glühzeit	Abkühlung	Beize
Al 99,5 Al Mg 3 Al Mn	370 °C 0,5...2 h 350 °C 1...3 h 480 °C 0,5...2 h	an der Luft oder im Wasser	NaOH 10...20 % teilweise Kochsalz (30 g je Liter fertige Beize) bei 50...95 °C, 0,5...1 min;
Al Mg 5 Al Mg Si	350 °C 1...3 h 350 °C 1...4 h	langsam an der Luft	
Al Cu Mg	350 °C 1...3 h besser Lösungsglühen bei 500 °C 0,5...2 h	langsam an der Luft im Wasser, innerhalb 2...3 h verarbeiten	danach Spülen in H_2O und neutralisieren in HNO_3 20...30 %, dann Spülen in H_2O

---

[1]) Werden Zuschnitte aus Stahlblechen in Tiefziehgüte normalgeglüht (z.B. 70 mm ϕ, 2 mm dick, etwa 15 min lang bei 950 °C) und an ruhiger Luft abgekühlt, erhält man „zipfelfreie" Ziehteile; der normalgeglühte Werkstoff hat jedoch etwas grobkörniges Gefüge.

Während des Glühens und Abkühlens an der Luft entsteht eine Zunderschicht, die bei nachfolgender Umformung abblättern und den Verschleiß der Einlaufrundungen im Werkzeug erheblich vergrößern würde. Oxydschichten auf Ziehteilen werden vorteilhaft durch *Beizen* entfernt (Tabelle L/3).

Bei phosphatierten Stahlteilen (Ziehteilen) ist zur *Beseitigung der Phosphatschicht* und gleichzeitig der Schmiermittelreste meist eine alkalische Tauchreinigung (Tabelle L/2 I) in Verbindung mit Beizen in Salzsäure oder Schwefelsäure (Tabelle L/3) üblich.

Lackieren, Emaillieren und Galvanisieren erfordern einwandfrei entfettete und gereinigte Teile. Bringen die üblichen Entfettungsmittel (Tabelle L/2) nicht den gewünschten Erfolg, kann man bei Hohlwaren aus unlegierten Tiefziehstahlblechen die *Glühzunderentfernung* anwenden. Zuerst werden die Teile in Salzsäure getaucht, damit auf ihren Oberflächen Eisenchlorid (hauchdünne Rostschicht) entsteht. Nach erfolgter Trocknung an der Luft erhitzt man sie im Kammerofen auf etwa 700...800 °C (die Kaltverfestigung der umgeformten Blechteilzonen geht dabei verloren). Beim Erhitzen verdampft zuerst die noch anhaftende Salzsäure, die Eisenchloridschicht zersetzt sich, Schmierstoff-, Öl-, Fettrückstände oxydieren (verbrennen) zuletzt überzieht sich die Oberfläche mit einer Zunderschicht. Die noch heißen Teile werden umgehend in Beizsäure abgeschreckt, wobei Zunder und gleichzeitig Rückstände, die der Erhitzung im Ofen widerstanden haben, abplatzen. Nach erfolgter Spülung im heißen Wasser stehen zur nachfolgenden Oberflächenbehandlung beizblanke und fettfreie Teile bereit.

Einige häufige Beizfehler und deren Ursachen sind in Tabelle L/4 enthalten. Nach dem Beizen dürfen auf dem Blech keine Säurereste zurückbleiben; deshalb ist gründliches Spülen in kaltem und heißem Wasser unerläßlich. Zur Weiterverarbeitung werden die getrockneten Teile neu befettet.

Tabelle L/4: Beizfehler

Häufig auftretende Beizfehler	Ursachen
Oberfläche noch mit Zunder	geringer Säuregehalt zu niedere Badtemperatur zu kurz gebeizt
Oberfläche stellenweise mit Zunder	eingebrannte Schmierstoffrückstände Fingerabdrücke Ziehteile berührten sich im Bad Luftsäcke in Hohlteilen
Oberfläche zu rauh	falsche Beize zu hoch konzentrierte Beize zu hohe Badtemperatur zu lange gebeizt
auf Oberfläche Salzkristalle	Niederschlag, da Beize mit Metallsalzen übersättigt ist

Anhang

Berechnungsgleichungen für Biegen und Ziehen

Umformart	Allgemein angewendete Berechnungsgrundlagen (Erläuterungen siehe *Grüning*, Umformtechnik)	Gleichung Nr.
Keilbiegen	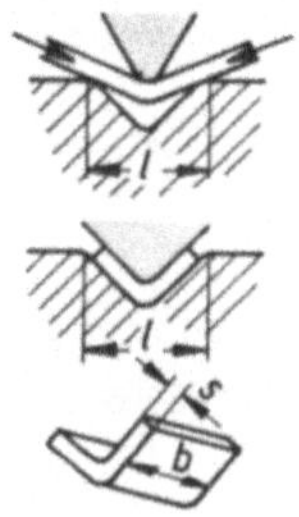 $F_{bV}\,[N] = K \cdot \dfrac{\sigma_B \left[\frac{N}{mm^2}\right] \cdot b\,[mm] \cdot s^2\,[mm]}{l\,[mm]}$ σ_B Bruchfestigkeit in $\frac{N}{mm^2}$ *K*-Werte nach *Oehler:* a) *freies Biegen s* $<$ 3 mm: $K = \dfrac{2,2}{\sqrt{l}\,[mm]}$ *K*-Wert nach *Wolter* $K \approx 0,75$ b) *formschlüssiges Biegen:* $K = 1 + \dfrac{4 \cdot s\,[mm]}{l\,[mm]} \geqslant 1,2$ In Verbundwerkzeugen bei hartaufsitzendem Stempel $F_{bV\,hart} \approx 2...3 \cdot F_{bV}\,[N]$	(0/1)
Abbiegen	$F_{bL}\,[N] = $ Kantenanzahl $\cdot\,(0,20...0,25) \cdot \sigma_B \left[\frac{N}{mm^2}\right] \cdot b\,[mm] \cdot s\,[mm]$ 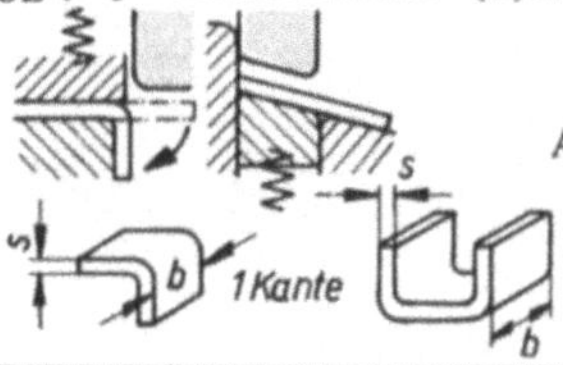 Ausstoßkraft $\approx 15...25\,\%$ von $F_{bL}\,[N]$ 1 Kante 2 Kanten 4 Kanten 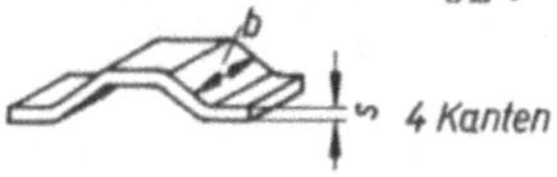	(0/2)

Form-biegen, Kragen-ziehen	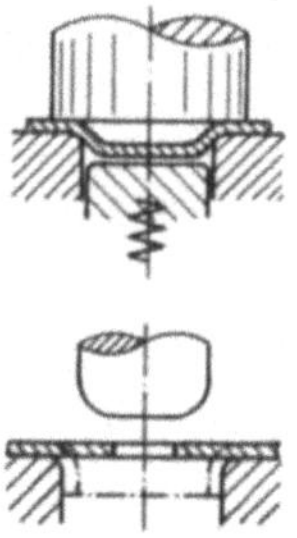 F Formbiegen sowie F Kragenziehen [N]
	
	 $=$ Stempelumfang [mm] $\cdot\,s\,[mm] \cdot \sigma_B \left[\frac{N}{mm^2}\right] \cdot K$
	
	 bei $s<0,75$ mm ist $K \approx 0,6$
	      $0,8...1,25$ mm $\quad \approx 0,7$
	      $1,3...2$ mm $\quad\quad \approx 0,8$
	      >2 mm $\quad\quad\quad \approx 0,9$
	
	 Ausstoßkraft beim
	 Formbiegen $\approx 15...25\,\%$ von F [N]
	 Kragenziehen $\approx 20...30\,\%$ von F [N]
		(0/3)

Umformart	Allgemein angewendete Berechnungsgrundlagen (Erläuterungen siehe *Grüning*, Umformtechnik)	Gleichung Nr.
Umformung mittels Keiltrieb	$$F_{b\,\text{waagerecht}}\,[N] = \frac{\sigma_B\left[\frac{N}{mm^2}\right] \cdot b\,[mm] \cdot s^2\,[mm \cdot mm]}{u\,[mm]}$$ Zuschlag für hartaufsitzenden Schieber $$F_{\text{Zuschlag}} = A \cdot p = u\,[mm] \cdot b\,[mm] \cdot p\left[\frac{N}{mm^2}\right]$$ allgemein ist $p \approx \dfrac{\sigma_B\,[N/mm^2]}{2\ldots5}$ *oder* $F_{b\,\text{waagerecht hart}} \approx 2\ldots3 \cdot F_{b\,\text{waagerecht}}$	(0/4)
Tiefziehen	Ziehkraft nach *Siebel* für Anschlagzug $$F_{z1}\,[N] = \frac{\pi \cdot d_{p1}\,[mm] \cdot s\,[mm] \cdot k_{fm1}\left[\frac{N}{mm^2}\right] \cdot \ln\beta_1}{0,65}$$ Folgezug $$F_{z2}\,[N] = \frac{F_{z1}\,[N]}{2} + \frac{\pi \cdot d_{p2}\,[mm] \cdot s\,[mm] \cdot k_{fm2}\left[\frac{N}{mm^2}\right] \cdot \ln\beta_2}{0,65}$$ Ziehverhältnis β mit ln-Werten, sowie Werte für mittlere Formänderungs-festigkeit k_{fm} *(nur bei geglühten Werkstoffen anwendbar)* aus Kurven-zügen *(Siebel/Oehler)* k_{fm} für *kaltverfestigte Werkstoffe* aus k_f-Kurven: $$k_{fm2} = \frac{k_{f1} + k_{f2}}{2}\left[\frac{N}{mm^2}\right]$$	(0/5)

Umformart	Allgemein angewendete Berechnungsgrundlagen (Erläuterungen siehe *Grüning*, Umformtechnik)	Gleichung Nr.

Tiefziehen (Fortsetzung)

Blechhalterkraft F_N [N] $= A_N$ [cm²] $\cdot p_N$ $\left[\frac{N}{cm^2}\right]$

dabei

Blechhalterdruckfläche A_N bei

a) Anschlagzug A_{N1} [cm²] $= \frac{\pi}{4} \cdot D_0^2 - \frac{\pi}{4} \cdot d_{Ni1}^2$ [cm · cm]

b) Folgezug A_{N2} [cm²] $= \frac{\pi}{4} \cdot d_{p1}^2 - \frac{\pi}{4} \cdot d_{Ni2}^2$ [cm · cm]

Berechnung $d_{Ni\,1/2}$, siehe Bild H/10

Blechhalterdruck in $\frac{N}{cm^2}$ für

a) Anschlagzug $p_{N1} = \dfrac{\sigma_B \left[\frac{N}{cm^2}\right]}{400} \cdot \left[(\beta_1 - 1)^2 + \dfrac{d_{p1}\,[mm]}{200 \cdot s\,[mm]} \right]$

b) Folgezug mit kaltverfestigtem Werkstoff bei

Werkstoff	Al 99 w	Neusilber w	Cu w	
$p_{N2} \approx$	90	180	200	$\left[\frac{N}{cm^2}\right]$

Werkstoff	Cu Zn 28 w	RRSt 13/14	X 12 CrNi 18 8	
$p_{N2} \approx$	220	220…250	550	$\left[\frac{N}{cm^2}\right]$

(0/5)
(Fortsetzung)

Zieharbeit bei *starrer* Blechhaltung

$$W_z\,[Nm] = \frac{(F_z\,[N] + F_N\,[N]) \cdot h_{innen}\,[mm] \cdot K_w}{1000}$$

Zieharbeit bei *elastischer* Blechhaltung

$$W_z\,[Nm] = \frac{F_z\,[N] \cdot h_{innen}\,[mm] \cdot K_w}{1000} + \frac{F_N\,[N] \cdot hw\,[mm]}{1000}$$

h_{innen} innere Ziehteilhöhe

hw Umformweg ($\widehat{=}$ Ziehkissenweg)

K_w Korrekturwert aus Kurvenzug

(0/6)

Kurvenzüge als Berechnungsgrundlagen zum Ziehen

Kurven für Formänderungsfestigkeit K_f (Tiefziehbleche)

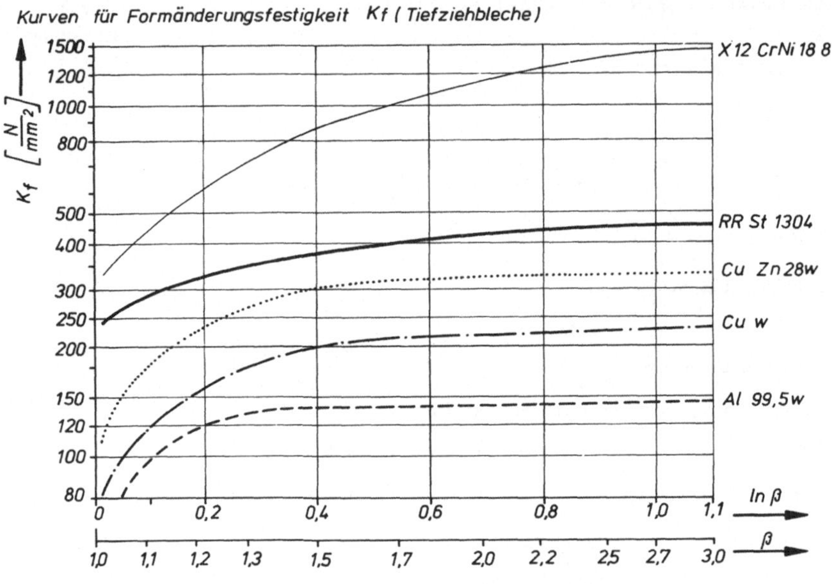

Kurven für mittlere Formänderungsfestigkeit (Tiefziehbleche) zusätzlich

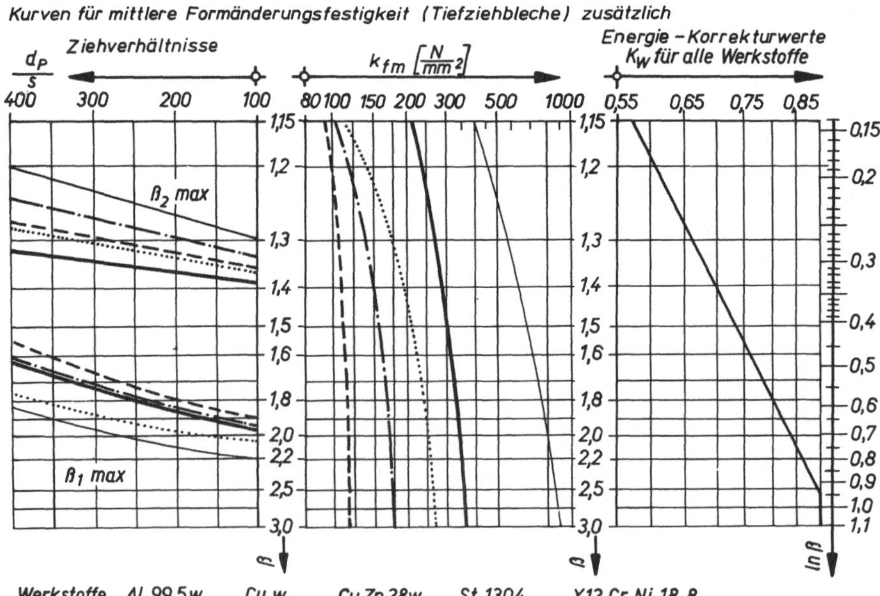

Werkstoffe. Al 99,5w, Cu w, Cu Zn 28w, St 1304, X 12 Cr Ni 18 8

Tabelle 0/1: Kennwerte einiger nach DIN 2093 genormten Tellerfedern [1]

Federkraft F [N], Federweg f [mm], Beanspruchung σ $\left[\frac{N}{mm^2}\right]$

D_a	D_i	s	h	l_0	bei $f=\frac{1}{4}h$ ist F	f	σ	bei $f=\frac{1}{2}h$ ist F	f	σ	bei $f=\frac{3}{4}h$ ist F	f	σ
B 20	10,2	0,8	0,55	1,35	310	0,137	430	560	0,275	810	760	0,412	1150
A 20	10,2	1,1	0,45	1,55	560	0,112	390	1070	0,225	830	1550	0,337	1320
B 22,5	11,2	0,8	0,65	1,45	310	0,162	420	540	0,325	790	720	0,487	1110
A 22,5	11,2	1,25	0,5	1,75	710	0,125	390	1360	0,25	840	1970	0,375	1330
B 25	12,2	0,9	0,7	1,6	370	0,175	400	660	0,35	750	880	0,525	1050
A 25	12,2	1,5	0,55	2,05	1060	0,137	440	2050	0,275	920	2980	0,412	1460
B 28	14,2	1,0	0,8	1,8	490	0,20	420	850	0,40	800	1130	0,60	1120
A 28	14,2	1,5	0,65	2,15	1050	0,162	380	2010	0,325	820	2900	0,487	1310
B 31,5	16,3	1,25	0,9	2,15	810	0,225	460	1440	0,45	870	1950	0,675	1220
A 31,5	16,3	1,75	0,7	2,45	1420	0,175	390	2720	0,35	840	3950	0,525	1330
B 35,5	18,3	1,25	1,0	2,25	750	0,25	420	1300	0,5	790	1730	0,75	1100
A 35,5	18,3	2	0,8	2,8	1900	0,2	400	3650	0,4	860	5290	0,6	1370
B 40	20,4	1,5	1,15	2,65	1130	0,287	440	1990	0,575	830	2670	0,862	1170
A 40	20,4	2,25	0,9	3,15	2380	0,225	400	4570	0,450	860	6630	0,675	1360
B 45	22,4	1,75	1,3	3,05	1550	0,325	450	2750	0,650	840	3720	0,975	1180
A 45	22,4	2,5	1	3,5	2830	0,250	390	5420	0,500	840	7870	0,750	1330
B 50	25,4	2	1,4	3,4	1990	0,350	440	3560	0,700	830	4850	1,050	1170
A 50	25,4	3	1,1	4,1	4340	0,275	440	8370	0,550	920	12200	0,825	1460
B 56	28,5	2	1,6	3,6	1950	0,400	430	3400	0,800	800	4520	1,200	1120
A 56	28,5	3	1,3	4,3	4220	0,325	380	8050	0,650	820	11600	0,975	1310
B 63	31	2,5	1,75	4,25	3000	0,437	420	5370	0,875	790	7330	1,312	1120
A 63	31	3,5	1,4	4,9	5500	0,350	390	10600	0,700	840	15300	1,050	1330
B 71	36	2,5	2	4,5	2950	0,500	410	5150	1,000	770	6860	1,500	1080
A 71	36	4	1,6	5,6	7520	0,400	440	14400	0,800	860	20900	1,200	1240
B 80	41	3	2,3	5,3	4540	0,575	450	7990	1,150	840	10700	1,725	1170
A 80	41	5	1,7	6,7	12100	0,425	450	23400	0,850	870	34200	1,275	1270
B 90	46	3,5	2,5	6	5950	0,625	430	10600	1,250	810	14400	1,875	1140
A 90	46	5	2	7	11500	0,500	430	22000	1,000	840	32000	1,500	1220

---

[1] Auszug aus *DIN 2093* und aus Veröffentlichungen der Firma *Adolf Schnorr KG,* Tellerfedernfabrik Maichingen.

Buchstabe A gibt Hinweis auf „*harte*", B auf „*weiche*" Tellerfedern.

Literatur

Zeitschriften

Blech, Fachzeitschrift für die Erzeugung, Veredelung und Verarbeitung von Band und Blechen, Prost und Meiner, Verlag Coburg, Bayern.

Mitteilungen der Forschungsgesellschaft Blechverarbeitung e.V., Düsseldorf.

Werkstattstechnik und Maschinenbau, Springer-Verlag, Berlin.

Werkstatt und Betrieb, Carl Hanser Verlag, München.

Werkstattblätter, Carl Hanser Verlag, München.

Bücher

Nachschlagwerk Stahlschlüssel, Verlag Stahlschlüssel, Marbach.

Einführung in die DIN-Normen, *Klein*, B. G. Teubner Verlagsgesellschaft, Stuttgart (1970).

Schnitt-Stanz- und Ziehwerkzeuge, *Oehler/Kaiser*, Springer-Verlag, Berlin (1966).

Das Blech und seine Prüfung, *G. Oehler*, Springer-Verlag, Berlin (1953).

Biegen, *G. Oehler*, Carl Hanser Verlag, München (1963).

Praktische Stanztechnik, *E. Kaczmarek*, Band I (1954), Band II (1962), Springer-Verlag, Berlin.

Stanzereitechnik, *H. Hilbert*, Band I (1972), Band II (1970), Carl Hanser Verlag, München.

Stanztechnik, Teil I (1953), Teil II (1961), Teil III (1965): Schnittechnik, *E. Krabbe*, Werkstattbücher, Hefte 44, 57, 59, Springer-Verlag, Berlin.

Tiefziehtechnik, *W. Sellin*, Werkstattbücher, Heft 25, Springer-Verlag, Berlin (1955).

Nachschneiden und Feinschneiden, *A. Guidi*, Carl Hanser Verlag, München (1965).

Feinschneiden, Handbuch für die Praxis, Herausgeber: Firma *Feintool AG*, Lyss, Schweiz (1970).

Sachwortverzeichnis

Viewegs Fachbücher der Technik

Mathematik

Aufgabensammlung der höheren Mathematik
von W. P. Minorski, DM 14,80

Mathematik für technische Berufe von E. Gasse
Band I: Arithmetik und Algebra, DM 15,80
Band II: Geometrie, DM 19,50

Einführung in die Nomographie von A. Bay, DM 6,80

Mathematik für Techniker von H. Simon, DM 12,80

Physik

Physik Grundlagen / Versuche / Aufgaben / Lösungen
von A. Böge, DM 19,80

Physik für Ingenieure von H. Lindner, DM 26,80

Physikalische Aufgaben von H. Lindner, DM 10,80

Technische Wärmelehre von K. Hohmann, DM 26,80

Übungsaufgaben aus der Wärmelehre
von W. Berties, DM 12,80

Technische Optik von H. Schade, DM 9,80

Elektrotechnik

Grundlagen der Elektrotechnik
von J. Reth und H. Kruschwitz, DM 23,80

Aufgabensammlung Elektrotechnik
von H. Kruschwitz, DM 12,80

Allgemeine Elektrotechnik von A. v. Weiss
Band I: Grundlagen der Gleichstromlehre, DM 19,80
Band II: Grundlagen der Wechselstromlehre, DM 17,80

Elektroaufgaben von H. Lindner
Band I: Gleichstrom, DM 9,20
Band II: Wechselstrom, DM 8,80

Elektronische Bauelemente der Nachrichtentechnik
von A. Raschkowitsch, DM 24,80

Regelungstechnik

Pneumatische Steuerungen
von G. Kriechbaum, DM 24,80

Regelungstechnik für Ingenieure
von M. Reuter, DM 29,80

Werkstoffkunde

Werkstoffkunde und Werkstoffprüfung
von W. Weißbach, DM 17,80

Preisänderungen vorbehalten

Viewegs Fachbücher der Technik

Mechanik und Festigkeitslehre

Mechanik und Festigkeitslehre
von A. Böge, DM 22,80

Formeln und Tabellen zur Statik, Dynamik, Hydraulik und Festigkeitslehre
von A. Böge und W. Schlemmer, DM 4,95

Aufgabensammlung zur Statik, Dynamik, Hydraulik und Festigkeitslehre
von A. Böge und W. Schlemmer, DM 14,80

Maschinenelemente

Maschinenelemente von H. Roloff und W. Matek, DM 32,80

Aufgabensammlung Maschinenelemente
von H. Roloff und W. Matek, DM 17,80

Fertigungstechnik

Zerspantechnik von K.-Th. Preger, DM 17,80

Umformtechnik von K. Grüning, DM 19,80

Stanztechnik von E. Semlinger, DM 19,80

Schweißtechnik von A. Puhrer, DM 17,80

Galvanische Schichten und ihre Prüfung
von W. Müller, DM 17,80

Oberflächenschutzschichten und Oberflächenvorbehandlung
von W. Müller, DM 18,50

Betriebswirtschaftslehre

Arbeitsvorbereitung und Kalkulation von H. Sonnenberg
Band I: Betriebswirtschaftliche Grundlagen, DM 9,80
Band II: Kostenrechnung, Zeitermittlung und Arbeitsbewertung, DM 19,80

Mitarbeiter führen von G. Obst, DM 12,80

Wirtschafts- und Rechtskunde von R. Ott und
M. Wendlandt, DM 14,80

Planungsrechnung von W. Zimmermann, DM 21,80

Erfolgs- und Kostenrechnung von W. Zimmermann, DM 29,80

Grundzüge des Wirtschaftsrechts von R. Ott und
M. Wendlandt, DM 19,80

Aufbau, Organisation und Finanzierung von Industrieunternehmen von R. Krause und W. Bantleon, DM 22,50

Arbeitsorganisation von R. Krause, DM 24,80

Englisch für Ingenieure von K. Hingkeldey, DM 29,80

Preisänderungen vorbehalten